安岳气田高石梯区块震旦系灯四气藏开发关键技术与实践

李　海　郑马嘉　黎隆兴　江　林　等编著

石油工业出版社

内 容 提 要

本书依据地球物理、钻探、测录井、地面集输及信息化等技术手段，从安岳气田高石梯区块灯影组白云岩储层精细刻画、钻完井及增产改造效果、井筒完整性评价与治理、地面集输工程和信息化建设等方面开展研究，形成了灯影组气藏高效开发关键技术对策，精细控压钻井技术、超深长改造井段完井技术、裸眼分段精准酸压技术，以及井筒完整性风险综合评价和治理技术，配套形成了 $28\times10^8m^3$ 年产气规模的地面集输管网和信息化建设系统。全书从气藏精细描述、钻完井和储层改造、井筒完整性治理和地面集输配套建设等方面进行阐述，最终形成了古老岩溶型气藏高效开发特色技术，对于四川盆地岩溶型气藏高效开发具有重要的指导意义。

本书可供石油天然气勘探开发工作者、科研院所相关领域研究人员及高校师生参考阅读。

图书在版编目（CIP）数据

安岳气田高石梯区块震旦系灯四气藏开发关键技术与实践 / 李海等编著 . —北京：石油工业出版社，2024.5
ISBN 978-7-5183-6701-6

Ⅰ . ①安… Ⅱ . ①李… Ⅲ . ①震旦纪 – 气田开发 – 研究 – 四川 Ⅳ . ① TE37

中国国家版本馆 CIP 数据核字（2024）第 092981 号

出版发行：石油工业出版社
　　　　　（北京安定门外安华里 2 区 1 号　100011）
　　　　网　　址：www.petropub.com
　　　　编辑部：（010）64523760
　　　　图书营销中心：（010）64523633
经　　销：全国新华书店
印　　刷：北京九州迅驰传媒文化有限公司

2024 年 5 月第 1 版　2024 年 5 月第 1 次印刷
787×1092 毫米　开本：1/16　印张：20.5
字数：520 千字

定价：150.00 元
（如出现印装质量问题，我社图书营销中心负责调换）
版权所有，翻印必究

《安岳气田高石梯区块震旦系灯四气藏开发关键技术与实践》编写组

组　长：李　海
副组长：郑马嘉　黎隆兴　江　林
成　员：何激扬　吴洪波　朱豫川　隆　辉　朱　庆
　　　　董俊韬　李　辰　陈海力　杨　坚　胡　浩
　　　　汪浩海　杨翰轩　梁帮治　李成海　黎俊吾
　　　　卢嘉勋　聂　权　邓　惠　伍　亚　彭　通
　　　　冉　林　谢　波　宋　亮　王　旭　张剑雄
　　　　刘　田　夏若琛　韩维雷　邓梦捷　赵文韬
　　　　鲜玲琼　李奇璇

序

震旦系—寒武系是四川盆地重大勘探开发领域，自1964年在川中古隆起高部位发现威远气田后，历时40余年钻井勘探，久攻不克。一直以来，深层古老碳酸盐岩能否形成规模资源、是否发育优质储层、古隆起现今低部位能否有效成藏、实现高效开发的技术途径是什么等一直是国内外广泛关注的难题和探索的方向。

大气田开发对改善国家能源结构具有重大意义，深层海相碳酸盐岩天然气勘探开发一直是四川盆地天然气工业的攻关重点。2011年，高石1井在震旦系灯影组地层获得超百万立方米高产工业气流，标志着中国地层最古老、热演化程度最高、单体储量规模最大的高石梯灯影组大型碳酸盐岩气藏被发现。这是中国天然气勘探史上具里程碑意义的重大事件，该发现对推动中国乃至世界新元古界—下寒武统成藏理论创新和勘探开发实践具有深远的历史意义。

高石梯震旦系灯影组灯四段气藏具有低孔隙度、低基质渗透率、储层非均质性强的特点，优质储层主要受岩溶强度和裂缝发育程度综合控制；气藏温度高且中含硫化氢，局部地区发育硅质层等难钻地层；地面位于人口稠密、农业化程度高的地区。这些因素对气藏开发的储层预测技术、钻井工程技术和安全环保标准等提出了更高的要求，气藏高效开发面临系列挑战。围绕该气藏特征和开发过程中面临的系列挑战，总结回顾了高石梯震旦系灯四段气藏高效开发关键技术，以期为四川盆地乃至全国同类型气藏的规模效益开发带来启发。

该书作者亲历了高石梯震旦系灯四段气藏高效开发的全过程，全书系统阐述了白云岩岩溶型气藏地层内幕结构精细解剖、白云岩岩溶型气藏储层非均质精细刻画等系列气藏描述技术；分析了强非均质岩溶储层气井产能特征，优化了大斜度井/水平井钻遇靶体设计；丰富了井筒完整性评价与治理等系列开发技术，发展了钻完井及增产改造等系列工程工艺技术，形成了岩溶型气藏高效开发系列特色技术，支撑了高石梯震旦系灯四段气藏高效开发，取得了较好的开发效果和经济效益。希望该书的出版能对广大气田开发工作者有所帮助。

中国工程院院士

前言

美丽富饶的四川盆地蕴藏了丰富的天然气资源,但由于地下断层发育、构造复杂多变,油气勘探历经"三上三下"的曲折,经过 80 多年的不断探索,在 2020 年建成了 $300×10^8 m^3$ 战略大气区。2022 年,西南油气田成为我国第五个油气当量达 $3000×10^4 t$ 的大油气田之一。

四川盆地安岳气田高石梯区块灯影组气藏为超深古老白云岩岩溶型气藏,储层薄而分散、非均质性极强且整体表现为低孔低渗透特征,气井产能确定难,井网布置和气藏开发难度大。为了高效开发该气田,聚焦"储集体精细描述、储量高效动用、安全开发"难题,创新形成了有针对性的古老岩溶型气藏高效开发关键技术,使处于边际效益的气藏开发成为规模高效开发的典型代表对改善国家能源结构具有重大意义。

本书详细地阐述了古老白云岩岩溶型气藏地层内部结构精细解剖、白云岩岩溶型气藏储层非均质精细刻画等系列气藏描述技术,形成开发井井位目标优选技术;针对强非均岩溶储层气井产能特征,优化大斜度水平井高产目标靶体设计方案,形成了精细控压钻井技术、超深长改造井段完井技术以及裸眼分段精准酸压技术;以"三高"气井的完井管柱特点,形成了油管管柱完整性评价技术、环空带压诊断分析技术、井完整性风险综合评价技术、井完整性治理技术等系列技术。最终形成了安岳气田高石梯区块震旦系灯影组古老岩溶型气藏高效开发特色技术,取得了较好的开发效果和效益,实现了震旦系灯四组古老碳酸盐岩气藏的高效开发。

本书第一章由李海、黎隆兴、胡浩等编写,第二章由郑马嘉、何激扬、杨坚、吴洪波、胡浩、冉林、赵文韬、杨翰轩、卢嘉勋等编写,第三章由郑马嘉、何激扬、隆辉、江林、聂权、邓惠、伍亚、李成海、刘田等编写,第四章由李海、陈海力、黎俊吾、彭通、李辰等编写,第五章由黎隆兴、朱庆、梁帮治、朱豫川、董俊韬、谢波等编写,第六章由江林、宋亮、王旭、张剑雄、汪浩海、夏若琛、韩维雷、邓梦捷、鲜玲琼、李奇璇等编写,全书由李海、郑马嘉、黎隆兴、江林审定。

在此,对所有提供指导、关心、支持与帮助的单位、领导、员工及本书所引用参考资料的相关作者,表示衷心的感谢。

鉴于编者水平所限,书中难免存在不足之处,敬请广大读者批评指正。

目录

第一章 勘探开发概况 ... 1
第一节 区域位置 ... 1
第二节 区域构造背景及地层划分 ... 2
第三节 气藏勘探开发简况 ... 9

第二章 灯四气藏特征及开发对策 ... 11
第一节 地层特征 ... 11
第二节 沉积相特征 ... 14
第三节 储层特征 ... 21
第四节 气藏开发特征 ... 31
第五节 开发方式及开发对策 ... 34

第三章 气藏描述及气藏关键开发技术 ... 37
第一节 灯影组岩溶储层地质识别技术 ... 37
第二节 灯影组岩溶储层测井识别技术 ... 51
第三节 灯影组岩溶储层地震识别技术 ... 66
第四节 灯影组岩溶储层建模技术 ... 99
第五节 小尺度缝洞渗流能力定量表征分析 ... 100
第六节 灯影组气藏产能特征 ... 137
第七节 灯影组气藏开发有利区优选 ... 175
第八节 灯影组气藏高效开发技术对策 ... 181

第四章 钻完井及增产改造技术 ... 201
第一节 地应力及三压力剖面 ... 201
第二节 井身结构设计和井眼轨迹控制 ... 203
第三节 钻井提速技术 ... 208

第四节	防塌治漏技术	213
第五节	固井技术	215
第六节	完井工艺	217
第七节	酸化改造工艺	219

第五章　井筒完整性评价与治理技术 230

第一节	复杂工况条件下管柱安全评价技术研究	230
第二节	油管腐蚀主控因素、规律及失效机理研究	249
第三节	缓蚀剂性能评价及优选	257
第四节	环空带压渗流机理研究	268
第五节	井筒完整性综合评价方法研究	274
第六节	现场应用	278

第六章　高石梯区块地面开发技术 289

第一节	地面集输工艺	289
第二节	集输流程	290
第三节	天然气处理工艺	292
第四节	气田水处理	293
第五节	燃料气系统	294
第六节	流动保障	294
第七节	腐蚀防护	295
第八节	井站标准化	295
第九节	信息化建设	296

参考文献 314

第一章 勘探开发概况

安岳气田高石梯区块位于四川省资阳市安岳县、重庆市潼南县境内。目的层为震旦系灯影组灯四段气藏。成藏类型以侧生旁储为主，兼有上生下储和自生自储型，烃储匹配好。高石梯区块灯四段气藏具有较大勘探开发潜力，截至 2022 年 12 月底，区内投产气井 35 口，产能规模达 $850×10^4m^3/d$，实际建成产能规模优于方案规模。气藏历年累计产气 $92.0×10^8m^3$，累计产液 $19.0×10^4m^3$。

第一节 区域位置

安岳气田高石梯区块构造上属于四川盆地川中古隆起平缓构造区的高石梯构造，东至广安构造，西邻威远构造，北邻蓬莱镇构造，西南到荷包场、界石场潜伏构造，与川东南中隆高陡构造区相接（图 1-1 和图 1-2）。

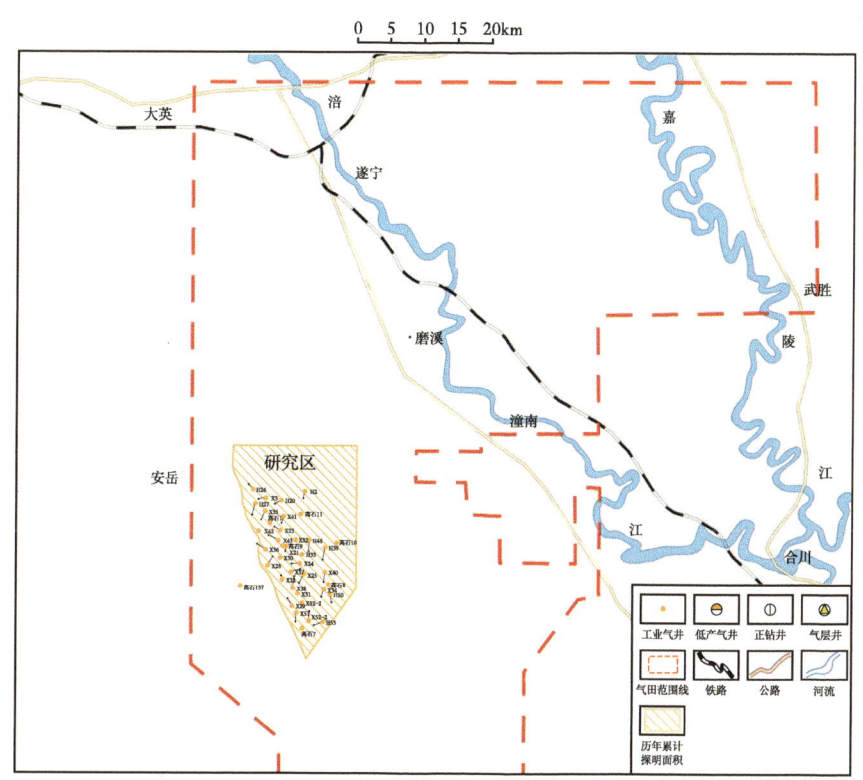

图 1-1 安岳气田高石梯区块高石 1 井区地理位置图

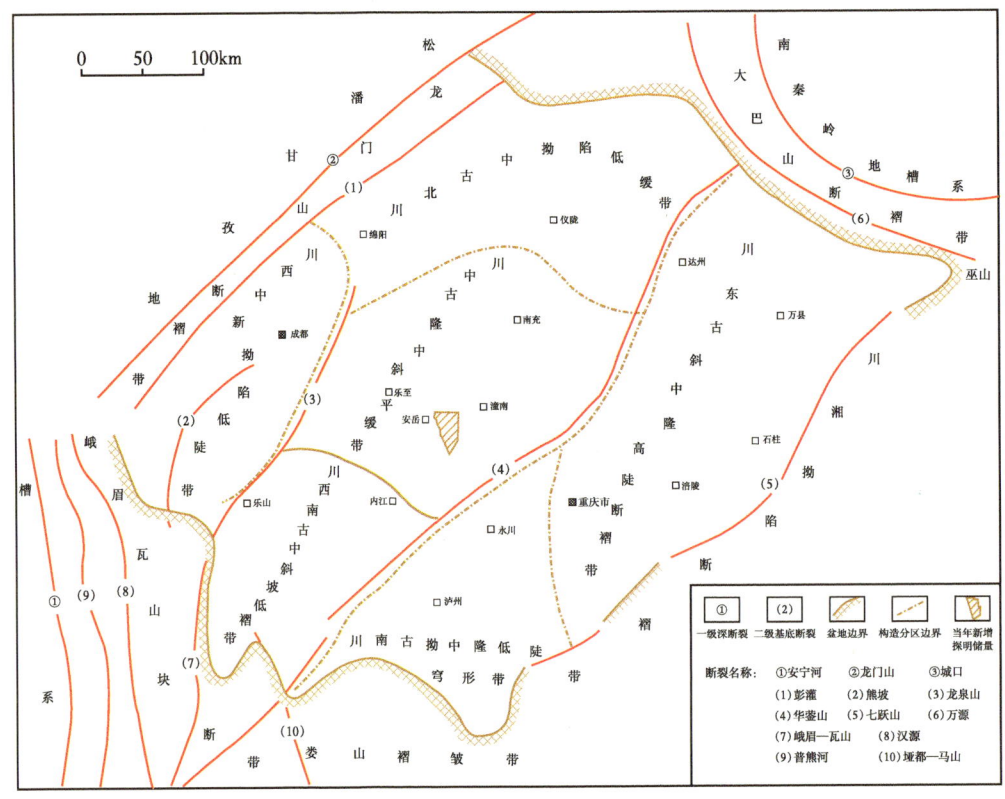

图 1-2 高石梯区块灯四气藏区域构造位置示意图

第二节 区域构造背景及地层划分

一、区域构造背景

研究表明，中国南方在中新元古代之交至新元古代末，发生了一系列可全球对比的重要地质事件。包括与 Rodinia 超大陆汇聚及裂解有关的岩浆侵入与火山爆发事件、大陆裂谷、区域性冰川沉积事件，以及"生物大爆发"事件等。上扬子地块在晋宁运动之后，形成了统一的、具陆壳性质的褶皱基底，盆地演化进入克拉通盆地阶段，盆地面积约 $50×10^4 km^2$。南华纪，受 Rodinia 超大陆裂解的影响（王剑，2000），上扬子克拉通盆地发生板内拉张活动及构造热事件。

（一）德阳—安岳地区震旦纪—早寒武世发育台内裂陷

无论是全球板块构造重建还是扬子板块恢复，以及川中地区南华系裂谷的研究成果，其结果均揭示上扬子板块在震旦纪—寒武纪时处于拉张构造环境。

据地层划分对比方案，完成露头剖面与钻井地质统一的新一轮统层工作，灯影组灯四段在川中高石梯地区厚度超过300m，但在威远、资阳地区大面积缺失，仅局部残留30~40m。资阳、盘龙场、磨溪等地区普遍发育麦地坪组，但厚度差异大。筇竹寺组在不同区块厚度变化也很大。平面上，麦地坪组和筇竹寺组地层厚度较大的井集中分布在资阳与高石梯之间。综合分析认为在川中和威远之间存在灯影组灯四段、灯三段的地层缺失区。

高石17井的钻探证实了这一认识。该井2013年6月完钻，钻揭筇竹寺组555m、麦地坪组140m（深度5325~5465m）。麦地坪组与灯影组二段不整合接触（图1-3）。

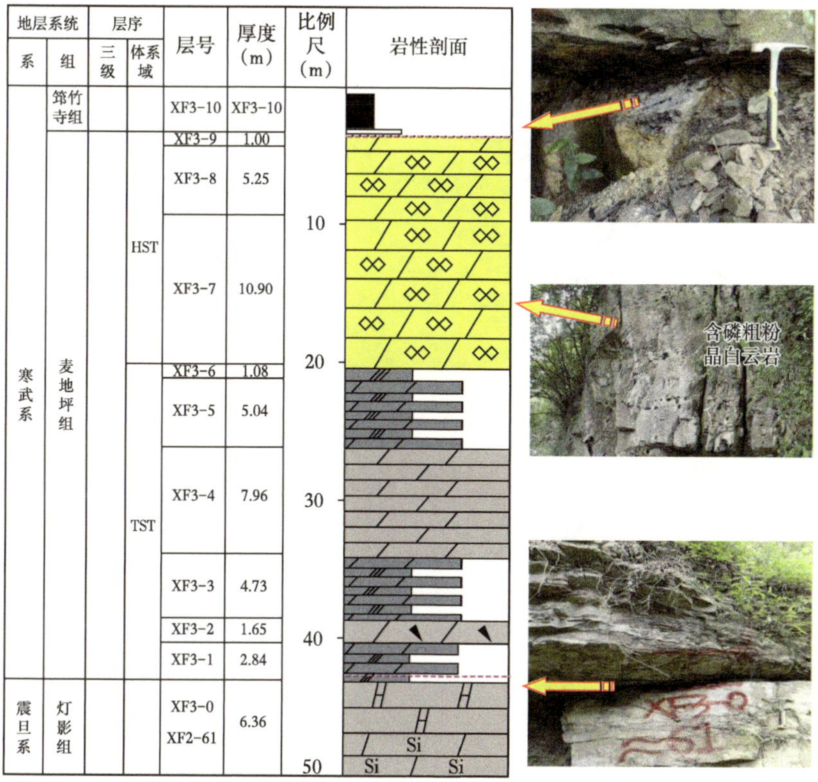

地层系统		层序		层号	厚度(m)	比例尺(m)	岩性剖面
系	组	三级	体系域				
寒武系	筇竹寺组			XF3-10	XF3-10		
	麦地坪组		HST	XF3-9	1.00		
				XF3-8	5.25		
				XF3-7	10.90		
			TST	XF3-6	1.08		
				XF3-5	5.04		
				XF3-4	7.96		
				XF3-3	4.73		
				XF3-2	1.65		
				XF3-1	2.84		
震旦系	灯影组			XF3-0 XF2-61	6.36		

图1-3 峨边先锋剖面麦地坪组岩性柱状图（据邹才能等，2014）

依据高石17井震旦系—寒武系地层划分，对过井地震剖面重新进行地震层位解释、对比。采用层拉平技术，将筇竹寺组顶面反射层拉平，用于反映筇竹寺组沉积末的古构造形态。从图1-3中可见高石17井下寒武统厚度大，显示出凹槽充填形态；同时，该剖面还显示出灯影组上部灯四段在凹槽区剥蚀缺失，而两侧灯四段地层厚度较大。以此解释方案为基础，重新完成盆地内部井—震统一的层位解释、深部构造解释等研究，完成全盆地寒武系底—龙王庙组底地层厚度图（图1-4）。台内裂陷由川西海盆向克拉通盆地延伸，宽度50~300km，南北长320km，面积$6×10^4km^2$。

受德阳—安岳台内裂陷发育影响，灯影组沉积期沉积分异明显，裂陷区内发育深水陆棚沉积，充填厚度较薄的泥质岩，裂陷侧翼的台缘带有利于丘滩体沉积，是灯影组储层发育最有利的地区。

德阳—安岳裂陷控制了下寒武统优质烃源岩的生烃中心。四川盆地震旦系—寒武系尽管存在多套烃源岩，但主力烃源岩是下寒武统。筇竹寺组是一套广覆式分布的烃源岩，盆地内部分布面积可达 $17×10^4km^2$，厚度为 50~450m（图 1-5），但烃源岩厚值区位于德阳—安岳裂陷，厚度可达 300~450m，而其他地区烃源岩厚度多在 50~150m。除此之外，裂陷区还发育麦地坪组泥质烃源岩，厚度为 5~100m，其他地区分布较薄或者缺失。这两套烃源岩生气强度在 $(20~160)×10^8m^3/km^2$ 之间，裂陷内的生气强度高达 $(100~160)×10^8m^3/km^2$，为裂陷侧翼的灯影组提供了充足的烃源。

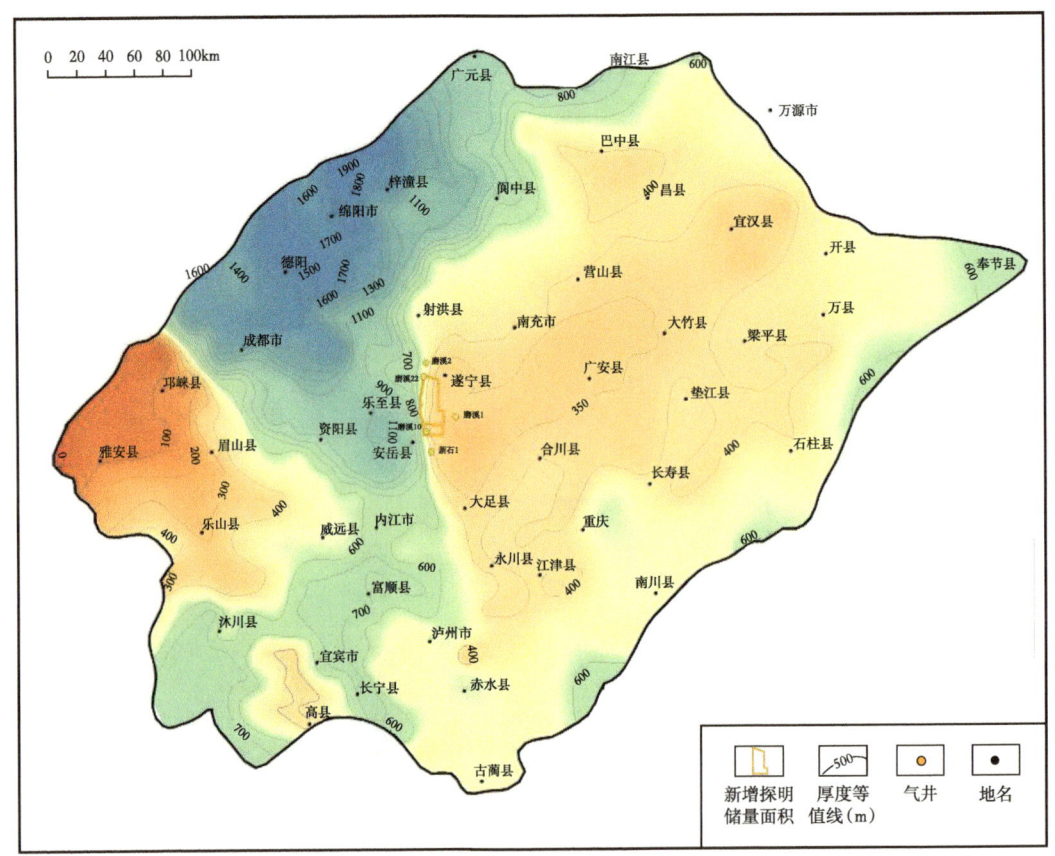

图 1-4 四川盆地寒武系底—龙王庙组底部地层厚度图

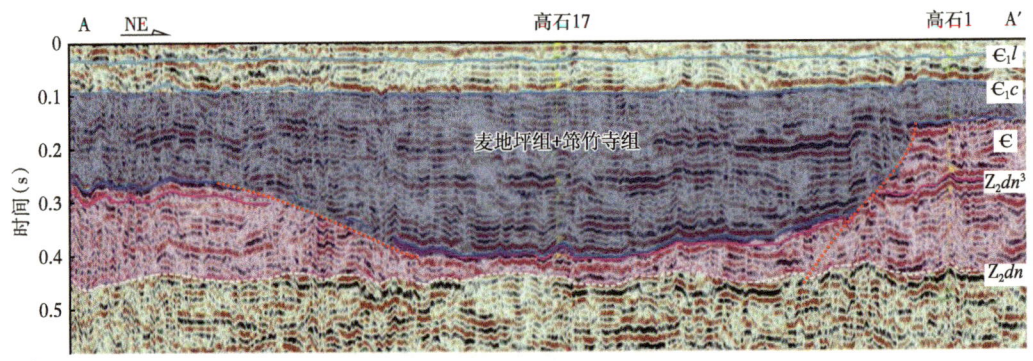

图 1-5 四川盆地德阳—安岳裂陷强盛期剖面形态（地震层拉平剖面）

由于沉积及后期剥蚀原因，由台缘带向裂陷区灯影组灯四段由厚到薄，直至剥缺，因而形成了条带状分布的地层型圈闭群。由于德阳—安岳裂陷内充填巨厚的下寒武统泥质岩，为裂陷内两侧灯四段油气聚集提供良好侧向封堵条件。正是由于良好的侧向封堵，使得裂陷东翼的灯影组储层大面积含气。

（二）桐湾运动及影响

本区在桐湾—加里东期经历了多幕构造运动，形成了多期不整合，有利于震旦系灯影组—下古生界发育多套岩溶风化壳优质储层。其中，桐湾Ⅰ幕发生在灯二段沉积期末，上扬子大部地区有表现，持续时间相对较短；桐湾Ⅱ幕发生在震旦纪末，上扬子大部地区震旦系/寒武系假整合接触，持续时间达10Ma。桐湾Ⅰ幕、Ⅱ幕分别造成了灯二段、灯四段遭受风化侵蚀，形成缝洞型储层。桐湾运动对上扬子大部分地区影响明显，持续时间长，区域地质调查表明：桐湾期岩溶古地貌分布范围远远超出了现今的四川盆地，预示着灯二段、灯四段岩溶储层大面积分布。目前的钻探资料已经揭示出灯二段、灯四段岩溶储层具有大面积分布的特点，无论是在岩溶斜坡还是在岩溶高地，岩溶储层均有发育。此外，钻探表明：在高石梯地区西侧存在总体近北西向的裂陷，区内充填巨厚的下寒武统暗色泥质烃源岩，为其东侧台缘带灯影组的油气成藏提供了优越的源储、盖储配置关系。

（三）古隆起的形成及演化

四川盆地是一个典型的叠合含油气盆地，经历了多旋回构造运动及多类型盆地的叠加改造，形成了多套生储盖组合，具有多层系含油气的特点。乐山—龙女寺古隆起是四川盆地形成最早、规模最大、延续时间最长、剥蚀幅度最大、覆盖面积最广的巨型隆起。其形成演化对灯影组的沉积、储层发育展布，以及油气成藏具有重要的影响和明显的控制作用。

桐湾运动之后的加里东运动形成了乐山—龙女寺大型古隆起，分布面积超过$6×10^4 km^2$。从古隆起核部向斜坡，剥蚀出露地层依次为震旦系、寒武系、奥陶系、志留系，沿不整合面风化壳发育岩溶型储层。加里东运动形成了古隆起的宏观构造格局，为后期构造变动中古隆起的继承性发展奠定了基础。

海西期，古隆起向东部扩展，高石梯地区处于古隆起东段轴部。在该构造期内，古隆起继续发展，隆起范围向东部发展，同时古隆起轴线向东南发生偏移，资阳地区—遂宁地区逐步发展成为古隆起东段轴部中心；遂宁地区相对构造活动稳定，幅度略有增强。这次隆升时间长、作用范围广，古隆起幅度继续增大。

印支期—燕山期古隆起西段强烈调整，东段持续稳定发展。该期是四川盆地一次重要的构造整体调整期。盆地西北部由于川西凹陷的逐步形成，埋深持续加大，隆起西段轴部明显向东南迁移，高部位由资阳地区逐步转移至威远地区；高石梯地区所在的古隆起东段持续稳定发展，始终处于古隆起轴部高部位。该构造运动阶段使古隆起整体持续下沉，直至燕山末期。

喜马拉雅运动期乐山—龙女寺古隆起最终定型。该期印支板块与亚欧板块碰撞形成的侧向挤压作用使得该古构造幅度剧烈增加，最大高差超5000m，其中，威远—资阳地区为古隆起最高部位，震旦系顶界埋深最浅处小于2500m。该期运动结束后，乐山—龙女寺古隆起最终定型，轴线位于乐山—龙女寺一线，呈北东向展布。

总之，桐湾运动控制了灯影组地层、储层的展布和发育。加里东期乐山—龙女寺古隆起形成,在印支、燕山、喜马拉雅历次构造运动中,古隆起形态虽经历了调整、改造,但总体上继承性发育,为油气的运聚奠定了基础。其演化特点为:(1)古隆起自形成以来,是继承性的持续隆起,形态保持完整,为古隆起高部位的油气聚集成藏奠定了良好基础;(2)古隆起西段轴部在印支运动以来发生了迁移,整体表现为向东南方向迁移;(3)本次储量申报区磨溪—高石梯地区长期处于古隆起东段轴部高部位,构造变形较弱、古今构造部位相叠合,配合广泛分布的岩溶缝洞储层,是油气聚集成藏的有利区。

二、地层划分及分层特征

安岳气田地面出露地层为侏罗系上统遂宁组或者中统沙溪庙组沙二段。自上而下依次揭穿侏罗系上统遂宁组、中统沙溪庙组、下统凉高山组和自流井组;三叠系上统须家河组,中统雷口坡组,下统嘉陵江组、飞仙关组;二叠系上统长兴组、龙潭组,下统茅口组、栖霞组;奥陶系下统桐梓组;寒武系上统洗象池组,中统高台组,下统龙王庙组、沧浪铺组、筇竹寺组、麦地坪组;震旦系上统灯影组,下统陡山沱组,以及前震旦系。缺失石炭系、泥盆系和志留系(图1-6)。

区内震旦系划分为上统灯影组和下统陡山沱组,根据岩性组合、电性特征自上而下将灯影组四分,地层简况如下(表1-1)。

表1-1 安岳气田震旦系地层简表

地层				厚度 (m)	岩性与生物特征	电性特征
系	统	组	段			
寒武系	下统	筇竹寺组		15~750	黑灰色碳质、粉砂质页岩	极高自然伽马和低电阻率
		麦地坪组		0~60	硅磷条带白云岩,夹碎屑岩,富含小壳化石	伽马相对较高,电阻中高值起伏较大
震旦系	上统	灯影组	灯四段	261~347	凝块石云岩夹纹层状云岩,夹砂屑云岩、泥质云岩,含硅质、藻类发育	伽马低平,偶夹小齿状;电阻率高值,齿状
			灯三段	50~100	深色泥页岩和蓝灰色泥云岩、凝灰岩	伽马高值,齿状;电阻率低值,小齿状
			灯二段	440~520	上部微晶白云岩,下部葡萄—花边构造藻格架白云岩发育	伽马低平,夹小齿状;电阻率高值,齿状
			灯一段	20~70	含泥质泥—粉晶白云岩、藻纹层云岩,少含菌藻类,局部含膏盐岩	伽马较高值,曲线下部大齿状;电阻率曲线低平或齿状
	下统	陡山沱组		10~200	黑色碳质页岩夹白云岩及硅质磷块岩,局部含膏盐	自上而下伽马值逐渐增大,电阻率值逐渐减小,波动幅度小

(1)灯四段(Z_2dn^4):地层在盆地内部厚度介于0~350m之间(图1-7),川中地区灯四段单井厚度在261~347m之间,平均约为300m。灯四段岩性主要由浅灰—深灰色层状粉晶云、含砂屑云岩、溶孔粉晶云岩、藻云岩组成,局部夹硅质条带和燧石结核,岩心上多见岩溶角砾。根据目前已有的钻井及地震资料分析,在高石梯构造以西至威远—资阳一带,发育近北西方向的裂陷,其内充填巨厚的下寒武统暗色泥质烃源岩。

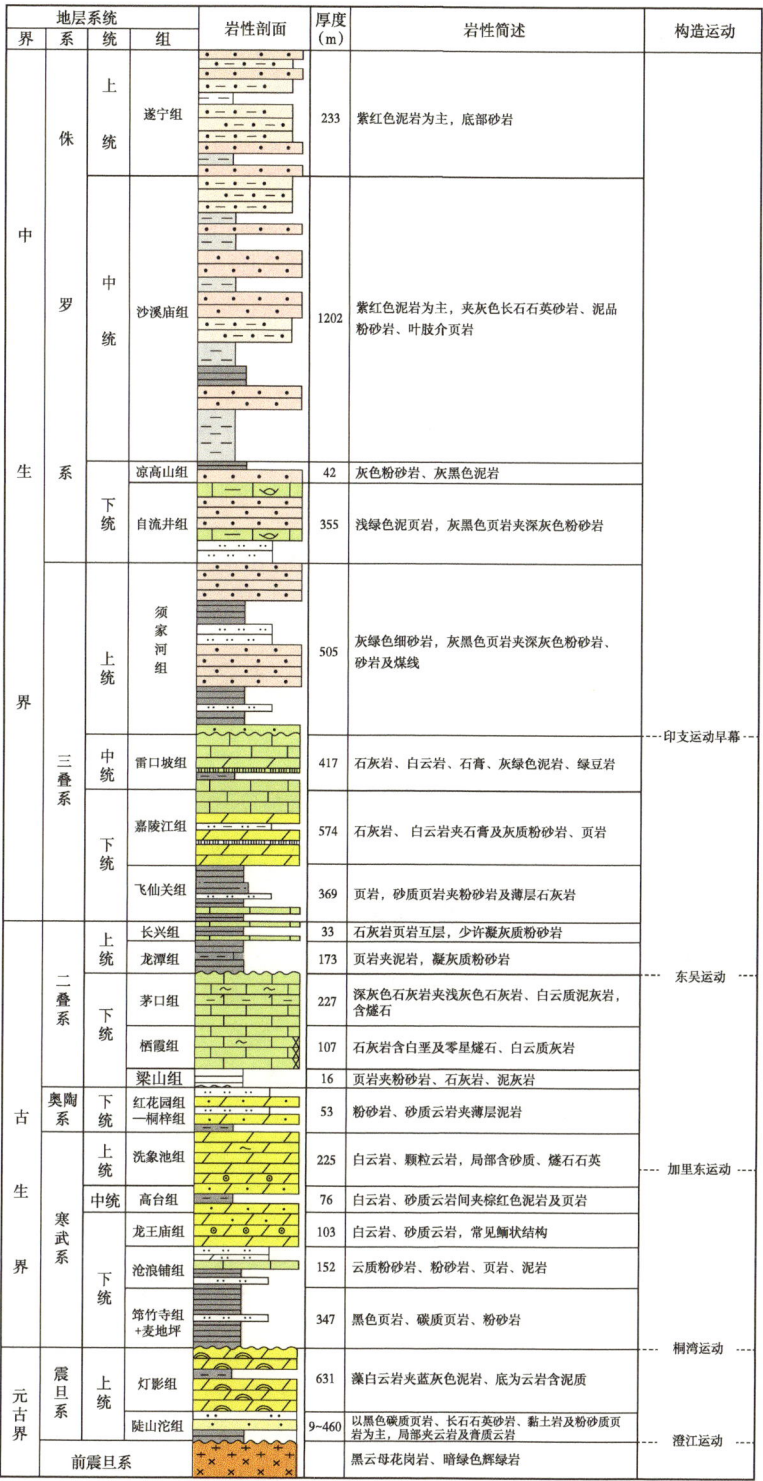

图 1-6 安岳气田地层综合柱状图

（2）灯三段（Z_2dn^3）：该段不同区块存在明显的相变，从四川北部的南江、镇巴地区的以陆源碎屑为主，到高石梯的深灰—蓝灰色泥页岩、砂质泥晶云岩及云质砂岩。地层厚度介于50~100m之间，盆地西缘完全剥蚀，盆地中部高石梯及盆地南部长宁一带较厚。

（3）灯二段（Z_2dn^2）：地层厚度介于20~950m之间，一般介于200~600m之间，基本呈现出盆地中间厚、四周薄的展布趋势。最厚区位于窝深1井，厚920多米，而东部出盆地的咸2井仅厚39m。岩性主要为丘格架岩、黏结岩、凝块岩及潮间高能藻滩沉积，岩性以浅灰色、浅灰白色藻云岩为主，夹粉晶云岩、泥晶云岩和粒屑云岩，具斑马状、叠层状、雪花状、团块状及葡萄状结构；局部夹膏盐岩及膏质、硅质云岩。

（4）灯一段（Z_2dn^1）：地层厚度在盆地及周缘一般介于20~500m之间，盆地内一般50~150m。如盆地东缘彭水廖家槽剖面厚226.6m，威远厚70~100m，窝深1井厚210m。长宁一带宁2井夹巨厚盐层而厚度增至493m。岩性以浅灰—深灰色泥粉晶云岩为主，夹藻云岩、细晶云岩，纹层状结构，局部可见膏质云岩、膏岩、含灰质云岩、含泥质云岩等。

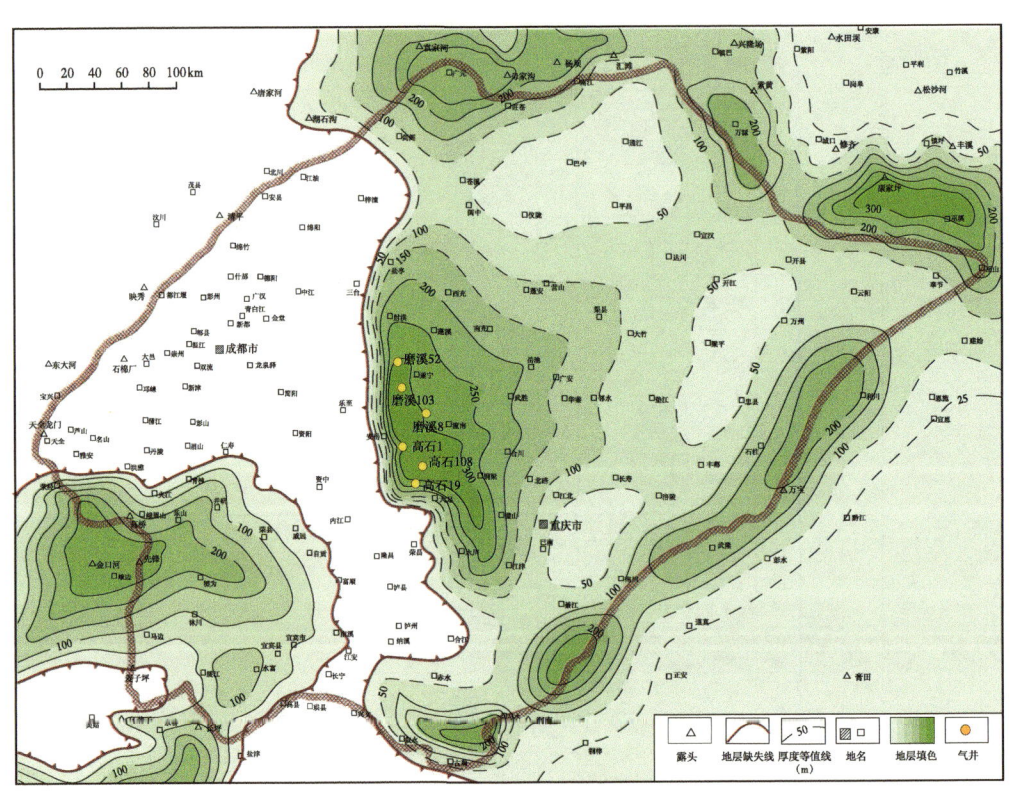

图1-7　四川盆地震旦系灯影组灯四段残余地层等厚图

三、生储盖组合

震旦系灯影组属于四川盆地沉积的第一套沉积盖层，第一套含气系统——震旦系—下古生界含气系统，以侧生旁储为主，兼有上生下储和自生自储型，烃储匹配好。

（一）烃源条件

根据区域野外及钻探资料分析认为，四川盆地灯影组烃源较丰富，灯影组的主要烃源共发育3套烃源岩：下寒武统筇竹寺组黑色泥页岩、灯影组三段泥质岩、灯影组二段藻云岩。对灯影组气藏起主要供烃作用的是下寒武统筇竹寺组黑色泥页岩。该套烃源岩总体上具有厚度大、有机质丰度高、类型好、成熟度高、烃源岩生气强度大的特点。其次灯影组自身发育藻白云岩和灯三段泥质岩，紧邻储层，具备一定生烃能力。总之安岳气田处于有利的生烃区域。

（二）储集条件

灯影组主要发育局限台地沉积环境，沉积期古地貌十分平缓，因此藻丘、颗粒滩亚相在盆内广覆式分布，后期成岩演化受区域性表生期岩溶控制，因此储层大面积连片分布，但优质储层仍受藻丘、颗粒滩亚相叠合表生期岩溶共同控制。因此安岳气田灯影组储层发育的物质基础为：藻丘、颗粒滩亚相，以及后期溶蚀作用强，储层空间以溶蚀孔洞为主，并发育粒间孔、晶间孔及溶洞，储集类型为裂缝—孔洞型，储层横向分布稳定，区域上连片发育，具备形成大气藏的储集基础。

（三）盖层与保存条件

根据区域构造及地震资料，本区构造平缓，特别是腹地深大断裂不发育，对油气的保存起到了十分重要的作用。同时宏观上看，灯影组埋深超过5000m，上覆盖层发育，在二叠系、三叠系及侏罗系中，泥页岩、致密的碳酸盐岩、膏盐岩十分发育，沉积厚度大，分布广泛，厚度达2000m以上。筇竹寺组泥岩可以作为直接盖层，在高石梯以西厚度在200~400m之间；向蜀南地区厚度明显增厚，天宫堂—长宁一带厚度超过400m；通江—南江沙滩—南江桥亭一带厚度在160~300m。与灯影组岩溶坡地及残丘优质储层侧向对接，形成有利的源储组合，也是直接盖层。因此，本区既具有很好的直接盖层，又具有很好的区域盖层，其油气保护条件是十分优越的。

综上所述，安岳气田灯影组气藏的生储盖组合好，各要素条件优越，具备形成大型气藏的成藏条件。

第三节　气藏勘探开发简况

一、气藏勘探开发历程

1956年四川盆地震旦—寒武系作为重大勘探领域，自1963年在川中古隆起高部位威远县境内威基井已钻至下寒武统的基础上，加深威基井，于1964年9月在震旦系获气，发现了威远气田震旦系气藏，至1967年，探明我国陆上最古老的整装气藏——威远气田震旦系灯影组气藏。

1970年开始持续探索加里东大型古隆起，通过不断的研究，认识到古隆起对区域性的沉积、储层和油气聚集具有重要控制作用，是油气富集有利区域。同时有针对性地开展古隆起震旦系—下古生界油气勘探工作。

2011年在四川盆地中部安岳气田高石梯区块高石1井钻探发现灯影组气藏，为了有效开发好这一古老气藏，先后开展了高石1井的试采工作，结合已完钻的探井编制高石1井区试采方案并实施了试采工作，2015年提交高石1井区灯四段探明储量，均证实了灯四气藏的开发潜力（洪海涛等，2011）。

如何有效开发该气田,聚焦"储集体精细描述、储量高效动用、安全开发"难题,编制了高石1井区先导试验方案并开展相应的开发技术攻关,组织实施先导试验方案工作取得了较好的效果,2017年完成了高石1井区开发方案并获得批复,全面启动了气田产能建设,2018年底达到 $18\times10^8m^3/a$ 产能规模。随着攻关研究安岳气田高石梯台缘带有利区域扩展,编制安岳气田高石1井区二期开发方案并获得批复,实施了产能建设及相应的地面工作调整,2021年全面建成,实现了年产能 $60\times10^8m^3$ 规模。

二、气藏开发简况

通过攻关创新形成了有针对性的岩溶型气藏高效开发关键技术,驱动气藏开发处于边际效益变成了规模高效开发的典型代表,展现了安岳气田震旦系气藏具有较大勘探开发潜力,2022年在高石1井区台内编制并实施了高石18—19井区灯四气藏先导试验方案和高石1井区灯二气藏先导试验方案。

2011年高石1井投入试采以来,截至2022年12月底,高石梯区块台缘带灯四气藏内累计投产气井35口,产能规模达到 $850\times10^4m^3/d$,实际建成产能规模优于方案规模。气藏历年累计产气 $92.0\times10^8m^3$,累计产液 $19.0\times10^4m^3$(图1-8)。

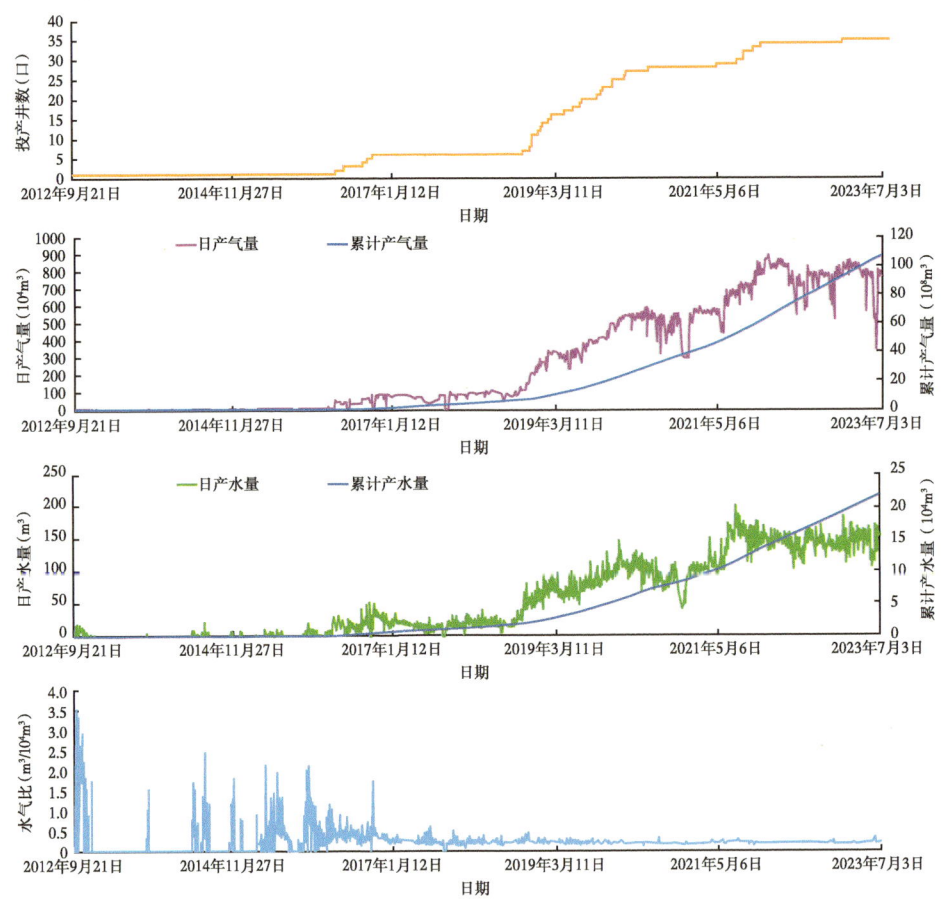

图1-8 高石梯区块生产曲线图

第二章 灯四气藏特征及开发对策

对灯四气藏的地层特征、沉积相分布、储层特征、丘滩体分布开展精细描述，结合气藏开发特征，明确气藏高效开发方式，提出高效开发技术对策。

第一节 地层特征

一、地层层序格架及展布

为了对储层、气藏更深入地解剖，有必要对灯四段进一步细分。首先，在野外剖面及单井灯四段中部出现了一个岩性岩相转换面，岩石学特征表现为层纹状藻云岩、晶粒云岩或泥质云岩；其次，在单井上该转换面对应的伽马值相对增高，在区域上可对比；最后，在沉积旋回上，灯四段上、下两个小层由下至上均表现为由藻丘或潟湖逐渐过渡为台坪相的基本特征，见表2-1。

表2-1 高石梯区块灯四段地层划分表

地层		划分依据		
		岩性组合	电性特征	沉积旋回
灯四段	上小层	由下向上发育凝块云岩、叠层状藻云岩夹泥粉晶云岩→纹层状藻云岩、泥晶云岩	伽马低值，曲线平直，局部夹小齿状，顶部突变为高值；电阻率高值，大小齿间互	由下向上：发育丘、滩相→台坪相向上变浅旋回
	下小层	由下向上发育泥晶云岩、泥质云岩→凝块云岩、藻砂屑云岩→泥粉晶云岩、纹层状藻云岩和泥质云岩	伽马低值，曲线小齿状，顶部普遍存在伽马相对高值段；电阻率高值，大小齿间互	由下向上：发育潟湖相→丘、滩相→台坪相向上变浅旋回

基于以上的地层划分依据，利用新完钻井资料，进一步对灯四上亚小层与灯四下亚小层地层分布特征进行了精细刻画。整体上灯四上亚小层地层厚度在高石梯区块主要分布在60~140m，并表现出自西向东、自北向南厚度逐渐减薄的特征；高石梯区块灯四下亚小层地层厚度主要分布140~250m，整体上表现出自南向北、自西向东地层厚度逐渐增厚的特征（图2-1和图2-2）。

在灯四上亚段、下亚段划分的基础上，发现整个上扬子台地在灯四段沉积晚期均发育一套热水成因的硅质，由海底火山喷发作用释放的SiO_2溶解于海水之中，经过运移后，在低能环境下沉积，形成硅质岩，这套硅质在高石梯区块均有分布。

由于这套沉积成因硅质岩稳定分布（罗文军等，2019），且具有测井易识别、岩石较致密的特征，故以此硅质层的底部为界，将灯四上亚段自下而上划分为灯四上亚段^{1}小层、灯四上亚段²小层这两个小层。为方便开发现场工作使用，将灯四段的灯四下亚段、灯四上亚段¹小层、灯四上亚段²小层统一标识为灯四¹小层、灯四²小层、灯四³小层（图2-3），为了方便理解，把灯四上亚段可称作为灯四$^{2+3}$小层。利用新完钻井资料对灯四²小层与灯四³小层内的地层展布特征进行了细致的分析刻画。灯四³小层经历长时间的岩溶、风化剥蚀，残余厚度较薄，灯四²小层仅在局部区域遭受剥蚀，残余厚度较大。

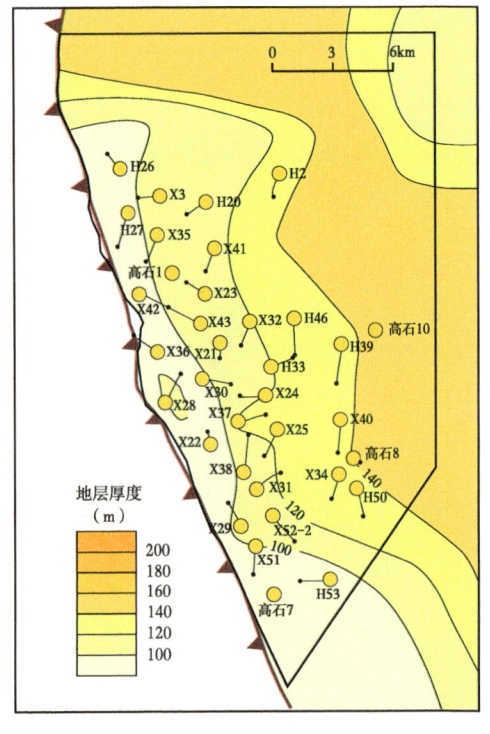
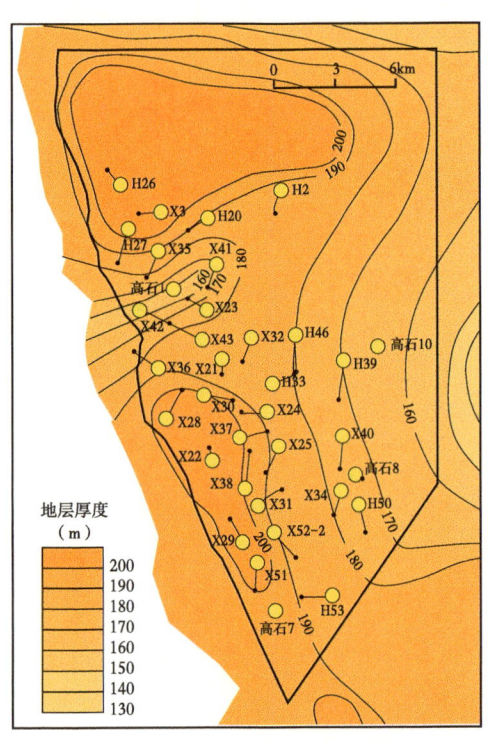

图2-1 灯四上亚段小层地层厚度等值线图　　图2-2 灯四下亚段小层地层厚度等值线图

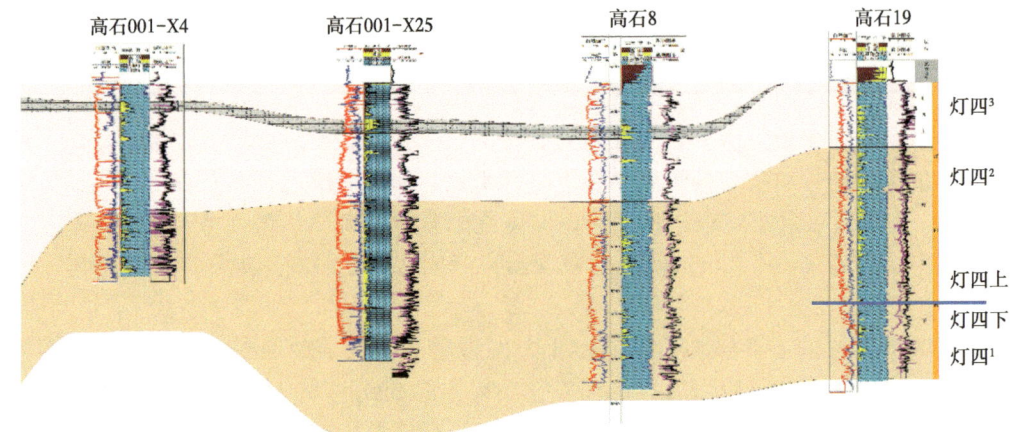

图2-3 灯四段内部小层划分对比剖面图

高石梯区块灯四^{2}小层遭受剥蚀量较小，地层保存相对完整，整体残余厚度在60~220m，南部高石梯区块厚度相对较薄，厚度60~100m。

高石梯区块灯四^{3}小层在桐湾Ⅱ幕及Ⅲ幕抬升，遭受长时间的岩溶、风化剥蚀，在高石7井—高石109井一线以西被剥蚀殆尽，高石梯地区高石001-H11井—高石001-X24井区厚度局部增厚，高石3井—高石8井区厚度较大，在40m左右。

二、灯四段地震层序格架建立

单井层序地层学研究是层序地层学研究的基础，单井层序划分与对比是在确定层序界面即基准面旋回的基础上，划分不同级次的地层层序。在明确灯四^{1}小层、灯四^{2}小层、灯四^{3}小层分界的基础上，识别每口单井三级层序、体系域和准层序组边界，建立井间年代地层的对比关系。建立层序地层格架可以有效地提高区域地层对比精度，从而为古地理再造、盆地分析和油气地质演化历史做出更为合理的解释，对有利相带或区块预测及评价等精细地质研究提供更为可靠的地质模型。

（一）连井层序剖面对比

根据沉积、地震及单井资料的综合分析，建立了高石1井区纵、横向层序地层格架剖面共6条，涉及井数30口，以进一步了解层序叠加特征及地层厚度变化。

利用地震资料划分层序的关键，是确定代表层序边界的不整合和与之对应的整合面，在地震剖面上，主要依据反射终止特征来确定不整合面的位置，并进一步追踪与之对应的整合面。在剖面上，层序界面下部常具削截、顶超；上部为上超或下超反射终止。其中，削截是下伏地层遭受剥蚀的直接证据，是层序界面识别的最可靠的标志。高石梯地区地层厚度灯四段由西向东整体变化稳定，井震规律基本一致；灯四$^{2+3}$小层底界，在地震上表现为较强波峰，连续性较好，可追踪解释。

（二）准层序组地震识别

单井统计灯四^{3}小层地层厚度一般在50m，厚度较薄；同时，在台缘带靠近灯四段陡坡地区的井在该层存在地层剥蚀。虽然在井上准层序组界面有一定的测井响应和岩性变化，但从速度和密度测井曲线来看，在准层序组位置的响应并不明显。因此，受目的层沉积特征影响和地震资料限制，灯四段内部尤其是准层序组在地震上识别存在一定难度。针对准层序组识别存在的难点，对该地区准层序组的识别追踪和剥蚀线识别进行了技术方法攻关。

首先，在准层序组的识别追踪方面，从三个方面来分析：

（1）基于高分辨率地震的地层框架模型；

（2）利用层序边界属性获得的各级层序界面；

（3）Wheeler域变换技术结合层序边界属性进行层序划分。

总的来说，该方法是在提高分辨率处理后的地震上建立地层框架模型，在精细的地层框架模型上利用层序边界属性获得更多的可能层序界面，然后，再以Wheeler域变换技术结合层序边界属性进行层序划分。

在Wheeler域中可以看到，灯四^{1}小层沉积体整体呈从海向台地中心推进的特点，是海平面上升导致的，能明显地看出有两次海侵的特征；在Wheeler域中灯四^{1}小层与灯四$^{2+3}$小层之间存在短暂的风化剥蚀作用，与前文的认识是一致的；灯四$^{2+3}$小层Wheeler

域中整体表现为一种垂向加积的特征，是海侵体系域的一种表现，局部可以区分出海侵和海退的特点。

（三）地震各层序地层厚度平面展布

灯四^{1}小层地层厚度在20~95ms之间，一般地层厚度在45ms。整体表现为南厚北薄，而南部的高石梯地区由西向东也有逐渐减薄的趋势（图2-4）。

灯四$^{2+3}$小层地层厚度在30~103ms之间，一般地层厚度在48ms。整体表现为北厚南薄，同时灯四^{2}小层地层厚度也符合这一规律；灯四^{3}小层西部地区存在地层剥蚀，未剥蚀区地层厚度整厚较薄，在0~23ms之间，横向厚度变化稳定（图2-5）。

灯四段地层厚度横向变化总体稳定，自北向南、由西向东各段均有减薄趋势。

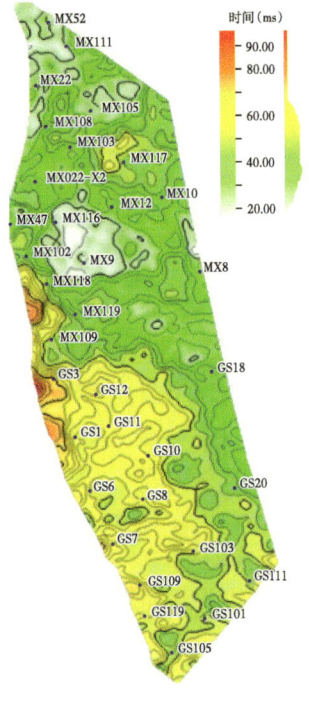

图2-4　灯四^{1}小层地层厚度

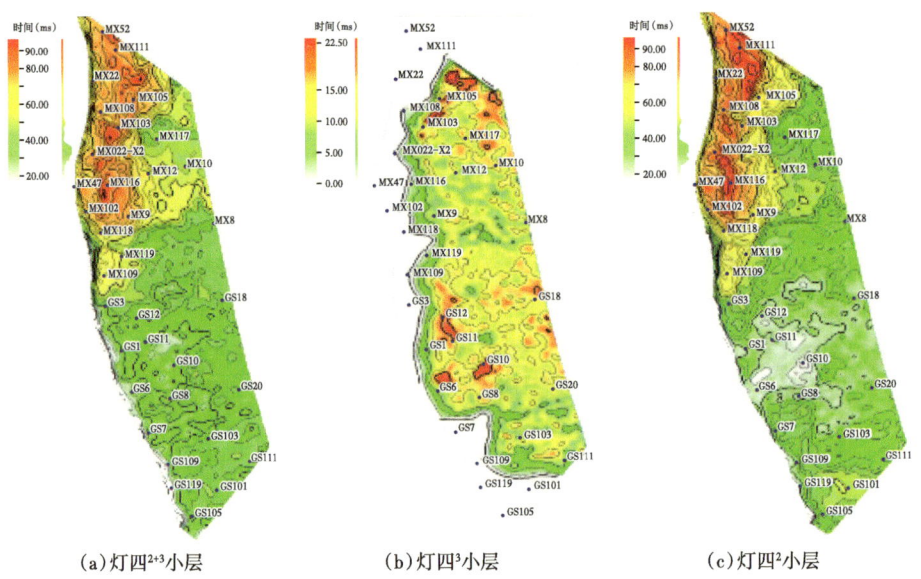

（a）灯四$^{2+3}$小层　　　（b）灯四^{3}小层　　　（c）灯四^{2}小层

图2-5　灯四$^{2+3}$小层地层厚度

第二节　沉积相特征

一、沉积相模式

在对四川盆地震旦系区域沉积地质背景分析的基础上，以钻井岩心地质分析为主要依据，结合录井、测井（特别是成像测井）、地震等资料，并参考盆地周缘露头及盆地邻区老井钻探资料，通过综合分析，建立了四川盆地灯影组沉积相模式（图2-6）。

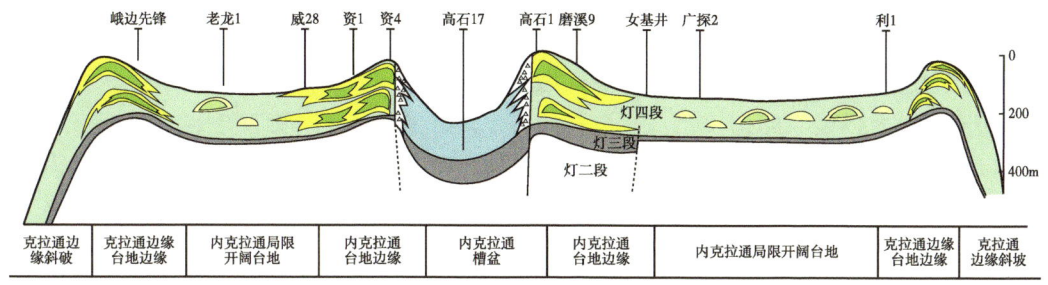

图2-6　四川盆地上震旦统灯影组沉积模式图

高石梯区块灯影组建造于混积台地沉积基础之上，以台内裂陷为中心，台地边缘—开阔、局限、蒸发台地—台地边缘相对称发育；与经典模式相比，新增了内克拉通槽盆—台地边缘2个相带。

灯四段沉积相带展布主要受台内裂陷影响，灯四段丘、滩相在台缘带广泛分布（图2-7），向台内发育程度逐渐降低。微地貌影响滩体发育程度，高地貌发育高能丘滩复合体，丘滩体厚度大，可多期滩叠置发育；低地貌发育低能丘滩，丘滩体厚度和规模小，其中多见夹层。因此，台缘带宏观控制相带展布，进而控制丘滩体发育（白国平等，2006）。

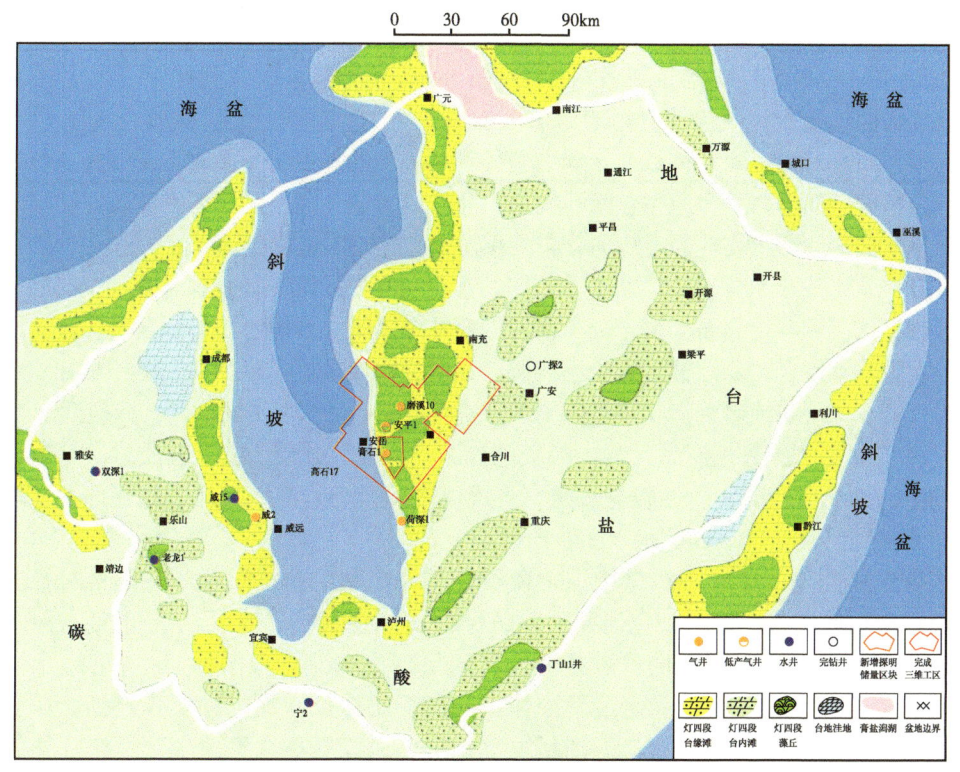

图2-7　四川盆地震旦系灯影组灯四段沉积相平面图

从区域沉积背景看，安岳气田位于古隆起东段，处于丘滩相最有利发育区。在局部地貌洼地发育丘间或滩间沉积。储层纵向上集中发育在灯四段上亚段的藻丘、颗粒滩亚相中。

二、灯四段沉积微相划分与剖面演化特征

结合地震层序划分高石梯区块灯四段为碳酸盐岩局限台地沉积环境，结合盆地区域沉积相研究成果及已建立的相模式，通过对高石1井区及相邻地区灯四段岩心精细描述及沉积相分析，认为安岳气田灯四段主要处于台地边缘相，可识别出丘滩及丘间2个亚相，其中丘滩亚相又可以细分为丘盖、丘核、丘翼和丘基4个微相（表2-2），并总结了各微相的识别标志。

表2-2 安岳气田灯四段沉积体系划分简表

相	亚相	微相	主要岩石类型
碳酸盐岩局限台地	丘滩	丘盖	灰色、灰白色泥晶云岩、泥晶含粉砂质云岩
		丘核	灰色砂屑云岩、灰黑色藻砂屑云岩等
		丘翼	藻凝块云岩、藻叠层云岩、藻纹层云岩等
		丘基	深灰色泥晶云岩、深灰色含泥质云岩、硅质云岩、硅质岩
	丘间		深灰色、灰黑色泥、泥质云岩、泥质条带云岩

丘盖：灰色、灰白色层状泥晶云岩，偶见泥晶含粉砂质云岩，常具有水平层理、鸟眼、干裂等沉积构造。通常发育于地势平坦的水下高地，其动力来自平均海平面的周期性变动，沉积水体较浅，沉积界面处于平均海平面附近，周期性或长期暴露于大气之下，潮汐和波浪作用较弱。局部溶蚀针孔较为发育，可形成储层，成像测井上表现为图像较均一。在GR曲线上呈齿状起伏，一般为10API左右。

丘核：沉积环境具有水体浅、水动力条件相对较强的特点；主要岩石类型为灰色砂屑云岩、灰黑色藻砂屑云岩等，原生粒间孔发育，易形成溶蚀孔洞，是形成物性较好储层的有利沉积微相。成像测井上表现为有均匀分布的小黑斑。在GR曲线上呈低值，一般低于15API。

丘翼：常形成于水深适中、水动力较弱、稳定且开放的沉积环境，是有利于储层发育的沉积相带。该沉积环境岩石类型十分丰富，主要发育藻凝块云岩、藻叠层云岩、藻纹层云岩等，原生粒间孔发育，易溶蚀形成中小溶洞，是形成物性较好储层的有利沉积微相。成像测井表现为具有顺层状或者蜂窝状黑色斑块。在GR曲线上呈低值平滑曲线，一般低于15API。

丘基：主要由深灰色泥晶云岩、深灰色含泥质云岩、硅质云岩、硅质岩等组成，沉积水体较深，水动力较弱，岩性较为致密，且难以溶蚀，为岩溶底板。成像测井上表现较均一，部分出现黑色条带。GR值一般高于40API。

依据已经建立的单井沉积微相识别模板，进一步利用新完钻建产井资料对各个小层内的沉积微相展布特征进行细化研究。在顺台缘方向上，灯四^{1}小层沉积时期丘滩主要发育在高石梯地区，随着时间的推进丘滩发育区呈现出向北迁移的特征；灯四^{3}小层高石梯地区丘地比相似，但由于受岩溶剥蚀作用的影响难以反映原始的沉积特征。从总体上看台缘带灯影组丘滩沉积具有自老到新、沉积中心由高石梯向磨溪地区逐渐迁移的特征（图2-8）。

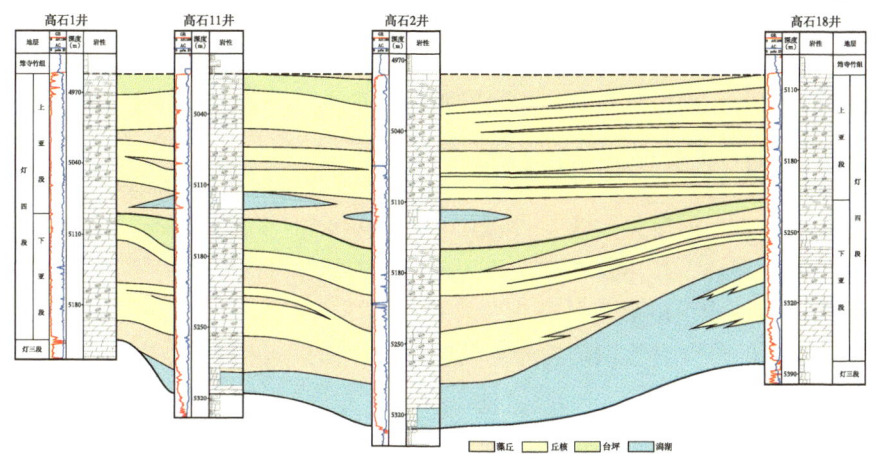

图 2-8 高石 1 井—高石 11 井—高石 2 井—高石 18 井震旦系灯影组四段沉积相横剖面图

三、灯四段沉积微相展布特征

结合新完钻井资料进一步对灯四台缘带灯四^{1}小层、灯四^{2}小层与灯四^{3}小层的丘滩发育特征进行了详细刻画，分别绘制了灯四^{1}小层和灯四^{2}小层的丘地比平面分布图（图2-9和图2-10）。从图2-9和图2-10中可以看出，灯四^{1}小层丘滩集中发育于高石梯地区，高石1井区与高石9井区丘地比普遍在70%以上，但其余区域丘地比整体偏低，普遍在50%以下。灯四^{2}小层与灯四^{3}小层丘滩发育特征整体相似。

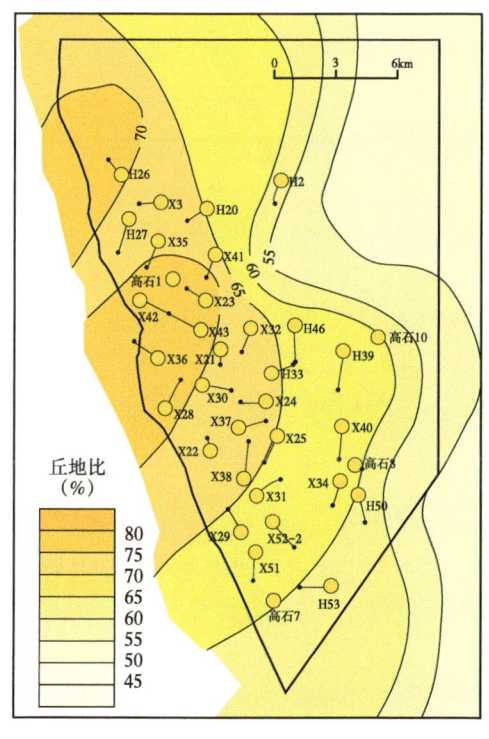

图 2-9 灯四^{1}小层丘地比平面等值线图

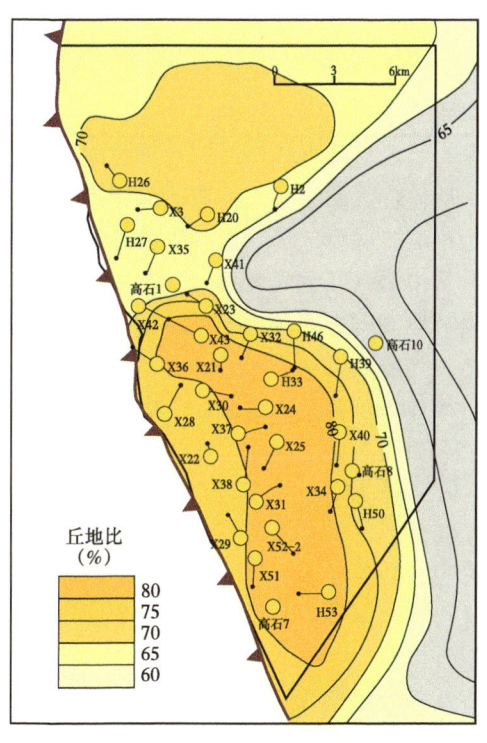

图 2-10 灯四^{2}小层丘地比平面等值线图

四、丘滩体刻画

通过对高石梯区块已知沉积相的井地震响应特征进行分析，比如说，高石3井和高石8井，灯四^{1}小层丘核表现为一种中强的地震响应特征，灯四$^{2+3}$小层表现为一种宽波谷、弱反射地震响应特征；高石102井丘翼表现为连续的相对较弱的地震响应特征（图2-11）；高石7井丘翼在灯四^{1}小层表现为较连续的中强反射特征，在灯四$^{2+3}$小层表现为一种弱的地震响应特征；高石1井丘翼在灯四段表现为一直能够连续弱反射的地震响应特征；丘滩或丘滩优势相在地震上的反射特征多种多样，难以直观地从这一方向找到规律，因此，使用单一的地震属性难以有效识别丘滩及其边界（张玺华等，2019）。

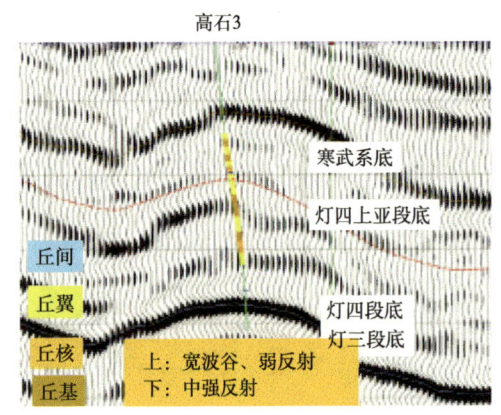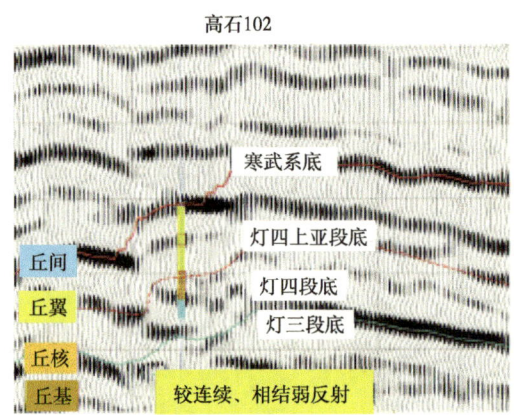

图2-11　四川盆地高石1井区不同井丘滩体地震响应特征

（一）丘滩体二维地震正演

研究高石1井区地震采数以20m×20m面元，2ms地震采样，剖面深度范围以目的层埋深为参数，从完井数据中获取目的层的速度、密度、丘滩体类型、丘滩体厚度等关键参数，从地震数据中获取构造、储层形态、断层特征及地震采集处理参数。采用波动方程法进行正演，观测地震对丘滩体及缝洞等地质特征的响应。

从模型一正演结果来看，当多层滩体重叠累计厚度超过60m时，地震容易检测，其地震响应为较弱宽波谷、底部强亮点、顶部弱波峰；对多层重叠或单层厚度超过21m的滩体，地震上也比较容易检测，其地震响应为较弱宽波谷、底部亮点、顶部较弱波峰；而当滩体单层厚度小于21m时，则不易被检测，随着滩体厚度递减，地震响应逐渐减弱（图2-12和图2-13）。

（二）多属性交会丘滩体定性雕刻

在灯四段丘滩体定性预测方面，利用对丘滩敏感的甜点、相对波阻抗和振幅包络进行三参数交会分析，将这三种属性对丘滩的分选门槛值来圈定符合条件的范围，以三种属性的优势属性重叠区来刻画丘滩储层，同时结合测井解释结果，设定储层门槛值，对丘滩进行定性预测。

从预测结果来看，灯四下亚段滩体分布范围较广，沿台地边缘更为发育，厚度也较大；向东发育程度逐渐降低，滩体厚度减薄。而在灯四$^{2+3}$小层滩体主要在靠近台缘带的

MX118井、高石3井及高石6井等井区发育,向东部台内地区发育程度逐渐降低。

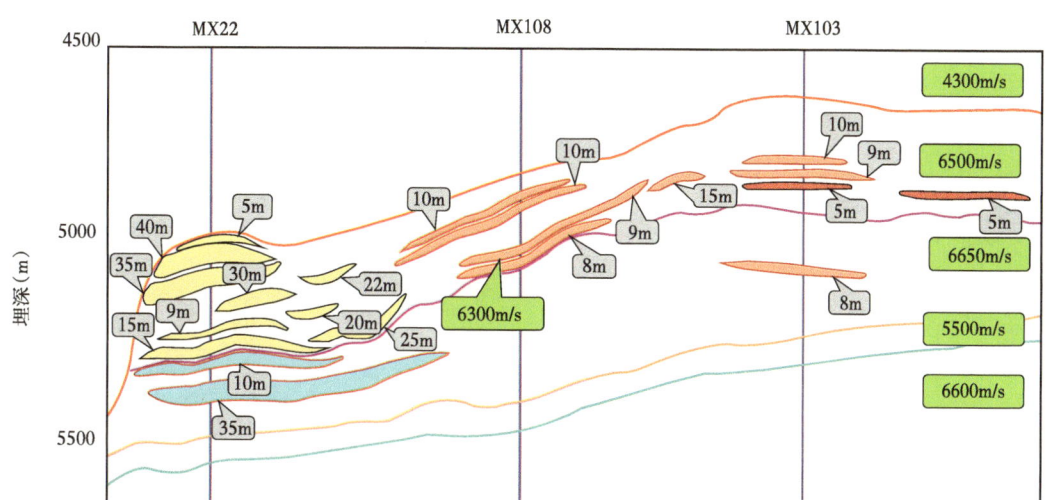

图2-12 高石梯区块过MX22井、MX108井、MX103井丘滩储层地质模型

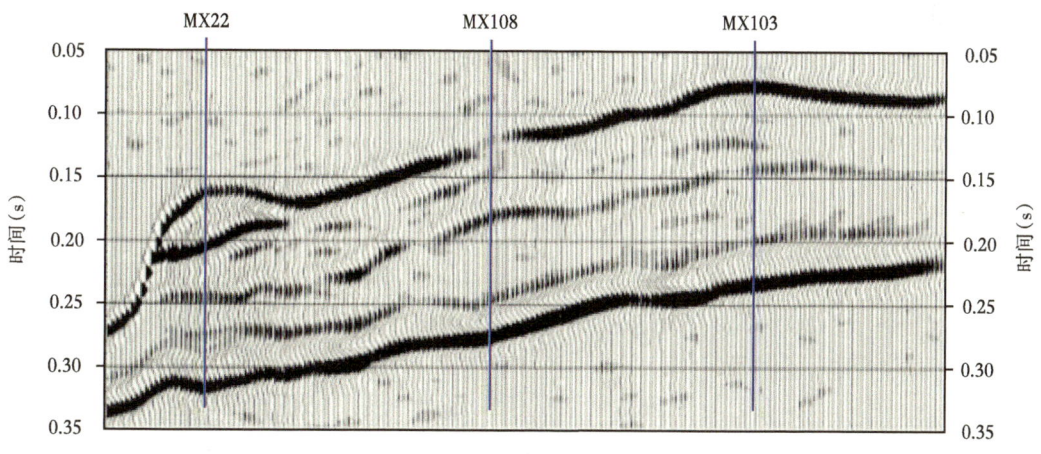

图2-13 高石梯区块过MX22井、MX108井、MX103井丘滩储层正演剖面

(三)丘滩体定量雕刻

1. 丘滩电性响应特征

根据高石梯区块完钻井的测井解释的沉积微相,将高石1井区沉积微相划分为三大类,分别是:丘翼—丘核、丘盖—丘基及丘间。通过分析高石1井区灯四段密度、电阻率、孔隙度、声波时差和自然伽马等岩石物理单参数,认为丘滩体具有低电阻率、低自然伽马、高密度、高速度和高孔隙度的特征。其中自然伽马和孔隙度能够较好地区分丘滩与丘间(图2-14)。从图2-14中可知,孔隙度对丘滩体和丘间的分选门槛值可设为1.5%,自然伽马门槛值可设为32API;同时,对丘滩敏感的甜点属性门槛值可设为780。三参数交会来综合识别丘滩。

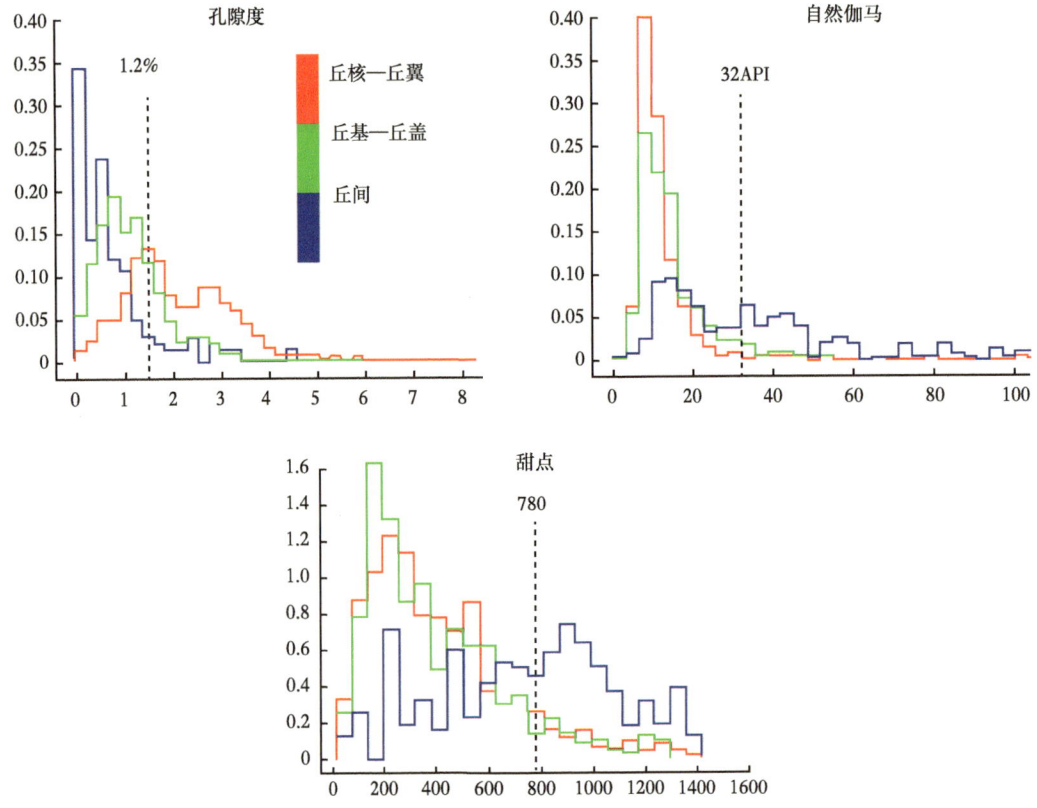

图 2-14 四川盆地高石梯区块灯四 $^{2+3}$ 小层丘滩电性特征

2. 丘滩体分布特征

高石梯区块灯四 $^{2+3}$ 小层丘滩厚度变化较大，呈北厚南薄的趋势，与地层厚度变化趋势接近，灯四 $^{2+3}$ 小层丘滩整体厚度在 0~220m 之间。丘滩厚度发育区在高石梯地区丘滩厚度横向差异较小，整体较薄。

灯四 ^{3} 小层由于靠近台缘带遭受地层剥蚀，丘滩厚度发育不完整，且厚度整体较薄，厚度范围在 0~60m，一般在 30m 左右。丘滩厚度北薄南厚，但横向连续性较差，最发育处在高石梯高石 12 井、高石 11 井、高石 9 井区集中分布。灯四 ^{2} 小层厚度变化符合灯四 $^{2+3}$ 小层丘滩厚度变化趋势，呈北厚南薄的趋势，厚度变化在 0~200m 之间。丘滩厚度发育区在高石梯地区丘滩厚度横向差异较小，整体较薄。

从预测结果来看，丘滩在靠近西部台缘边界更发育，而丘滩厚度变化受古地貌影响较大，在古地貌斜坡区丘滩厚度相对较大（图 2-15）。

3. 丘滩体叠置关系

从丘滩定量预测结果来看，灯四 $^{2+3}$ 小层丘滩发育程度高，滩体相互粘连或交错叠置，相对独立发育的丘滩极少；灯四 ^{1} 小层发育程度低，滩体多以孤立分布为主，局部也有相互粘连或交错叠置的滩体发育。平面上，灯四 ^{3} 小层连续性最好，丘滩主体在高石 2 井、高石 9 井、高石 8 井区分布集中，孔隙度也较高，一般在 2.5% 以上；灯四 ^{2} 小层丘滩连续性相对较低，丘滩主体在高石 11 井、高石 10 井等井区分布集中，孔隙度相对较高，一般在 2% 以上；灯四^{1}小层丘滩连续性低，平面分布规律性不强，孔隙度整体较低。从全区来看，滩体发育程度及叠置关系南北有差异。在高石梯地区整体较薄，横向连续性强，以长条状居多，有部分独立滩体发育。

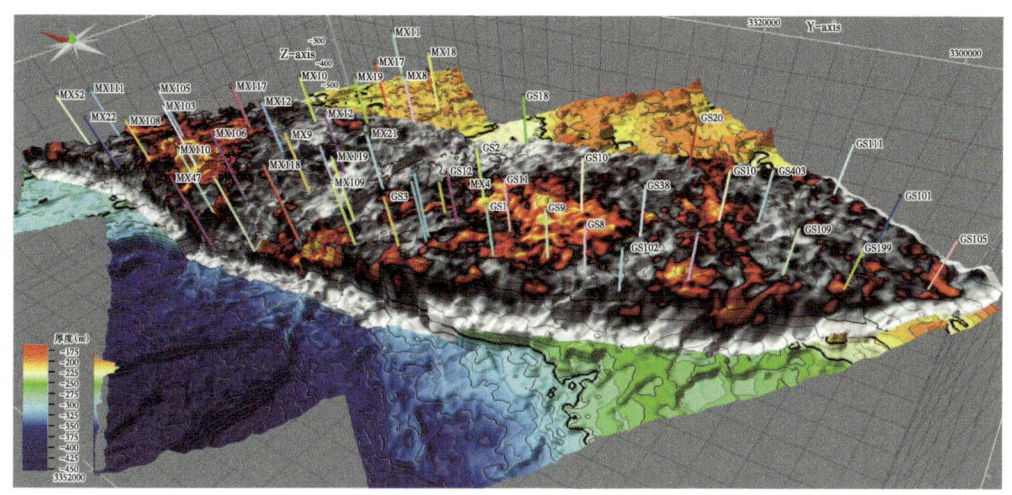

图 2-15　四川盆地高石梯区块灯四$^{2+3}$小层丘滩体厚度分布图

第三节　储层特征

一、储层岩性特征

高石梯区块灯四段取心及岩屑常规薄片鉴定分析结果表明，高石梯区灯四段最有利的储集岩类主要为富含菌藻类的藻凝块云岩、藻叠层云岩、藻砂屑云岩（图 2-16 和图 2-17）。

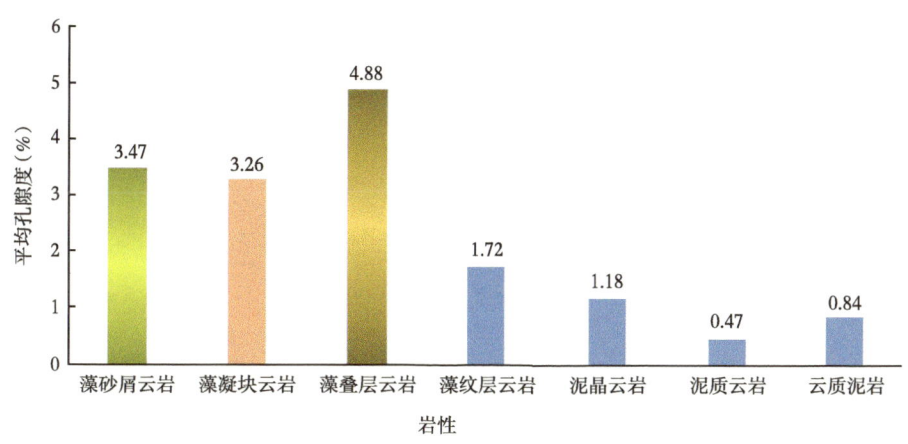

图 2-16　不同岩性平均孔隙度统计直方图

(a) 藻凝块云岩，孔洞发育，高石1井，灯四段，4977.73m　　(b) 藻凝块云岩，灯四段　　(c) 藻凝块云岩，溶蚀孔洞发育，高石7井，灯四段，5301.33~5301.48m

(d) 藻叠层云岩，孔洞发育，高石1井，灯四段，4975.14~4975.29m　　(e) 藻叠层云岩，孔洞发育，高石2井，灯四段，5014.92m　　(f) 藻叠层云岩，孔洞发育，高石2井，灯四段，5135.7m

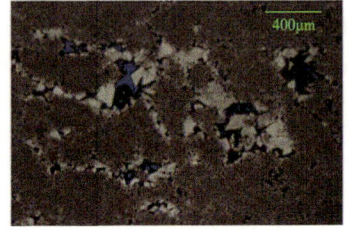

(g) 藻砂屑或藻团云岩，高石1井，灯四段，4957.12m　　(h) 亮晶砂屑云岩，粒间溶孔，高石1井，灯四段，4968.15m　　(i) 藻黏结砂屑云岩，溶孔发育，高石1井，灯四段，4966.98~4967.07m

图 2-17　高石梯区块灯四段储集岩石类型

二、储层物性特征

（一）孔隙度

储层岩心柱塞样品孔隙度总体分布在 2.00%~13.90%，单井平均 2.52%~4.36%，主要分布在 2%~6% 之间，总体平均为 3.91%；全直径孔隙度分布在 2%~10.71%，单井平均在 2.78%~5.75%，总体平均孔隙度为 4.08%，按 2005 年储量规范，灯四段储层为低孔储层。通过对灯四段 58 个全直径及 485 个柱塞样孔隙度数据统计分析，灯四段全直径孔隙度（平均孔隙度为 4.08%）优于柱塞样孔隙度（平均孔隙度为 3.91%）；从孔隙度分布直方图上可见（图 2-18 和图 2-19），柱塞样与全直径样品分布规律相似，柱塞样孔隙度主要集中分布在 2%~6%，占 88.05%；全直径样品孔隙度在 2%~6% 之间的占 84.48%。

从灯四上亚段、灯四下亚段储层岩心样品孔隙度统计看（图 2-20 和图 2-21），灯四上段储层孔隙度分布在 2.00%~10.54% 之间，平均为 3.96%；灯四下亚段储层孔隙度分布在 2.00%~13.90% 之间，平均为 3.74%。

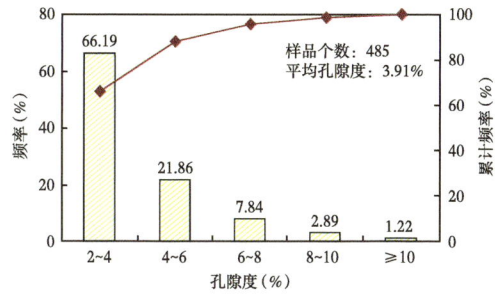

图 2-18　灯四段储层段岩心（柱塞样）孔隙度频率直方图

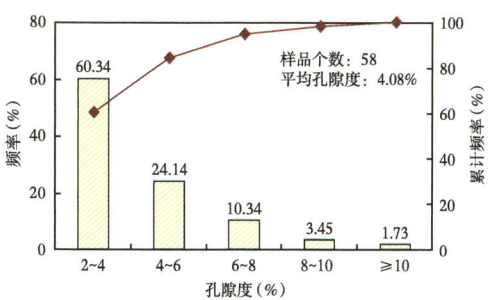

图 2-19　灯四段储层段岩心（全直径）孔隙度频率直方图

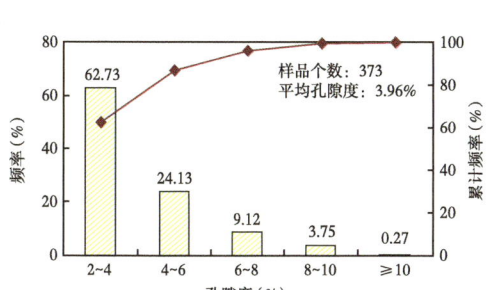

图 2-20　灯四上亚段储层段岩心孔隙度频率直方图

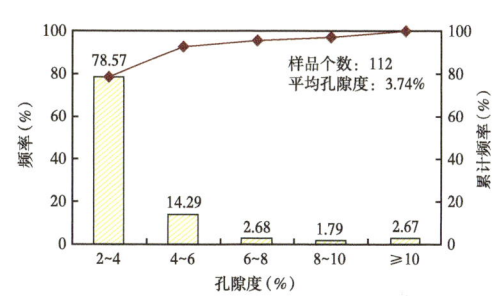

图 2-21　灯四下亚段储层段岩心孔隙度频率直方图

（二）渗透率

从 353 个岩心柱塞样品渗透率统计结果看，渗透率主要分布在 0.01~10mD 之间，占样品总数的 56.94%，平均值为 1.02mD，为低渗透储层；岩心全直径样品垂直方向渗透率主要分布在 0.1~1mD 之间，平均 3.78mD，而水平方向渗透率，主要分布在 1~10mD 之间，平均为 4.19mD。全直径垂直渗透率与柱塞样渗透率具有相似性，而全直径水平渗透率明显高于垂直渗透率及柱塞样品渗透率，分析认为全直径水平渗透率较高主要是受溶洞发育影响，储层溶洞主要为顺层发育，横向连通性强，对灯影组储层水平渗透性具有较大的贡献（图 2-22 和 2-23）。

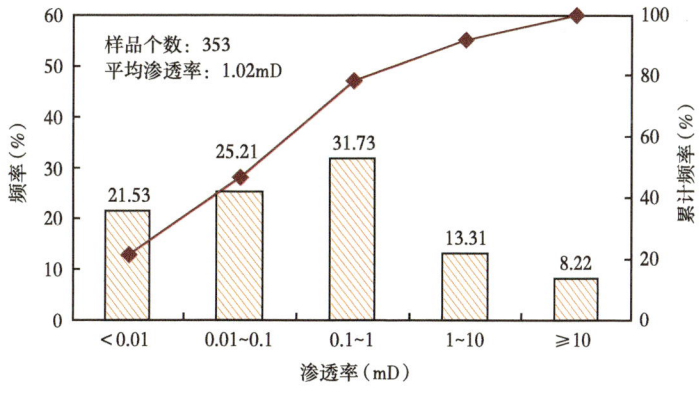

图 2-22　灯四段储层段岩心（柱塞样）渗透率频率直方图

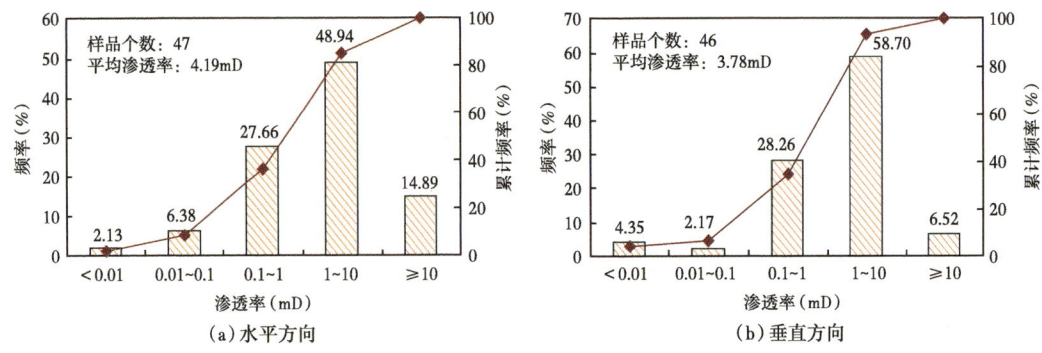

图 2-23 灯四段储层段岩心（全直径）渗透率频率直方图

（三）储集空间特征

据岩心、薄片、铸体薄片、电镜扫描资料，高石梯区块灯四段储层的储集空间类型以溶洞、次生的粒间溶孔、晶间溶孔为主（表 2-3 和图 2-24）。

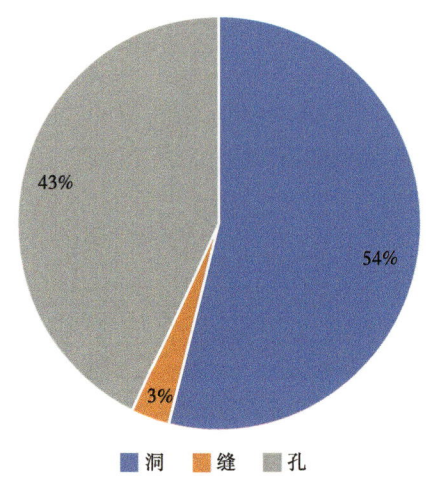

图 2-24 高石梯区块灯四段储集空间饼状图

表 2-3 储集空间类型表

储集空间类型			主要储集岩石类型	发育频率
孔隙	原生孔隙	残余粒间孔	藻黏结砂屑云岩、砂屑云岩、藻砂屑云岩	中—低
		格架孔	隐藻凝块云岩	低
	次生孔隙	粒间溶孔	藻黏结砂屑云岩、砂屑云岩、藻砂屑云岩	高
		晶间孔	残余砂屑粉、细晶云岩	中—高
		晶间溶孔	残余砂屑粉、细晶云岩	中—高
洞穴	原生洞穴	格架洞	隐藻凝块云岩、藻格架云岩	中
			藻叠层云岩	中—低

续表

储集空间类型			主要储集岩石类型	发育频率
洞穴	次生洞穴	溶洞	隐藻凝块云岩、藻叠层云岩、藻格架岩	高
			泥粉晶云岩	低
裂缝	构造裂缝		不限	不等
	次生溶缝		不限	

1. 孔隙

通过薄片观察，高石梯区块灯四段孔隙类型以次生的粒间溶孔、晶间溶孔为主（图 2-25 和图 2-26）。当颗粒岩原始堆积后颗粒之间会由于颗粒本身支撑形成原生粒间孔，当粒间胶结物不发育或含量极少时，粒间孔隙得以保存，形成残余粒间孔。由于酸性流体溶蚀或大气淡水淋滤的影响，颗粒间胶结物或部分颗粒本身被多期改造扩大形成粒间溶孔，而粒间溶孔只是对原生粒间孔的保持和扩大，这些孔隙镜下也可见到胶结物全部被溶蚀，甚至部分溶蚀颗粒而形成粒间溶孔，孔隙边部普遍发育一层沥青膜，表明在地质历史时期，这类孔隙因油气充注而得以保存。这类孔隙是灯四段砂屑云岩最主要的储集空间。晶间孔和晶间溶孔主要发育于重结晶强烈、原岩组构遭到严重破坏的藻凝块云岩中。孔隙呈规则的三角状，部分发生溶蚀形成晶间溶孔。晶间孔和晶间溶孔也是灯四段较为重要的储集空间类型之一。

 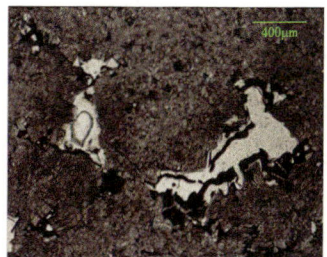 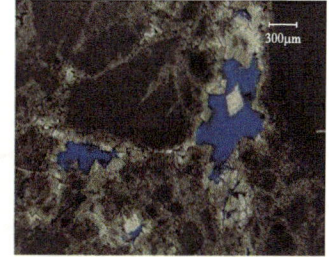

(a) 粒间溶孔，高石1井，灯四段，4971.14m　　(b) 粒间溶孔，高石1井，灯四段，4966.98m　　(c) 砂屑云岩，粒间溶孔，高石1井，灯四段，4967.79m

图 2-25　高石梯区块灯四段储集空间类型——粒间溶孔

 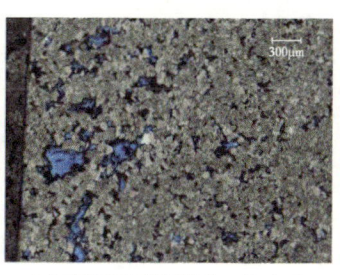 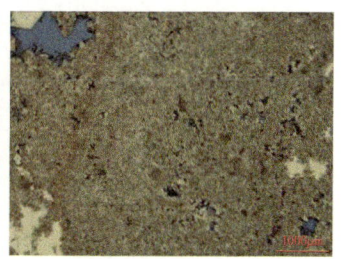

(a) 晶间孔及晶间溶孔，高石1井，灯四段，4972.8m　　(b) 晶间孔及晶间溶孔，高石1井，灯四段，4973.75m　　(c) 晶间孔及晶间溶孔，高石2井，灯四段，5015.02m

图 2-26　高石梯区块灯四段储集空间类型——晶间孔、晶间溶孔

2. 溶洞

灯影组沉积之后经历了漫长的成岩改造，发育不同成因且各具特色的溶洞，高石梯地区灯四段储层溶洞十分发育，平面上溶蚀孔洞分布不均匀，据高石1井、高石2井、高石6井、高石7井、高石18井、高石20井等6口井岩心溶洞统计表明，灯四段溶洞以中小溶洞为主，大溶洞发育较少，且主要为洞径在2~5mm的小溶洞，小溶洞占比为79%，中洞占15%，大洞占6%（图2-27和图2-28）。

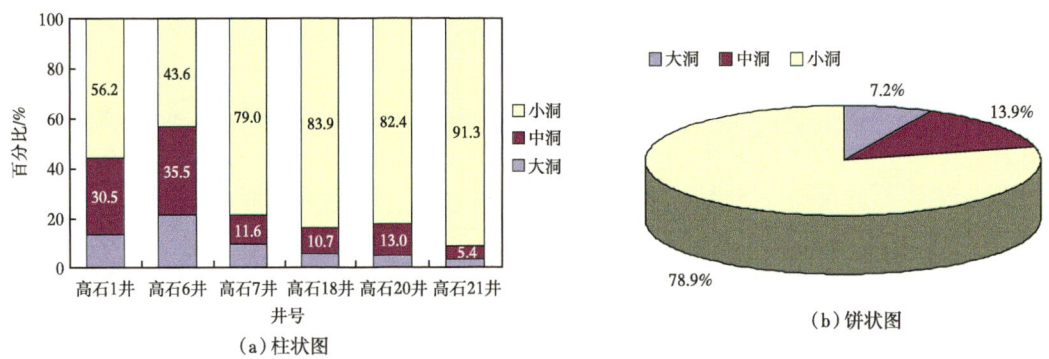

图2-27 高石梯区块灯四段岩心溶洞发育统计图

（a）藻凝块云岩，溶蚀孔洞，高石1井，
灯四段，4986.01~4986.15m

（b）溶蚀孔洞，高石1井，灯四段，
5149.98~5150.21m

（c）藻凝块云岩，溶洞发育，高石6井，
灯四段，5035.56~5035.62m

（d）灰色藻凝块云岩，发育水平顺层状溶蚀洞，
沥青半充填，高石18井，灯四段，5142.11~5142.43m

（e）藻叠层云岩，溶洞发育，沥青半充填，
高石1井，灯四段，4975.14~4975.29m

图2-28 高石梯区块震旦系灯四段溶洞特征

3. 孔喉结构特征

利用薄片和扫描电镜等分析实验方法，分析了灯四段储层喉道类型及特征，以缩颈喉道和片状喉道为主，孔喉分选较好，喉道以中—小喉道为主（图2-29）。

高石梯区块灯四段以缩颈喉道和片状喉道为主，孔喉分选较好，喉道以中—小喉道为主。

(a)砂屑云岩粒间溶孔,缩颈和片状喉道,扫描电镜,高石1井,灯四段

(b)砂屑云岩粒间溶孔,沥青收缩管状喉道,扫描电镜,高石1井,灯四段

(c)藻砂屑云岩,白云石半充填溶蚀孔隙,缩颈喉道,高石1井,灯四段

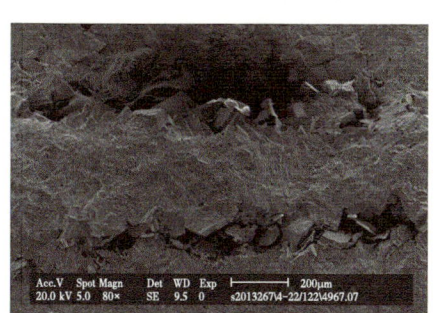
(d)砂屑云岩,溶蚀孔隙发育,片状喉道,高石1井,灯四段

图 2-29 高石梯地区震旦系灯四段储层主要喉道类型扫描电镜照片

4. 裂缝发育特征

根据岩心观察,裂缝在灯四段中普遍发育,主要为构造缝、压溶缝和扩溶缝。岩心观察统计表明,缝密度 1.5~7.6 条/m(图 2-30),发育程度总体较高,构造缝断面一般比较平直,多以高角度缝出现;溶缝一般经过淡水或地下水的溶蚀,缝壁不平直且呈港湾状,甚至有溶孔串接,但溶缝普遍被沥青或白云石半充填,压溶缝主要为缝合线,内普遍充填泥质,对渗流贡献小。

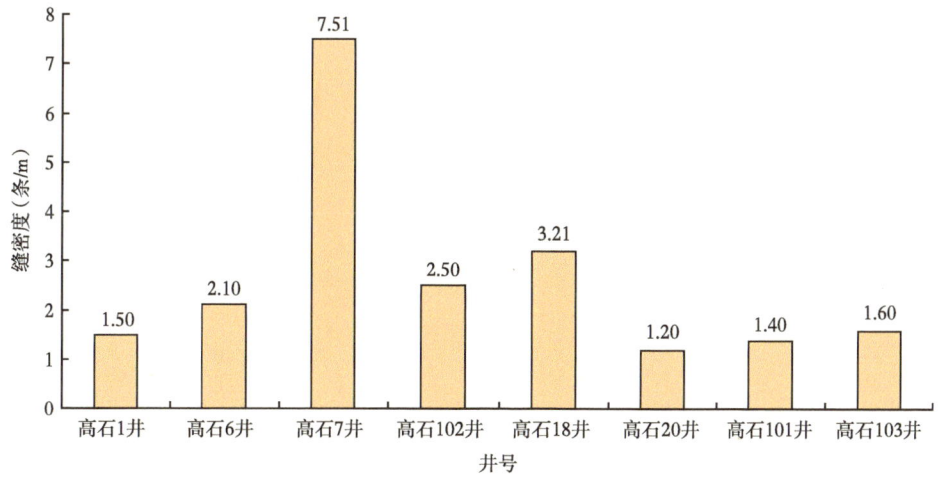

图 2-30 高石梯区块灯四段取心井段宏观裂缝密度分布直方图

根据裂缝充填情况及相互切割关系将微裂缝划分为五期（图 2-31）。第一期破裂作用发生在早成岩阶段，破裂作用相对较弱，数量少，多数被扩溶，裂缝边缘多为港湾状，且充填沥青及渗流粉砂等，往往被后期裂缝切割。第二期、第三期发育于液态烃充注之前，这类缝数量较多，且相互切割裂缝中见沥青充填。第四期发生于晚成岩晚期气态烃阶段，该类裂缝有一定的量，几乎未被充填，切割早期裂缝。第五期裂缝切割前四期裂缝，并切割晚期沥青，镜下较常见。第一期裂缝几乎全部充填白云石、沥青或渗流粉砂，对储集空间几乎没有贡献；第二期、第三期裂缝较多，且多为沥青充填，对古油藏的运聚形成有重要意义；第四期、第五期裂缝几乎未被充填，对气藏形成及储层的渗流能力有重要作用。

（a）高角度构造缝，沥青充填，高石102井，
灯四段，5034.78m

（b）低角度构造缝，高石1井，灯四段，
4979.28~4979.37m

（c）斜缝，高石7井，灯四段，5278.62~5278.86m

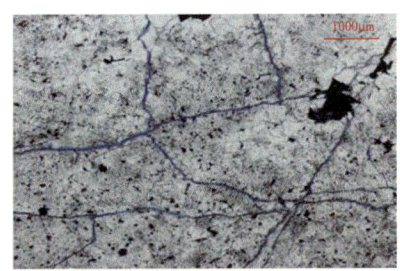
（d）网状缝，高石1井，灯四段，4958.74m，
20倍，单偏光

图 2-31 灯四段第四期裂缝特征图

（四）储集类型

综合微观、宏观、静态、动态等资料分析认为，安岳气田高石1井区灯四段储层的储集类型为裂缝—孔洞型储层。发育的微裂缝、宏观裂缝及水平顺层溶洞在改善储层渗流能力方面起重要作用，且溶洞的发育是储集能力重要的补充。

通过灯四段储层孔隙度和渗透率数据绘制散点图（图 2-32）分析，灯四段岩心柱塞样品的孔渗数据点较分散，孔渗关系较差，在较低孔隙度时普遍具有较高的渗透率，而具有较高的孔隙度的样品孔—渗关系较好，这也印证了前述的灯四段储层裂缝较发育的宏观及微观特征，裂缝的存在能良好地起到沟通及提高渗流能力的作用，特别是对低孔—低渗透的储层。孔渗点分区分布特征表明灯四段储层存在双重渗流介质，储层为裂缝—孔洞型储层。

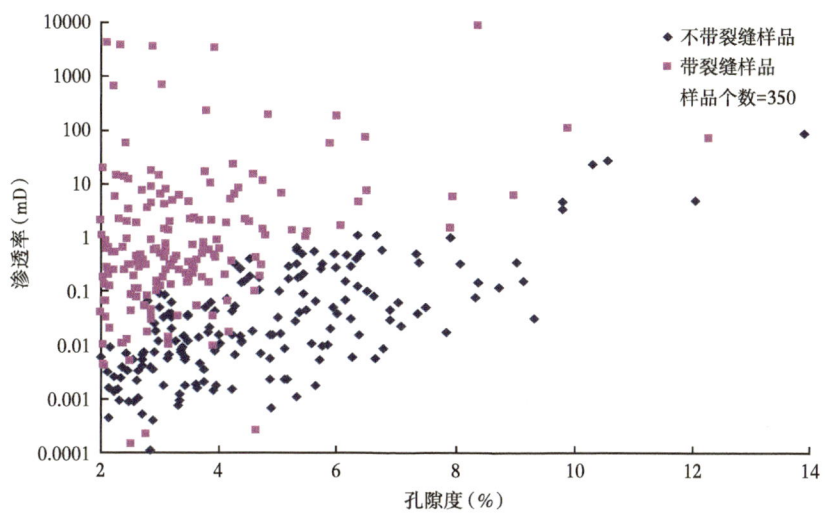

图 2-32　灯四段孔隙度—渗透率相关分析散点图

三、储层主控因素

沉积作用、成岩作用共同控制了碳酸盐岩储层形成、分布和品质。其中，沉积作用及其形成的沉积物是储层形成和演化的基础，一方面决定了储层的时空上的大致展布，另一方面影响了后期成岩作用的类型和强度；成岩作用是储层形成和改造的关键，既控制了储层的最终展布，又决定了储层内部的孔喉结构。结合四川盆地灯影组灯四段综合研究，认为研究区灯四段储层主要受沉积作用和岩溶作用二者共同控制。通过对灯四段沉积作用和岩溶作用的分析，认为有利沉积相带控制了优质储层的展布，早期滨岸岩溶和表生期岩溶作用对相控储层的叠加改造决定了优质储层的品质，二者共同控制了优质储层的展布和品质。

（一）沉积作用

沉积作用是控制灯四段储层发育的主要因素之一。主要表现为两个方面：一方面，沉积分异作用使沉积岩相早期分异，不同沉积环境发育不同沉积相类型，丘滩相作为灯四段主要储集相类型，其分布决定了区域上储层的发育分布格局；另一方面，沉积相为储集空间的形成提供了岩性基础，在很大程度上也影响了溶蚀孔隙的发育，不同的沉积微相形成有效储集岩的潜力不同。灯四段沉积时期，区内为碳酸盐岩局限台地环境，以藻丘、颗粒滩台坪及潟湖沉积为主。

灯影组四段碳酸盐岩的有利沉积相组合类型，无论是在垂向演化序列还是在平面分异格局上，都突出表现为丘滩复合体。丘核以藻凝块云岩为主，并富含层状晶洞及窗格构造；丘盖由藻叠层云岩构成；丘翼发育藻砂屑云岩。对不同岩性储层孔隙度的统计分析表明区内灯四段优质储层主要发育在丘滩相中，受相控作用明显（图2-33），总体上丘滩相储层孔隙度（3.84%）明显大于台坪相（1.33%）及潟湖相（1.27%）。

通过岩心观察、储层参数统计发现，安岳气田灯四段储层累计厚度与丘滩累计厚度变化关系密切（图2-34）。丘滩规模越大，储层越发育，累计厚度越大，正相关关系明显，相关系数达到0.8853。

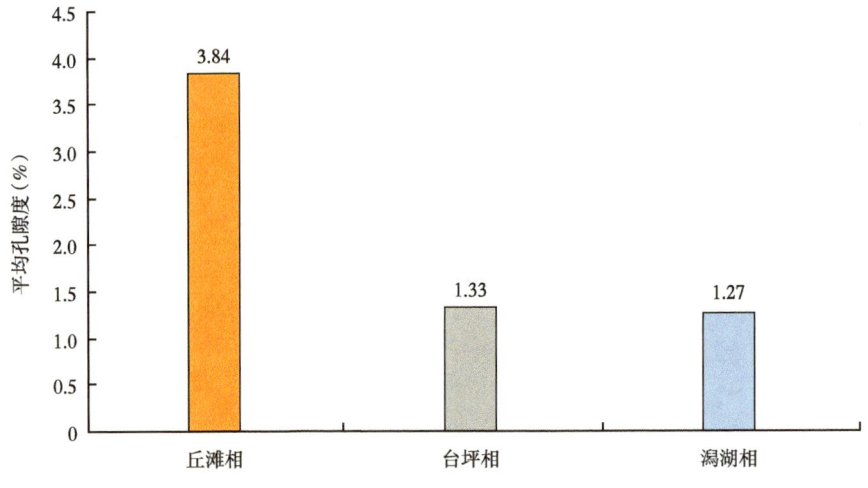

图 2-33 高石梯地区不同岩性孔隙度分布直方图

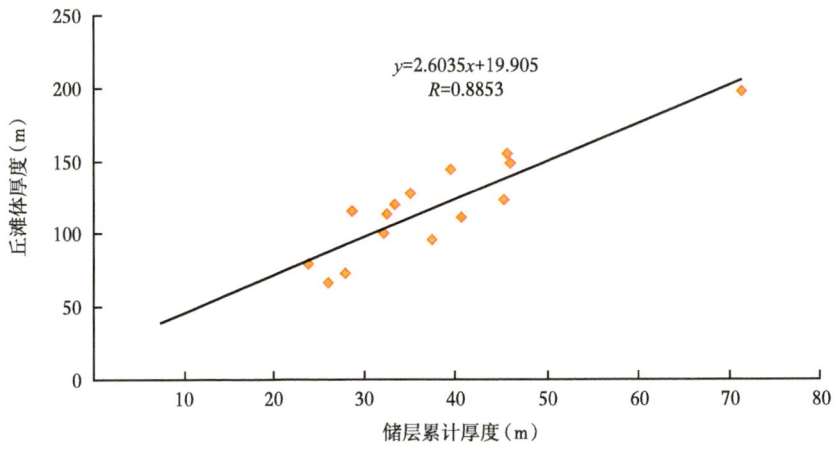

图 2-34 安岳气田灯四段单井丘滩体厚度与储层厚度关系图

（二）成岩作用

乐山—龙女寺古隆起区震旦系灯影组沉积物在沉积之后的 5.7 亿年间经历了桐湾、加里东、海西、东吴、印支、燕山和喜马拉雅等多次构造运动，在多期抬升与埋藏的过程中，受到各种有利和不利于储层发育的一系列成岩作用叠加改造，最终形成现今的储层面貌。灯四段经历了同生期—准同生期海底、大气淡水、混合水成岩作用阶段、浅—中深埋藏期成岩作用阶段、表生成岩作用阶段，以及压实作用、胶结充填作用、溶蚀作用、白云石化作用和交代作用等成岩作用。不同成岩阶段、不同成岩类型对储层发育影响和贡献各不相同。其中压实、胶结、充填作用是使沉积物体积减小、储层物性变差的成岩作用类型。灯影组地层古老、埋深大、成岩史复杂，压实、胶结、充填作用强，不利于灯影组储层的形成和发育，在此不再赘述。

相对于压实、胶结、充填等不利储层发育的成岩作用，灯四段同样经历了多期次的岩溶作用。利用岩心特征观察描述，高石梯地区灯四段识别出早期岩溶、表生岩溶和埋藏期岩溶，其中桐湾期表生岩溶能够形成大量具有储渗意义的溶蚀孔、洞，桐湾期表生风化壳岩溶无疑是灯四段最有利储层发育的成岩作用（表2-4）。

表2-4　成岩作用分类表

成岩作用类型	建设型	破坏型
典型成岩事件	白云石化作用	压实压溶作用
	溶蚀（岩溶）	胶结充填作用
	破裂作用（成岩裂缝、构造裂缝）	交代作用（硅化）

第四节　气藏开发特征

一、方案概况

高石梯地区灯四气藏一期、二期开发调整方案设计总投产井128口，高石1井区70口，M井区58口，其中蜀南气矿投产井50口，利用探井4口，试采井2口，建产井29口，接替井15口。产能规模$25×10^8m^3/a$，采气速度2.5%，稳产期10.5年。

方案设计：至2020年底投产35口井，日产气达$750×10^4m^3$，建成$25×10^8m^3/a$产能规模；单井配产$(10~50)×10^4m^3/d$，井均$25×10^4m^3/d$，单井稳产5年。

实际执行：至2020年底，累计投产28口井，日产量$574×10^4m^3$，未达到方案设计，其原因为较方案设计少投产7口井。至2021年底，累计投产33口井，日产量达$859.9×10^4m^3$，累计产气$64.5×10^8m^3$；单井产量$(6~65)×10^4m^3/d$，平均$27×10^4m^3/d$，超出方案设计。

二、生产特征

（一）压力

投产井井口油压分布在7.7~32MPa，呈非均衡分布（图2-35和图2-36），9口井近输压生产，储层非均质性导致井间压力差异大。管网输压分布在7.7~12.2MPa，储层非均质性导致优质储层区产量大、输压高；低渗透区在较低产量下压力仍下降较快。

（二）产液

产出液主要为工作液+凝析水+孔隙水。2022年水样监测显示产出液pH值大多大于7、矿化度和氯根低于60g/L。少量井井底积液（高石001-H39井、高石001-H46井），产气波动大，间隙放空带液（图2-37）。

（三）递减特征

投产井地层压力分布在23.6~52.8MPa，呈非均衡分布；受储层非均质性影响，二类、三类有利区地层压力年降幅（分别为12.55%、16.79%）高于一类有利区（3.95%），目前已出现9处明显压降漏斗（表2-5和表2-6）。

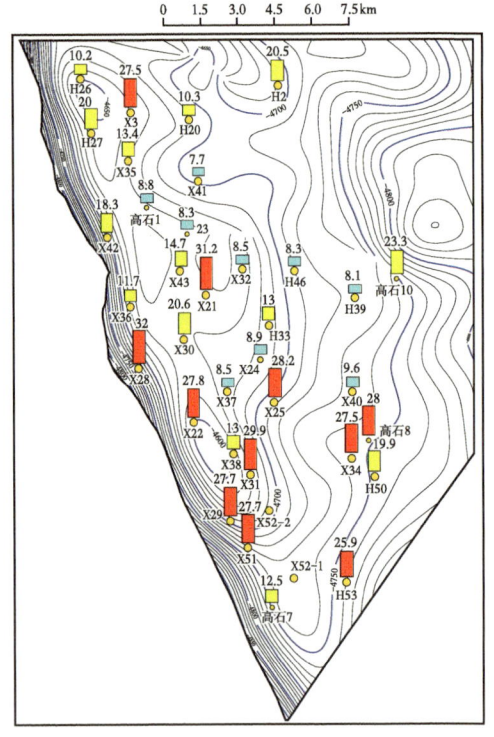

图 2-35　高石 1 井区井口油压分布柱状图　　　图 2-36　高石 1 井区输压分布柱状图

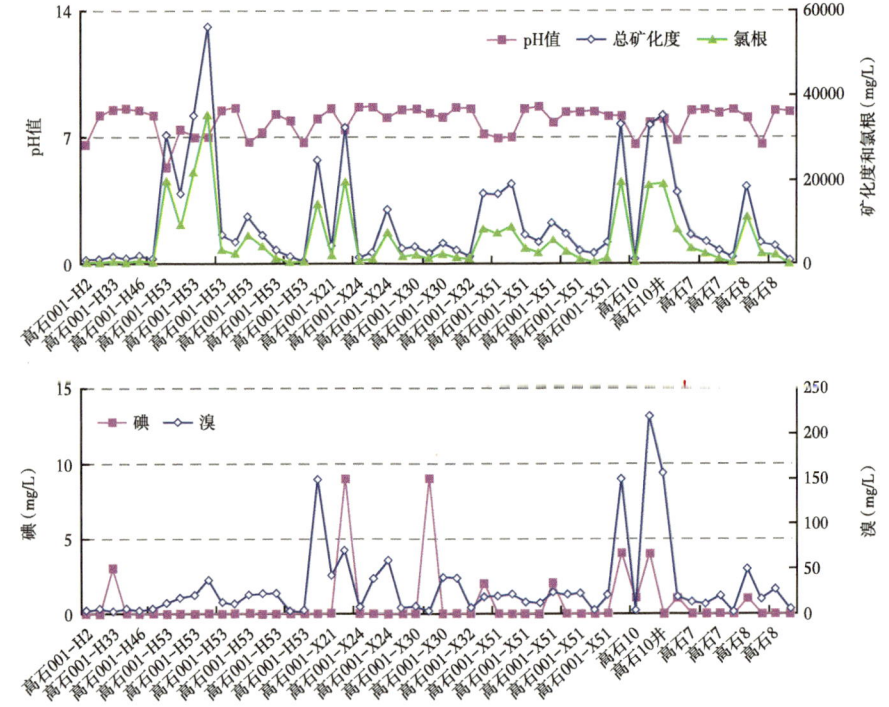

图 2-37　高石梯灯四气藏气井 2022 年产出液主要组分情况

表 2-5　高石 1 井区灯四气井压降分级统计表

储层有利区	井数（口）	地层压力平均年降幅（%）
一类区	16	3.95
二类区	10	12.55
三类区	8	16.79
合计（平均）	34	10.49

表 2-6　高石 1 井区灯四气藏压降漏斗井压降统计

储层有利区	井号	原始地层压力（MPa）	目前地层压力（MPa）	地层压降（MPa）	地层压力平均年降幅（%）
二类区	高石 001-X24	56.31	28.8	27.51	12.27
	高石 001-X32	56.41	28.0	28.41	15.04
	高石 001-X37	57.79	23.6	34.19	20.35
	高石 001-X40	55.60	30.2	25.40	15.64
三类区	高石 001-H39	56.48	28.5	27.98	17.99
	高石 001-H46	56.00	27.8	28.20	32.59
	高石 001-X23	56.17	27.5	28.67	12.44
	高石 001-X41	55.21	28.8	26.41	19.53
	高石 1	57.61	29.7	27.91	4.82

（四）产能特征

井口产能分布不均衡，高产能井主要分布在高石 3 井区、高石 6 井区；高石 1 井区、高石 10 井区产能大多低于 $30×10^4m^3/d$。整体产能潜力大，由初期 $1668.5×10^4m^3/d$ 降至目前 $1464.6×10^4m^3/d$，递减率仅 12.22%（图 2-38）。

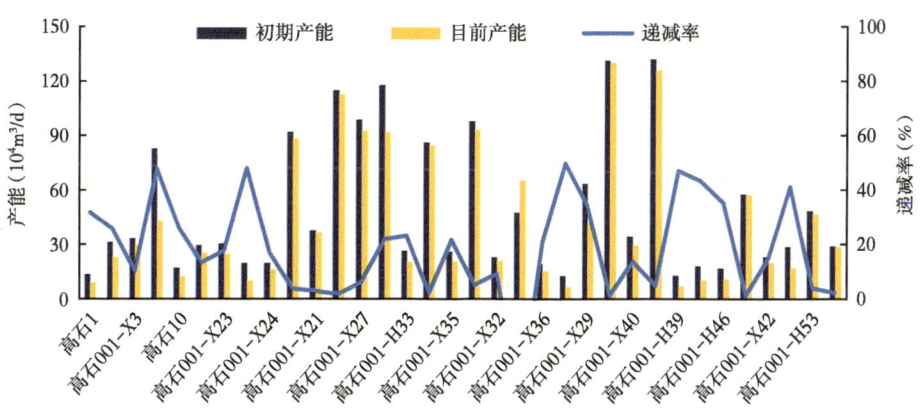

图 2-38　灯四气藏产能及产能下降对比图

（五）渗流特征

灯四台缘带发育裂缝—孔洞型、孔洞型、孔隙型三类储层，受缝洞搭配影响，气藏表现出复杂渗流特征（康志江等，2005）。

一类区近井半径400m以上，二类区、三类区近井半径在100m左右或以下；一类井远井渗透率较高，补给能力较强，稳产潜力大；二类区、三类井远井区渗透率远低于近井区，远井补给不足，难以具备长期稳产能力（表2-7）。

表2-7 试井解释统计表

井分类	井号	解释模型	近井半径（m）	近井渗透率（mD）	远井渗透率（mD）	表皮系数
一类区	高石001-H27	水平井+径向复合	399.0	4.47	44.70	5.20
	高石001-X31	水平井		1.06	1.39	0.60
	高石001-H2	水平井		0.49	2.78	17.48
	高石001-X25	水平井+复合	442.0	5.57	6.03	0.77
	高石001-H50	水平井		0.17	0.17	0.01
二类区	高石001-X43	3区复合	35.0	1.55	0.26	8.00
	高石001-X35	2区复合	77.4	17.94	0.05	8.18
	高石7	2区复合	147.1	4.11	0.02	9.95
	高石001-H20	水平井+双孔+复合	118.0	0.05	0.09	-0.66
三类区	高石001-X42	水平井		0.02	0.08	-0.27
	高石001-X36	2区复合	50.6	0.13	0.02	-1.55
	高石001-X23	3区复合	75.0	5.25	0.26	5.00
	高石10	无限导流+复合	40.5	0.02	0.09	0

第五节 开发方式及开发对策

一、开发方式

（一）概述

安岳气田高石梯区块高石1井区震旦系灯影组四段储层为裂缝—孔洞型，根据四川气田多年的开发经验，宜采用衰竭式开采，开发早期和中期采用定产生产，当井口压力降至最低输压（9MPa）时，采用定井口压力生产，即进入产量递减期。气井的开采过程划分为两个阶段：

稳产阶段：气井井口压力高于9MPa，气井以稳定产量生产。

降产稳压阶段：气井定井口压力生产，井口压力9MPa，气井生产进入产量递减期。

（二）开发层系和开发单元划分

根据安岳气田高石梯区块高石1井区震旦系灯影组四段气藏压力系统划分及储量计算

结果,将安岳气田高石梯区块高石 1 井区震旦系灯影组四段气藏储量计算范围作为 1 个独立开发单元。

(三)井网部署和井型井距

随着钻井技术和地质导向工具的进步,大斜度井及分支井技术已经广泛地应用于各类气藏开发,且大斜度井的应用实现了单井产量的提高和气藏采收率的提高。

国内外多年来研究表明大斜度井能够有效提高气井单井产量和气藏采收率。根据西南油气田科研成果《四川盆地现有水平井(大斜度井)开采效果评价及气藏开发井型优选研究》,高石梯区块高石 1 井区震旦系灯影组四段气藏储层总体较厚,但是较为分散,实施大斜度井可以提高单井产量(贾爱林等,2014)。

以高石梯区块高石 1 井区震旦系灯影组四段气藏的实际资料为基础建立了单井数值模拟模型,对高石梯灯四段气藏水平井、大斜度井、多分支井和直井的开发效果进行了模拟和对比分析,在此基础上开展了开发井型的优选研究。利用建立的高石梯区块单井数值模拟模型,采用直井、大斜度井(30°、40°、50°、60°、70°)、水平井(水平段长度为 600m、800m、1000m)、多分支井按照稳产 8 年分别开展模拟研究(表 2-8)。

表 2-8 高石梯区块不同井型预测结果表

井类	直井			斜井				
井型	灯四	灯四上	灯四(沟通)	30°	40°	50°	60°	70°
配产($10^4m^3/d$)	11.0	7.0	13.0	11.0	12.0	12.6	14.3	16.1
累计产量(10^8m^3)	6.16	4.38	6.84	6.19	6.26	6.58	7.25	7.63
井类	水平井					多分支井		
井型	600m	800m	1000m	(纵向连通)800m	(纵向连通)1000m	同层分支	分层分支	斜分支
配产($10^4m^3/d$)	8	9	10	13	15	10	13	20
累计产量(10^8m^3)	4.24	4.31	4.36	6.14	7.14	5.63	7.83	9.60

二、开发对策

(一)气井井型

在前期气藏地质特征研究及生产动态跟踪的基础上,进一步优化开发建产区开发技术对策,通过测试建产井井型和测试产量及数模预测,本次方案由以斜井为主调整为以大斜度井和水平井为主,多个优质储层发育区可通过分支井提高储量动用率。

(二)气井合理配产

受天然裂缝发育程度、缝洞系统发育规模等影响,高石 1 井区表现出复杂渗流特征,其中以孔隙为主要渗流通道的气井测试产量低,以裂缝、孔洞为主要渗流通道的气井测试产量高,储层非均质性强,气井产能差异大。因此本次方案通过对已投产井提产试验及生产动态预测,采用已投产井和新部署井按照单井稳产 5 年优化配产,单井配产主要在 $(10.0 \sim 50.0) \times 10^4 m^3/d$ 之间,以满足稳产期对产量的要求,指导气田的高效开发。

(三)气藏合理采气速度

因具有活跃的边、底水,故慎重地选取采气速度是十分重要的。采气速度过高,气藏无水采气期短,最终采收率低。对一些活跃的边底水气藏,通过选取一个适当的采气速度可降低水侵强度,使地层水缓慢而均匀地推进,从而可提高气藏的采出程度。高石1井区为高温、常压、中含H_2S、中含CO_2、构造背景上的岩性—地层复合圈闭边水气藏。将采气速度定为2.52%,可以提高最终采收率(王璐等,2017)。

第三章　气藏描述及气藏关键开发技术

安岳气田高石 1 井区灯影组气藏类型为裂缝—孔洞型，桐湾 Ⅱ 幕表生岩溶作用产生的大量溶蚀孔洞是灯四储层的主控因素。溶蚀孔洞是油气的主要储集空间。西南油气田公司通过地质地震及岩溶储层识别技术攻克了很多难题。其中灯影组岩溶储层识别技术可以有效寻找出潜在的裂缝及溶洞型储层；小尺度岩溶缝洞储层地震预测技术解决了震旦系灯影组四段存在的小尺度缝洞型薄储层地震识别和预测难题。

第一节　灯影组岩溶储层地质识别技术

一、古岩溶作用类型及期次

（一）早期岩溶

早期岩溶也称早期暴露，水文地质学家称之为层间岩溶，发生在同生期和准同生期，属于短暂的沉积间断，主要发生组构选择性溶蚀作用，溶蚀程度低，仅将岩石中藻砂屑或颗粒溶蚀，形成针孔，此外还易被充填而难于保存。该类岩溶段测井上表现为，自然伽马曲线整体形态呈低值平缓状，成像测井图像上背景呈棕色，以棕色和黑色为主，形状为条带状。工区内所观察的 22 口取心井中仅高石 102 井等局部保存较好，但也主要形成低渗透储层（图 3-1）。

图 3-1　早期岩溶
高石 102 井，5189.37~5189.52m，亮晶白云岩中针孔发育

（二）风化壳岩溶

风化壳期岩溶或称表生期岩溶，发生时间在灯四段沉积后抬升遭受剥蚀至寒武系筇竹

寺组沉积之前，属于桐湾Ⅱ幕、Ⅲ幕。按照灯四段沉积完成时间绝对年龄570Ma，筇竹寺组开始沉积时间绝对年龄521Ma估算，工区内古风化壳的暴露历史达49Ma，灯四段与上覆下寒武统筇竹寺组呈假整合接触。从目前的钻井取心见到的溶蚀孔洞和井漏、放空显示情况分析，风化壳岩溶比较普遍，特别在靠近灯四$^{2+3}$小层尖灭线至其东侧20km内，残余地层厚度差异较大，地层厚度从缺失至350m，岩溶地貌差异大，桐湾期表生风化剥蚀强度大，必然引起岩溶水水头高度大，影响深度深，溶蚀能够形成大量孔、洞。井漏放空情况统计表明，灯四段垂向岩溶带影响深度可达不整合面以下200m以上。

（三）埋藏期岩溶

埋藏期岩溶发生于筇竹寺组沉积之后的历次构造运动，即桐湾期以后，包括加里东、海西、印支、燕山等各幕运动。当时工区内震旦系顶的古风化壳已不再接受大规模的暴露与风化。各类地下水沿着构造运动所产生的裂隙和破碎带，以及各种孔隙通道所能达到的部位发生岩溶作用。这种溶蚀作用可以发生在离古风化壳各种距离的部位，也可以追踪和叠加在原有各期成岩缝、构造缝和岩溶孔洞部位，从而使被充填的缝洞重新开启（图3-2）。该类岩溶主要发育于后期形成断裂附近，在无剧烈构造运动形成发育的断裂条件下，极少见规模性分布的岩溶孔、洞、缝，而高石梯区块处于川中古隆中斜平缓构造带，构造作用并不强烈，形成断裂数量有限。因此，该类岩溶作用虽然有一定建设作用，但仅在埋藏期形成的局部断裂附近有发育，对于灯四段储层，仅能作为一种补充，范围局限，并不起决定作用。

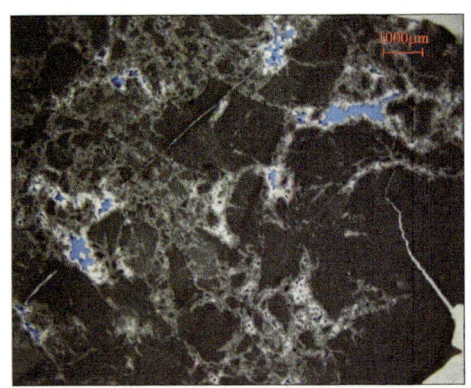 

(a) 高石1井，4967.79m，埋藏期岩溶角砾孔　　(b) 高石101井，5517.2~5517.31m，大洞被充填，见方铅矿、闪锌矿、白云石等矿物

图3-2　埋藏期岩溶作用

综上，对比三类岩溶作用，高石梯区块对储层孔、洞、缝发育起决定性控制的岩溶作用为风化壳岩溶作用（表3-1）。

表3-1　古岩溶分期特征表

期次	早期	古风化壳	埋藏期
岩溶序列	早期暴露，层间岩溶	表生期	古风化壳埋藏之后
暴露机制	沉积间断	不整合面	构造运动

续表

期次	早期		古风化壳		埋藏期	
位置	灯四段内部		距古风化壳顶往下200m以内，或稍深		距古风化壳各种距离，可深可浅	
地下水	大气淡水或混合水淋滤		地表淡水渗流或地下水潜流		冷热淡水、酸性水	
溶蚀方式	组构选择针孔	小洞	有或无组构选择	中—大洞	有或无组构选择	小—大洞
储层	孔隙溶洞型、低渗透		缝洞型		裂缝型	缝洞型
构造幕	桐湾Ⅰ幕、Ⅱ幕之间		桐湾Ⅱ幕、Ⅲ幕		桐湾期以后	

二、风化壳岩溶识别标志

风化壳岩溶形迹是鉴别古岩溶的标志，根据本区资料条件，为方便实际操作，本区岩溶识别标志归纳如下：

（一）通过岩心观察识别风化壳岩溶

岩溶形迹是鉴别古岩溶的标志，其中重要而普遍的是各种类型的岩溶岩。一般来说，大型未充填缝洞取心收获率很低甚至为零，在岩心上能观察到的孔洞大多规模不大，大都在几厘米到几米，且不同程度地被角砾、泥质、粉砂、方解石等充填，在所观察的取心井中都见到了不同程度的岩溶现象，其特征主要有溶孔、溶洞及其充填物、高角度溶缝和岩溶角砾岩及上覆地层石灰岩充填物（图3-3）。

(a) 高石1井，4972.18~4972.27m，泥粉晶云岩，溶沟、溶缝被泥质云岩充填　　(b) 高石1井，藻叠层云岩，灯四段，4975.14~4975.29m，溶洞发育

图3-3　风化壳岩溶在岩心上的特征

（二）通过地质录井识别风化壳岩溶

（1）风化壳岩溶发育段，钻进中常有钻速加快，放空、蹩跳钻，并有井漏、气侵现象发生。

（2）钻遇风化壳岩溶发育段，岩屑砂样中常见自形、半自形方解石晶体。

（3）气测油气显示明显，全烃、重烃、烃组分明显提高。

（三）通过测井资料解释识别风化壳岩溶

（1）风化壳岩溶发育段，井径扩大，自然伽马增高，双侧向电阻率降低。

（2）风化壳岩溶发育段测井解释孔隙度、渗透率、含气饱和度都有较大幅度的增高。

（四）通过地震资料识别风化壳岩溶

（1）震旦系顶不整合面（E_1q 反射同相轴）上、下分别出现上超和削截地震反射现象（图 3-4）。

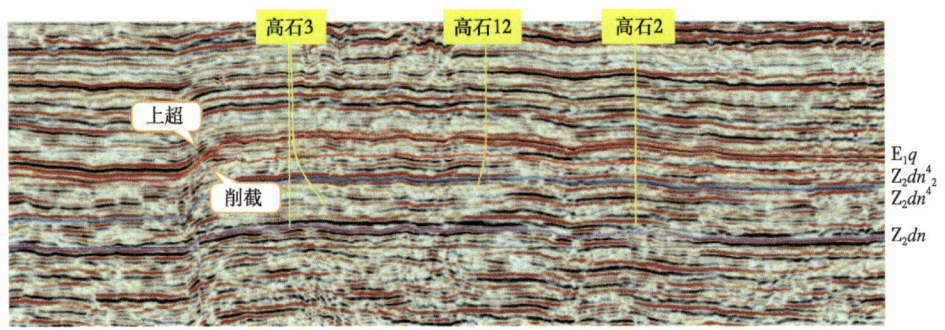

图 3-4　高石 3 井—高石 12 井—高石 2 井连井地震剖面

（2）灯四段表现出楔形地震反射外形、弱振幅弱连续杂乱地震反射结构。

（3）在缝洞预测剖面上风化壳岩溶显示为缝洞较发育（图 3-5）。

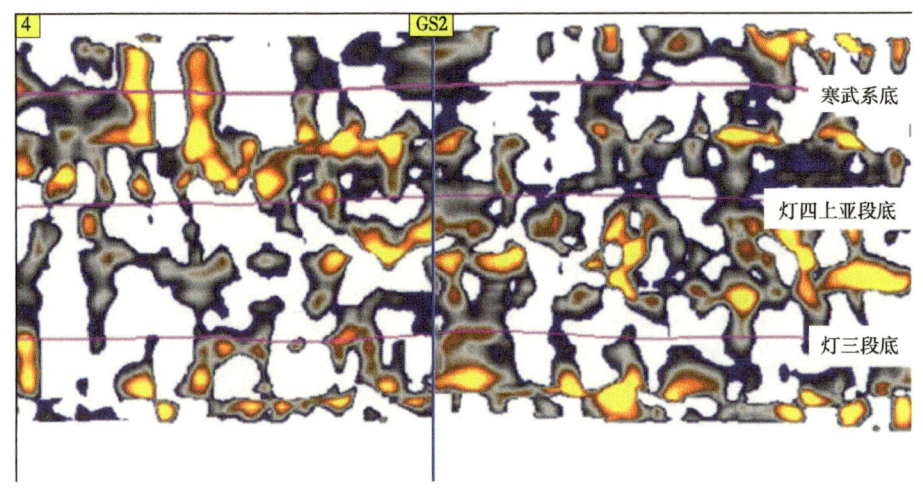

图 3-5　高石 2 井缝洞预测剖面（Inline4100）

三、风化壳古地貌

（一）古地貌恢复

古地貌研究起步于 20 世纪 50 年代，我国在 20 世纪 70 年代才开始重视在油气勘探中的古地貌研究。迄今为止，特别是在海相碳酸盐岩的勘探研究领域，古地貌恢复技术在准确有效地划分储层有利相带方面发挥了重要的作用。

古地貌是影响礁滩、风化壳缝洞等储层发育的主要因素，而古地貌的恢复技术是油气藏精细刻画的重点。在前期研究成果中，叶加仁和陆明德在 1995 年提出的构造恢复和地层厚度恢复两方面的手段最为典型，构造恢复需要运用难度较大的构造沉降量和水平走滑量的恢复技术，地层厚度恢复需要通过剥蚀量恢复和去压实校正技术。目前行业中普遍使用的古地貌恢复方法主要是通过绘制古地貌等值线图大致地描述当时的古地貌状态，即盆地发育某一时期的某个界面上等深度线所表示的此界面表面凹凸状态图，这种方法恢复的古地貌基本是处于定性表达，并没有达到地质沉积、测井响应等参数对应的精度。目前能够提高古地貌恢复精度的方法很多，但基本都需要其他参数的辅助作用，其中应用比较广泛的有对厚度开展分析的残余厚度法、印模法，结合地震响应特征分析的地球物理法、地震古地貌法、层拉平法，以及结合沉积构造特征恢复的沉积学分析法、压实恢复法、构造分析法，有时为了加强古地貌恢复的可靠性，往往综合运用上述几种方法（赵俊兴等，2011）。

比较分析各种古地貌恢复方法，它们有各自的优点和不足，在古地貌恢复实践中，研究人员往往重视残余厚度和印模厚度，而机械地遵循"填平补齐"原则，这种做法虽然使古地貌恢复显得简单且便于操作，但也带来了误差大等明显问题，使古地貌恢复的精度降低，如果遇到地层剥蚀严重的情况，基本上都束手无策，至今仍然是业界的一项难题。

为了取得理想的古地貌恢复效果，使得古地貌恢复成果能有效指导后期开发生产，应该将两种或两种以上的古地貌恢复方法综合使用，同时，对于能反应地貌特征的地质现象应充分考虑，以达到取长补短、减少误差的目的，从而使恢复的古地貌更加接近原始古地貌形态。

1. 岩溶古地貌恢复

目前，针对古地貌的恢复方法较多，主要有沉积学法、地球物理法、印模地层厚度法、残余地层厚度法及层序地层法等。其中，"残厚法"和"印模法"在像四川盆地灯影组这样的碳酸盐岩区比较常用。

1）沉积学法

沉积学法主要通过井下的相关地层发育特征及野外剖面的出露情况编制古地质图，通过此图了解区域的古构造格局及平面上剥蚀程度的分布特征，进而表征区内古地形特点，然后通过对沉积相及古环境的分析，对沉积地层的发育特点和沉积时空配置特征进行研究，定性地展示古地貌的时空格局。此方法优点在于简单直接，能很好地恢复出区域的古地貌趋势，但缺点是恢复出的结果比较粗略，不能精细刻画地貌单元。

2）地球物理法

地球物理法是在地震属性提取的基础上建立定量的识别标志模型，然后运用高石1井区内的测井资料对建立的模型进行约束和验证，并对其进行不断修改，直至接近理想程度。其优点是在标准状态下的准确性，以及能真实清晰地反映地下地貌形态，但同时该方法也受到客观条件的限制，譬如地震资料的分辨率的优劣。

3）印模法

印模法认为，古地貌存在一个高低起伏的顶面，当后期发生海侵或地壳下降作用，水体完全淹没古地貌，形成的沉积物将按照"填平补齐"的原则对下伏地貌进行沉积充填，在地势低洼的地方上覆的沉积层较厚，相反，在地势较高的地方上覆的沉积层较薄。因此可以选取最接近需要恢复的地貌界面的上覆地层中的一个"等时面"，利用上覆地层与古地貌界面之间存在的"镜像"关系，通过上覆地层的厚度半定量恢复下伏古地貌的形态。

4）残余厚度法

残余厚度法认为，在地层沉积厚度相差不大和剥蚀效果相近的情况下，风化剥蚀后地层较厚的地方反映了当时为地貌较高处，而地层较薄的地区则为当时的低洼处，因此选择需恢复的界面之下的某一特殊层段（一般选取区域上的等时面）为基准面进行拉平，则该面以上残余的地层厚度大小代表了当时古地貌的形态。

5）层序地层学法

层序地层学法与残厚法、印模法相似，寻找一个区域性的等时面（一般选择最大海泛面）将其拉平，因此其产生的效果也与残厚法和印模法大体相同。

目前针对大型盆地进行古地貌恢复主要还是根据"残厚法"和"印模法"，但无论是"残厚法"还是"印模法"，都需要进行基准面的选取，基准面的选取应起码满足以下三个条件：（1）选取的基准面必须是在全区范围内都有分布并且是等时的界面，大体上能够代表地质历史时期的海平面；（2）所选取的沉积界面离侵蚀面越近越好，因为接近风化壳，受后期构造活动的影响就越小，沉积界面与侵蚀面间的地层厚度就越能反映当时的古地貌特征；（3）选取的界面在地震剖面上必须具有强波阻抗特征，只有这样才能使该界面的地震反射特征明显，反射波同相轴与地质界面的对应性稳定，在地震剖面上容易识别与对比。因此，选取恰当的基准面是正确恢复古地貌的一个关键。

2. 古地貌恢复案例

岩溶储层发育带与古岩溶地貌的关系密切已被勘探实践所证实。为研究岩溶分布特征，须对风化壳古地貌进行研究。

在前期，古地貌研究项目组利用筇竹寺组黑色泥页岩地层厚度恢复的高磨地区震旦系顶风化壳古地貌图已经对高石1井区古地貌有了初步认识，通过对灯四段上覆地层进行追踪对比分析发现，上覆地层至龙王庙组底界高石1井区地层才基本被填平补齐，因此选择龙王庙组底界作为标志界面，开展古地貌恢复工作。

运用井震结合的方法对高石梯地区龙王庙组底界、震旦系顶地层进行了追踪、对比（图3-6），将龙王庙组底界拉平，通过印模法结合地球物理方法恢复高石梯区块寒武系沉积前震旦系顶界古地貌图。

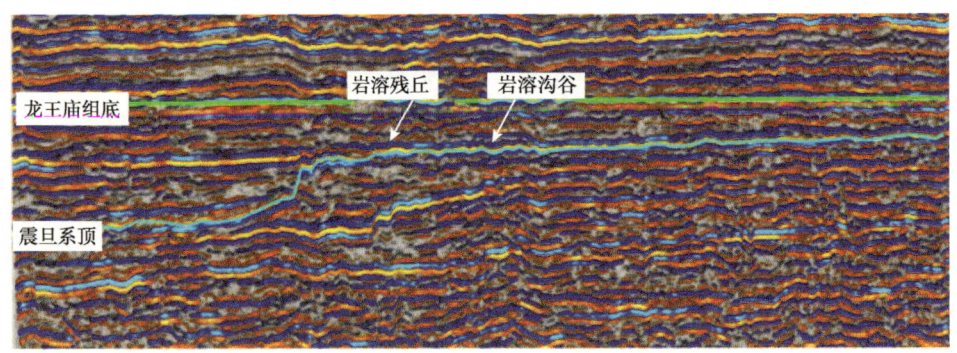

图3-6　龙王庙组底界、震旦系顶地层对比分布图

首先以印模法和残余地层厚度法古地貌恢复结果为研究基础，优选合理的上覆地层基准面是前期研究的重点。在灯影组上覆的寒武系筇竹寺组—沧浪铺组沉积时期为一个完

整的海侵—海退旋回，主要为补偿沉积，对灯影组受剥蚀古地貌基本填平补齐，并且筇竹寺组—沧浪铺组沉积晚期乐山—龙女寺古隆起区构造运动相对稳定；而震旦系灯四段沉积时期随着海平面的下降，台地边界整体向东迁移，虽然盆地西部遭受了强烈剥蚀，并且不同位置剥蚀量有差异，但总的来看表层剥蚀厚度基本在0~50m之间，而灯四段残余地层厚度在270~340m之间，因此，震旦系灯四段底—沧浪铺组顶（即龙王庙组底）的印模厚度能基本反映灯四段沉积前的古地貌特征。加之区内高品质地震资料三维连片面覆盖，因此，选取沧浪铺组顶界作为古地貌恢复的基准面，与灯四段底界的印模厚度趋势来表征灯四段沉积前的古地貌是可行的。

然后，形成灯一段、灯二段、灯三段的地层厚度图，建立趋势约束条件。灯四段下伏地层灯一段、灯二段沉积较稳定，后期遭受剥蚀量较小，地层厚度较大，普遍在400m以上；而灯三段是离灯四段最近的下伏地层，沉积较稳定，后期遭受剥蚀量较小，该层厚度小，普遍在20~80m之间。同时，灯三段与灯四段之间剥蚀程度低，灯四段沉积受其下伏地层古地貌影响较大。因此，灯四段下伏地层厚度变化对灯四段沉积前古地貌存在一定的继承性。结合上一步印模法古地貌恢复结果来分析其与下伏地层厚度之间趋势的差异和吻合之处。

其次，在全三维地质模型体的基础上识别出灯四段内部存在的前积沉积层，刻画其分布范围并形成前积层厚度图。这些前积沉积体在灯四段内部普遍存在由西向东的超覆现象，主要是在沉积期受海水进退和古地貌影响形成的进积层，前积沉积层的结构、分布范围和厚度变化直接反映了沉积期的地貌差异。因此，这一沉积现象是本次研究中重要的参考依据。

另外，高石1井区古地貌对古缝洞分布的控制作用较明显，前人已认识到最有利于古缝洞发育的部位为缝洞斜坡，这些部位水动力较强，交替活跃，致使水平和垂直形态的缝洞普遍发育，形成叠加的多套水平溶洞层相。岩心分析显示，灯四段大量发育溶蚀孔洞，在镜下薄片上也见到粒间溶蚀孔洞，高石1井区在古地貌斜坡区域取心段溶洞所占比例大，同时洞密度多大于30个/m。本区钻井资料较丰富，完钻井已超过70口，在大量实测数据面前，可以反向刻画缝洞古地貌发育的基本规律。

最后，在以上条件建立之后，当印模法与残余地层厚度法古地貌恢复结果趋势变化一致时，可直接使用这两套结果；在印模厚度与灯四段残余地层厚度变化趋势背离时，则重点参考异常沉积体厚度变化趋势和实测缝洞分布规律，对符合这一规律的结果进行加权。最后以完钻井古地貌值对恢复结果进行标定，获得最终古地貌值。

（二）古地貌特征

岩溶储层发育带与古岩溶地貌的关系密切已被勘探实践所证实。为研究岩溶分布特征，须对风化壳古地貌进行研究。

1.二级古地貌斜坡部位溶蚀作用最强

震旦系上覆筇竹寺组为一套150~350m厚的黑色泥页岩，在本区广泛分布且沉积厚度较大，对震旦系顶古地貌起填平补齐作用。

运用井震结合的方法对高石梯区块沧浪铺组底、震旦系顶进行了追踪、对比（图3-7和图3-8），通过印模法恢复高石梯区块筇竹寺组沉积前风化壳古地貌，震旦系顶古地貌总体南东高北西低；由高到低古地貌单元依次为高地、斜坡、洼地。高石8井区以南，

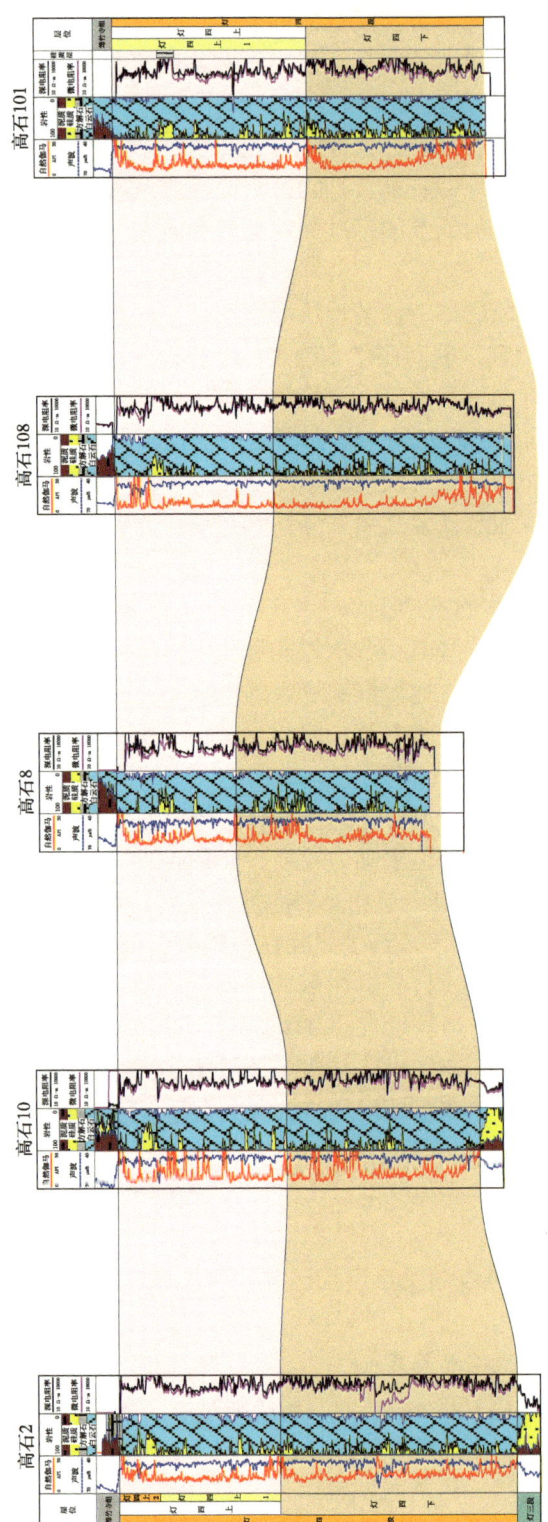

图 3-7 高石 2 井—高石 10 井—高石 8 井—高石 108 井—高石 101 井地层对比图

筇竹寺组厚度在150m以下，为古地貌高地；高石8井区—高石2井区筇竹寺组厚度在150~300m，为风化壳岩溶斜坡带，斜坡带呈南东向北西倾斜，逐级降低，按照50m等效时间厚度将斜坡带划分为三级古地貌斜坡（图3-9）。

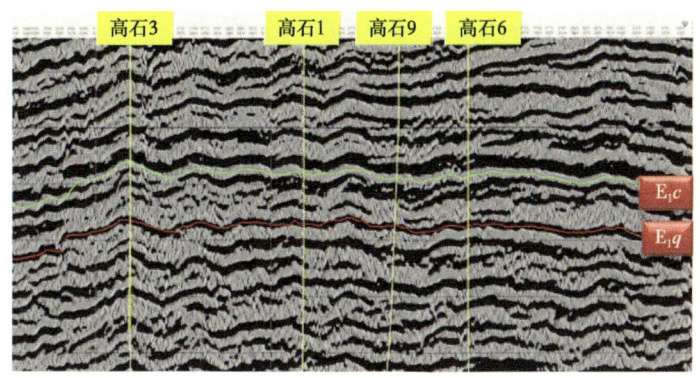

图3-8　高石3井—高石1井—高石9井—高石6井地震偏移剖面

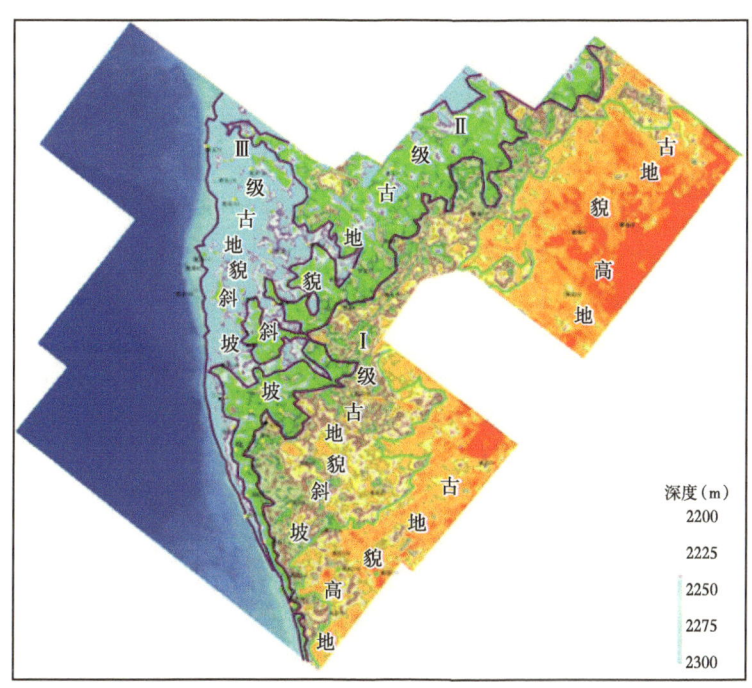

图3-9　高石梯区块寒武系沉积前震旦系顶岩溶古地貌图

2. 微地貌中残丘是对储层形成最有意义的微地貌

古地貌中的斜坡是岩溶作用强烈的地貌，但在二级古地貌上，依然存在着高低起伏，高处成为残丘，低洼处成为洼地或沟槽。其中沟槽与洼地的区别在于沟槽呈现条带状，是水流的主要通道。残丘中表层岩溶带往往缺失或发育不良，其原因是残丘顶面积较小，两侧具一定坡度，除顶部可保留一些岩溶残积物和覆盖物外，其余物质均被崩落或随顺坡下泄的大气降水搬运至坡脚、溶丘间谷地或洼地内堆积。残丘中潜水面形态随地貌上凸，岩溶管道水流向两翼流动，因此残丘两翼溶蚀强度最高。岩溶洼地水流向中心汇聚，潜水面形态随地貌下凹，溶蚀作用相对也较强烈，但相对残丘而言易被充填。沟槽由于过水速度快，溶蚀不够充分，因此溶蚀效果不如残丘和洼地，但充填程度却与地势较低的洼地相当（表3-2）。

表3-2 岩溶微地貌评价简表

古地貌形态	溶蚀模式	注释	溶蚀有利位置	溶蚀程度	充填程度
残丘		顺层岩溶	两翼	强	弱
洼地		顺层岩溶	中心	强	强
沟槽	同洼地，区别：古沟槽指岩溶台地内被岩溶水流侵蚀切割而成的排水通道，可反映来水方向，由于过水快，溶蚀不充分，但充填程度与洼地相当		中心	弱	强

在岩心上、测井上观察，部分井靠近震旦系顶位置灰黑色泥岩下发育一套石灰岩，这套石灰岩在南江剖面上划分为宽川铺组，沉积时期相当于麦地坪组沉积时期。由于此套石灰岩沉积在整个区域且分布不稳定，因此在一定程度上可以反映震旦系顶古地貌。

据现有井测井解释，震旦系顶石灰岩在平面上零星分布，分布与三维雕刻的古地貌洼地、沟槽符合率较高。

根据前述岩溶识别标志及古地貌特征分析表明，地层岩性为白云岩，溶蚀形成的洞主要为毫米至厘米级，少见米级洞，溶蚀形成地貌落差大多数低于50m，因此，本区岩溶主要为白云岩风化壳岩溶，而非石灰岩风化壳岩溶，地表条件下其溶蚀速率远低于石灰岩，岩溶主要为整体溶蚀（表3-3）。

表3-3 石灰岩与白云岩表生岩溶差异分布表

类型	石灰岩岩溶	白云岩岩溶
溶蚀速率	任何温度条件下，白云岩的溶解速率均小于石灰岩	
溶蚀孔洞规模	以落水洞、大型水平溶洞为主直径2~5m，最大达10m以上	以中、小溶蚀孔洞为主直径一般为毫米至厘米级，米级洞少见
溶蚀古地貌	常发育喀斯特地貌，峰高可达300~500m，坡角可达60°以上（相应发育天坑、落水洞等）	表现为整体溶蚀，发育溶蚀残丘（馒头山），高度小于100m，坡角20°~30°（天坑、落水洞等地貌不发育）

四、风化壳岩溶垂向分带

风化壳期岩溶相垂向的变化主要受岩溶地下水动力分带控制，任美锷（1987）将碳酸盐地区风化壳古岩溶剖面划分为4个岩溶带，即垂直渗入带、季节变动带、水平流动带和深部缓流带。但由于区域差异，在本区岩溶分带特征更为复杂，在岩性、电性上还可将水平潜流带进一步细分，本区将岩溶带划分为地表岩溶带、垂向渗流带、水平潜流带和深部缓流带。其中水平潜流带发育多期，期次之间划分为过渡亚带。根据上述模式，建立高石梯区块震旦系风化壳期岩溶垂向分带识别特征如下：

（一）地表岩溶带

地表岩溶带位于风化壳最顶部层面上，是风化壳表层碳酸盐岩受风化淋滤及地表水流改造而破碎，再经短距离搬运堆积于地势相对较低洼的沟谷中。见有残积铝土矿、褐铁矿、紫红色氧化层、白云石砾石、岩溶角砾等，这些均为风化作用破坏造成。岩心上洞较发育，以大洞居多，但洞多呈孤立状分布且充填严重，难以形成优质的储层。成像测井图像上背景多为橙色，可见暗色大洞显示，自然伽马曲线整体呈低值平缓状，遇洞穴发育处则表现为高值特征，电阻率曲线呈现较大正差异。地表岩溶带发育与地形起伏关系较大，横向上在古地貌残丘和沟谷中厚度差异较大。

（二）垂向渗流带

垂向渗流带位于风化壳表层以下、最高潜水面以上的区域，空隙间被富含 CO_2 的不饱和大气淡水充满，这种不饱和的大气淡水在自身的重力作用下快速向下运动，并以溶解为主，形成近垂直的高角度溶沟、溶缝及小溶洞。此种渗流形成的溶洞多是沿着裂缝的溶蚀扩大，部分横纵交汇处会形成规模较大的溶蚀洞，其特点是洞的排列极不规则。这些孔洞多被上覆地层沉积物、风化壳产物、围岩垮塌物等全充填，而无多少残留空间存在，难以发育较好的储层。岩心上会呈现出缝洞被充填的特征，残余溶洞分布不规则；成像测井上为橙黄色，以黄色/黑色为主，伽马值整体较低，充填处较高，形态整体呈连续漏斗状，电阻率逐渐增大，呈齿状正差异。垂直渗流带的厚度取决于所处的古地貌部位和潜水面高低，另外也与剥蚀幅度有关。

（三）潜流上带

潜流岩溶带位于潜水面之下、深部岩溶带之上区域，其上限是枯水期的最低潜水面。来自渗流带的酸性大气淡水还未达到饱和，CO_2 含量高，分压大，在地下潜水面的衬托下，由近垂直快速运动变为水平缓慢运移，溶蚀作用强，形成较多近水平向的溶蚀孔洞层。这些空隙在被溶塌角砾、纤状白云石等充填后，仍然残留较多的孔洞，它们在后期的构造作用、埋藏溶蚀作用的配合下，形成了现今研究区内灯四段储层中的重要储集空间。潜流带中靠近潜水面的位置溶蚀作用最强，称为潜流上带，其中靠近顶部往往形成上覆岩石的垮塌充填，但以下可以保留大量的溶蚀孔洞。岩心上主要表现为平行发育的洞，洞的大小不一，自然伽马曲线整体有向上变小的趋势，变化幅度较大，成像测井图像背景以黄色、橙色为主，形状为条带状。由于潜水面随季节而变化，可以形成多个旋回。

（四）潜流下带

与潜流上带同属于潜流带，但由于其离潜水面位置较远，溶蚀程度远不如上带，岩心和成像上的标志与潜流上带类似，溶洞呈现出顺层性，只是数量大大减小。GR曲线上呈现中高值，电阻率曲线呈钟形。

（五）过渡亚带

过渡亚带位于几个水平潜流亚带之间，由于构造抬升过快，没有接受潜水的充分溶蚀，故溶蚀孔洞相对不发育，接近原岩，可见部分构造缝。

（六）深部岩溶带

深部岩溶带位于风化壳岩溶的潜流带之下。岩溶水仍然是来自古风化壳下渗的大气水。地下水的运动和交替极为缓慢，岩溶作用微弱，只能形成较少的溶蚀裂隙和孔洞。岩心上见溶蚀小洞发育，自然伽马曲线呈低值，整体形态较平缓。

在对溶蚀作用分带特征进行全面、清晰的认识后，利用岩溶带识别模板，建立单井岩溶垂向分带模式，可见溶蚀带与水流方向、深度、充填作用、构造作用密切相关（图3-10）。

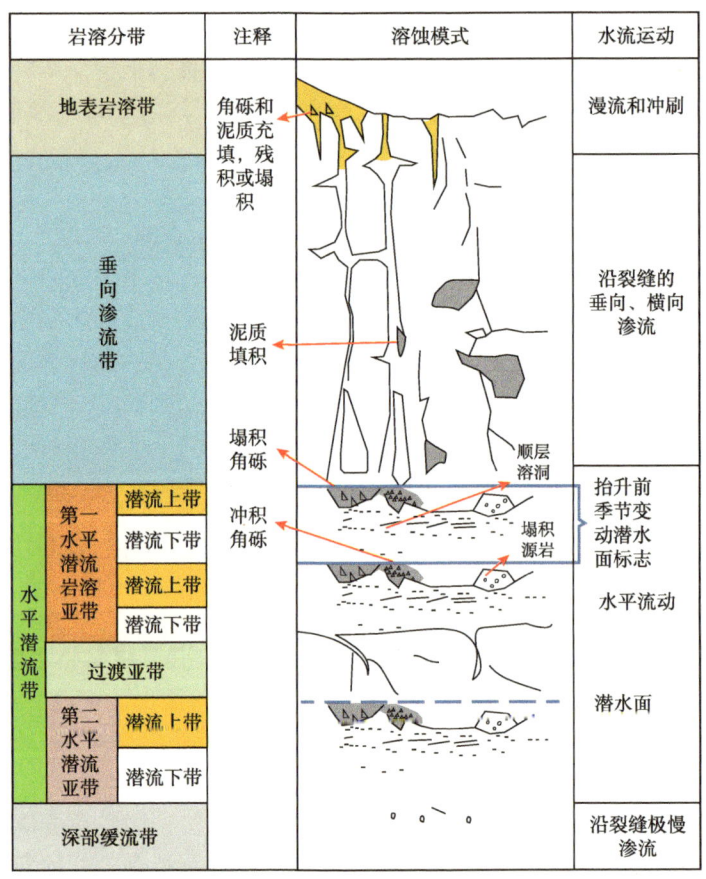

图3-10 高石梯区块震旦系灯四段岩溶分带模式

利用建立的单井岩溶分带模式并参考标准井和邻井的岩溶分带，对研究区其余井进行了岩溶带的划分，并开展了岩溶带横向对比研究，对比显示高石梯发育三套水平潜流带，中间夹两期过渡亚带，第一水平潜流亚带发育厚度大，平均厚度可达104m，溶蚀孔洞最为发育，面洞率达3.96%。高石梯区块仅局部区域保留垂向渗流带（图3-11和表3-4）。

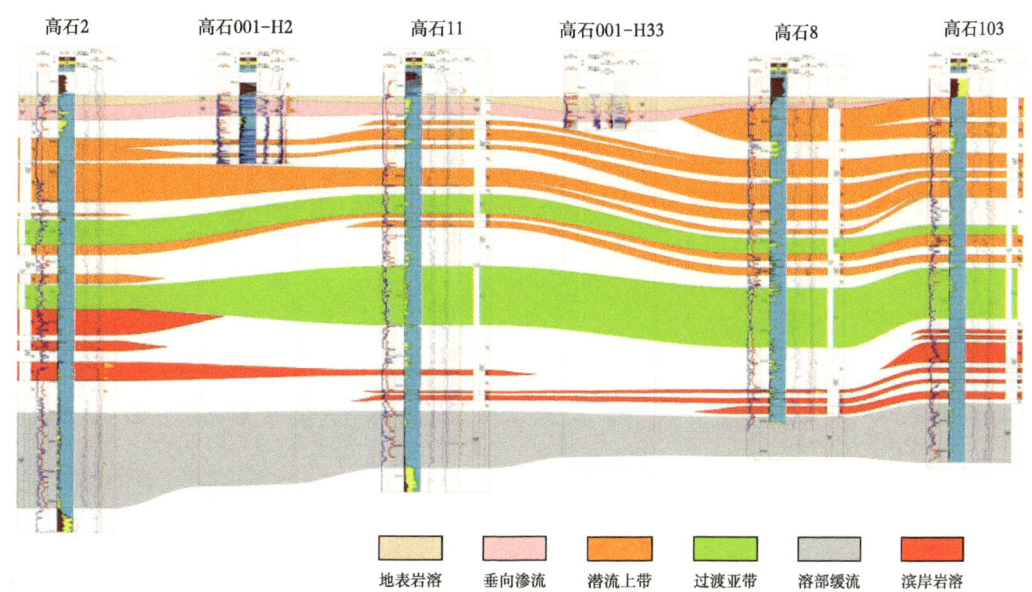

图 3-11　高石 2 井—高石 001-H2 井—高石 11 井—高石 001-H33 井—高石 8 井—
高石 103 井岩溶带连井对比图

表 3-4　高石梯岩溶带厚度统计表

区块	Ⅰ			Ⅱ			Ⅲ		
	岩溶带	带厚范围（m）	平均厚度（m）	亚带	带厚范围（m）	平均厚度（m）	内分	带厚范围（m）	平均厚度（m）
高石梯	地表岩溶带	4.75~5.25	5.0						
	垂向渗流带	2.6~13.25	6.1						
	水平潜流岩溶带	236.4~316	264.5	第一水平潜流岩溶亚带	83~133	104	潜流上带	2~32	10.2
							潜流下带	2~28.9	8.6
				第一过渡亚带	15~28.25	20.4			
				第二水平潜流岩溶亚带	12.9~81.6	35.9	潜流上带	3~20	7.85
							潜流下带	1.5~27.25	8.4
				第二过渡亚带	16.5~40	27.9			
				第三水平潜流岩溶亚带	55~107.4	79.8	潜流上带	1.8~61	10.6
							潜流下带	1.9~44	9.8
	深部岩溶带	14.6~92.4	38.8						

将高石梯区块三期水平潜流带在地震偏移剖面上进行标定的结果表明，第一潜流带底部在偏移剖面上显示为寒武系底向下第一套稳定波峰，且其与孔隙度高值区相吻合，物性较好（图 3-12）。

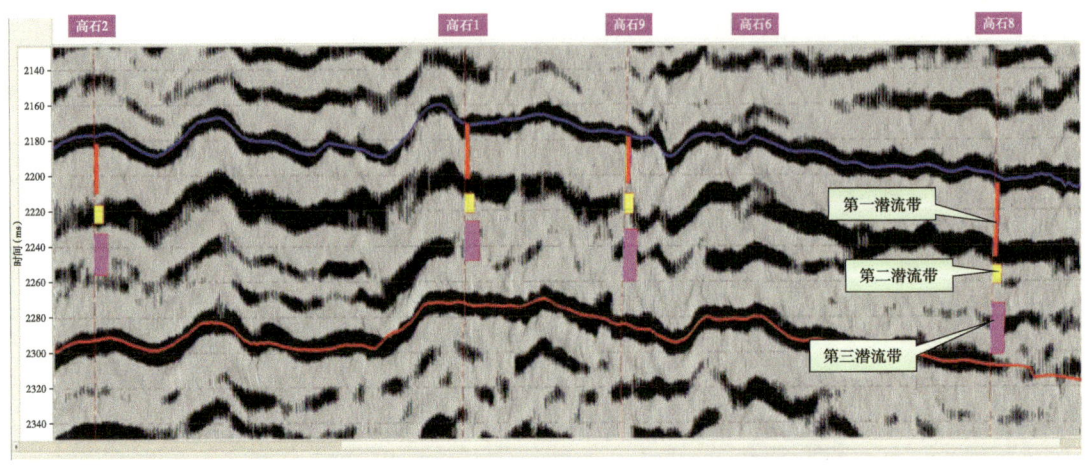

图 3-12　过高石 2 井—高石 1 井—高石 9 井—高石 6 井—高石 8 井潜流带地震剖面标定图

五、有利岩溶相带展布特征

灯四段岩溶以风化壳岩溶为主，靠近侵蚀面的灯四段顶部振幅变化能体现岩溶特征变化，根据灯四段顶部向下 10~30ms 内波峰振幅变化，刻画出了有利岩溶相带，其中 Ⅰ 类岩溶相带主要位于台缘古地貌斜坡带（图 3-13）。

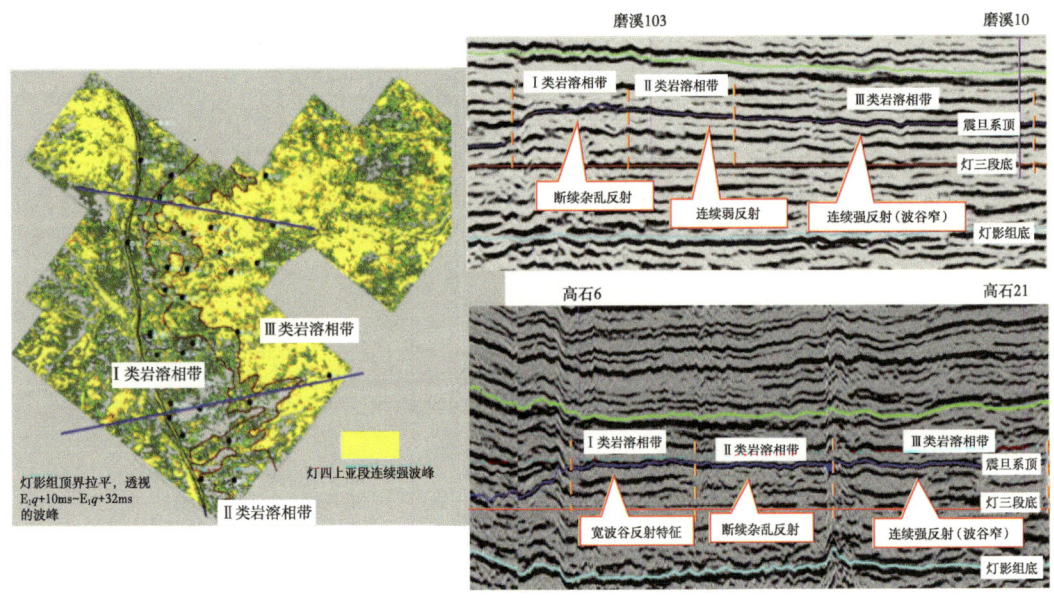

图 3-13　高石梯区块有利岩溶带展布图

六、区域岩溶发育模式

由于德阳—安岳裂陷槽的存在，形成大气水泄压区，因此，在靠近裂陷槽位置溶蚀最为强烈，龙女寺方向和高石梯南位于岩溶高地。古地貌总体南东高北西低，整体上古水流方向由东向西汇聚，纵向上则由于构造抬升，存在多个水平潜流带。

第二节　灯影组岩溶储层测井识别技术

一、岩溶储层识别

(一) 储层识别与类型划分

灯影组储层除基质孔隙外，特点就是洞和缝都较发育。储层的发育程度与孔隙度、孔洞和裂缝的发育程度呈正相关关系。孔隙度由三孔隙度测井曲线反映，孔洞和裂缝的发育程度由电成像测井反映，孔、洞、缝的渗透性又由阵列声波斯通利波、电阻率等测井信息反映。因此，根据这些测井信息的特征可对储层进行定性识别。

1. 常规测井识别方法

总体来说，储层在常规测井曲线上表现为"三低两高"的特点，即自然伽马降低、电阻率降低、密度降低和声波时差升高、中子升高。

自然伽马：对于沉积地层而言，自然伽马高低通常与地层的泥质含量成正比。而龙王庙组和灯影组储层主要为较纯的白云岩，几乎不含泥质，因此其自然伽马也较低，无铀伽马通常低于 15API。

井径：一般较规则，当遇大的溶洞或大缝时，有"扩径"现象，如高石 1 井、高石 2 井、高石 6 井灯四段中下部储层，大部分储层井径变化不明显。

声波时差：声波时差反映的是声波在单位长度介质内的传播时间，对于相同岩性的岩石，越是致密，则声波传播速度越快，声波时差越低（越接近岩石理论骨架值）；孔隙、孔洞和裂缝（特别是低角度缝、水平缝和网状缝）越发育，声波时差越高。

补偿中子：补偿中子值能比较直观地反映地层的孔隙变化情况。通常，在致密层，补偿中子测井值接近于岩石骨架理论值；而在储层发育段，补偿中子测井值将会增大，且与声波时差、补偿密度有较好的相关性。只有当孔洞和裂缝非常发育，钻井液的侵入较深时中子值增大才明显。

补偿密度：补偿密度值反映的是地层单位体积空间介质的密度值。在致密层，密度测井值基本等于或接近地层岩石骨架理论值；而当孔隙、孔洞和裂缝发育时，单位体积空间内介质的密度值会降低。低角度裂缝和水平缝会使密度值有明显降低。

深浅双侧向：双侧向测井值反映的是岩石的导电性能（电阻率）。对于质纯而致密的岩石，以及岩石孔隙中充填石英、白云石和沥青时，往往显示为高阻，而当地层中发育有储层时，则显示为高阻背景下的低阻，且与三孔隙度曲线有较好的相关性。低角度裂缝和大的溶洞使电阻率降低的幅度较大，双侧向曲线形状呈尖刺状，多为"负差异"或重合。

通过分析，孔隙、缝洞发育情况，以及白云岩是否硅化、孔洞中是否充填沥青，均与电阻率高低有关。灯影组白云岩一般在致密和当孔隙、孔洞中被沥青、白云石或石英充填情况下，表现为高阻特征，主要在 $10000\Omega \cdot m$ 以上；而当孔洞未被充填或弱充填时，电阻率要降低。因此，高阻一般为非储层段或无效差储层，有效储层在高阻背景下电阻率明显降低。根据岩电参数、束缚水饱和度和孔隙度下限等估算电阻率上限约 $7000\Omega \cdot m$。

2. 成像测井识别方法

通过电阻率成像测井图像，能有效地识别泥质条带、薄层、应力释放缝、压裂缝、井壁崩落、溶蚀孔洞及天然裂缝等地质特征，从而识别出真正的天然裂缝。

当储层溶蚀孔洞发育时，在电阻率成像图上显示高电导率异常，呈现出不规则小圆状或椭圆形状图像。

当储层天然裂缝发育时，在电阻率成像图上显示高电导率异常，呈现出不规则的正弦曲线特征图像。

3. 阵列声波测井识别方法

阵列声波测井资料主要是用波形幅度的衰减、变密度图像的干涉现象、声波能量的衰减来判断储层的发育情况。

纵波时差：当储层段较发育时，纵波时差一般较致密层段的纵波时差高。

横波时差：在孔隙或裂缝发育的层段，纵横波时差值有较明显的差异，可以将二者重叠以识别储层。

斯通利波：是一种管波，对裂缝很敏感，它在井筒中的传播类似于一个活塞的运动，造成井壁在径向上的膨胀和收缩，这时如果有效缝与井壁连通，则将使井液沿着裂缝流进和流出，从而消耗能量，使其幅度降低；反之在无效缝处，则不会发生能量的衰减。

波形、变密度及能量曲线：在声波波形变密度及能量曲线图上，裂缝倾角小于45°的裂缝纵波能量衰减明显，波形变密度图上也有干涉条纹。斯通利波能量的衰减情况及波形变密度图上的干涉条纹可以定性指示裂缝的有效性。

灯影组储层的储层测井响应特征如图3-14所示。

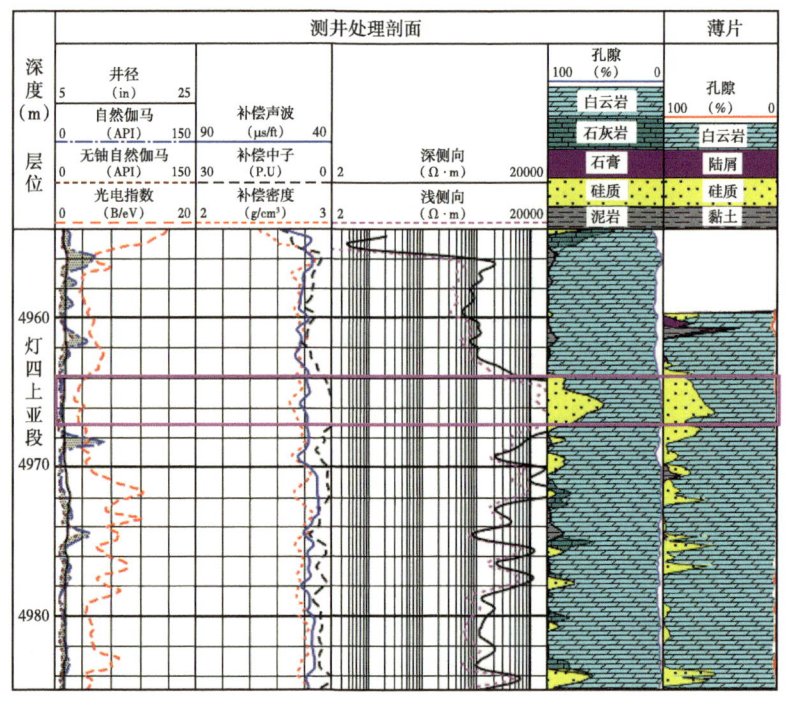

图3-14 灯四段上部致密硅质云岩段测井响应特征图

4. 储层快速定性识别方法

针对灯影组储层具有多重孔隙介质、充填或半充填等特点，储层是否有效与基质孔隙度大小、孔洞和裂缝发育程度，以及充填情况、连通状况有密切关系。因此，储层的快速识别可采取"三放三不放"的定性原则（图3-15），"三放"即电阻率超万、中子偏负或回零、无铀伽马大于15API；"三不放"即三孔隙度曲线增大不放过，电阻率降低或成像有高导异常不放过，有能量衰减不放过。

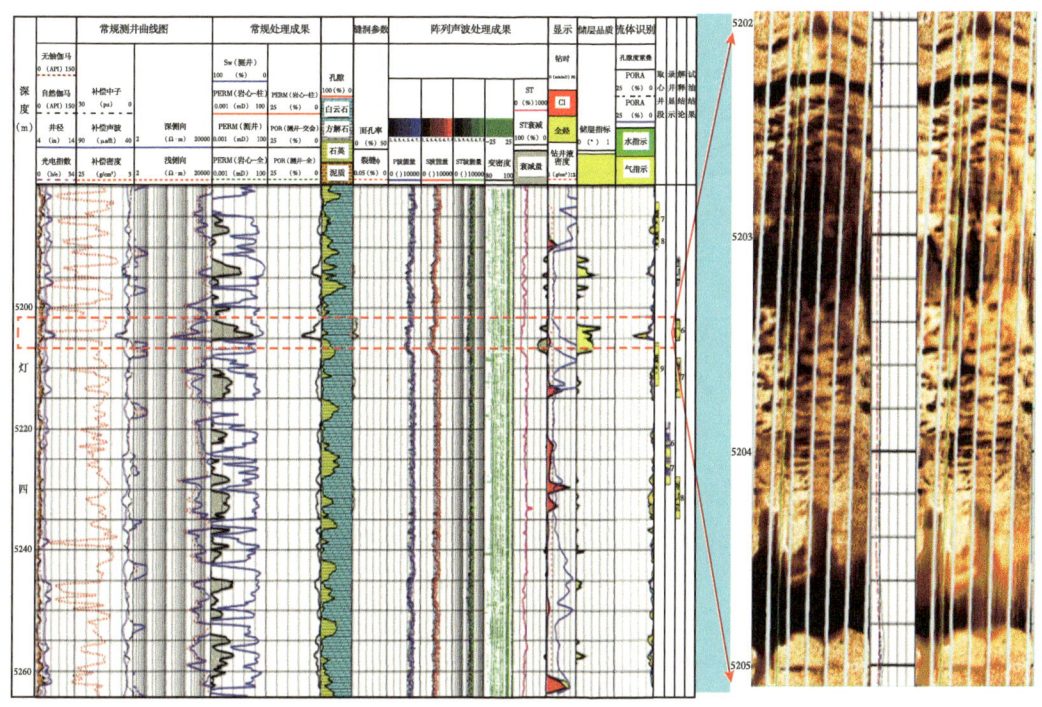

图3-15 储层与非储层孔隙度和电阻率特征图

（二）储层有效性评价技术

1. 溶蚀孔洞评价储层有效性

面洞率（HPOR）可用于刻画溶蚀孔洞发育程度，通过对一批灯影组的井定性标准的分析，得出基于高中低产井面洞率分布的定量标准。孔洞分级评价标准：HPOR ≥ 5%：Ⅰ类孔洞层；3% ≤ HPOR < 5%：Ⅱ类孔洞层；HPOR < 3%：Ⅲ类孔洞层（图3-16）。

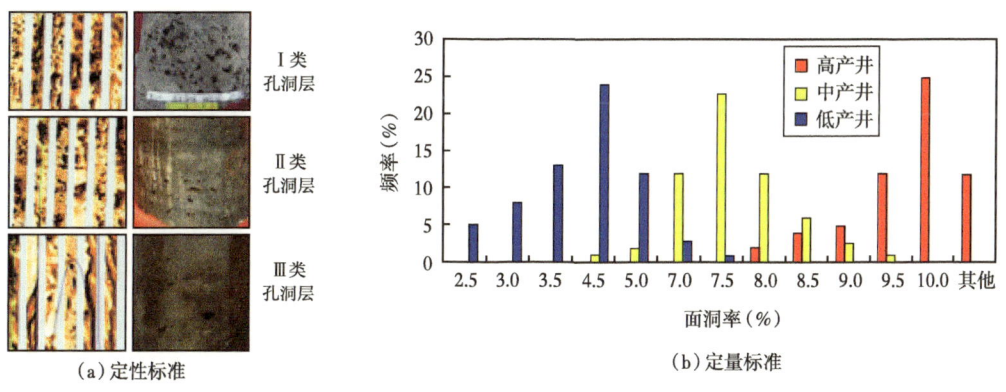

图3-16 面洞率定量标准图版

2. 最大孔径评价储层有效性

最大孔径（DIAM）：把溶洞假设为圆后，根据它在井壁上的深度点的洞对应的最大直径。对于震旦系洞穴型储层，最大孔径可以直观地反映其大洞对产量的贡献，孔洞孔径越大，产量越高，孔径的大小与产能有较好的正相关关系。

通过试油井分析，得出最大孔径评价储层标准，并综合获得溶蚀孔洞有效性半定量综合评价方法（表3-5）：DIAM≥60mm：Ⅰ类；20mm≤DIAM＜60mm：Ⅱ类；DIAM＜20mm：Ⅲ类。

表3-5 定向井溶蚀孔洞有效性半定量综合评价方法

溶蚀孔洞类型	面孔率（%）	充填程度	洞的最大孔径 DIAM（mm）	缝洞搭配关系 POR2	连通指数 HPERT	显示
Ⅰ类溶蚀孔洞	≥5	极低	≥60	≥6	≥1	井漏、气侵、点火燃烧等
Ⅱ类溶蚀孔洞	3~5	较低	20~60	3~6	0.5~1	气测异常、显示不明显
Ⅲ类溶蚀孔洞	＜3	较高	＜20	＜3	＜0.5	无显示

3. 有效裂缝评价储层有效性

通过对裂缝密度及气井产量进行相关关系的拟合，得出震旦系灯四段储层定向井裂缝有效性半定量综合评价方法（表3-6）。

表3-6 定向井裂缝有效性半定量综合评价方法

裂缝类型	尺度	产状	张开度（宽度）	充填程度	与溶洞搭配关系	连通性	显示
Ⅰ类裂缝	大、断层级别	高角度（≥60°）	溶蚀扩大明显	低	溶洞沿着裂缝发育，裂缝切割溶洞	高（ASTC＞20）	井漏、气侵、点火燃烧等
Ⅱ类裂缝	大、中型	斜交缝（30°~60°）	溶蚀有一定扩大	较低	裂缝和溶洞局部相交	中（ASTC＞10）	气测异常、显示不明显
Ⅲ类裂缝	小、微细裂缝	低角度（＜30°）	溶蚀作用较弱	较高	孤立，与孔洞无交集	有一定渗滤性，较弱	气测值增加或无显示

（三）有效性评价标准

针对灯影组非均质极强的碳酸盐岩储层，结合水平井解释模式，根据之前的研究成果，认为影响产能的三大因素为：储层物性、缝洞发育程度和储层渗滤性。其中储层物性里与产能相关的参数包括孔隙度、深侧向电阻率、储层厚度（这里提的储层厚度是指大于孔隙度标准的储层厚度）等参数；缝洞发育程度包括面洞率、最大孔径、裂缝密度、孔隙度谱宽度；储层渗滤性包括斯通利波衰减、连通系数。基于缝洞定量处理的进一步深化，综上所述，增加了对产量起重要作用的三个关键参数：最大孔径、孔隙度谱宽度、连通指数，通过分区块对各单因素与产量建立关系，选取其关键参数，然后总结出储层参数评价标准表（表3-7）。

第三章　气藏描述及气藏关键开发技术

表 3-7　灯四段缝洞碳酸盐岩储层参数评价标准表

储层类型	岩性	孔洞缝组合	岩心/成像测井	储层识别划分标准
裂缝—孔洞型	藻凝块云岩、粉晶云岩	缝：4% 洞：52% 孔：44%		孔隙度大于 3%； RT 小于 800Ω·m； AC 大于 54μs/ft； 成像面洞率大于 5%
孔洞型	藻凝块云岩、藻砂屑云岩、泥晶云岩	缝：0.9% 洞：61% 孔：38.1%		孔隙度大于 3%； RT 介于 800~4000Ω·m； AC 介于 48~54μs/ft； 成像面洞率介于 3%~5%
孔隙型	硅质白云岩、纹层状云岩、泥晶云岩	洞：11.8% 孔：88.2%		孔隙度 2%~3%； RT 大于 4000Ω·m； AC 小于 48μs/ft； 成像面洞率小于 3%

二、灯影组岩溶储层发育机理及模式

微生物碳酸盐岩是底栖微生物（细菌、真菌、小型低等藻类及部分小型原生动物）的生长、新陈代谢等过程引发碳酸盐沉淀、自身发生钙化或者产生细胞外聚合物质黏结捕获周围的碎屑颗粒而形成的，这些微生物固着于底质形成生物膜，在层理面上形成纹层时就构成了微生物席生态系。Riding 依据宏观组构将微生物碳酸盐岩划分为叠层石、凝块石、树形石、均一石四类；梅冥相补充了核形石和纹理石；针对宏观组构模糊、难以归为上述类型者，韩作振等补充了附枝菌格架岩类型。微生物碳酸盐岩不仅是研究古环境古气候和地质历史事件的重要材料，还是潜在的油气储层。

针对四川盆地高石梯区块震旦系灯影组微生物白云岩小尺度孔洞形成和保存机理机制不明确，现有认识难以支持储层分布规律的特点，利用精细岩心描述、薄片鉴定、测录井资料、成像测井、分析化验资料等方法和手段对高石 1 井区微生物碳酸盐岩沉积特征、储集空间类型、孔隙演化等方面进行研究，建立了微生物白云岩孔隙系统与微生物岩的沉积结构关系评价图版，明确了微生物丘滩建造控制了基质孔隙发育；形成了微生物白云岩差异溶蚀评价方法，明确了藻微生物格架是毫米—厘米级溶洞在表生期得以保存的关键；建立了两期4种优质岩溶储层发育模式，拓展了深时碳酸盐岩储层判识方法。

（一）微生物白云岩孔隙系统与微生物沉积组构定量描述

通过对高石1井区微生物岩的岩性特征、成像特征、孔隙结构等进行分析，建立了微生物白云岩孔隙系统与微生物岩的沉积结构关系评价图版，明确了微生物丘滩建造控制了基质孔隙发育。

1. 微生物白云岩孔隙系统

微生物碳酸盐岩主要组分包括钙化微生物、泥晶方解石、微亮晶和亮晶方解石、碎屑颗粒及孔隙。微生物功能群既能对地质环境变化产生响应，又可通过元素循环或矿物转变等反馈方式影响环境。微生物碳酸盐岩有5~34亿年历史，通过沉积岩石学、地层古生物学、地球化学、地球生物学等研究手段，剖析泥晶方解石、微亮晶和亮晶方解石、碎屑颗粒组分中赋存的生物圈演化信息及经济价值的研究成果较丰富。我国学者对微生物碳酸盐岩的成因及地质意义研究较多（李阳等，2013），而对其应用价值，尤其是在石油勘探与开发方面提及较少。

微生物碳酸盐岩孔隙受到沉积作用、成岩作用及构造破裂作用等共同影响。基于不同油气地质研究需要，Archie、Choquette等、Lucia、Lny等对碳酸盐岩孔隙进行了分类。微生物碳酸盐岩形成包括微生物捕获黏结碎屑、生物诱导或影响的沉淀作用、非生物成因沉淀作用等三个过程，这些过程可以形成具有组构选择性的孔隙，以及大量微米—亚毫米级微孔隙，例如粒间（溶）孔、晶间（溶）孔、遮蔽孔、鸟眼孔、晶洞、粒内孔及铸模孔、晶模孔等。受微生物群落类型及沉积环境等因素影响，不同沉积过程可以形成不同的孔隙类型。例如微生物捕获黏结碎屑颗粒，以粒间孔、粒内孔及铸模孔为主，而微生物诱导及影响的沉淀过程，如微生物自身钙化、微生物席内细菌诱导的沉淀作用等，容易形成格架孔、遮蔽孔及粒内孔等，而无生物参与的物理化学沉淀作用则可以形成晶间孔、粒内孔及泡状孔等。此外，受到沉积期、早成岩期的近地表成岩作用，还可以发育洞穴、裂缝及孔洞等非组构选择性孔隙。因而Choquette和Pray的孔隙分类方案被广泛应用。

2. 微生物白云岩组构

微生物相关沉积可形成微型、中型、大型、巨型等不同规模的沉积组构，这些组构影响了孔隙的大小及空间分布。比如，真菌等组分的腐烂可以形成微孔隙；核形石微生物作用形成致密包壳层后可阻止后期大气淡水等流体溶蚀核心，从而抑制铸模孔形成；凝块石中凝块的大小、分选、排列等沉积结构的差异可导致不同凝块石孔隙度相差十余倍、渗透率相差两个数量级；包壳状凝块石白云岩中可能以孤立溶孔为主，而泡沫绵层叠层石白云岩则可能发育顺层分布的窗格孔。

高石梯区块震旦系灯影组碳酸盐岩以微生物白云岩为主，根据岩心和薄片观察统计，微生物碳酸盐岩主要沉积结构为凝块组构、叠层组构、泡沫绵层组构等。

1）凝块组构

凝块石在微生物岩中占据了十分重要的位置，其最早出现在中元古代，后大量发育在晚寒武世到早奥陶世，并且在现今仍有发育。凝块状云岩也称凝块石，来源于希腊词汇thrombos，意思是血凝块，Aitken最早提出凝块石（thrombolite）的概念："一种与叠层石有关的、但缺乏纹层的、具有宏观凝块结构的隐藻结构"，他认为后生动物对叠层石扰动是凝块石形成的直接原因。尽管Aitken将凝块石定义为一种宏观组构，但在实际应用中凝块常作为一个更宽泛的概念。凝块的范围可以是厘米级的不规则圆状，或长条形的枝状，也可以是毫米级的微观凝块。现代凝块石通常发育在潮下带环境，而且沉积水深通常大于叠层石。这类岩石其表面通常为疙瘩状、皱纹状或雪花状，浅色的斑块部分一般是泥—粉晶云岩，而较暗色部分多由细粉晶云岩构成（图3-17a至图3-17c）。镜下，在凝块状云岩中发现粉晶结构的砂屑云岩（图3-17f和图3-17i），这说明其沉积环境与台内颗粒滩相邻或有间歇性颗粒滩迁移至凝块状云岩的沉积环境。

图3-17 四川盆地灯影组典型凝块类岩石

a—凝块状云岩，泥晶凝块小于10%，MX11井，灯四段，5140~5155m；b—凝块状云岩，泥晶凝块小于50%，MX11井，灯四段，5140~5162m；c—凝块状云岩，泥晶凝块大于70%，MX11井，灯四段，5140~5166m；d、e—凝块状云岩，GS7井，灯四段，5299~5295m；f—凝块状云岩中局部含有亮晶砂屑云岩，GS7井，灯四段，5299~5295m；g、h—凝块状云岩，威117井，灯四段，2995~2932m；i—凝块状云岩中局部含有亮晶砂屑云岩，威117井，灯四段，2995~2932m

针对凝块石成因，现倾向于生物成因而非成岩改造，观点有三种，第一种是根据凝块石和叠层石具有相似宏观特征提出的，由早期叠层石形成后受到生物扰动改造形成；第二种是Kobluk和Crawford（1990）提出的由有机物质分离降解形成；第三种则认为凝块石是由微生物群落本身差异化导致的，与球形菌占主导的微生物群体同期生长和钙化作用有关。

2）叠层组构

叠层组构主要出现在叠层石中，其常呈层状、柱状、穹状产出，产出形态不同反映出不同的沉积环境和微生物群落等，叠层组构常常与微生物席密切相关。叠层石是前寒武系最主要的微生物岩类型，是隐生宙微生物生命活动的证据，最早见于古太古代。叠层状云岩也称为叠层石，其发现距今已有两百多年历史，在这两百多年中，人们对叠层石的认识在不断地深化。Kalkowsky（1908）创造了"叠层石（stromatolite）"名称，他注意到许多叠层石在生长形态上类似于珊瑚和海绵，认为这些穹形纹层的叠加和分叉柱体的生长趋向是生物寻求光线和食物的反映，因此其形态能对古地貌、古水流向、沉积环境分析等提供一定的参考。Awramik等对叠层石的定义重新做了厘定，认为"叠层石是以蓝藻为主的微生物在生长和新陈代谢活动过程中黏附和沉淀矿物，或捕获矿物的颗粒而形成的一种生物沉积构造"。他认为层状叠层石中以球形系微生物为主，而柱状叠层石中以丝状系微生物为主。

叠层状云岩按形态可分为锥状、波状、柱状、半球状等形态，高石1井区以波状叠层状云岩为主，也是灯影组最易识别的一类岩石（图3-18d、e、f），其识别标志为：纵向上藻纹层较为密集，各藻纹层起伏趋势基本一致；其次，横向上较为连续，有起伏（图3-18g、h）；最后，各藻纹层间常见空腔结构，可见叠层石的藻纹层其实是由众多藻粒呈串珠状相连的（图2-34i），这与现代蓝藻菌颇为相似（图2-34a）。叠层石是川中地区灯影组主要的储集岩类型之一，在不同的水深条件下均可生长，但主要生活在潮间带—浅潮下带。

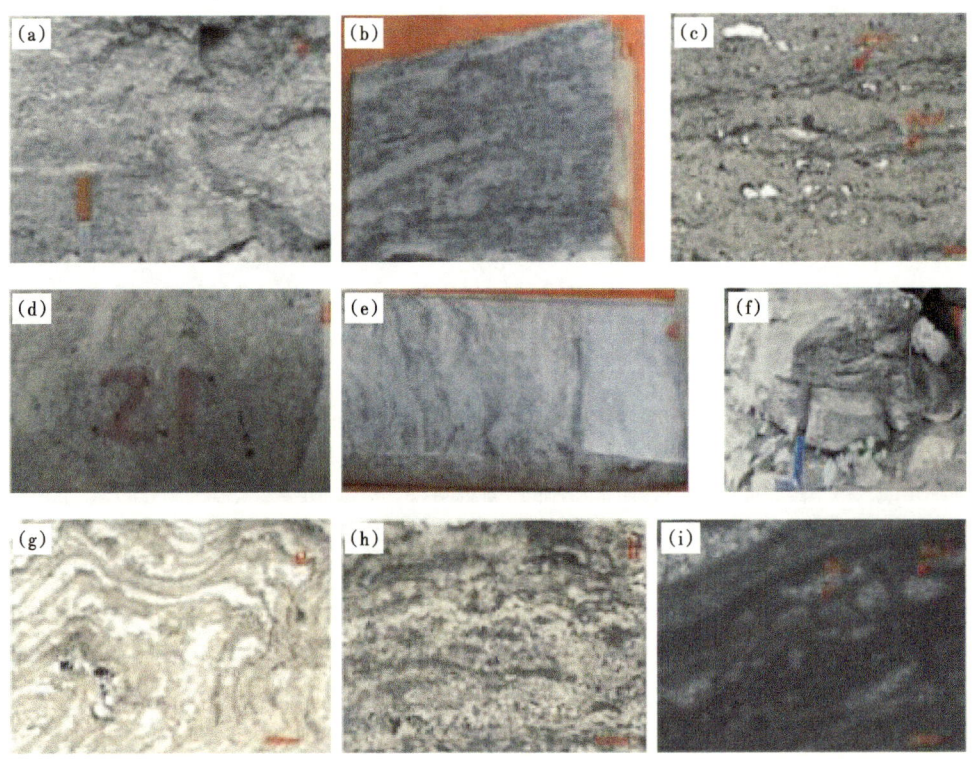

图3-18 四川盆地灯影组典型叠层类岩石

a—层纹状云岩，藻席极为发育，先锋剖面，灯二段；b、c—层纹状云岩，见藻纹层、鸟眼构造发育，GS18井，灯四段，5136~5143m；d—叠层状云岩，呈脑纹状，有凹凸感，MX51井，灯四段，5334~5396m；e—叠层状云岩，呈波状，MX51井，灯四段，5351~5428m；f—叠层状云岩，呈波状，先锋剖面，灯四段；g—叠层状云岩，层间被硅质充填，MX51井，灯四段，5334~5396m；h—叠层状云岩，呈波状，MX51井，灯四段，5351~5428m；i—叠层状云岩，由藻粒组成的藻纹层，先锋剖面，灯四段

3）泡沫绵层组构

泡沫绵层组构是由肾状菌生长形成的一种微生物组构，肾状菌矿化后形成单个的泡沫黏结体，后相互黏结成层，形成泡沫绵层结构，其内部空腔大多数被多期亮晶白云石胶结，不同的泡沫绵层具有不同的大小和相互黏结的紧密程度。该类岩石在GS7井、MX51井、威117井、资4井均有发育，其中以资阳地区最为发育。泡沫状云岩在手标本上较为特殊，如同一个一个的小棉球（图3-19），镜下可见大量泡沫状藻类腔体结构，在本段岩心的中下部可观察到藻粒间"悬浮"着内碎屑颗粒，从接触关系上看，藻粒呈颗粒支撑结构。以资4井为例，在4563~4480m井段内有多个正粒序结构，每一个结构由下至上内碎屑颗粒逐渐减少，藻粒逐渐增多，这说明该类岩石形成于一种稳定的中—高能沉积环境。笔者认为灯影组泡沫绵层云岩是微生物对水体能量的一种响应特征，可以作为中—高能相带的相标志之一。

图3-19 四川盆地灯影组典型泡沫绵层类岩石

最终，通过大量实钻井岩心资料，对高石1井区微生物岩储集岩的岩性、岩心特征、成像特征、孔隙结构等进行统计分析，建立了微生物白云岩孔隙系统与微生物岩的沉积结构关系评价图版（图3-20）。小尺度孔洞发育及保存机理主要是以下4种类型：（1）储集岩为藻凝块云岩，岩心上孔洞呈蜂窝状发育，大小不均一，成像测井图像上呈明显黑色斑块，斑块分布杂乱，且储集空间类型为粒间孔、晶间孔发育，溶洞发育；（2）储集岩为藻砂屑云岩，岩心上小孔洞发育，成像测井图像上在黄色底板上出现较均匀斑块，且储集空间类型为粒间孔；（3）储集岩为藻叠层云岩，岩心上顺层状溶洞发育，成像测井图像上黑色斑块呈条带状发育，且储集空间类型为格架孔发育，呈顺层状；（4）储集岩为藻纹层云岩，岩心上顺层状溶洞少量发育，成像测井图像上可见少量黑色条带，且储集空间类型为顺层状溶孔少量发育。

（二）微生物白云岩储层差异溶蚀评价

碳酸盐岩的溶蚀是指在水—岩作用过程中由于Ca^{2+}、Mg^{2+}流失所导致的岩石的质量亏损，是自然界中普遍存在的现象。在碳酸盐岩裸露区，由风化淋滤作用形成的喀斯特地貌和落水洞、地下暗河等自然景观，都是碳酸盐岩溶蚀作用的产物。在海相层系中，由古暴露岩溶作用或者埋藏溶蚀作用形成的溶孔、溶洞是重要的油气储集空间。因此，碳酸盐岩的溶蚀作用不仅为地理学家所关注，更为石油地质勘探家所重视。

岩性	岩心特征		成像特征		孔隙发育特征
藻凝块云岩	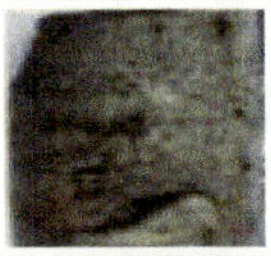	孔洞呈蜂窝状发育，大小不均一		明显黑色斑块，斑块分布杂乱	 粒间孔、晶间孔发育，溶洞发育
藻砂屑云岩	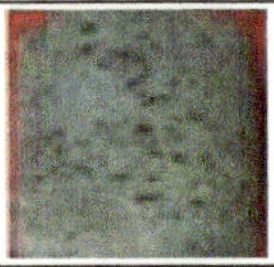	均表现为小孔洞成孔隙型	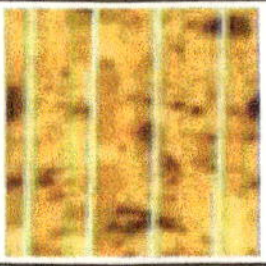	在黄色底板上出现较均匀斑块	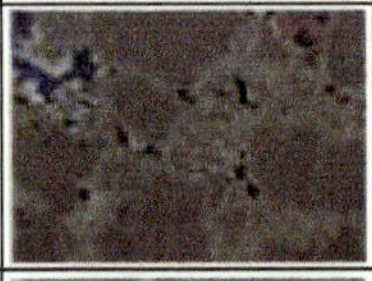 粒间孔发育
藻叠层云岩		顺层状溶洞发育	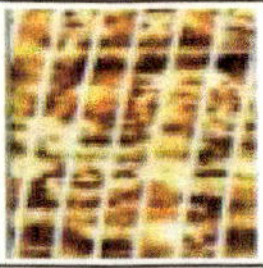	黑色斑块呈条带状发育	 格架孔发育，呈顺层状
藻纹层云岩		顺层状溶洞少量发育		少量黑色条带	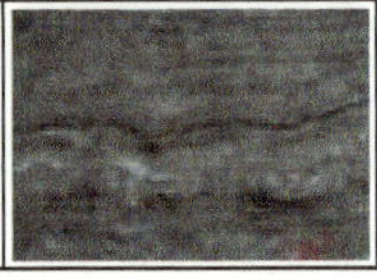 顺层溶孔少量发育

图 3-20 微生物白云岩孔隙系统与微生物岩的沉积结构关系评价图版

前人的实验结果表明，碳酸盐岩的溶蚀作用主要受到温度、压力、水溶液介质条件（统称为岩溶环境）的影响，在不同的岩溶环境中碳酸盐岩溶蚀速率表现出一定规律的变化；在同样的环境条件下，由于岩石成分（白云岩和石灰岩的相对含量）、结构（颗粒大小、结晶程度、裂缝发育情况等）的不同，其溶蚀速率也呈现明显的差异。碳酸盐岩由于岩溶环境和岩石成分、结构等因素导致的溶蚀率的差异，称为差异溶蚀，它是碳酸盐岩优质储层形成的主要机制。

近年来微生物白云岩储层也正在受到学界的重视，在对四川和塔里木盆地的白云岩研究中找到不少微生物发育的证据，那么假如大面积分布的层状白云岩是沉积或准同生期的产物，白云岩优质储层形成则变成一个简单的问题。纯白云岩与纯石灰岩一样，若在沉积时由于化学胶结导致物性很差，对于这类碳酸盐岩（即使是生物礁灰岩），也不能发生差异溶蚀，当有溶蚀流体流过时，只能形成面状溶蚀，形成大的洞穴；但不能形成针状孔隙性储层，这类储层的典型代表就是塔河油田的碳酸盐岩储层，同时塔里木盆地丘里塔格群孔隙极不发育的白云岩则是另一个典型的例证。但是若在早期沉积或准同生期形成的白云岩不是纯白云岩而是含有一定量的碳酸钙，那么这类碳酸盐岩就可能通过差异溶蚀作用形成针孔状储层，若碳酸钙含量接近 50%，溶蚀得越彻底，则可以形成类似糖粒状白云岩储层，普光气田飞仙关组的白云岩储层则应是这种差异溶蚀的结果。

若碳酸钙含量大于 50%，由于白云岩较之石灰岩难以溶蚀，那么溶蚀的主体是石灰岩，这类岩性与纯石灰岩一样也很难形成针孔状储层，这也是为何石灰岩难以形成优质储层（孔隙性储层）的主要原因。

在地层温压条件和各种酸性溶液介质中，由于石灰岩与白云岩成分的差异，石灰岩的溶蚀率均高于白云岩，含云质高的岩性也比含云质低的难溶，过渡岩性（灰质云岩），由于灰质成分被"优先"溶蚀，使得白云岩变得更纯。因此，经常看到的白云石的粒间孔，其实大多数情况下并不是白云岩被溶蚀后形成的，而是其中的灰质成分被"差异"溶蚀后留下白云岩"骨架"。这种"优先"溶蚀或"选择性"溶蚀其实就是差异溶蚀，是白云岩优质储层形成的主要机制。

碳酸盐岩成分（石灰岩与白云岩的相对含量）和结构非均质性是导致差异溶蚀的主要因素；在强调结构非均质性导致的选择性溶蚀时，同样应重视成分差异导致的选择性溶蚀。高能相带及生物礁类型的白云岩（包括石灰岩）是形成结构差异的主要沉积环境，是寻找优质白云岩储层（孔隙型）的方向，但是灰质云岩形成的沉积环境更应受到重视，它是白云岩优质储层形成的重要物质基础，对灰质云岩时空分布的预测是寻找优质白云岩储层的另一重要方向。

通过对高石梯区块震旦系灯四段中不同藻含量储层可溶性分析—溶蚀实验模拟，分别对藻含量大于50%的藻凝块云岩、藻含量小于10%的藻纹层云岩的成分可溶性进行了分析。通过镜下溶蚀观察可以看出，在成分上含藻云岩中主要发生溶蚀的成分是其中的云岩部分，可见明显的溶蚀扩大现象，而藻类的溶蚀程度整体较低。在定量分析方面，通过对不同含藻量样品进行不同溶蚀时间段的溶蚀量进行称重可以发现，在相同的溶蚀时间内，藻含量较高的样品溶蚀后重量减轻最小，溶蚀速率最低（图3-21）。

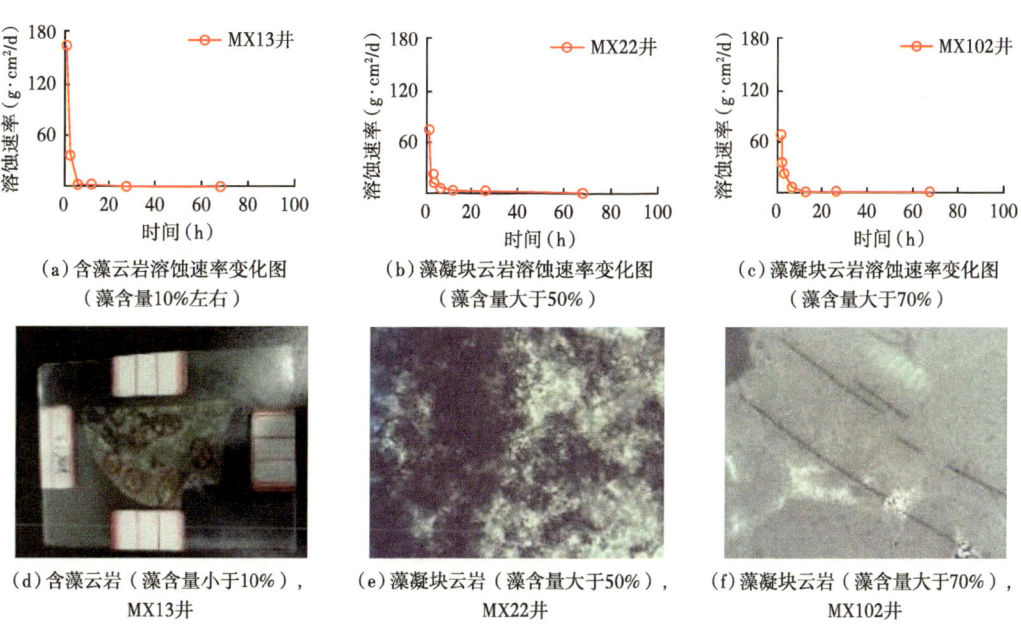

图3-21 灯影组白云岩藻含量与溶蚀速率对比图

在此基础上，进一步结合不同藻含量岩类的物性统计可以看出，藻含量最高的藻叠层云岩平均孔隙度达4%~35%，明显高于其他类型的云岩，同时藻含量相对较高的藻砂屑云岩、藻凝块云岩、藻纹层云岩的孔隙度整体亦高于其他类型云岩。综上分析认为灯影组云岩中正是随着藻含量的增加，白云岩发生大型表生溶蚀后，由于藻类的存在，增加了白云岩的岩石骨架强度，有利于岩溶缝洞的保存。最终形成了现今灯影组岩溶缝洞储层多发育于藻含量较高的储层的面貌。

（三）微生物岩岩溶模式建立

高石梯地区灯四段沉积物沉积之后的5亿~7亿年间经历了桐湾、加里东、海西、东吴、印支、燕山和喜马拉雅等七次大的构造运动，在这些构造运动间，灯四段经历了多次的抬升与埋藏，叠加了一系列成岩作用的改造，最终形成了现今的储层面貌。

已有研究表明，高石梯地区灯四段主要成岩作用可分为压实和压溶作用、胶结和充填作用、白云石化作用、溶蚀作用、重结晶作用、构造破裂作用六大类，其中压实和压溶作用、胶结和充填作用是破坏性成岩作用，白云石化作用、溶蚀作用、重结晶作用、构造破裂作用是建设性成岩作用。其中，溶蚀作用是形成灯四段优质储层的最主要的成岩作用。

碳酸盐对不饱和流体较为敏感，流体会对碳酸盐产生强烈的溶蚀作用。溶蚀作用对碳酸盐地层具有双重影响，一方面导致碳酸盐组构发生变化，形成新的储集空间；另一方面，溶蚀的化学和机械产物会在适应的介质条件下堆积下来，充填孔隙，不利于孔隙的保存。但是总体看来，在碳酸盐岩储层中，溶蚀作用对储层的建设性作用远大于破坏性作用。

但关于溶蚀作用类型、识别标志，溶蚀作用机理，溶蚀作用发育规律等依然存在较大争议。

1. 岩溶作用类型

根据溶蚀作用发生的先后顺序、持续时间、特征、影响因素，以及与储集空间的关系等，可将高石梯区块灯影组灯四段储层中所发生的溶蚀作用分为早期滨岸岩溶、准同生期岩溶、表生期岩溶和埋藏期岩溶四种类型，不同类型的溶蚀作用对储集空间的贡献也各不相同。

结合新完钻开发井的实钻分析认为灯四段主要受到过4种类型3个期次的岩溶作用（表3-8）。第一期次为灯四^{1}小层沉积后，高石梯地区在灯四^{1}小层沉积后沉积古地貌较高，其顶部受到了一定程度的表生岩溶作用影响；与此同时受海平面变化作用影响，其内部形成多层次海岸性岩溶储层。第二期次为桐湾Ⅱ幕运动时期，灯影组整体抬升发生表生岩溶剥蚀作用。第三期次为麦地坪组沉积后，桐湾Ⅲ幕构造运动使得灯影组再次整体抬升剥蚀，这次岩溶作用导致高石梯地区麦地坪组大面积剥缺，最终由于两期表生岩溶作用的叠加在高石梯地区灯影组顶部形成了物性极佳的岩溶风化壳储层。因此岩溶结构的研究对探究高石梯地区岩溶模式至关重要。

表3-8 岩溶作用类型特征表

岩溶作用类型	早期滨岸岩溶	准同生期岩溶	表生期岩溶	埋藏期岩溶
岩溶序列	早期顺层岩溶	早期暴露层间岩溶	表生期	古风化壳埋藏之后
暴露机制	沉积间断	沉积间断	不整合面	构造运动
位置	灯四段距台缘边界10km以内	灯四段内部	距风化壳顶往下200m以内，或稍深	距古风化壳各种距离，可深可浅

续表

岩溶作用类型	早期滨岸岩溶	准同生期岩溶	表生期岩溶	埋藏期岩溶
水来源	大气淡水或混合水淋滤	大气淡水或混合水淋滤	地表淡水渗流或地下水潜流	冷热淡水、酸性水
溶蚀方式	组构选择	组构选择	有或无组构选择	沿断裂附近前期未完全充填孔、洞、缝溶蚀
形成的储集空间	溶蚀孔、洞、缝	针孔	大量溶蚀孔、洞、缝	少量溶蚀孔、洞、缝
储层发育及分布	溶蚀孔、洞、缝局部发育	零星低渗透储层	溶蚀孔、洞、缝连片发育	靠断裂发育溶蚀孔、洞
构造幕	桐湾Ⅰ幕、Ⅱ幕之前	桐湾Ⅰ幕、Ⅱ幕之间	桐湾Ⅱ幕、Ⅲ幕	桐湾期以后

2. 岩溶发育模式

综合高石梯区块沉积微相、岩溶分带研究、古地貌刻画，结合地震有利岩溶带识别分析，认为硅质层、岩溶期断裂、丘滩有利微相、古地貌四者控制了溶蚀孔洞发育部位和区域，建立了高石1井区4种主要的岩溶发育模式（图 3-22 和图 3-23）。

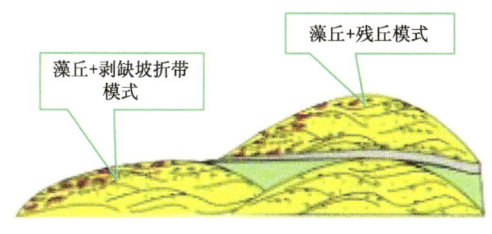

图 3-22 无岩溶断裂岩溶模式

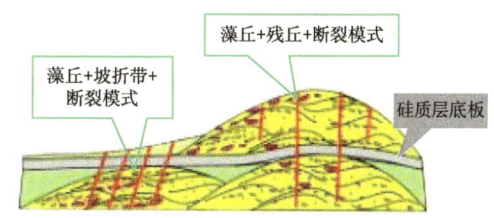

图 3-23 岩溶断裂相关岩溶模式

模式①：藻丘 + 坡折带岩溶模式——此类模式多发育于藻丘发育的斜坡地带，由于斜坡地带岩溶流体流动速率快，导致硅质层及其上部地层整体剥蚀。上部地层剥蚀后岩溶流体继续溶蚀下部地层，最终在下部残留的地层中形成了良好的岩溶缝洞储层。

模式②：藻丘 + 残丘模式——本模式主要发育于藻丘发育的古地貌高部位，由于古地貌高部位岩溶流体流动速率较斜坡带相对放缓，因此该位置处的硅质层及其上覆地层往往未被剥蚀，硅质层之下往往岩溶储层不发育。但硅质层之上的地层由于受到了较好的岩溶作用，因此岩溶储层整体发育。

模式③：藻丘 + 坡折带 + 断裂模式——此类模式仍然主要发育于藻丘发育的斜坡地带，但较之前的藻丘坡折带模式，其岩溶程度略低，硅质层未被剥蚀，硅质层之上残余了薄层地层。在此背景下，理论上其硅质层下部的地层中岩溶储层应当发育程度较低，但此类区域发育有岩溶期断层，使得岩溶流体得以借断层通过硅质层进入其下部地层中发生溶蚀作用，最终在硅质层上下的地层中均形成较好的岩溶储层，但硅质层之上的地层由于整体被剥蚀，因此相应的储层也较薄。

模式④：藻丘 + 残丘 + 断裂模式——此类模式是在藻丘 + 残丘模式地质背景的基础上发育岩溶期的断裂，表生岩溶作用一方面在近地表的硅质层上覆地层中发生溶蚀，同时也通过断层进入硅质层下部的地层中发生溶蚀作用，最终在硅质层上、下均形成良好的储层,且硅质层上、下的储层发育厚度均较大。

三、岩溶储层展布特征

安岳气田高石梯区块灯四段储层连片分布,厚度主要在 50~100m 范围内变化。高石梯地区钻遇储层累计厚度 11.5~68.12m,平均值 34.8m。灯四段储层纵向上非均质性强,具有多套叠置特征,主要发育在距灯四段顶 100m 范围内,主要发育 5~15 套储层,单层厚度 2~10m(图 3-24)。

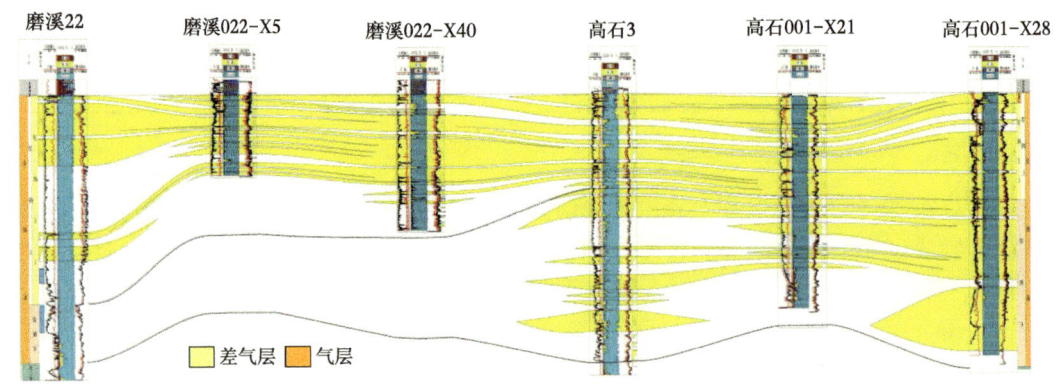

图 3-24 磨溪 22 井—高石 001-X28 井储层连井对比剖面图

通过对高石梯灯四段各岩溶带储层发育特征研究表明,第一水平潜流带受表生期溶蚀改造时间长,程度深,储层单层和累计厚度最大,储地比最高,物性最好(表 3-9)。纵向上,储层集中在震旦系顶向下 100m 内的灯四$^{2+3}$小层表生岩溶水平潜流亚带第一潜流带内,储层厚度大、优质储层集中发育,灯四^{1}小层仅零星发育。横向上,在微构造高部位、古地貌残丘或坡折带、有利丘滩相的叠合区域,储层累计厚度大,储层平均孔隙度高。

表 3-9 高石梯地区灯四段各岩溶带储层统计表

岩溶带	储地比(%)	储层与岩溶带厚度比(%)	储层垂直累计厚度(m)	垂储层平均厚度(m)	顶部储层距震旦系顶距离(m)	底部储层距震旦系顶距离(m)
地表岩溶带	1.01	52.0	4.4	3.2	18.0	18.0
垂向渗流带	1.22	22.3	3.1	3.6	20.0	20.0
第一水平潜流岩溶亚带	14.94	43.7	47.0	9.3	31.0	113.0
第二水平潜流岩溶亚带	2.23	22.1	8.6	3.8	167.0	178.5
第三水平潜流岩溶亚带	7.58	26.8	18.6	5.2	200.4	259.0

通过对高石梯地区优质储层的展布特征进行分析表明,纵向上,高石梯地区灯四段受表生岩溶与海岸岩溶作用共同控制,灯四^{1}小层、灯四^{2}小层与灯四^{3}小层中优质储层均发育,灯四^{2}小层与灯四^{3}小层中,一般发育储层4~10层,单层厚度5~28m,累计厚度30~95m。

高石梯地区优质储层主要集中在高石3井区、高石2井区、高石9—高石8井区(图3-25)。

同时,在以往的研究过程中已经发现灯四^{1}小层中存在优质储层,但其发育规模与灯四$^{2+3}$小层,尤其是近震旦系顶区域的表生岩溶作用带相比,在规模与质量上存在着较大的差异。最新的研究表明,灯四^{1}小层中的这套储层主要受沉积作用与海岸岩溶作用控制,主要发育在高石梯高石9井区与高石3井区,并具有明显的向台内变薄的特征(图3-26)。

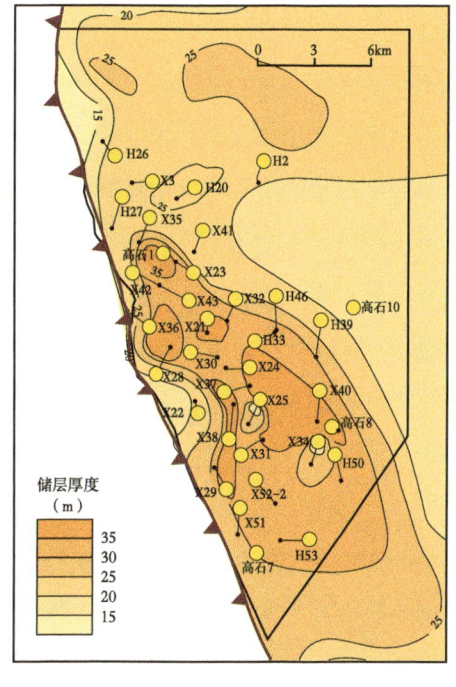

图3-25 灯四$^{2+3}$小层优质储层平面分布图

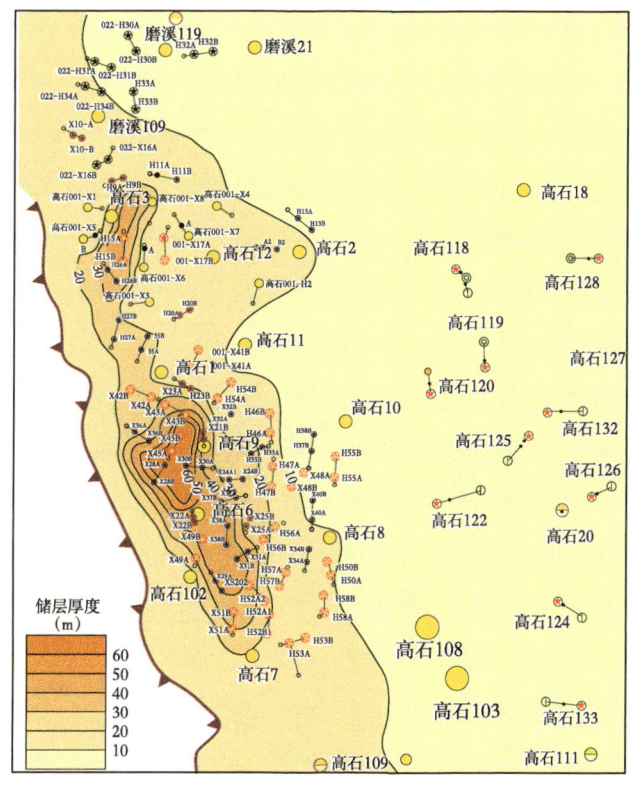

图3-26 灯四^{1}小层储层厚度平面分布图

第三节 灯影组岩溶储层地震识别技术

本节内容主要是以地质、测井资料和地震资料为基础，针对高石梯区块下古生界震旦系灯影组四段岩性复杂、缝洞尺度小、储层非均质性强等储层地质特点，在三维连片区地震资料的处理、构造解释、缝洞预测、储层预测方面进行了深入研究，创新形成了裂缝—孔洞型碳酸盐岩储层地震精细预测技术，解决了震旦系灯影组四段存在小尺度缝洞型薄储层地震识别和预测难题，实现了储层定性定量精细预测研究，明确了岩溶储层平面和空间展布特征和规律，满足开发生产中对构造和储层精细描述需求。

一、地震资料处理

岩溶缝洞型储层预测，关键是要提高地震资料品质，提供优质地震数据，提高目的层主频及频带宽度，可实现断层及储层的精细识别及预测需求。本节研究在保真、保幅、保持分辨率的前提下进行低频保护处理，包括高精度静校正、各向异性叠前速度建模等，完成叠加、叠前时间偏移处理（张延章等，2003）。

（一）关键技术

本次连片处理涉及多个年度、不同观测系统的资料（表3-10），进行连片处理必须统一全区炮点、检波点、野外文件号等（图3-27），连片处理网格方位尽量与连片前各个区块施工设计方位多数保持一致，面元大小应以各区块中面元值中最大值或占绝对多数面元值作为统一网格后面元值（图3-28）。

表3-10 拼接区域资料观测系统统计

区块	安岳	高石1井	高石梯/高石梯南	蓬莱南	高石梯东
施工年度	2010	2011	2011/2012	2012	2013
满覆盖面积（km²）	600	273.41	790.08/349.25	477.95	1095.94
仪器类型	428XL	428XL	428XL	428XL	428XL
震源类型	炸药	炸药	炸药	炸药	炸药
方位角（°）	37.94	37.94	37.94	37.94	37.94
面元（m×m）	20×20	20×20	20×20	20×20	20×20
覆盖次数	80	64	80	80	80
观测系统	16L7S140R	16L8S192R	16L10S240R	16L10S240R	16L10S240R
	正交	正交	正交	正交	正交
炮线距（m）	280	480	480	480	480
炮点距（m）	40	40	40	40	40
检波线距（m）	280	400	400	400	400
检波点距（m）	40	40	40	40	40
最大炮检距（m）	3557	4970	5741	5741	5741
检波器类型	常规	常规	常规	常规+数字	常规
炮数	65980	20518	58950/30923	38985	73100

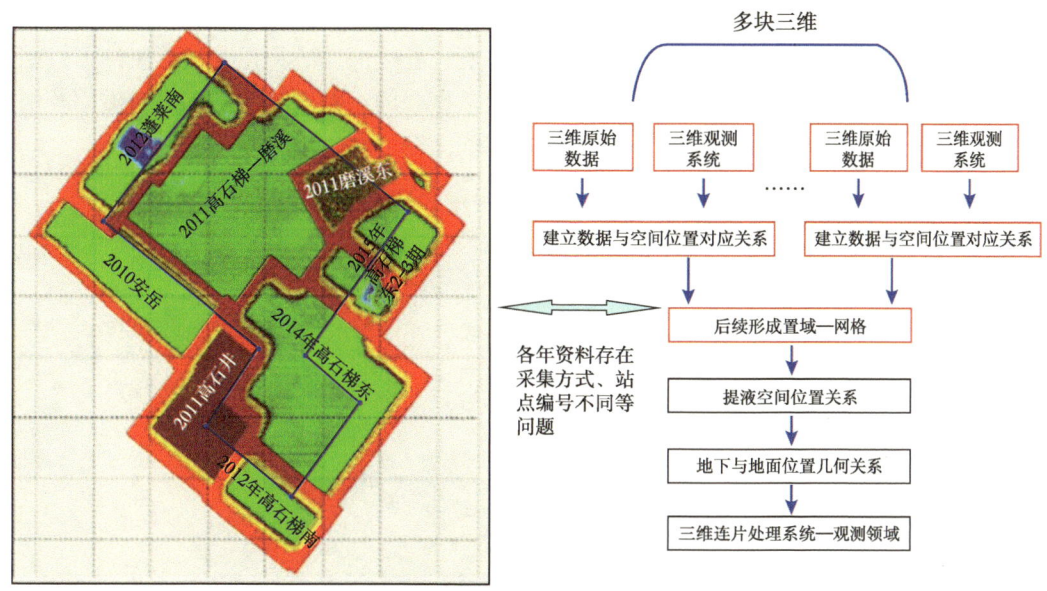

图 3-27 统一全区检波点及炮点编号

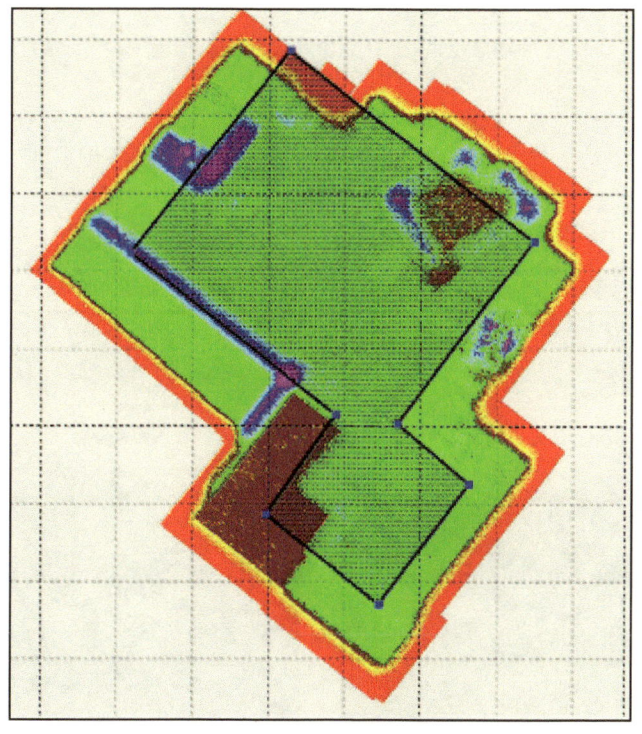

图 3-28 统一全区面元

1. 连片一致性处理技术

1) 纵向振幅补偿

在野外采集过程中，地震波的振幅随着传播距离增大而衰减，从而导致原始单炮记录上近道、远道，以及浅层、中层、深层能量在时间、空间上的变化。为消除这些因素影响，利用 VSP 资料求取补偿因子，采用时间函数增益对纵向能量进行补偿（图 3-29）。时间函数振幅补偿具有以下一些特点：具有压制浅层、补偿深层的特点，用它正好可以用来压制浅层强能量，补偿深层弱能量，还能保持上下振幅的相对大小关系。纵向振幅补偿可以使地震数据浅中深层的能量趋于一致，能量关系更加合理。

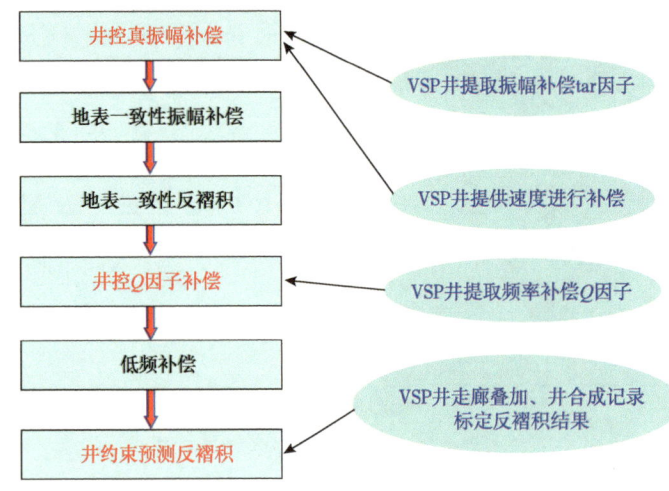

图 3-29　利用 VSP 资料提取补偿因子

2）横向振幅补偿

横向上由于横向地表激发接收条件的影响，使地震资料各炮各道的横向能量不一致。因此在纵向时间函数补偿的基础上，进行地表一致性振幅补偿处理，该方法根据地表一致性原理，在合理的时窗内，分别在共炮点域、共检波点域、共反射点域和共偏移距域等四个域中，求出各道补偿因子，进行补偿，消除由于地表因素造成的炮点之间、检波点之间能量的差异（图 3-30 和图 3-31）。

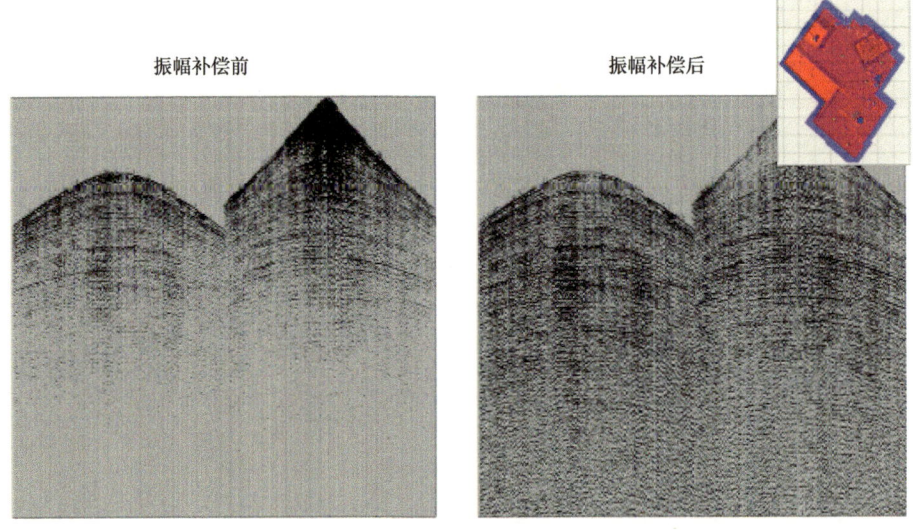

图 3-30　振幅补偿前后单炮对比

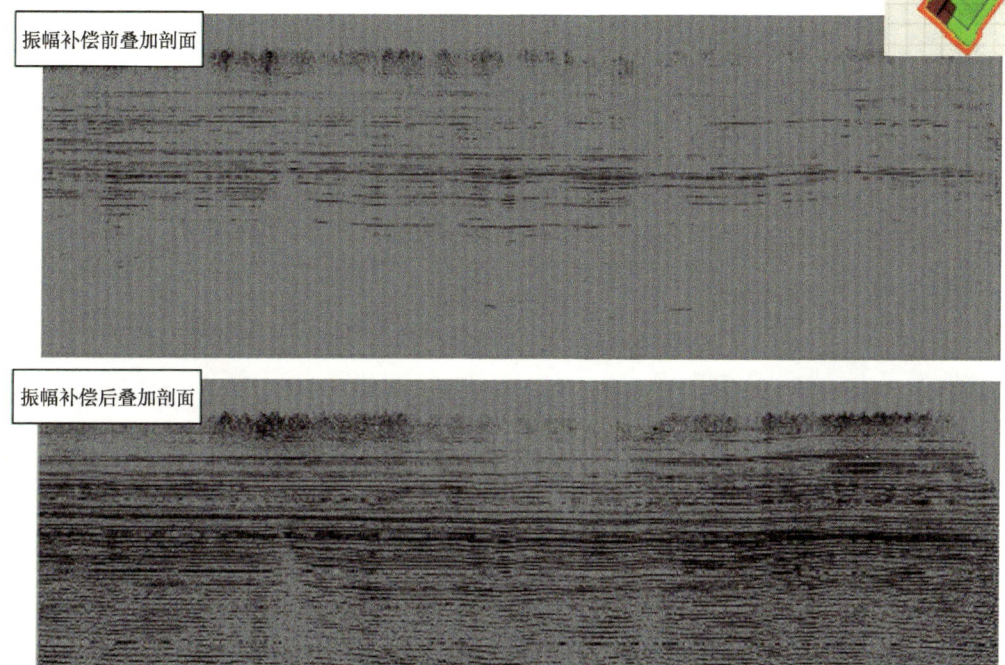

图 3-31 振幅补偿前后叠加剖面对比

2. 提高分辨率处理技术

充分利用高石 1 井区内零井源距 VSP 资料，采用累计频谱比法求取 Q 模型（图 3-32），用最佳 Q 值模型对全区地震资料进行吸收衰减补偿处理，有效提高了地震剖面的分辨率。图 3-33 是 Q 补偿前后的叠加剖面及合成记录标定情况，从叠加剖面与高石 1 井的合成记录吻合情况来看，补偿后不仅大套地层能很好地与合成记录吻合，目的层也吻合得很好。从目的层频谱来看，补偿后频带得到拓宽，主频提升到 35Hz 以上，分辨率得到提高，与攻关成果保持一致。

3. 各向异性叠前时间偏移技术

各向异性叠前时间偏移可一定程度上消除介质各向异性的影响，进一步提高地震资料的成像精度，断点、断面更加清晰，层间接触关系更加清楚，并且可解决用于叠前反演的 CRP 道集受各向异性影响大、炮检距数据校正过量的问题。当入射角增大时，各向同性道集上远偏移距同相轴不能拉平，通过各向异性因子 Eta 值引入（图 3-34），各向异性道集上翘的同相轴得到拉平，同相轴聚焦成像较好，剖面同向轴横向连续性得到改善（图 3-35）。

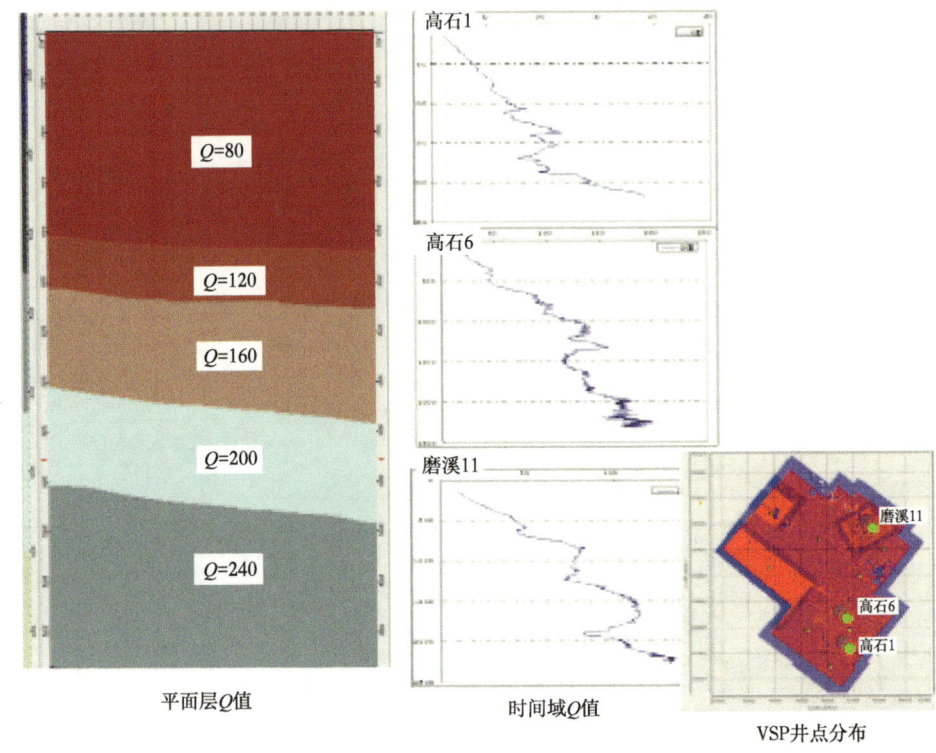

图 3-32 利用 VSP 资料求取 Q 值

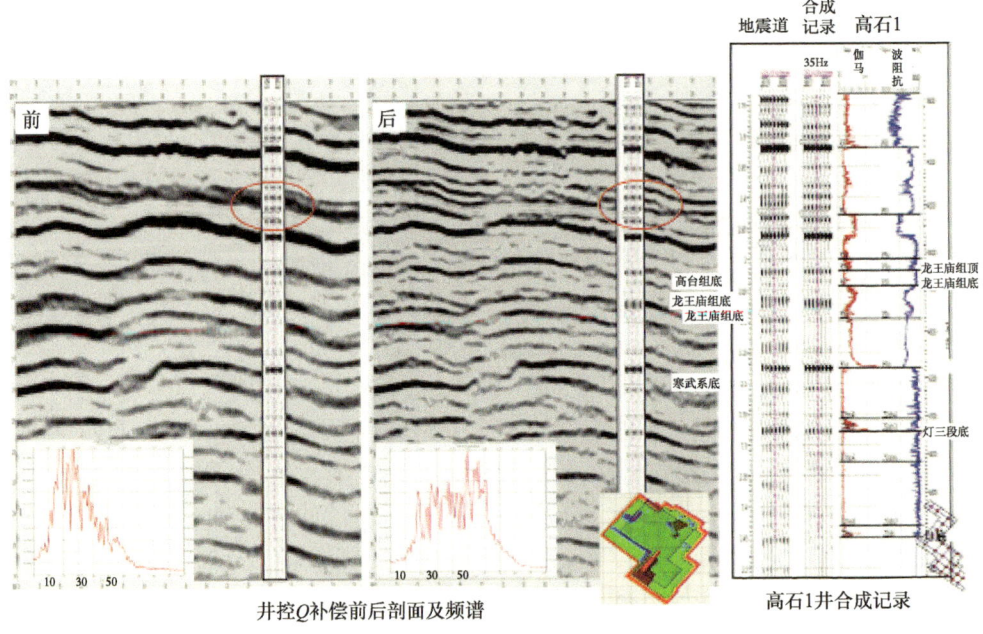

图 3-33 补偿前后剖面及合成记录标定

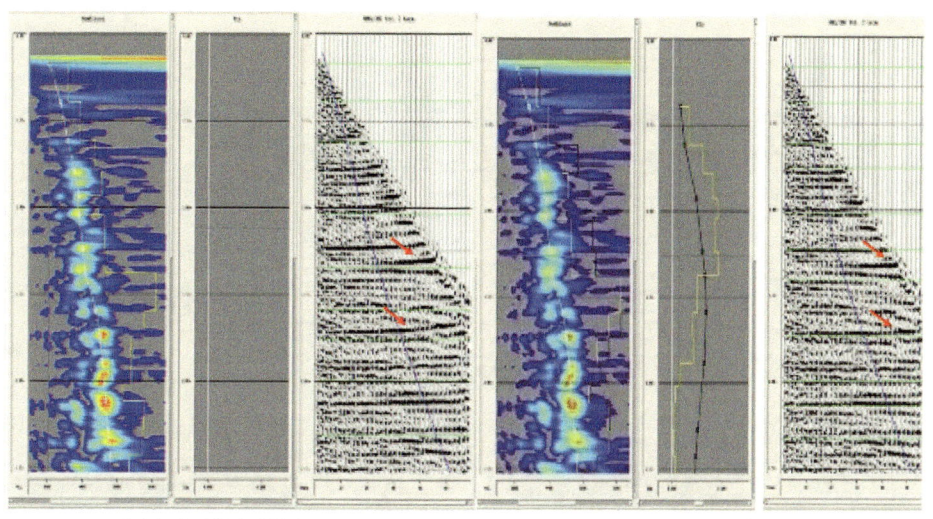

(a) 各向同性速度拾取　　　　　(b) 各向异性Eta速度拾取

图 3-34　各向同性速度提取与各向异性 Eta 速度拾取对比

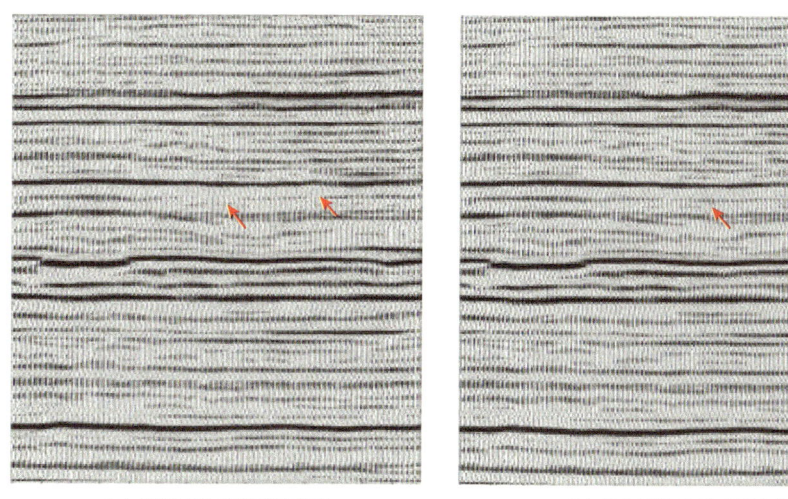

(a) 各向同性叠前时间偏移　　　　　(b) 各向异性叠前时间偏移

图 3-35　各向同性叠前时间偏移成果与各向异性叠前时间偏移成果对比

(二)处理成果分析

相比以往生产老成果，中—深层成像质量得到明显改善，可为储层和裂缝预测提供品质更好的基础数据，有助于提高储层及裂缝的刻画精度（图 3-36 和图 3-37），图 3-37 可见新处理资料储层识别精度明显提高，灯影组储层"亮点"反射特征清晰。

处理成果剖面主频达 35~40Hz，频宽 8~70Hz。同相轴成像聚焦较好，剖面信噪比及纵向分辨率较高。

通过高精度静校正、保真保幅提高分辨率处理及精细成像处理技术攻关，处理成果剖面主频达 37~40Hz，频宽 5~75Hz。同相轴聚焦成像好，断点清楚，信噪比及纵横向分辨率较高，为储层和断裂精细预测提供了高质量地震数据，有助于提高储层及裂缝的刻画精度。

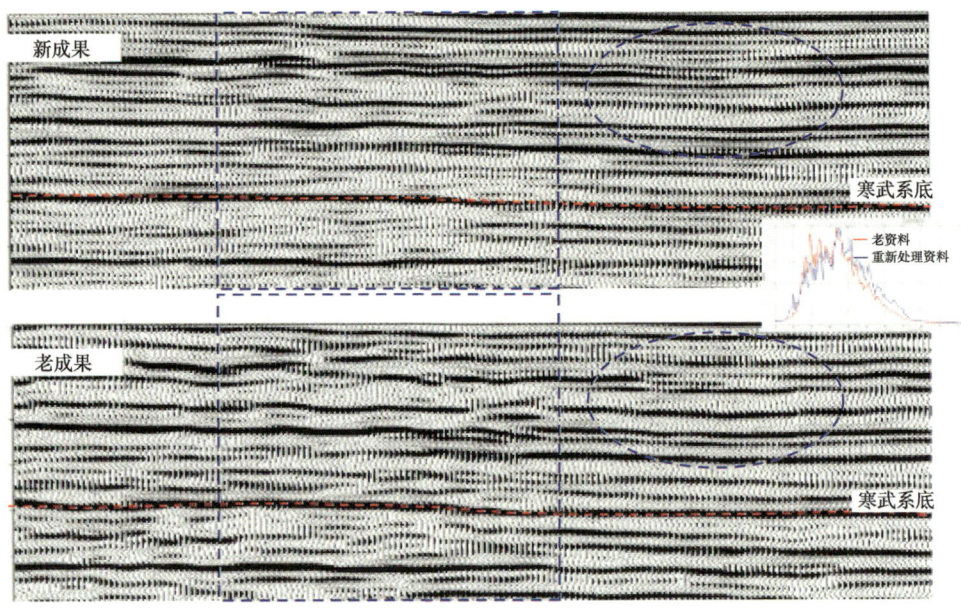

图 3-36　新老偏移成果对比

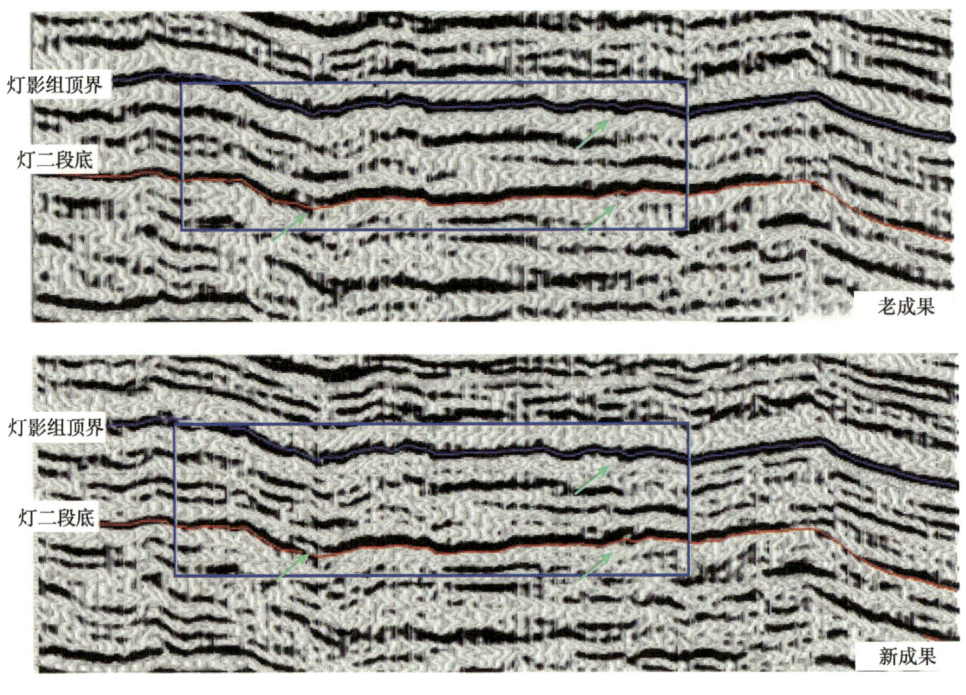

图 3-37　新老偏移成果连井剖面对比

二、构造及断裂精细解释

（一）层位标定和资料对比解释

1. VSP 资料地震地质层位标定

利用 VSP 资料建立地震反射层和 VSP 井中地层界面之间的对比关系，将零井源距 VSP 上行波双程时间剖面、走廊叠加剖面、过井地震偏移时间剖面，按时间和深度关系组成地震反射波的地质层位标定图，纵波的双程时间就是初至起跳时间的两倍。上行波双程时间剖面上每一道记录都具有井深与直达波起跳时间的对应关系。依据地质界面的录井深度，在上行波双程时间剖面上追踪该井深所对应记录道的直达波起跳时间，即该界面地震反射波的 T_0 时间。

本次研究 VSP 资料与过井地震剖面的对比步骤如下：

（1）根据地震资料各反射层的波形变化特征和波组特征，进行主要目的层对比，研究 VSP 资料和过井地震剖面的反射波组特征及其变化规律。

（2）根据钻井地质分层确定的地层界面深度，利用 VSP 资料建立的时深关系，确定各地质分层界面所对应的地震反射的位置。

（3）利用 VSP 计算出的地层层速度资料，结合测井资料，研究地层、岩性的纵横波变化规律和波阻抗变化规律，解释各主要目的层地震反射波所对应的是波峰还是波谷。

根据上述原则，高石 6 井 VSP 标定的三维地震测线（L4311 线）纵波地震反射波地质界面的深度与 T_0 时间数据的关系见表 3-11。此表 3-11 中可以清楚地确定纵波剖面上主要地质层位的反射时间。

表 3-11 高石 6 井纵波层位标定与地震反射层对比表

层位名称	底界深度 （m）	测点深度 （m）	初至时间 （ms）	双程时间 （ms）	校正后的双程时间 （ms）	地震剖面层位时间 （ms）	误差 （ms）
东营组底	1630.5	1630	397	794	846	844	-2
须家河组底	2317.3	2320	546	1092	1144	1149	5
飞四段底	3319.3	3320	730	1460	1512	1512	0
飞仙关组底	3662.8	3660	804	1608	1660	1668	8
下二叠统底	3887.2	3880	866	1732	1784	1790	6
高台组底	4514.2	4510	980	1960	2012	2016	4
龙王庙组底	4506.8	4510	995	1990	2042	2044	2
寒武系底	4963.3	4960	1064	2128	2180	2182	2

从桥式标定图（图 3-38）上可以看出，走廊叠加剖面上的同相轴与过井剖面的同相轴能量强弱关系及波组特征一致性较好。高石 1 井寒武系底界标定在强波峰，灯影组三段底界标定在强波峰。

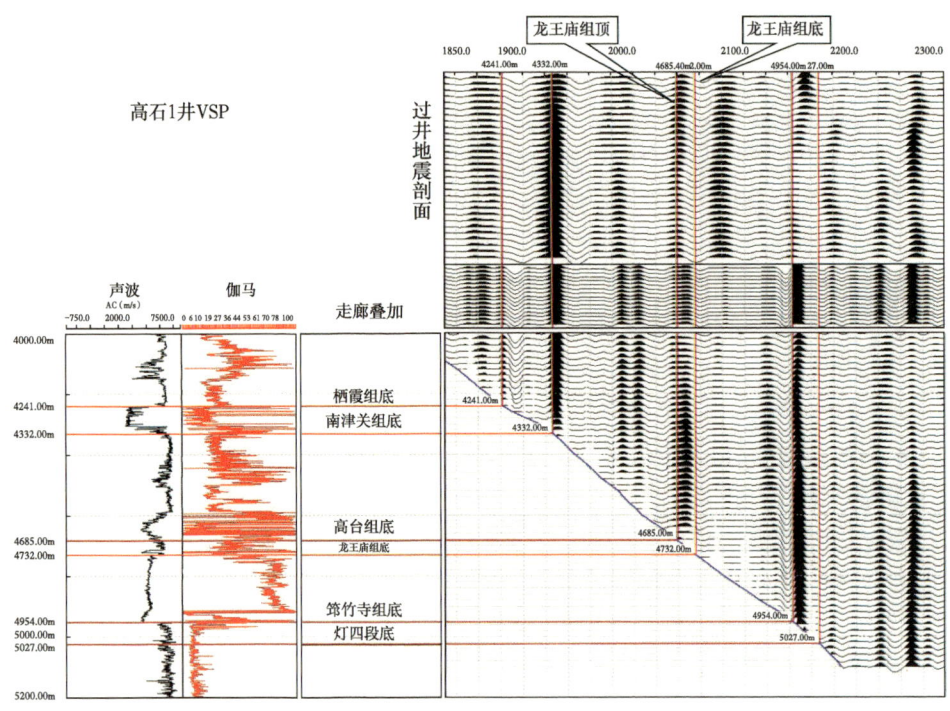

图 3-38 高石 1 井桥式标定图

2. 声波合成记录地震地质层位标定

在高石 1 井、高石 6 井等井 VSP 层位标定基础上,利用区内 42 口钻至震旦系灯影组的钻井,制作了声波合成地震记录与过井地震剖面进行对比,对各反射层进行地质层位标定。从合成地震记录图(图 3-39)上可以看出,合成记录与实际地震道各反射层的波形特征、波组关系及波间时差均较一致,表明两者匹配程度高,可以利用该时深关系对地质层位进行地震层位标定。

(二)构造特征描述

震旦系—寒武系构造格局与地表构造有一定差异,在地表大单斜的背景下,下古生界—震旦系于乐山—龙女寺古隆起东倾末端的轴部发育了高石梯潜伏构造。高石梯潜伏构造在寒武系底和灯四$^{2+3}$小层底形成共圈,其中寒武系底共圈其闭合度130m,闭合面积261.32km^2;灯四$^{2+3}$小层底共圈闭合度160m,闭合面积269.35km^2(朱讯等,2019)。

1. 高石梯潜伏构造

高石梯潜伏构造各层均发育,在灯影组灯四^{2}小层底界与灯四^{2}小层地层剥蚀线表现为复合圈闭,灯四$^{2+3}$小层底界形成的圈闭面积最大。在寒武系底界最低圈闭线 -4740m,闭合度130m,闭合面积261.32km^2。

2. 构造图编制

时深转换是由时间域等值线图转化为深度域构造的前提。时深转换速度是利用钻井建立的速度场开展时深转化的。根据地腹地层速度结构、钻井数量和计算速度情况,由浅到深建立 7 层变速层速度,分别为基准面—沙溪庙组底、沙溪庙组底—须家河组底、须家

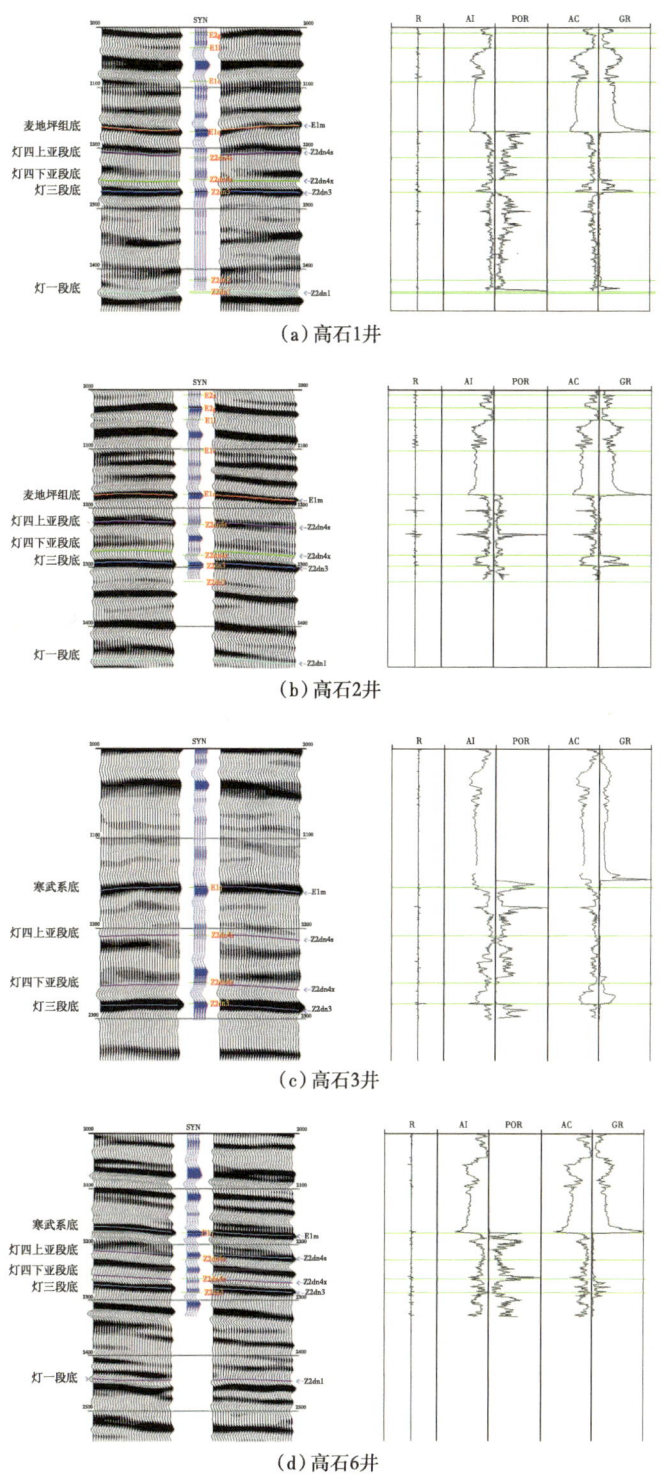

图 3-39　高石 1 井、高石 2 井、高石 3 井、高石 6 井合成记录层位标定图

河组底—嘉二²小层底、嘉二²小层底—飞仙关组底、飞仙关组底—上二叠统底、上二叠统底—寒武系底、寒武系底—灯三段底。这7层层速度精确地控制了高石1井区灯影组底以上纵向的速度场变化。为了更合理地控制测区范围内时深转换，在测区周边和钻井速度控制点较稀的地方，结合地震叠加速度和井速度进行试验，按计算速度规律加密速度控制点，最终建立更符合地质规律和构造变化趋势的速度场。在高石1井区，西南部灯影组受剥蚀影响，缺失震旦系顶—灯三段，时深转换速度采用区内平均层速度6800m/s。灯三段底—灯影组底只有2口井用于计算速度，速度平均值为6500m/s，因此共采用7层变速层速度和1层常速度建立了时深转换速度场，使用的速度界面情况见表3-12。

表3-12 时深转换速度模型情况表

层位	时深速度
基准面—沙溪庙组底	变速
沙溪庙组底—须家河组底	变速
须家河组底—嘉二²小层底	变速
嘉二²小层底—飞仙关组底	变速
飞小层底—上二叠统底	变速
上二叠统底—寒武系底	变速
寒武系底—灯三段底	变速
灯三段底以下	6500m/s

将时深转换后的层位数据网格化，按1:25000比例由Geomap编制成最终成果图件。完成了寒武系底界、灯四段底界、灯三段底界、灯影组底界地震反射构造图，如图3-40至图3-43所示。

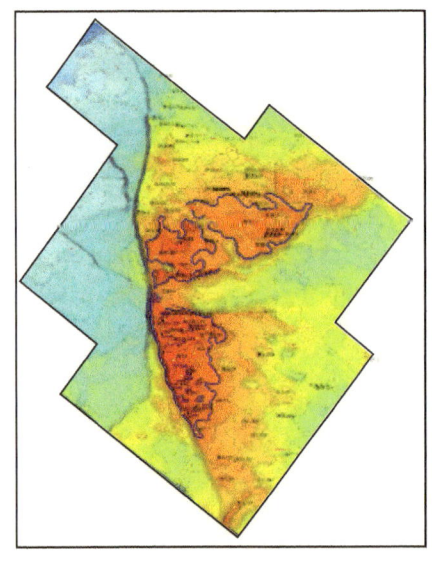

图3-40 寒武系底界地震反射构造图

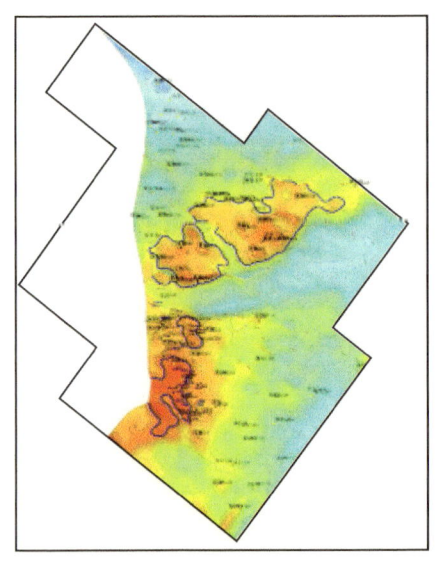

图3-41 灯四段底界地震反射构造图

第三章 气藏描述及气藏关键开发技术

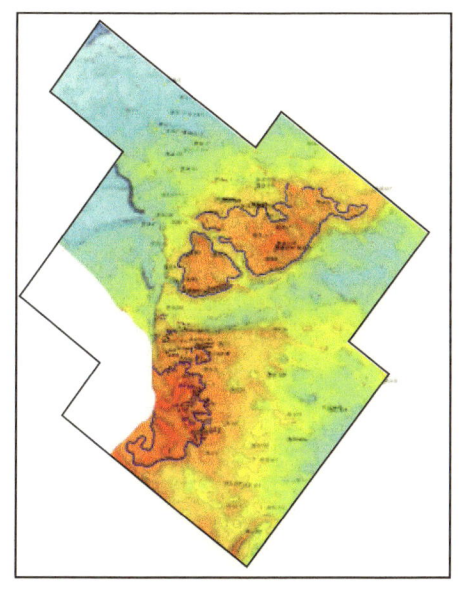

图 3-42 灯三段底界地震反射构造图

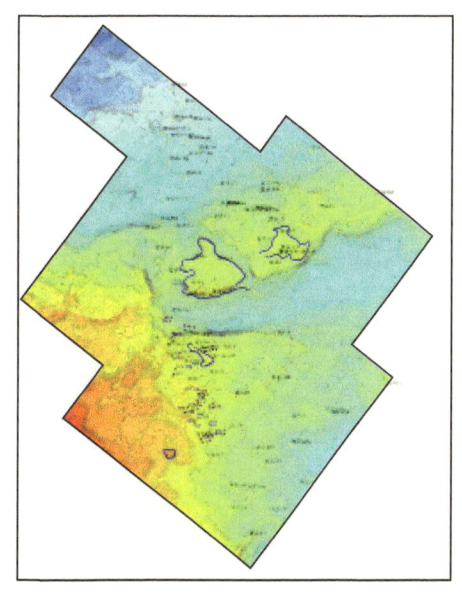

图 3-43 灯影组底界地震反射构造图

三、岩溶缝洞储集体地震响应特征

（一）灯影组有利地震相带

1. 储层地震标定

根据图 3-44 高石 1 井、高石 9 井井震标定可以看出，灯影组顶部储层主要形成宽波谷（两轴）反射，储层主要集中在灯四段顶部波谷中，频率较低，波谷宽度较大，整体大于 40ms。

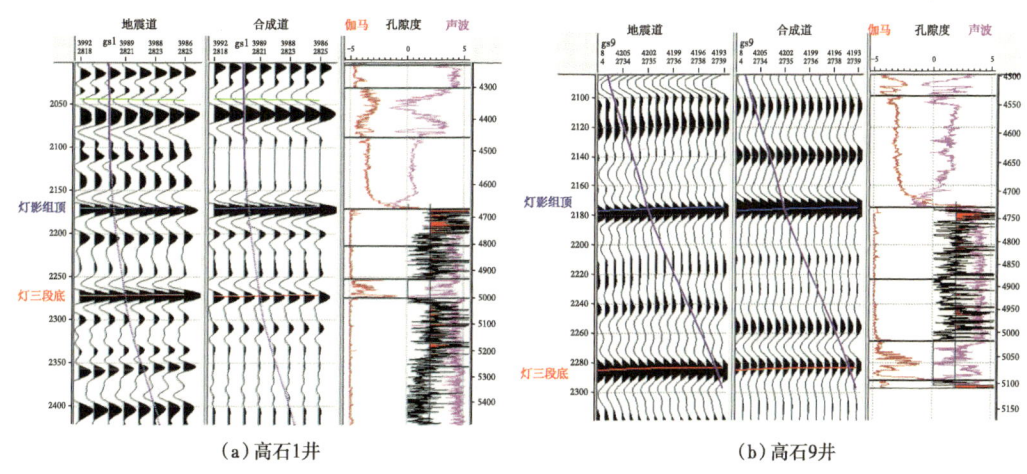

（a）高石 1 井　　　　　　　　　　　（b）高石 9 井

图 3-44 高石 1 井、高石 9 井井震标定

2. 硅质层标定

根据图 3-45 高石 21 井井震标定可以看出，灯影组顶部储层硅质层主要形成窄波谷（三轴）反射，储层不太发育，硅质主要集中在灯四段顶部波谷中，频率较高，波谷宽度较窄，整体小于 30ms，波谷下波峰整体较强，局部较弱。

77

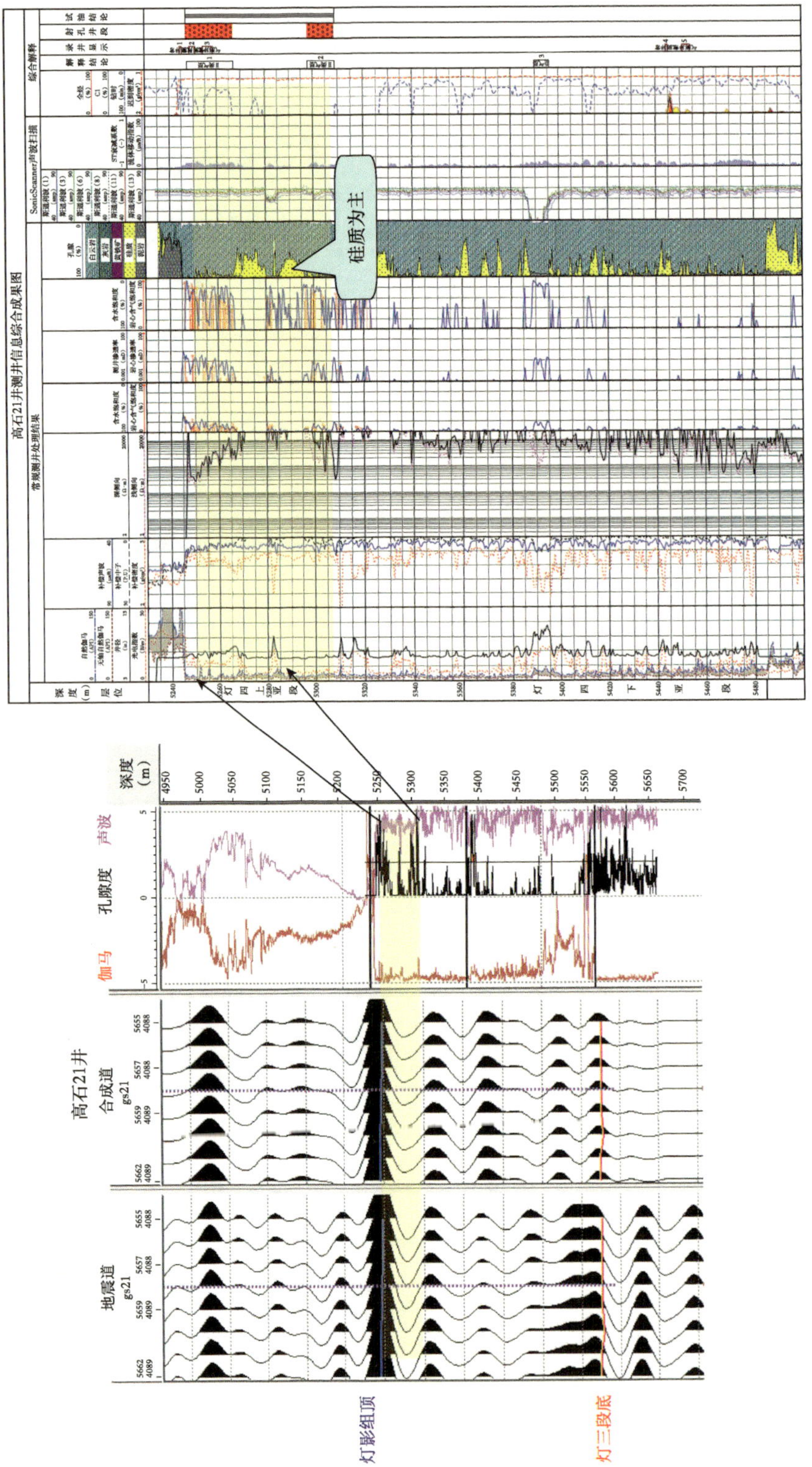

图3-45 高石21井井震标定

3. 储层地震反射特征

高石梯区块灯四^{2}小层、灯四^{3}小层内部有一套稳定反射层，全区连片分布，通过井震标定，认为是一套富硅质沉积组合综合响应。表现为横向连续的强振幅，频率高、波谷窄，横向连续（肖富森等，2018）。高石111井—高石21井灯四段顶部连续强波峰非常明显，钻遇该类模式的井基本为干井或者微气。

高石梯区块靠近台缘带灯四段上部也有一套反射，通过井震标定，认为是一套储层的响应。储层反射表现为横向较为断续的反射，波谷宽、频率低，横向杂乱程度较高。图3-46为高石9井—高石10井连井剖面，可以看出灯四段顶部波谷宽度大（黄色区域），内部波谷弱，频率低，从钻井情况看出，钻遇该类模式的井测试效果较好，高石9井灯四$^{2+3}$小层测试产量67.23×10^{4}m^3/d、灯四^{1}小层测试产量91.5×10^{4}m^3/d，高石10井测试产量45.46×10^{4}m^3/d，整体储层发育，缝洞发育。

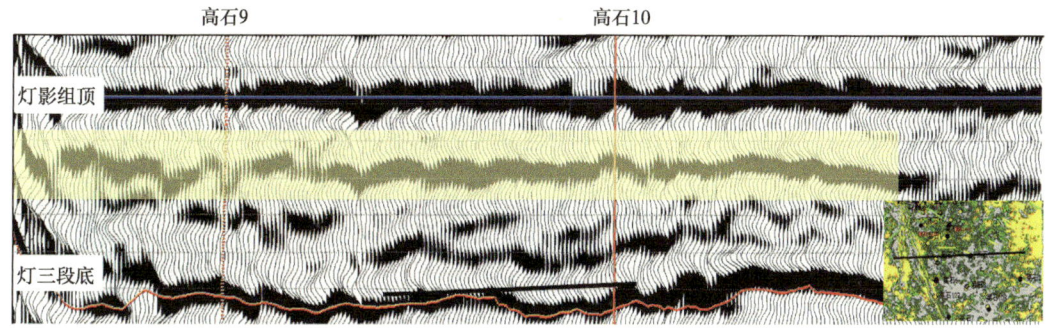

图3-46　高石9—高石10井连井剖面

图3-47为高石9井—高石10井—高石21井连井剖面，从前面分析可知高石9井、高石10井为典型的宽波谷模式，高石21井为典型的窄波谷模式，从图3-47中红色和黄色区域可以看出，宽波谷和窄波谷的形态分布非常清晰，窄波谷向台缘延伸表现为宽波谷特征，中间的变化点即为窄波谷削截点，即是富含硅质层的终止点。台缘带灯四^{3}小层地震表现为宽波谷、低频率、波谷能量弱的特征；台内灯四^{3}小层地震表现为窄波谷、高频率、波谷能量强的特征。

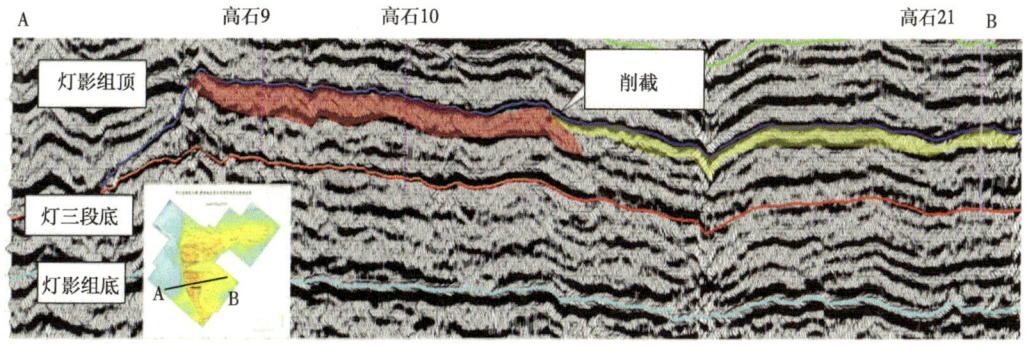

图3-47　高石9井—高石10井—高石21井连井剖面

为了更精细地刻画储层有利带的平面分布，采用多种地震属性刻画"宽波谷"有利带的特征，多种地震属性均可较好地刻画有利地震相带，有利地震相带面积约为1586.07km²。

（二）储层地震响应模式

1. 储层测井响应特征及组合类型

根据地层岩性组合特征，灯四$^{2+3}$小层内部发育一套硅质沉积物，该硅质层分布稳定，在高石梯地区可连续追踪对比。灯四^{3}小层横向厚度变化较大，储层物性整体上比灯四^{2}小层要更好；在地震剖面中，稳定硅质层底界对应着"宽波谷"内部较为连续的波峰反射底界，在地震剖面上可对比和追踪。

依据实钻单井灯四段1~3小层储层特征差异，可将灯四段储层简化为3种储层组合类型，如图3-48所示。第1种组合类型为"裂缝—孔洞型储层（上储层）+硅质夹层+洞穴型储层（下储层）或者致密层"，其中上储层灯四^{3}小层为裂缝—孔洞型储层，储层厚度大（30~50m）、物性好，单井测试产量高，该组合层段单井测试产量高，平均测试天然气产量高达87.34×10⁴m³/d；第2种组合类型为"裂缝—孔洞型储层（上储层）+硅质夹层+裂缝—孔洞型储层（下储层）"，其中上储层灯四^{3}小层裂缝—孔洞型储层厚度介于0~27m，下储层灯四^{2}小层裂缝—孔洞型储层厚度介于30~60m，该组合层段单井平均测试产量较高，平均测试天然气产量为61.44×10⁴m³/d；第3种组合类型为"裂缝—孔洞型储层（上储层）+硅质夹层+致密层"，其中上储层灯四^{3}小层裂缝—孔洞型储层厚度介于10~25m，灯四^{2}小层为致密层，厚度30~60m，该组合层段单井平均测试产量较低（30.65×10⁴m³/d）。

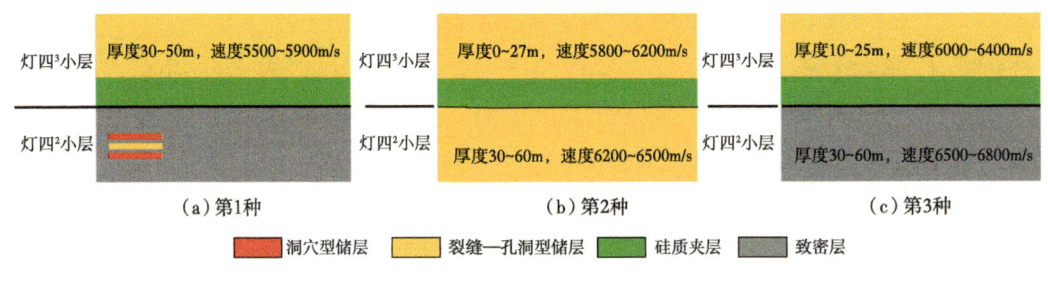

图3-48 灯四$^{2+3}$小层3种储层组合类型组合关系图

2. 储层地震响应特征

1）单因素地震正演模拟

通过在井上进行储层参数置换、地震正演模拟，分析储层参数变化对地震响应特征的影响，加深对地震信号的理解，指导地震解释（王振宇等，2012）。

（1）孔隙度置换。

选取高石1井，用岩石物理模型对灯影组上储层段（厚52m）进行孔隙度置换，孔隙度分别设定为3%、6%和10%。在置换过程中，含水饱和度及溶蚀孔洞比例保持不变，分布固定为50%。然后，对变化后的测井曲线进行AVO正演，提取储层顶底界面AVO曲线。

图3-49显示了储层孔隙度为3%、6%和10%时的测井曲线、地震AVO道集、AVO

曲线。随着孔隙度增加，储层顶界面纵波阻抗差逐渐减小，速度比负差、略微变大，振幅由强变弱，AVO 梯度几乎不变；储层底界面纵波阻抗差逐渐增加，速度比正差、略微变大，振幅由弱变强，AVO 表现为负梯度、逐渐变陡。

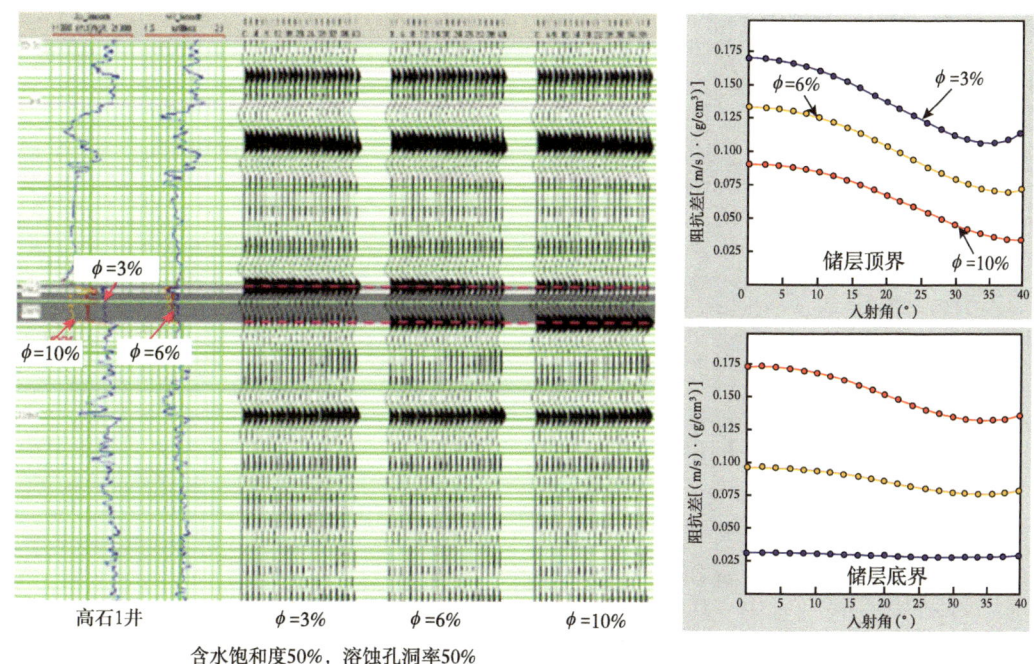

高石1井　　　φ=3%　　　φ=6%　　　φ=10%

含水饱和度50%，溶蚀孔洞率50%

图 3-49　孔隙度置换后的储层地震响应

（2）孔隙结构置换。

用岩石物理模型对高石 1 井灯影组储层段（厚 52m）进行孔隙结构置换，孔洞比例分别设定为 10%、50% 和 100%。在置换过程中，含水饱和度及孔隙度保持不变，分布固定为 50% 和 6%。然后，对变化后的测井曲线进行 AVO 正演，提取储层顶底界面 AVO 曲线。

图 3-50 显示了储层孔洞比例分别为 10%、50% 和 100% 时的测井曲线、地震 AVO 道集、AVO 曲线。随着孔洞比例增加，储层顶界面纵波阻抗差逐渐增加，速度比略微变化，振幅由弱变强，AVO 梯度几乎不变；储层底界面纵波阻抗差逐渐减小，速度比正差、略微减小，振幅由强变弱，AVO 表现为负梯度、逐渐变缓。

（3）流体类型置换。

用岩石物理模型对高石 1 井灯影组储层段（厚 52m）进行流体类型置换，含水饱和度分别设定为 0、50% 和 100%。在置换过程中，孔洞比例及孔隙度保持不变，分布固定为 50% 和 6%。然后，对变化后的测井曲线进行 AVO 正演，提取储层顶底界面 AVO 曲线。

图 3-51 显示了储层含水饱和度分别为 0、50% 和 100% 时的测井曲线、地震 AVO 道集、AVO 曲线。随着含水饱和度增加，储层顶界面纵波阻抗差逐渐增加，速度比差减小，振幅由弱变强，AVO 梯度变缓；储层底界面纵波阻抗差逐渐减小，速度比差减小，振幅由强变弱，AVO 梯度变缓。

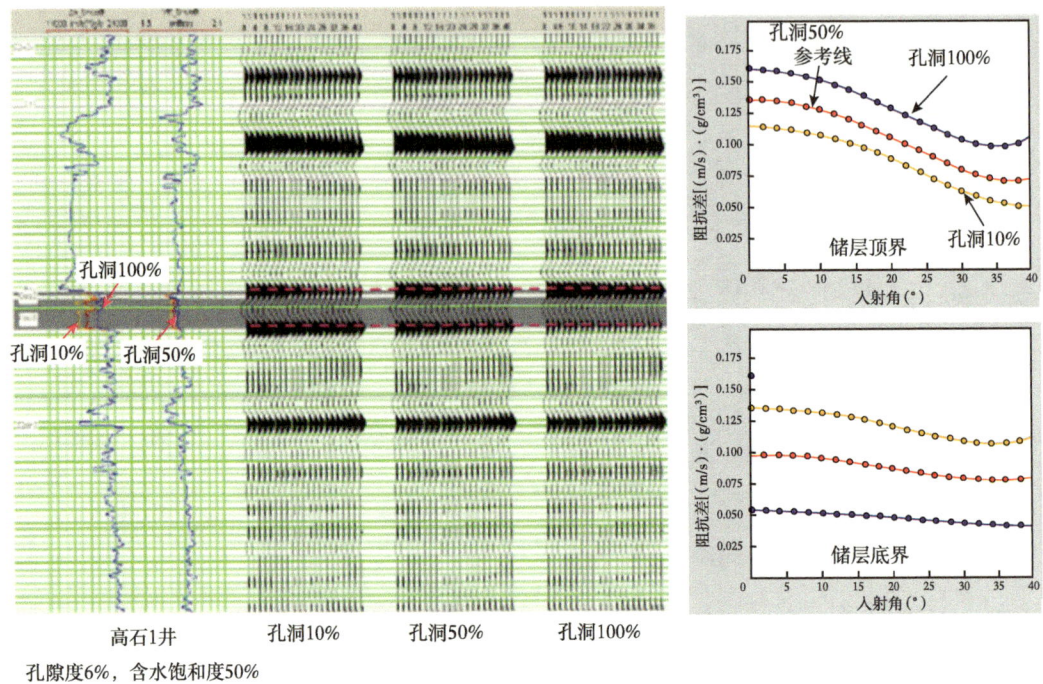

图 3-50 孔隙结构置换后的储层地震响应

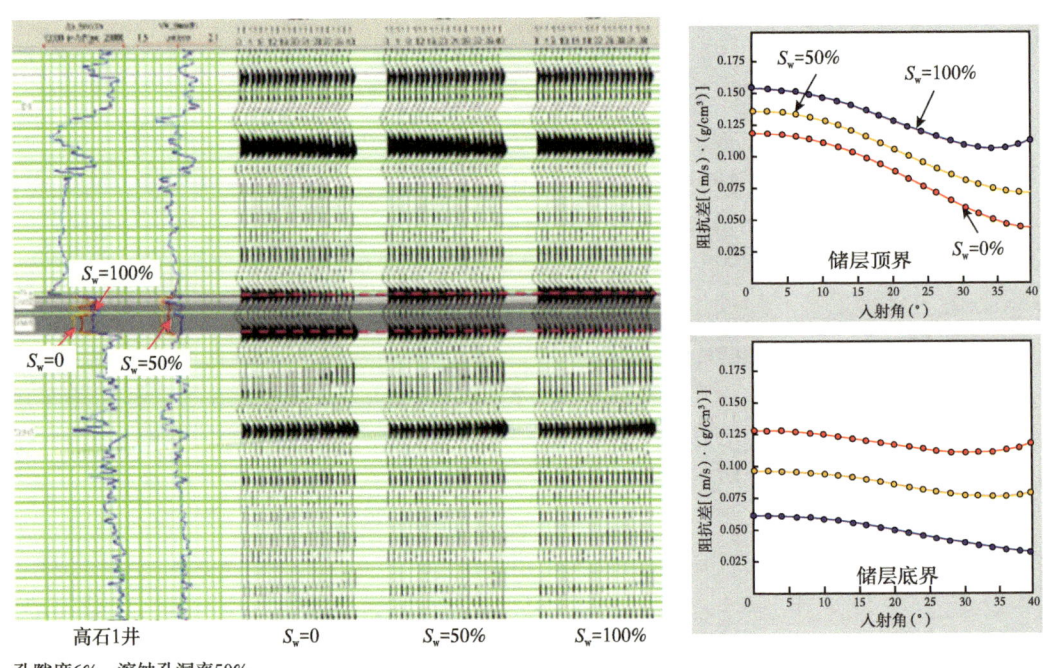

图 3-51 流体类型置换后的储层地震响应

2）单井储层地震响应特征

采用等效介质模型，运用 40Hz 雷克子波，开展褶积制作了 20 个地震正演模拟，与实际高分辨率地震资料对比分析，优选模型模拟结果，总结出不同储层组合类型对应的3种储层地震响应特征。

（1）储层地震响应特征1。

对应第1种储层组合类型。当灯四^{3}储层垂直厚度大于27m、灯四^{2}小层为致密层或者洞穴型储层时，地震响应特征表现为"宽波谷＋双亮点"或者"宽波谷＋复波"反射特征，如图3-52所示。灯四^{2}小层"洞穴型"储层由于单层厚度薄，二维地震剖面特征与致密层特征差异较小，通过地震响应特征识别灯四^{2}小层"洞穴型"储层难度较大。图3-53中高石001-X3井表现为"宽波谷＋双亮点"的地震反射特征。

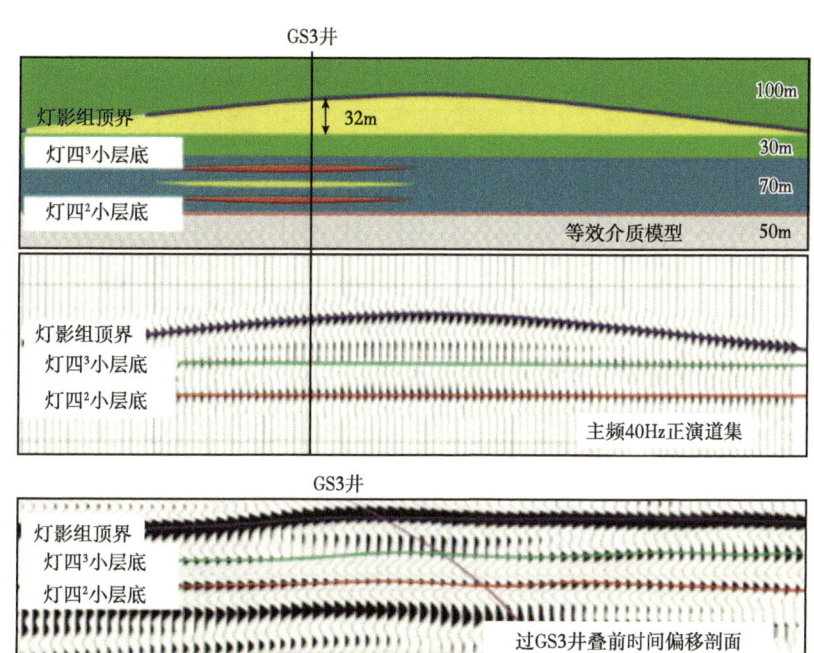

图3-52 第1种储层组合类型正演模拟图

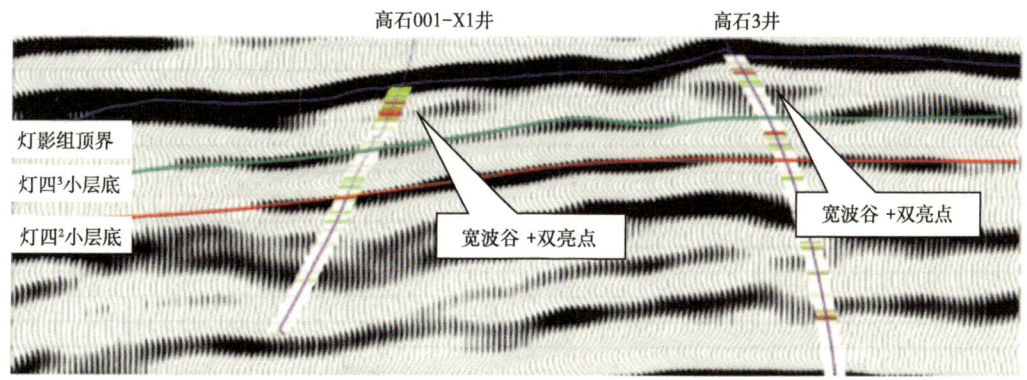

图3-53 过高石001-X1井和高石3井叠前时间偏移剖面

（2）储层地震响应特征2。

对应第2种储层组合类型。灯四^{3}储层与灯四^{2}储层均发育时，地震表现为"宽波谷"反射特征，如图3-54所示，灯四^{3}储层越薄，灯四$^{2+3}$小层波谷时差越小。由图3-55所示，高石11井和高石1井由于灯四^{3}储层剥蚀，表现为明显波谷变窄的特征。

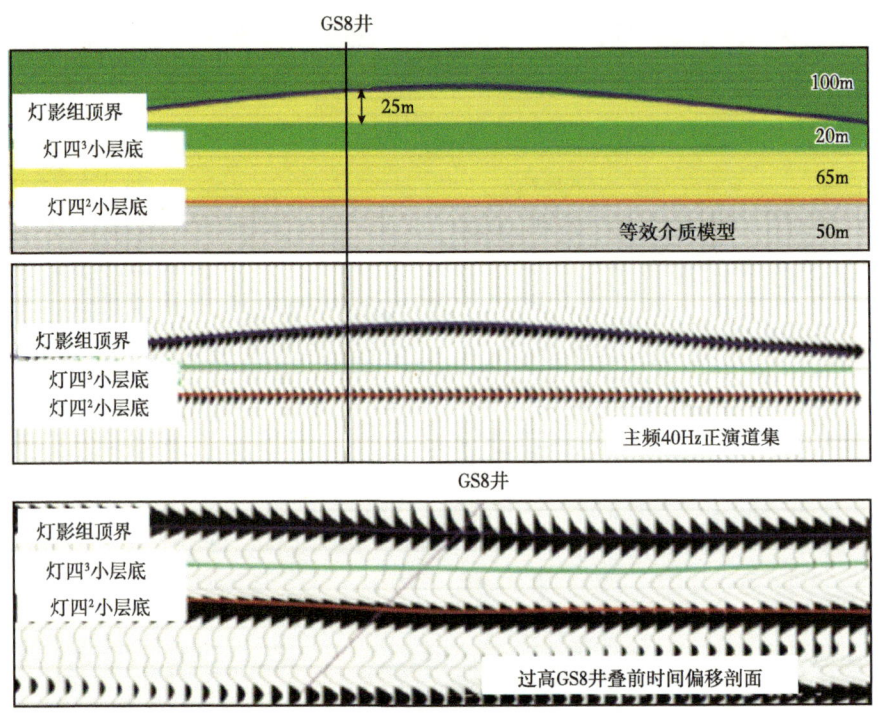

图3-54　第2种储层组合类型正演模拟图

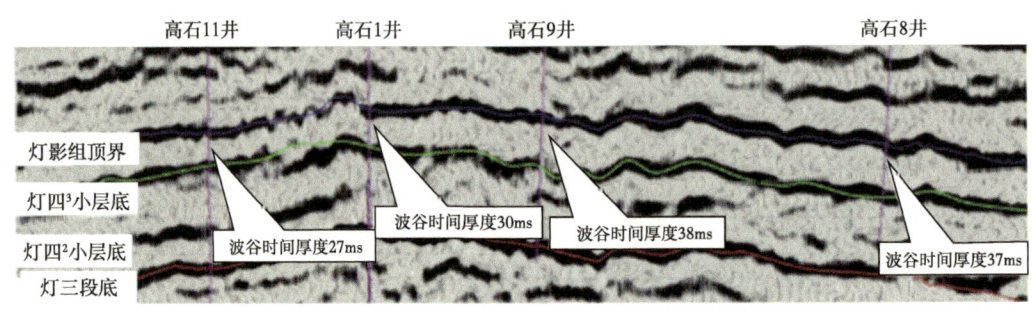

图3-55　过高石11井—高石8井叠前时间偏移剖面

（3）储层地震响应特征3。

对应第3种储层组合类型。灯四^{3}储层与灯四^{2}小层致密层表现为"宽波谷+亮点"地震反射，如图3-56所示。灯四^{3}储层越薄，"亮点"地震反射与灯影组顶界时差越小。如图3-57所示，高石001-X3井表现为显著的地震响应特征3，储层主要分布在"亮点"之上，可以通过大斜度井或者水平井方式提高单井产能，如图3-58所示。

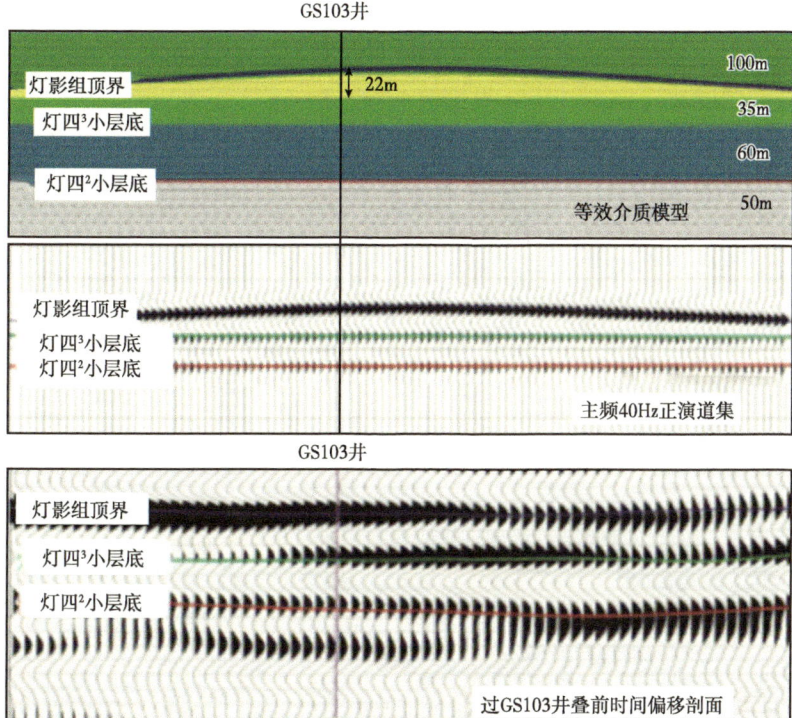

图 3-56 第 3 种储层组合类型正演模拟图

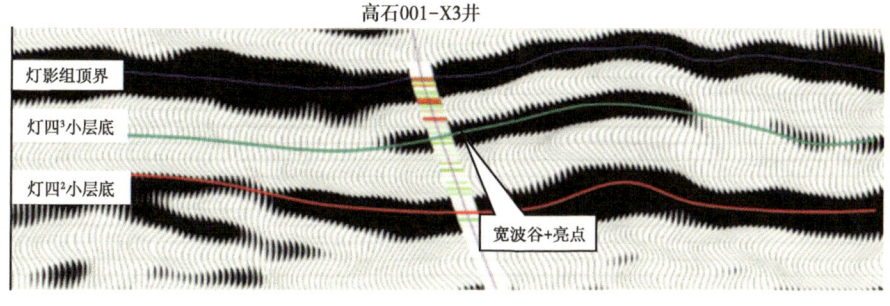

图 3-57 过高石 001-X3 井叠前时间偏移剖面

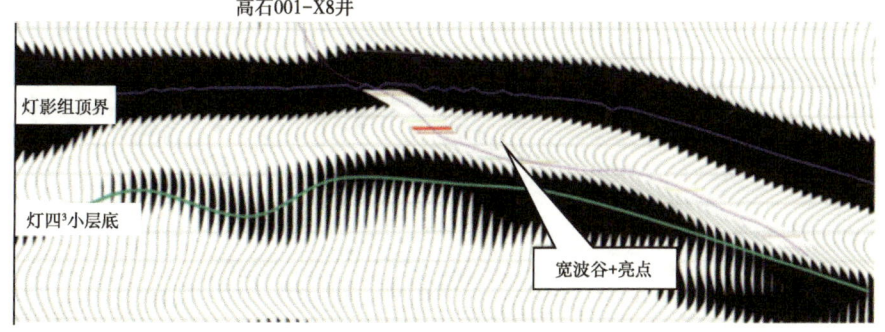

图 3-58 过高石 001-X8 井叠前时间偏移剖面

3) 连井储层地震响应特征

高石梯地区古地貌呈现东南高西北低的特征，依据岩溶古地貌分布及实钻井储层发育规律，建立连井储层地质模型。从地质模型可见，在有利沉积相带与岩溶斜坡带的叠合区域（GS3井、GS8井井区）是裂缝—孔洞型储层和洞穴型储层均较发育的区域。运用40Hz雷克子波，开展地震正演模拟，分析不同储层发育规律对应的地震响应特征。由图3-59可知：第3种储层组合类型对应岩溶高地，灯四$^{2+3}$小层表现为"宽波谷+亮点"地震反射特征；第2种储层组合类型对应岩溶Ⅰ级斜坡带，灯四$^{2+3}$小层表现为"宽波谷"地震反射特征；第1种储层组合类型对应岩溶Ⅱ级斜坡带，灯四$^{2+3}$小层表现为"宽波谷+双亮点"或者"宽波谷+复波"反射特征。连井模型中地震响应特征与地质规律吻合较好。高石梯地区典型井特征如图3-60所示。

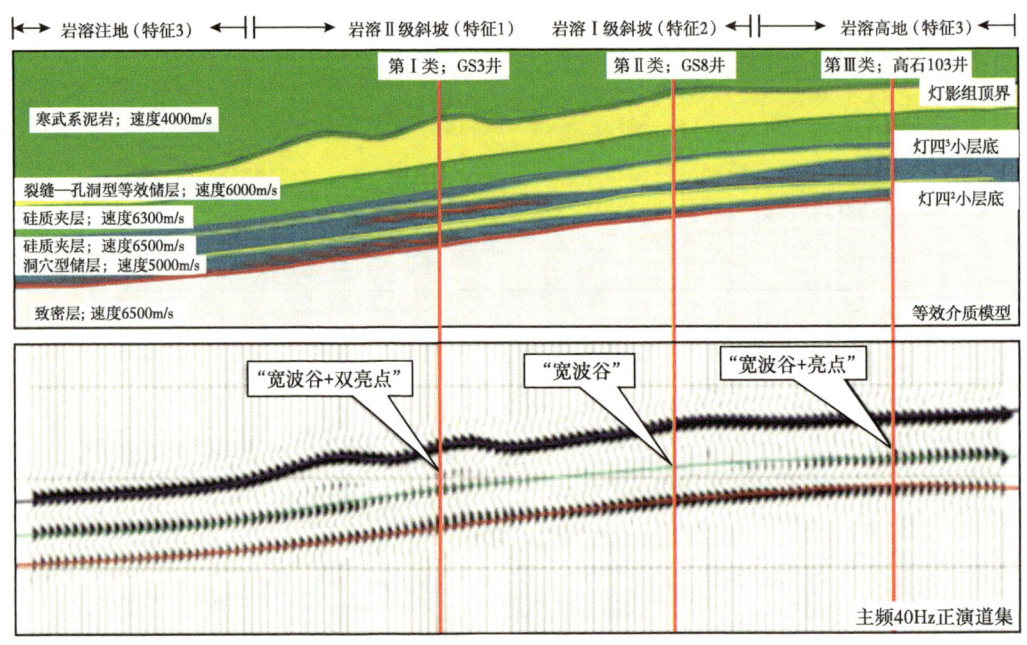

图3-59 连井储层地震响应特征图

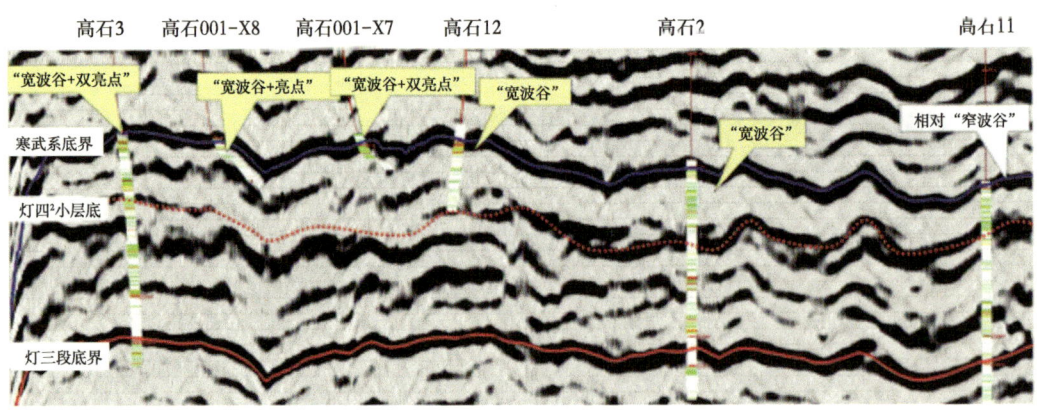

图3-60 高石梯地区连井地震叠前时间偏移剖面

结合地震波形分类、频率、振幅透视等技术手段，刻画了模式的平面分区，第Ⅰ类模式主要分布在高石3井区，第Ⅱ类模式主要分布在高石8井—高石9井区，第Ⅲ类模式主要分布在靠近台内及台内区域。

四、优质缝洞储集体预测方法

（一）储层缝洞体定性预测

1. 预测结果

图3-61是高石1井、高石2井、高石3井斯通利波评价的溶洞发育段和对应的缝洞预测剖面，过井剖面在缝洞发育段均显示为高曲率异常，预测缝洞效果明显（李志勇等，2003）。同时根据该技术建议部署了高石9井，如图3-62所示，高石8井灯四^{2}小层缝洞发育，高石9井的灯四^{3}小层缝洞均较发育，试油结果显示高石8井、高石9井分别获得$67×10^4 m^3/d$、$91×10^4 m^3/d$的工业气流。

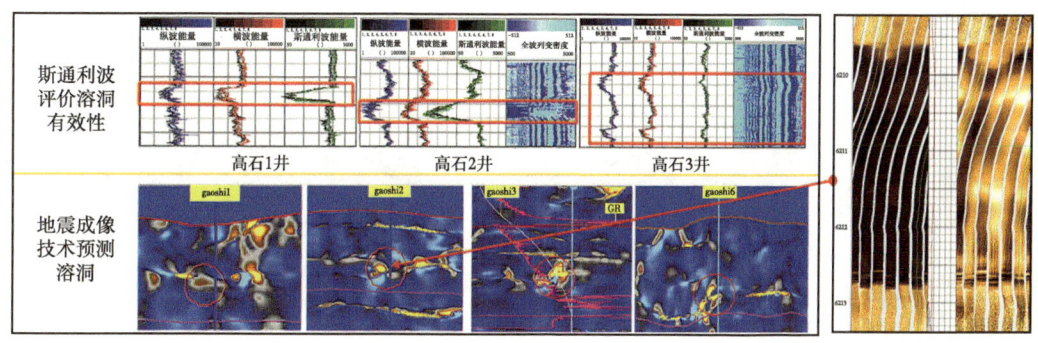

（a）缝洞检测与测井评价对比　　（b）高石2井成像解释

图3-61　缝洞检测方法

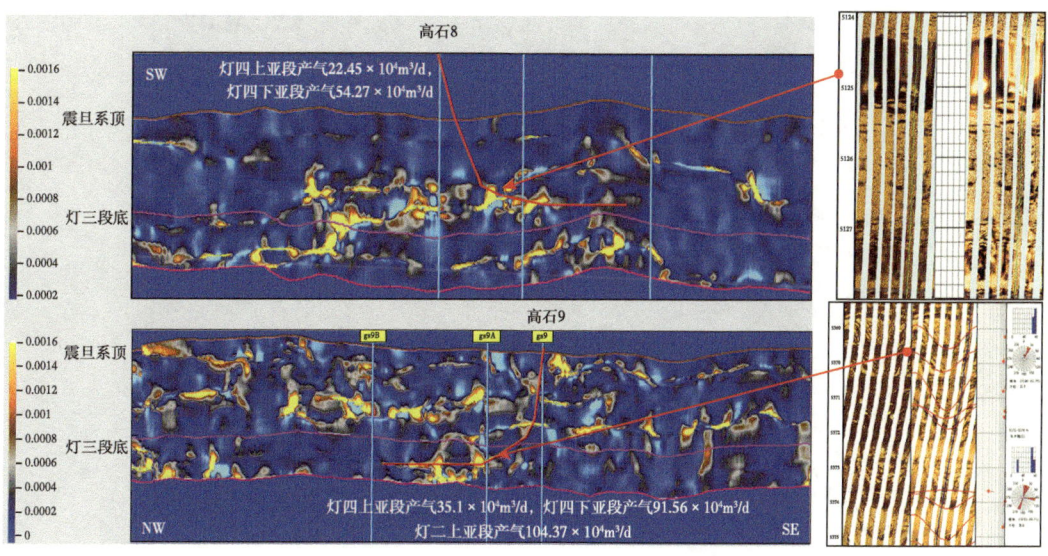

图3-62　高石8井、高石9井缝洞检测剖面

通过高石梯地区缝洞检测平面图，可知缝洞发育带主要集中在高石8井区、高石3井区、高石9井区，从高石梯缝洞预测剖面可知，缝洞预测结果与产能预测、测井解释和地震模式吻合较好。

2. 缝洞刻画

进一步地，基于纹理、曲率属性体开展灯四$^{2+3}$小层不同尺度的缝洞雕刻。图3-63为基于纹理属性的空间雕刻结果，实现了断裂＋溶洞的空间展布；图3-64融合了体曲率的雕刻结果，反映的是断裂＋溶洞＋微裂缝的空间展布（杨威等，2011）。雕刻表明，在高石梯主体部位，缝洞都较发育（图3-65）。

图3-63 灯四$^{2+3}$小层断裂＋溶洞雕刻图　　图3-64 灯四$^{2+3}$小层断裂＋溶洞＋微裂缝雕刻图

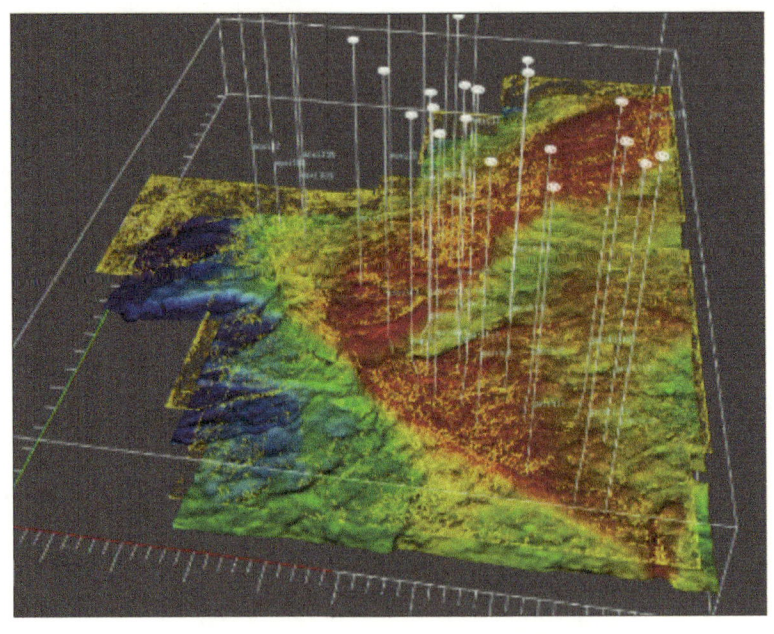

图3-65 高石梯区块缝洞空间雕刻图（叠合构造）

3. 缝洞成果可靠性分析

统计表明（表3-13），大部分的高产井缝洞预测结果发育；且典型井预测结果剖面与测井解释储层类型匹配，与成像测井结果相符，说明预测方法有效。

表3-13 灯影组缝洞预测吻合情况统计表

序号	井号	测试产能（$10^4 m^3/d$）	缝洞发育情况	吻合程度
1	高石1	32.275	发育	吻合
2	高石2	88.05	较发育	吻合
3	高石3	95.76	发育	吻合
4	高石6	108.15	发育	吻合
5	高石7	105.65	发育	吻合
6	高石8	22.45	发育	吻合
7	高石9	35.10	发育	吻合
8	高石10	45.46	较发育	吻合
9	高石11	3.14	较发育	较吻合
10	高石001-X1	较发育	较发育	吻合
11	高石001-H2	发育	较发育	一般吻合
12	高石001-X3	发育	发育	吻合
13	高石001-X4	发育	发育	吻合（验证井）
14	高石001-X5	发育	发育	吻合（验证井）

（二）储层定量预测

从高石1井区的储层地质特征可知，灯四段储层空间分布复杂，非均质性强，物性变化大，常规地震剖面上储层准确位置的识别受分辨率的严重制约，因此需要采用高分辨率地震反演技术。目前地质统计学反演是突破地震分辨率的主要随机反演技术，采用叠前地质统计学反演方法开展灯四段储层预测（刘云竹等，2016）。

1. 反演技术原理

应用于高石1井区的地质统计学反演技术已经成为油藏地震精细描述的主要手段，近年来地质统计学反演技术得以迅速发展，该技术特别适用于空间分布复杂的薄砂岩储层、非均质性较强的碳酸盐岩及浊积体储层的预测。

地质统计学反演是一种概率随机反演技术，它主要由地质统计学模拟和反演两部分组成。利用区内钻井、地质及已有的确定性地震反演结果等数据，建立地层的先验概率密度函数及变差函数，获取各目的层的地质统计学信息，利用先进而复杂的马尔科夫链—蒙特卡罗（MCMC）核心算法根据实际的概率分布得到统计意义上正确的随机样点分布，实现全局优化的多个等概率模拟结果，对每个模拟结果与井震子波进行褶积得到合成地震记录，当该合成地震记录与真实地震记录达到最佳拟合时，该模拟结果即为一个反演实现。

根据钻测井数据、岩相地质数据及已有的确定性反演数据结合地层框架模型可建立目的层概率密度函数和纵横向变差函数，由此获得的地质统计学信息充分减小了MCMC统计学模拟的不确定性，反演过程中加入地震数据约束，进一步减小地质统计学反演的不确定性，多个等概率的反演结果（实现）具有较高程度的相似性，只是在极小范围内的岩性扰动表现有所差异，但是通过对多个实现进行统计计算，所得到最大概率或平均结果能够最大可能地符合真实地质情况。

2. 岩石物理分析

对于灯影组储层而言，分析了压力、孔隙度、孔隙结构、流体类型、硅质含量等因素对其弹性特征的影响。

1）压力敏感性

图3-66给出了灯影组样品在室温、干燥条件下的纵波速度随差压的变化关系。差压从10MPa变化到60MPa时，纵波速度增加了8%~16%，因此灯影组储层对压力比较敏感。灯影组的埋深超过4900m，厚度接近1000m，地层差压为55~65MPa之间，那么由于差压的变化大概引起1%~2%的速度变化。因此，对于两套不同深度的储层，应该采用不同的岩石物理模型来进行解释，或者校正压力的影响。

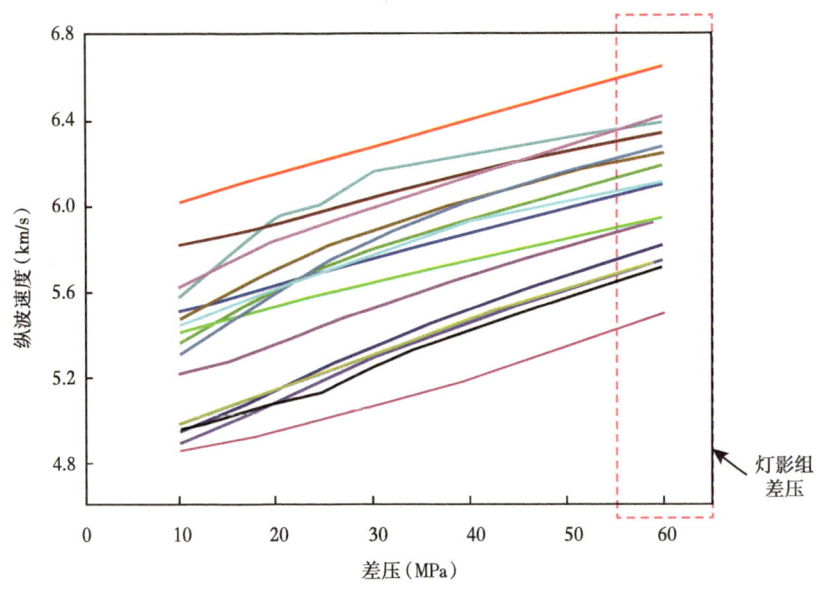

图3-66 灯影组样品的纵波速度随差压的变化关系

同样，差压变化也会对灯影组样品的孔隙度造成影响，如图3-67所示。随着差压增加，孔隙度逐渐降低，下降量为0.24%~0.29%。地表常温差压下测量的孔隙度总是略高于地下实际情况。

2）硅质含量

高石梯地区灯影组普遍发育硅质条带或含硅质地层，尤其是灯四段，硅质的发育对储层物性有明显影响。另外，在弹性参数上，含硅质地层与气层的特征比较接近，例如低密度、低速度及低速度比，在测井或地震上难以进行识别，往往导致错误的储层预测或烃类检测结果。

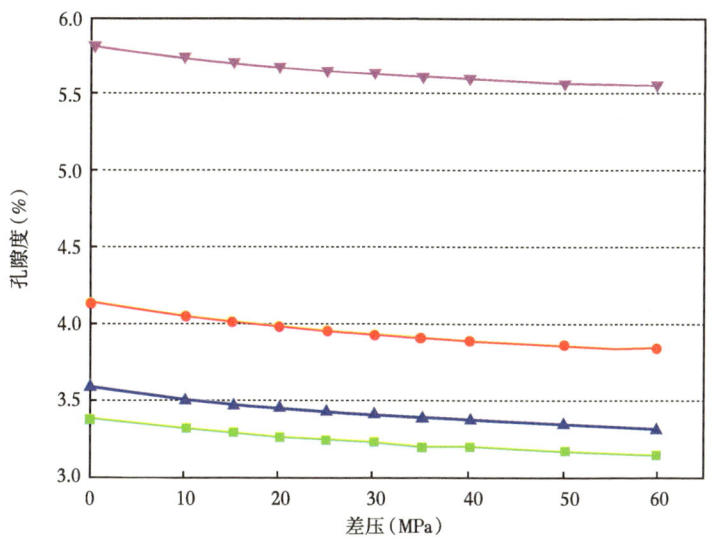

图 3-67 灯影组样品的孔隙度随差压的变化关系

通过矿物成分分析发现，灯影组以白云石为主，其次为石英，个别样品的石英含量可以达到 64%。图 3-68 显示了灯影组的干燥密度与孔隙度的关系，色标表示石英含量，灰色数据点则缺乏石英含量值。受石英含量的影响，密度与孔隙度的相关性较差。去除硅质含量的样品，通过拟合得到背景趋势线。该趋势线稍微偏低于纯白云岩线，可能归咎于其他软矿物或者有部分孔隙（封闭孔隙）未被测量到。从目前的样品来看，储层部分的石英含量一般小于 20%。随着石英含量增加，数据点逐渐偏低于背景趋势，石英含量每增加 20%，密度下降 1.4%。因此，可以根据密度与孔隙度的关系来估计储层的石英含量。

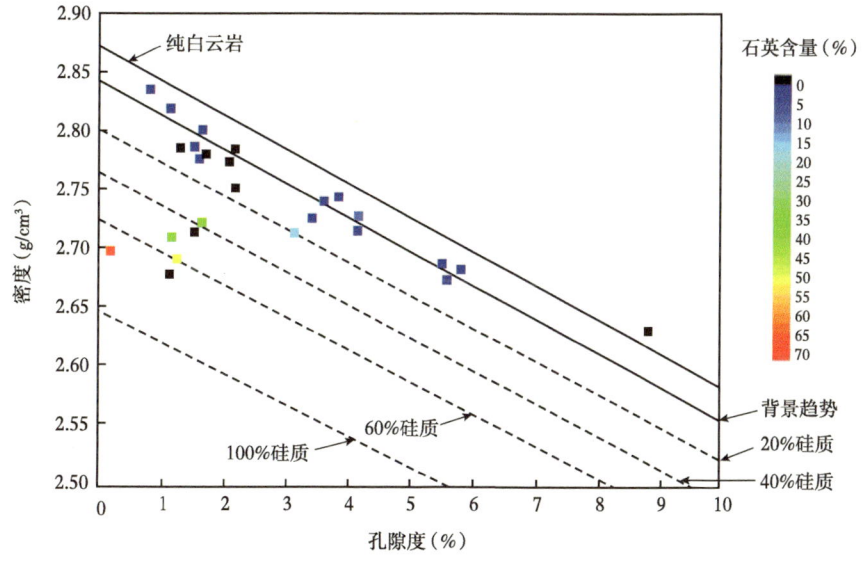

图 3-68 灯影组密度与孔隙度的关系

孔隙结构和硅质含量都对岩石速度有比较明显的影响，当岩石被流体饱和时，孔隙结构的影响会减弱，这时候的速度与孔隙度的关系主要受硅质含量的影响。图 3-69 显示了硅质含量对水饱和岩石的纵波速度及速度比的影响，色标表示硅质含量，灰色数据点则缺乏硅质含量值。硅质与白云石的体积模量相差较大，而剪切模量相当，因此，硅质含量的增加，会造成纵波速度显著下降、横波速度几乎不变、纵横波速度比也显著下降。

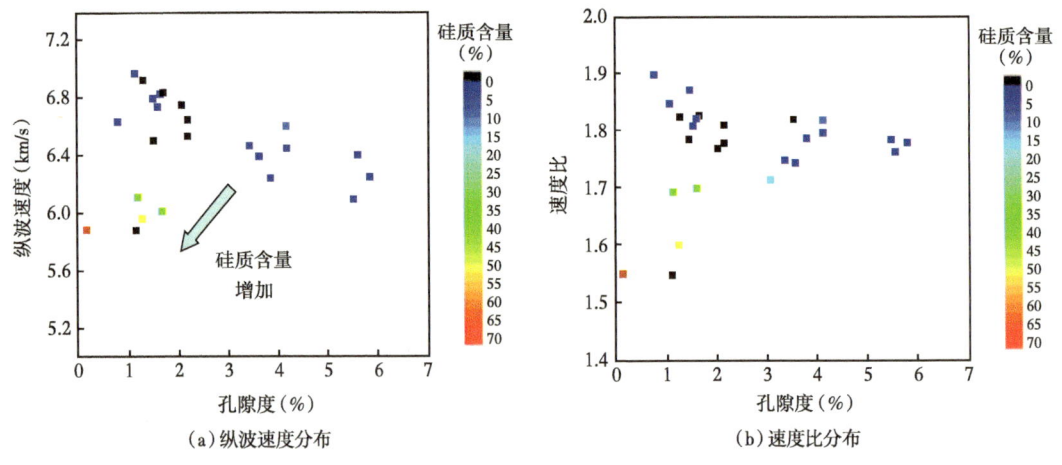

图 3-69　硅质含量对纵波速度及速度比的影响

3）孔隙结构

选取干燥状态下差压为 60MPa 的超声波数据来分析速度与孔隙度的关系，去除硅质含量超过 20% 的数据点，那么导致速度与孔隙度关系不唯一的主要因素是孔隙结构的变化，特别是溶蚀孔洞的发育程度。

图 3-70 显示了干燥状态下灯影组纵波速度与孔隙度的关系，叠加了两条理论模型预测曲线（双连通孔隙模型，微孔含量 v_{mic} 分别设定为 8% 和 22%）。位于微孔含量 22% 的预测线下方为基质孔型或含硅质溶孔型样品的数据点，溶孔型样品主要介于微孔含量为 8%~22% 的预测线之间，孔洞型样品的数据点位于微孔含量为 8% 的预测线上方。随着溶蚀作用增强，溶蚀孔洞逐渐增加，而微孔含量也会相应减少。受孔隙结构变化的影响，速度与孔隙度相关性较差。当孔隙度为 4% 时，速度下降量为 10.8%~20.7%，其中 9.9% 就是由孔隙结构变化引起的。总体而言，孔隙度和孔隙结构造成的速度变化基本相当，因此在储层预测过程中需要知道储层孔隙结构类型（王璞等，2019）。

4）流体类型

孔隙结构不仅仅影响灯影组储层岩石的压力敏感性，同时也会改变速度对孔隙流体类型的敏感性。

图 3-71 给出了差压 60MPa 时干燥与水饱和状态下纵波速度及纵横波速度比与孔隙度的关系，黄色点为气饱和状态，蓝色点为水饱和状态。在图 3-71a 中，储层部分气饱和数据点的分布范围较宽（两条虚线之间），而水饱和数据点相对收敛（两条实线之间）、受孔隙结构影响较小，这反映了纵波速度对流体类型的敏感性存在差异。相同孔隙度条件下，溶孔型样品的流体敏感性显然要强于孔洞型。例如，孔隙度为 4% 时，溶孔型样品的流体

敏感性超过10%，而孔洞型低于3%。纵横波速度比受孔隙度影响，利用它来区分流体类型是比较不错的选择，但是必须注意硅质层。

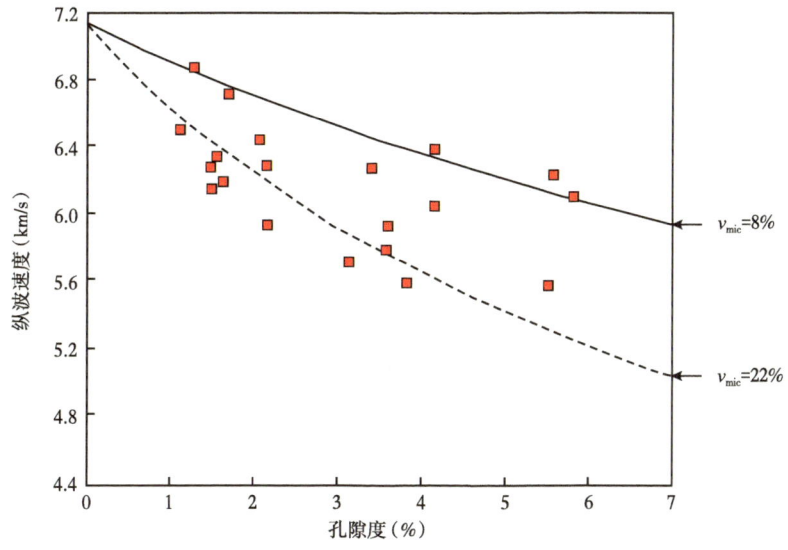

图 3-70　孔隙度、孔隙结构对干燥状态下灯影组纵波速度的影响

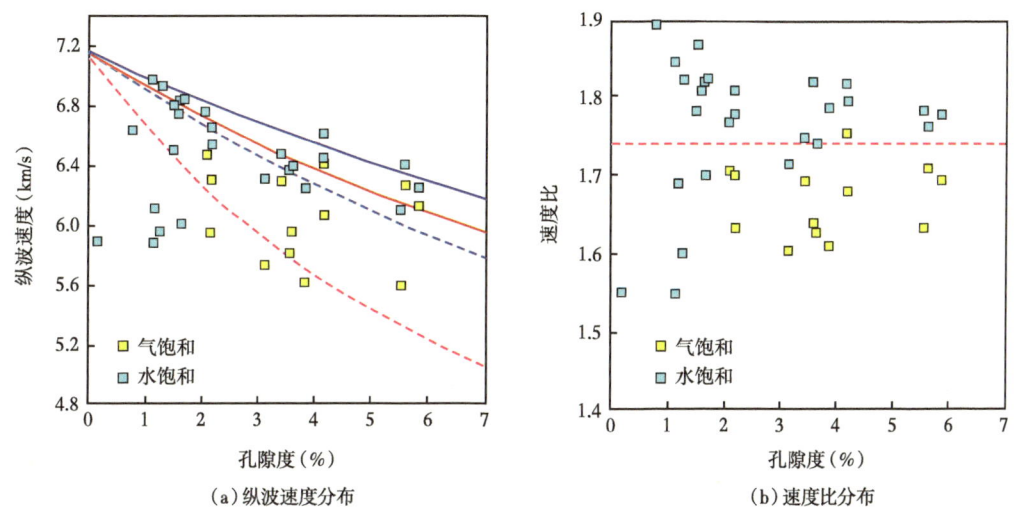

图 3-71　流体类型对灯影组纵波速度及速度比的影响

5）三参数关系

图 3-72 给出了灯影组纵波速度与横波速度之间的关系。利用该交会图关系可以识别出致密层和水层，但是无法区分气层与硅质层，更无法识别储层孔隙类型。主要原因在于，孔隙结构引起的速度变化方向与孔隙度一致，而含气性与硅质含量一致。在密度和纵波速度的交会图中（图 3-73），含气性、孔隙度及硅质含量引起的变化方向一致，而孔隙结构与它们不同。因此，对于已知的气藏，可以用该关系来进行储层类型识别。在实际

地震解释中，可能很难获取密度信息，这时需要借助于阻抗、模量等含密度的属性。如图 3-74 所示，纵波阻抗、纵横波速度比是识别储层的敏感参数，通过这两个参数可以识别储层及气层。

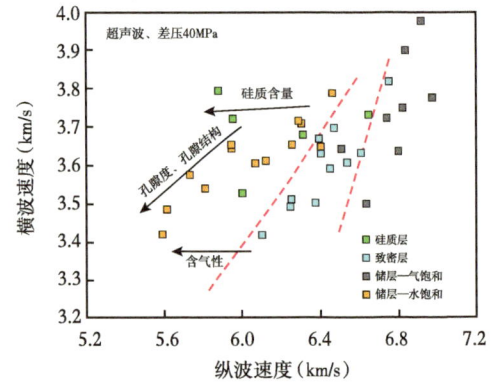

图 3-72　灯影组纵波速度与横波速度交会图

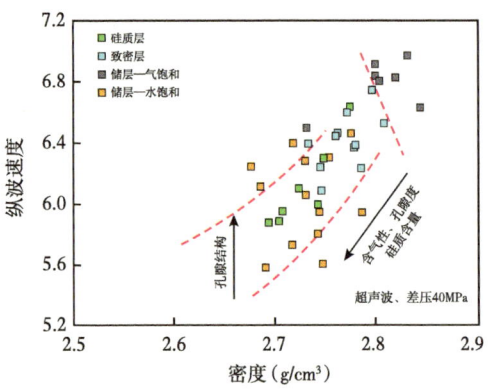

图 3-73　灯影组密度与纵波速度交会图

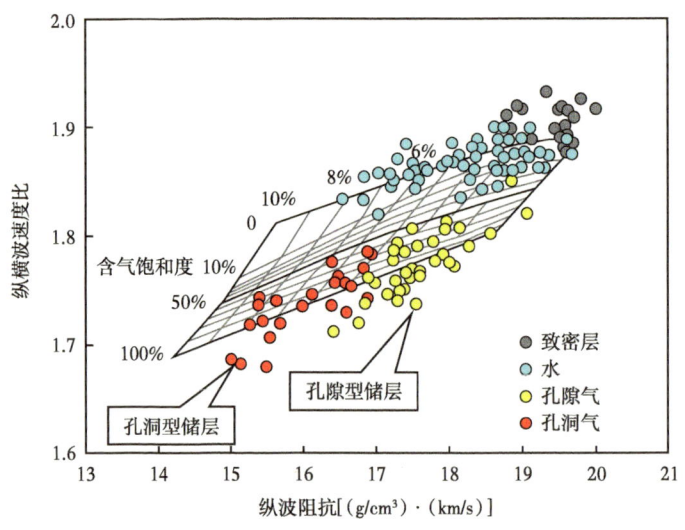

图 3-74　灯影组岩石物理模板（实验）

根据测井解释地层岩石矿物组分结果，依照岩石学中矿物含量 25% 的界限标准，灯四 $^{2+3}$ 小层的地层岩石类型可分为白云岩、硅质岩和石灰岩，灯四 ^{1} 小层的地层岩石类型可分为白云岩和硅质岩。岩石物理分析的首要任务是寻找识别储层岩性即白云岩的敏感弹性参数，从灯四 ^{1} 小层、灯四 $^{2+3}$ 小层的弹性参数交会分析来看，白云岩表现为较高纵波阻抗、中等横波阻抗和中等纵横波速度比，从交会图和直方图的重叠程度可以判断，对各类岩性响应最敏感的参数为纵横波速度比，在识别白云岩的情况下，需要对白云岩中的有效储层和致密白云岩进行区分，白云岩中孔隙度大于 2% 的层段即为有效储层。由白云岩段的弹性参数交会分析可见（图 3-75 和图 3-76），纵波阻抗和纵横波速度比对致密白云岩和白云岩储层有一定的区分能力，两者交会可以识别白云岩储层。

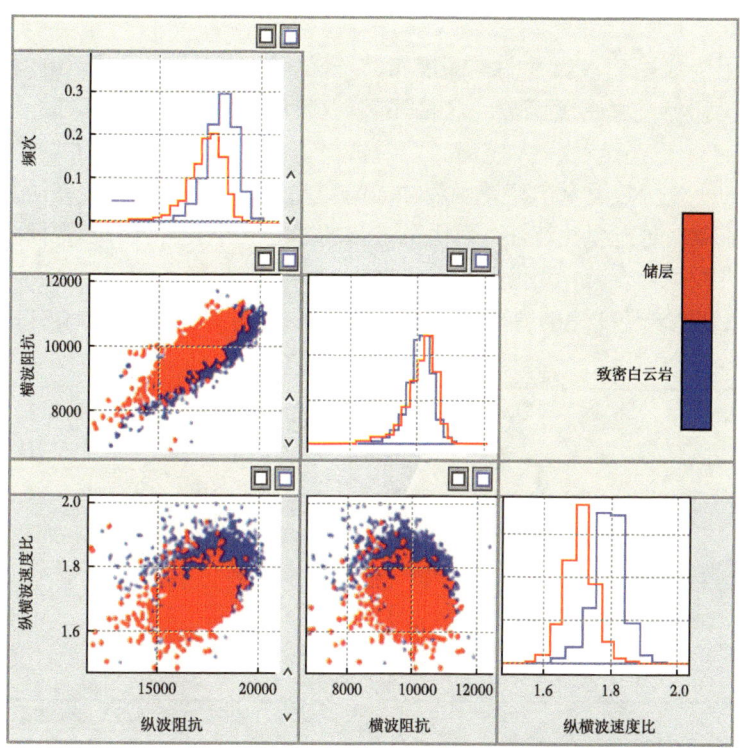

图 3-75　灯四 $^{2+3}$ 储层测井纵波阻抗—横波阻抗—纵横波速度比交会图

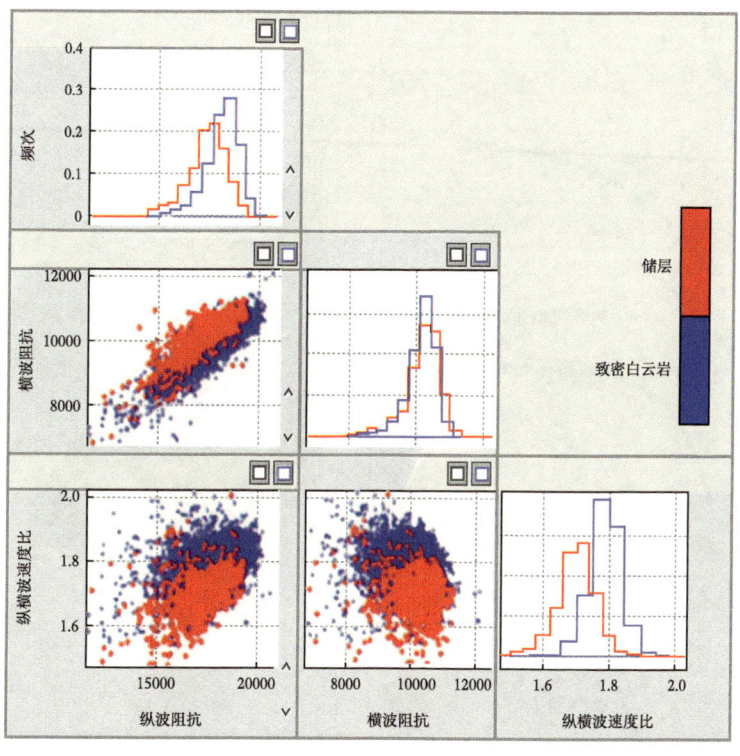

图 3-76　灯四 ^{1} 储层测井纵波阻抗—横波阻抗—纵横波速度比交会图

3. 变差函数分析

变差函数用于描述某一属性的空间展布特征随距离的变化，是距离的函数，即描述其空间变异性质，它与概率密度函数一起描述某一属性的空间分布与结构，并用于反演过程中的随机模拟。

三维空间的变差函数由垂向变差函数和横向变差函数构成。垂向变差函数反映了地质体的垂向变化特征即垂向连续性特征，可由某一目的层内测井的岩性、各弹性参数的样本进行变差值计算，进而拟合变差函数模型（图3-77）；横向变差函数反映了地质体的平面分布特征，可由能大致表征岩性变化的属性（如均方根振幅、相对阻抗等）来计算并拟合（图3-78）。

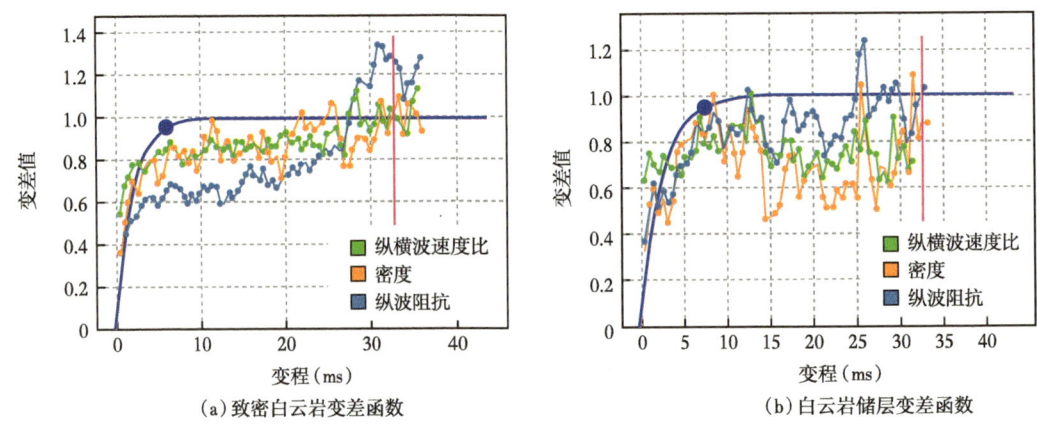

图3-77 灯四段垂向变差函数拟合（以灯四^{3}小层为例）

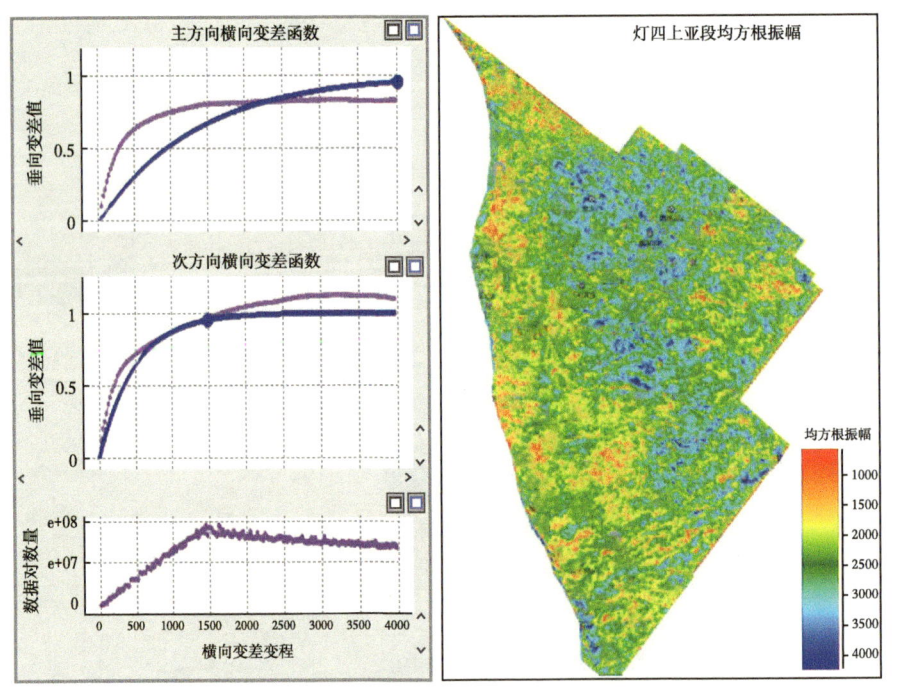

图3-78 灯四段横向变差函数拟合（以灯四^{3}小层为例）

4. 反演效果及储层定量预测

观察高石梯地区连井反演剖面（图3-79）可见，各井纵横波速度比曲线与反演结果高低关系吻合良好，横向变化自然，分辨率较高（何火华等，2011）。反演根据岩石物理分析结果自动识别储层获得储层分布数据体，从剖面上看，高石梯地区灯四$^{2+3}$储层单层厚度大，横向上搭接连片；灯四^{1}储层发育程度较灯四$^{2+3}$小层低，单层厚度薄，横向变化快。反演结果所展现的储层空间分布规律与前文所述的储层地质特征相符，表明本次反演不仅提高了储层预测精度，对储层的分布刻画更精细，而且具有较高的可靠程度。

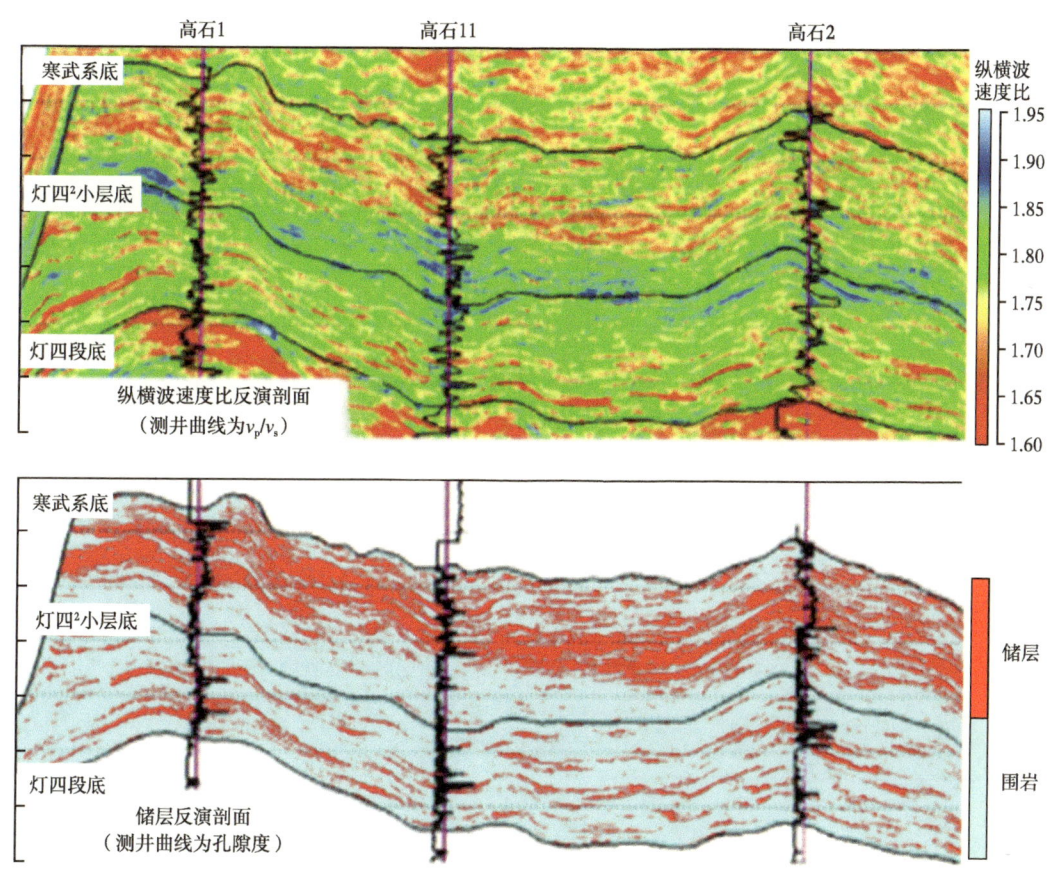

图 3-79　高石梯地区反演及储层预测连井剖面

在储层分布数据体上（图3-80），分别提取灯四$^{2+3}$小层和灯四^{1}小层时窗范围内的储层样点，与反演速度相乘并累加获得储层厚度平面分布样点，编制成图。图3-81为灯四$^{2+3}$储层厚度分布预测图，台缘有利相带上小层发育，储层厚度多在50m以上，储层最为发育区主要在高石梯地区的带状区域。灯四^{1}储层厚度分布发育程度较灯四$^{2+3}$小层更低，储层厚度主要集中在25~40m，较厚储层主要沿陡坎台缘带发育。

从表3-14的预测误差统计表中可见，获得的储层成果与高石1井区钻井的测井解释成果符合精度高，误差小，厚度预测误差均在10m以内，储层预测与实钻井总的符合率达86%，达到储层预测符合率不小于80%的考核指标。

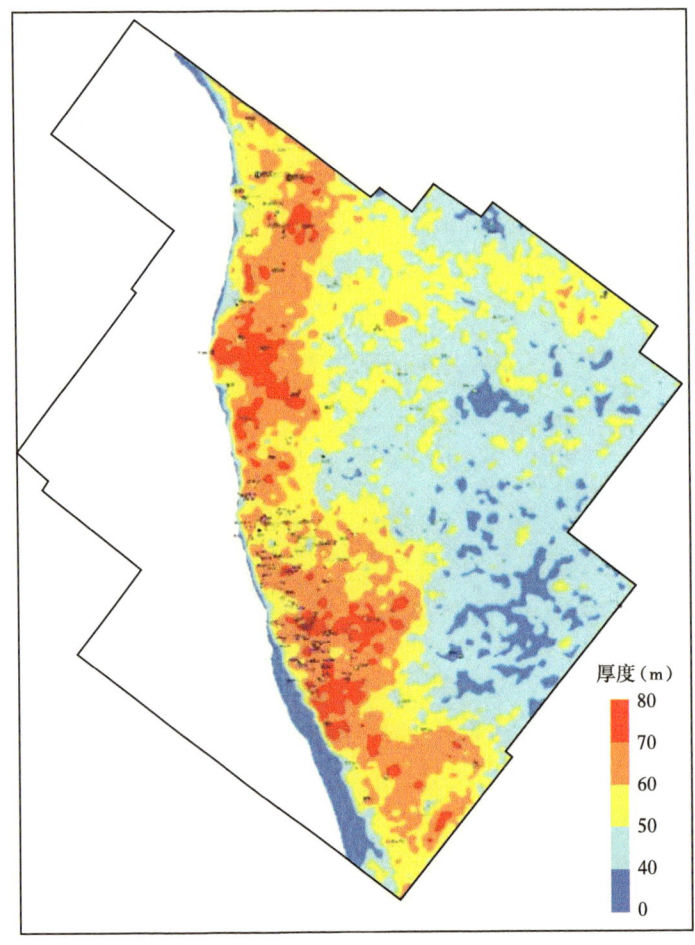

图 3-80 高石梯地区灯四 $^{2+3}$ 小层储层厚度预测图

表 3-14 灯影组四段储层预测误差统计表　　　　　　　　　　　单位：m

井名	灯四$^{2+3}$储层厚度（测井）	灯四$^{2+3}$储层厚度（预测）	灯四$^{2+3}$储层预测误差	灯四^{1}储层厚度（测井）	灯四^{1}储层厚度（预测）	灯四^{1}储层预测误差	是否为验证井
高石001-X1	74	72	-2	3	7	4	是
高石001-X3	41	39	-2	11	15	4	是
高石001-X6	25	27	2	9	6	-3	
高石1	77	77	0	60	61	1	
高石10	39	40	1	14	15	1	
高石101	31	31	0	18	19	1	
高石102	41	39	-2	10	14	4	
高石108	32	30	-2	27	28	1	
高石11	41	40	-1	19	18	-1	

续表

井名	灯四$^{2+3}$储层厚度（测井）	灯四$^{2+3}$储层厚度（预测）	灯四$^{2+3}$储层预测误差	灯四^{1}储层厚度（测井）	灯四^{1}储层厚度（预测）	灯四^{1}储层预测误差	是否为验证井
高石18	36	35	-1	5	4	-1	
高石19	50	49	-1	45	45	0	
高石2	68	65	-3	25	26	1	
高石20	35	34	-1	41	46	5	
高石3	69	67	-2	60	55	-5	
高石6	72	70	-2	12	13	1	
高石7	89	84	-5	31	30	-1	
高石8	74	73	-1				
高石9	91	91	0	66	64	-2	

第四节 灯影组岩溶储层建模技术

一、高精度层序格架下的微生物丘滩体刻画技术

安岳气田震旦系灯影组微生物白云岩岩溶储层多数由单层厚度为2m的微生物丘滩体纵向叠加而成，此类丘滩体的连续叠加厚度平均为20m左右，采用常规的相面法，准确刻画丘滩体的难度大。为此，基于神经网络技术，优选出影响丘滩体发育的敏感属性，形成了四级层序格架下的丘滩体发育模式（图3-81）。通过实钻井验证，采用该技术能够实现对厚度为20m的微生物丘滩体叠加发育区的准确预测与精细刻画，并且使丘滩体预测吻合率由65%提高至87%。

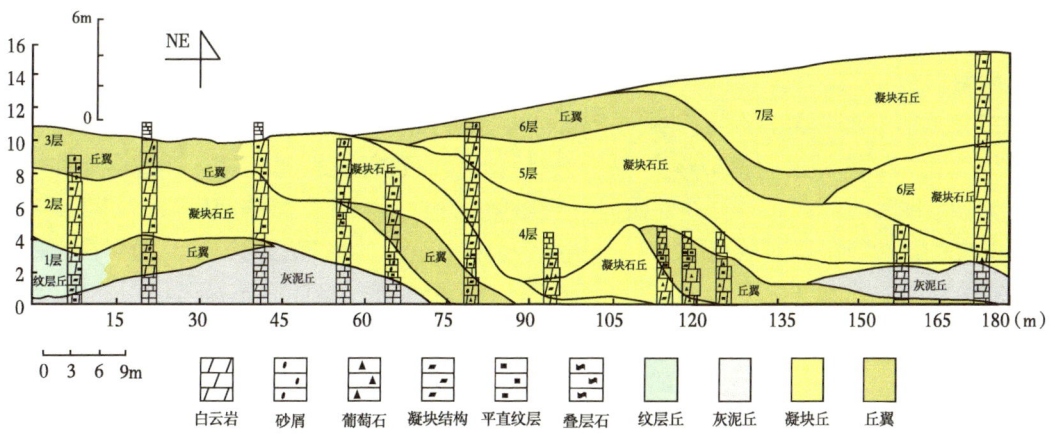

图3-81 四级层序微生物丘滩空间叠置发育模式

二、基于"双界面法"的岩溶古地貌恢复方法

经研究证实岩溶古地貌明显控制了表生期岩溶风化作用,弄清楚岩溶区平面展布特征将有益于岩溶发育区的优选。对于古地貌恢复方法,传统的"残厚法"或"印模法"难以同时消除古构造、沉积前地层厚度对古地貌恢复的影响。因此,基于目的层及其上覆地层的高分辨率层序地层格架划分,采用"印模法"对筇竹寺+沧浪铺组进行古地貌恢复,然后选择剥蚀面以下第一个未受到风化剥蚀作用影响的四级层序界面作为"残厚法"参考界面,形成"残厚法"与"印模法"相结合的"双界面法",从而实现了寒武系沉积前岩溶古地貌的恢复(图3-82)。经实钻井验证,吻合率由50%提高至92%。

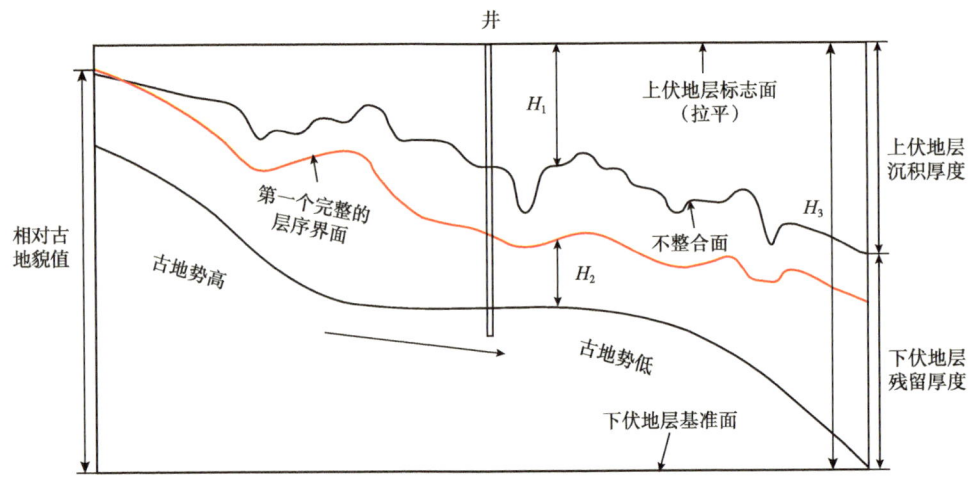

图3-82 "双界面法"古地貌恢复方法原理

三、微生物云岩+岩溶相控建模技术

由于微生物白云岩叠加表生岩溶作用,安岳气田震旦系灯影组储层并非呈典型的"层状"分布,常规的建模方法难以应用于此类"非层状"储层。因此,基于丘滩体与岩溶有利相带的共同约束,创新建立了微生物白云岩+岩溶相控建模技术,以储层构型数据(包括垂向概率分布、变差函数、储层反演数据、储层构型概率分布)作为基本控制条件,平面上以丘滩体有利相带为约束,纵向上以岩溶有利发育带的展布为约束,实现"非层状"丘滩体风化壳岩溶储层的模型建立(插入建模图)。在进行属性建模时,针对早期井距大于属性参数变程的问题,对野外剖面进行网格化处理,建立面孔率剖面模型,拟合得到面孔率的变差函数特征,有效克服了利用井点信息进行变差函数拟合的弊端,为属性建模提供依据。由此,形成了基于多因素分级约束的风化壳型强非均质碳酸盐岩储层建模技术,实现了岩溶储层的精准建模,经过后期实钻井验证,吻合率由63.0%提高至90.7%。

第五节 小尺度缝洞渗流能力定量表征分析

通过安岳气田高石梯区块震旦系灯四段气藏储层岩心渗流实验,对储层特殊渗流特征

及规律进行了研究。在此基础上,利用分形理论对岩溶储层微观渗流分形模型进行研究,建立了孔隙型、孔洞型岩心微观结构和裂缝网络的分形表征方法,为气藏产能评价及气井生产动态规律提供更为准确的评价手段。

一、岩溶储层特殊渗流实验

通过安岳气田高石梯区块震旦系灯四段气藏储层岩心敏感性实验、流态实验和气水相渗实验,对储层特殊渗流特征及规律进行了研究。

(一)储层敏感性实验

1. 速敏

表 3-15 是灯四段两个样品的速敏实验数据。从表 3-15 中可以看到,流速从 0.10mL/min 变化到 2.00mL/min 的过程中渗透率下降的幅度较低,说明样品的速敏指标较低,为弱速敏,可以忽略其影响。

表 3-15 灯四段样品速敏实验数据

样号	分析数据							速敏评价
13275016	流速(mL/min)	0.10	0.25	0.50	0.75	1.00	1.50	2.00	无速敏
	压力(MPa)	0.54	1.32	2.62	3.92	5.16	7.80	10.91	
	渗透率(mD)	0.196	0.200	0.203	0.202	0.205	0.203	0.194	
13239031	流速(mL/min)	0.10	0.25	0.50	0.75	1.00			弱
	压力(MPa)	1.02	2.47	5.46	9.57	13.00			
	渗透率(mD)	0.1030	0.1060	0.0978	0.0849	0.0805			

2. 高压应力敏感研究

常规压力下的应力敏感实验不能反映地层条件下渗流过程中真实的应力敏感过程,需要在地层压力条件下,分别开展孔隙岩心、裂缝—孔隙型岩心和裂缝—孔洞型岩心的应力敏感测试,通过实验结果对比分析缝洞型储层的应力敏感性强弱(孟凡坤等,2018)。

实验采用内压变化方式来作为获取净应力变化的实验方式。围压模拟储层的上覆岩石压力,实验过程中内围压的大小不变,通过改变内压的大小来达到实现岩心所受的净应力的变化。实验使用高压岩心驱替装置,用实际储层岩心,在常温 22.5℃ 及围压为 135MPa 条件下,开展缝洞型储层岩心的应力敏感实验研究。

实验模拟真实地层条件开发过程,在不考虑水相存在条件下进行了渗透率应力敏感特征测试。测定时,等效围压(地层上覆压力)保持 135~150MPa 不变,逐渐降低内压,在每个压力点测定渗透率,测定到设计的最低内压点;降压过程测定结束后,又逐渐增高内压测定渗透率,测定到设计的最高内压点 56MPa,从而得到不同渗透率级别岩心渗透率随净压力改变的变化规律,以评价缝洞型储层应力敏感特征。

在高压条件下,实验测试了不同类型储层全直径岩心的渗透率应力敏感曲线。通过表 3-16 可知,对于裂缝—孔洞型储层岩心,应力敏感总体表现为强应力敏感特征,其应力敏感不可逆渗透率损失率在 88% 以上。对于孔洞型储层的应力敏感性,其应力敏感渗透率不可逆损失在36%左右，为中等偏弱应力敏感性特征。岩心的高压渗透率应力敏感曲线如图3-83和图3-84所示。

表3-16 渗透率应力敏感实验数据对比

岩心编号	储层类型	渗透率（mD）	孔隙度（%）	渗透率损失（%）	应力敏感强弱程度	备注
2-34/52	裂缝—孔洞型	34.50	7.72	88.34	强	不可逆损失
8-4/64	孔洞型	0.11	4.96	36.70	中等偏弱	不可逆损失
9-50/88	孔隙型	0.72	1.57	80.84	强	

储层的应力敏感程度宏观表现为储层渗透率的变化，实质上反映储层微观孔隙结构的变化。通过实验结果发现，净应力增加过程中裂缝首先闭合，人造裂缝微凸体发生压缩、错动和啮合等，孔隙结构变化最大，渗透率急剧下降，最后孔喉和孔洞被压缩压实，渗透率变化趋于平缓。从表3-16可以发现裂缝—孔隙型岩心的应力敏感性大于孔隙型和孔洞型岩心，实验结果说明裂缝的存在增加了岩心的应力敏感性。

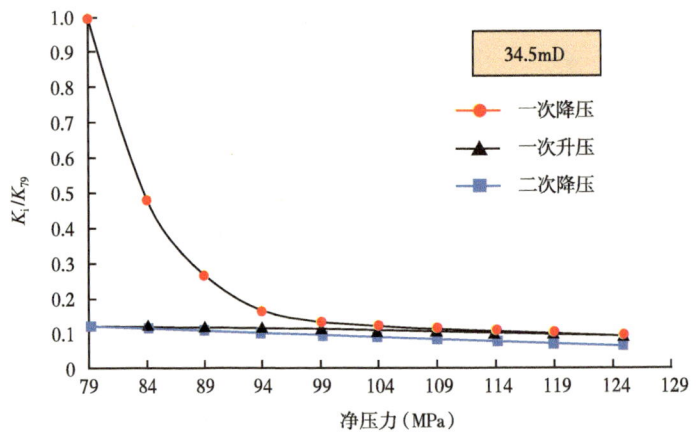

图3-83 裂缝—孔洞型储层高压渗透率应力敏感曲线

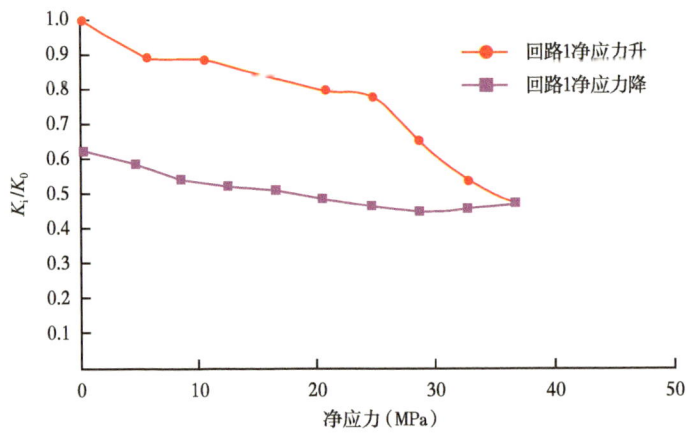

图3-84 孔洞型储层高压渗透率应力敏感曲线

分析原因是：安岳震旦系灯四段储层抗压强度较大（表3-17），应力变化时，主要是在溶洞和裂缝中发生形变，从而影响到其渗流能力。溶洞型储层溶孔、溶洞通常孔径较大，应力较大时产生的渗流通道变形幅度较大，对其渗流能力影响较大；裂缝型储层中裂缝为主要渗流通道，应力增加时裂缝变形甚至闭合对其渗流能力影响很大。因此缝洞发育的储层应力敏感程度大于孔隙储层。

表3-17 安岳震旦系灯四段储层岩石力学平均实验结果

井号	层位	深度（m）	密度（g/cm³）	平均实验结果			岩性描述
				抗压强度（MPa）	弹性模量（10⁴MPa）	泊松比	
高石1井	灯四段	4967.89~4968.13	2.749	421.233	7.353	0.361	含硅质细晶—粗粉晶藻云岩
		4957.39~4957.63	2.689	450.913	7.868	0.207	中—粗晶云岩
高石2井	灯四段	5013.39~5013.46	2.698	418.267	6.277	0.314	灰色藻云岩
岩石力学参数平均实验结果			2.727	430.138	7.166	0.294	

如图3-85所示，孔隙度、渗透率与应力敏感性散点由低到高依次分布，即岩心渗透率越高，岩心孔隙度越大，应力敏感性越强。

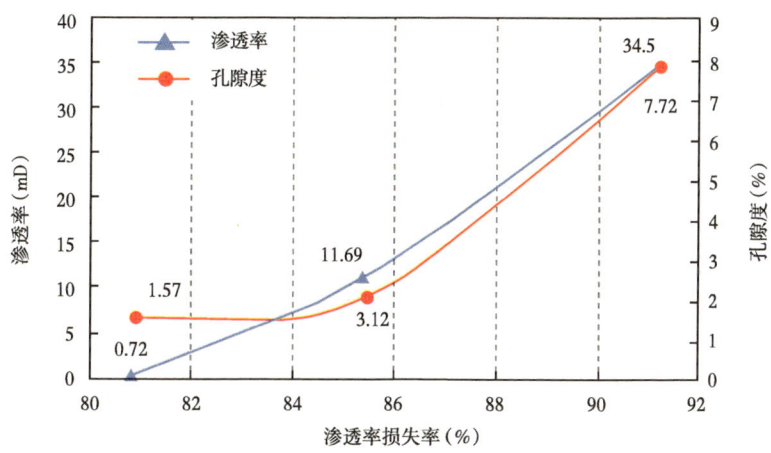

图3-85 孔隙度/渗透率与应力敏感相关性

通过高压条件下的岩心应力敏感性实验研究，分析得出：震旦系灯四气藏总体表现为强—极强应力敏感特征，裂缝及孔洞的存在加剧应力敏感程度。灯影组储层低渗透特征明显，且表现出极强应力敏感特征，为避免井附近产生应力伤害，应适当控制气井产量。

3. 碱敏

高石梯区块震旦系灯四段储层岩心碱敏实验严格按照行业标准SY/T 5358—2010《储层敏感性流动实验评价方法》进行。实验中均以0.05mL/min的速度（小于临界速敏速度）驱替岩心12h，测量不同pH值碱液对应的岩心渗透率。根据式（3-1）计算碱敏指数，判断碱敏程度，其中碱敏指数表达式：

$$I = \frac{K_1 - K_{\min}}{K_1} \tag{3-1}$$

式中　I——碱敏指数；

　　　K_1——地层水测定的岩样渗透率；

　　　$K_{\min}$——系列碱液测定的岩样渗透率最小值。

高石梯区块共进行了 4 块岩心的碱敏实验，实验结果见表 3-18 和图 3-86。从图 3-86 和表 3-18 可以看出：高石梯区块震旦系灯四气藏储层存在中等偏弱的碱敏，碱敏指数 0.29~0.39，平均 0.35，且碱敏主要发生在 pH 值大于 10 的强碱环境。

表 3-18　震旦系灯四段岩心碱敏实验结果

pH 值	渗透率保持程度			
	K=0.003mD	K=0.96mD	K=0.56mD	K=0.014mD
7.0	1.00	1.00	1.00	1.00
8.5	0.92	0.90	0.94	0.95
10.0	0.74	0.68	0.84	0.89
11.5	0.66	0.65	0.76	0.80
13.0	0.61	0.61	0.69	0.71

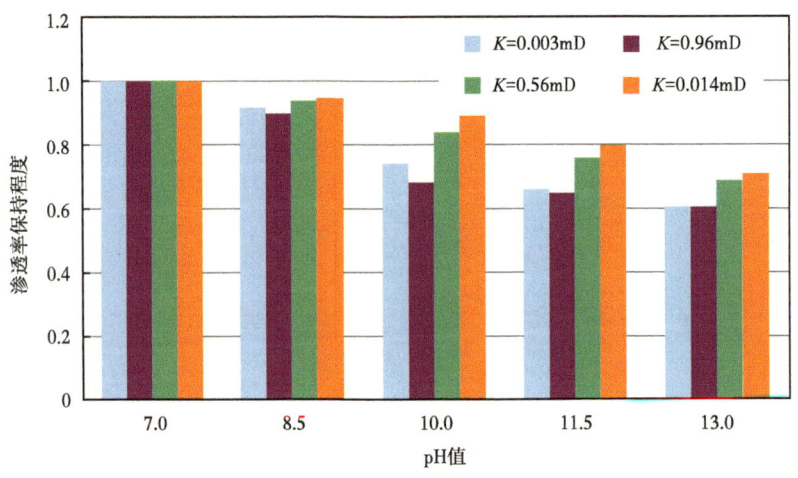

图 3-86　震旦系灯四段储层碱敏图版

（二）单相流态实验

根据渗流理论，多孔介质中单相气渗流通常存在如下一种或几种现象：滑脱效应、达西渗流和高速非达西渗流。高石梯区块震旦系灯四段储层含水饱和度低（小于 25%），储层气相渗流接近单相气渗流，为明确高石梯区块震旦系灯四段储层气体渗流规律，研究选取该层位不同尺寸、不同渗透率岩心开展单相渗流规律（流态）实验。实验在室内恒温（26℃）环境中进行，结果见表 3-19。

表 3-19　高石梯区块震旦系灯四段单相气渗流规律测试结果

编号	深度（m）	长度（cm）	直径（cm）	非达西渗流系数（m^{-1}）	渗透率（mD）
13275002	5104.78	4.18	2.52	$1.01×10^{12}$	0.017
13275009	5101.01	4.15	2.51	$1.86×10^{10}$	0.292
13109018	—	4.39	2.52	$1.95×10^{10}$	0.626
13239040	—	4.18	2.51	$9.59×10^{9}$	0.550
13（15/36）	5102.73	10.33	6.56	$9.28×10^{12}$	0.009
13（1/36）	5100.70	10.39	6.55	$1.75×10^{10}$	0.437
15（48/72）	5086.65	10.15	6.56	$9.01×10^{10}$	0.102
13101108	5144.88	4.55	2.51	$1.06×10^{11}$	0.122
13101001	5044.00	4.22	2.51	$2.79×10^{9}$	1.821
6（50/69）	5050.03	10.30	6.56	$3.28×10^{12}$	0.035
12（45/59）	5085.91	8.15	6.58	$4.17×10^{10}$	0.258

图 3-87 和图 3-88 是灯四段样品进行同一有效应力、不同驱替压力下岩心单相气体渗流实验时单相流平均压力倒数与渗透率的关系曲线。

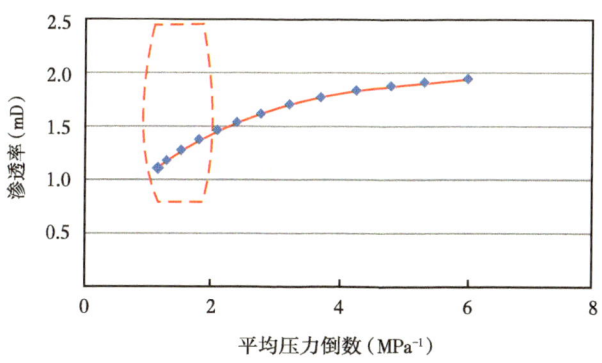

图 3-87　灯四段样品单相流平均压力倒数与渗透率的关系（岩心 1310100）

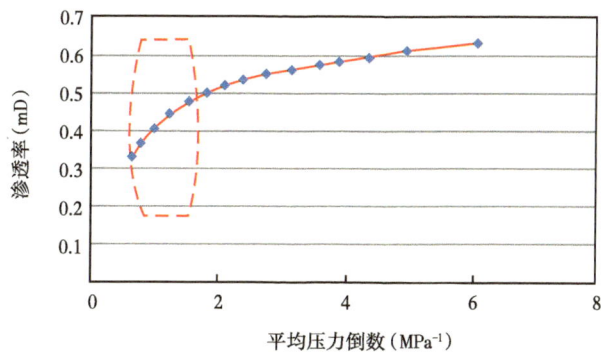

图 3-88　灯四段样品单相流平均压力倒数与渗透率的关系（岩心 1323904）

综合分析样品缝洞不同发育情况下非达西流渗透率变化情况（图3-88），可以看到，在非达西渗流段（非直线段），渗透率的损失以孔隙型最小（约20%）、微裂缝发育型其次（约40%）、缝洞发育型损失最强（约60%）。由此可见，高速非达西效应对不同缝洞发育情况的影响程度是：缝洞型＞溶洞型＞裂缝型＞微裂缝型＞孔隙型。分析其原因是：孔隙的渗透率通常较差，对压力梯度变化不敏感；而缝洞渗流能力强，在较小的压差下就能流动，在压力梯度增大时，气体流动易形成高速非达西流，而且流动越快，扰动、摩擦等损耗越大，因而其对压力梯度的变化较为敏感。

以裂缝—孔洞型岩心进行的流态实验表明（图3-89）：裂缝—孔洞型岩心流动中存在高速非达西流效应；洞径/裂缝宽度越大，岩心渗透率越大，紊流系数越小。

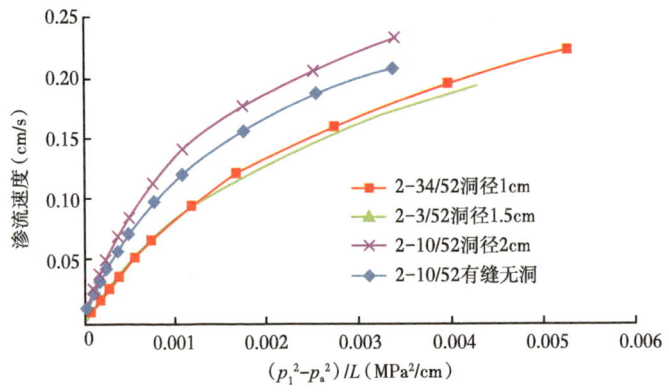

图3-89 裂缝—孔洞型岩心流态实验结果

由流体力学理论知，随着流动半径的改变，流体的流动状态也会发生变化，出现层流、紊流、湍流等流态。为研究气体在裂缝中的流动状态，开展模拟不同裂缝开度的裂缝微观渗流实验，结果表明：裂缝内气体渗流存在高速非达西效应，裂缝渗透率与裂缝开度呈幂律关系，裂缝开度小于2μm，渗流能力急剧下降（图3-90和图3-91）。

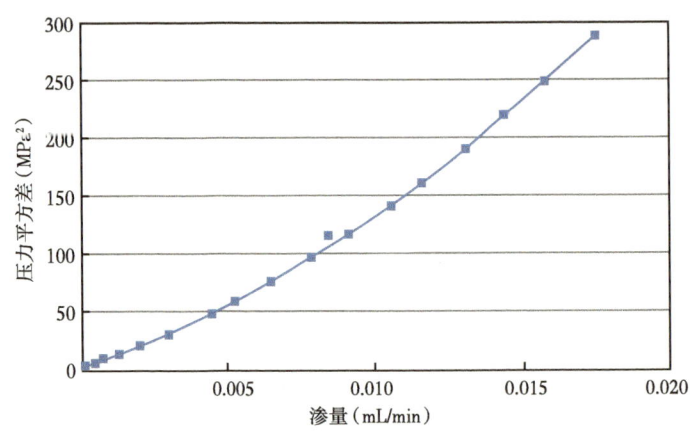

图3-90 裂缝开度2μm时流态曲线

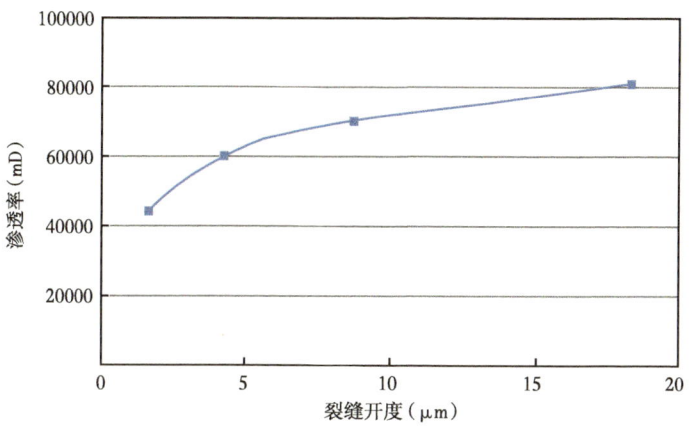

图 3-91　裂缝开度与渗透率关系曲线

裂缝内气体渗流流量与压差满足如下关系：

$$\Delta p^2 = a\left(\frac{q}{wh}\right) + b\left(\frac{q}{wh}\right)^2 \tag{3-2}$$

式中　Δp——压差，MPa；

　　　q——流量，mL/min；

　　　w——裂缝开度，μm；

　　　h——裂缝高度，μm；

　　　a，b——拟合系数。

单一裂缝渗透率公式：

$$K = 63w^{1.8} \tag{3-3}$$

根据高石梯区块震旦系灯四气藏开发特征，假定高石梯区块震旦系灯四段裂缝性储层由一系列开度不等的裂缝构成，根据单一裂缝渗透率经验公式［式（3-3）］，导出裂缝性储层渗透率数学模型：

$$K_f = \frac{\int_0^{w_{\max}} f(w) \phi_f 63 w^{1.8} \mathrm{d}w}{3\tau} \tag{3-4}$$

式中　K_f——裂缝渗透率，mD；

　　　$w_{\max}$——最大裂缝开度，μm；

　　　τ——孔隙迂曲度；

　　　$f(w)$——裂缝开度分布函数；

　　　ϕ_f——裂缝孔隙度。

通常情况下，实验的温压条件可能会对流体实验结果产生较大影响。为了研究高温高压条件下对储层的渗流能力影响情况，需要进行高温高压条件下含束缚水与不含水状况的不同类型岩心渗流能力实验。实验采用中国石油大学石油工程教育部重点实验室研制的

TC-180型气藏超高压多功能驱替系统开展实验。设备流程示意图如图3-92所示。

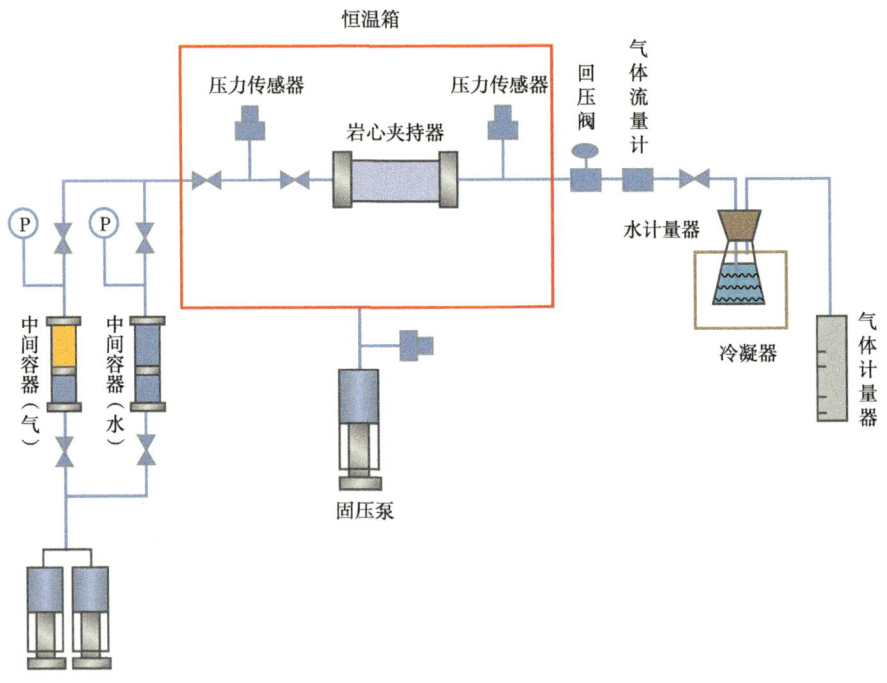

图3-92　高温高压渗流能力评价实验流程图

实验选用孔隙型、孔洞型和裂缝—孔洞型岩心各1块，岩心基本物性见表3-20。

表3-20　渗流能力实验使用岩心物性

岩心编号	孔隙度（%）	渗透率（mD）	岩心类型
MX35	2~3	0~384	孔隙型
G28	6~83	0~1764	孔洞型
G40	3~35	8~680	裂缝—孔洞型

高温高压渗流能力实验结果（图3-93至图3-96）表明：孔隙型岩心渗流能力最差，且普遍存在启动压力梯度和低速非达西渗流阶段（图3-93）。这是因为孔隙型岩心致密，渗透率通常在0.01mD左右，超高的有效应力使得岩心孔隙空间发生巨大压缩，部分喉道被压实，使得气体分子与孔喉壁面的碰撞增加，气固界面间相互作用增强，若要动用该类型储层必须克服启动压力梯度；对于孔洞型岩心，在低驱替压差下压差与流量呈现出线性规律，但随着驱替压差的增大，开始出现高速非达西现象（图3-94）。裂缝—孔洞型岩心渗流能力最好，但存在高速非达西现象，这是因为气体流速过大，惯性阻力引起的渗流能力损失已经不能忽略（图3-95）。综上所述，裂缝—孔洞型岩心的渗流能力远远高于其他两种类型岩心（图3-96和表3-21），而孔洞型岩心与孔隙型岩心基本处于一个渗流能力级别，但孔洞型岩心稍高于孔隙型岩心。

第三章　气藏描述及气藏关键开发技术

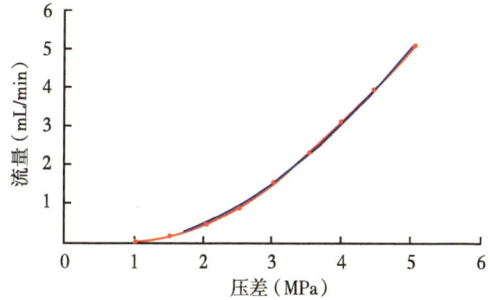

图3-93　孔隙型岩心不同压差下渗流能力

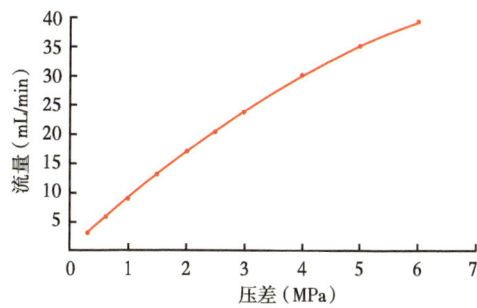

图3-94　孔洞型岩心不同压差下渗流能力

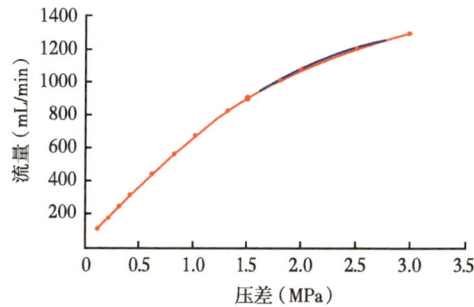

图3-95　裂缝—孔洞型岩心不同压差下渗流能力

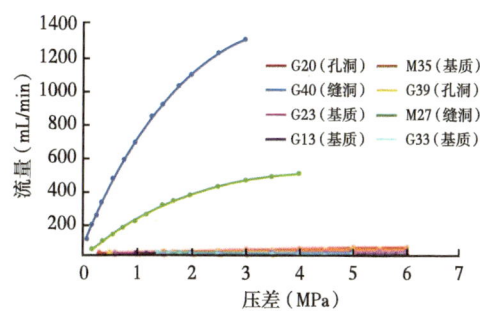

图3-96　不同类型岩心渗流能力曲线对比

表3-21　不同类型储层干岩心渗流能力实验结果

岩心类型	井号	井深（m）	孔隙度（%）	渗透率（mD）	启动压力（MPa）	非达西阶段压力（MPa）	压差5MPa时流量（mL/min）
孔隙型	M51	5356.36	2.73	0.01	1.0	1.00~2.54	5.04
孔洞型	高石20	5210.31	6.83	0.17	无	≥2.50	34.97
裂缝—孔洞型	高石102	5101.56	3.35	8.68	无	≥1.40	1293.00

　　束缚水条件下不同类型储层渗流能力实验表明：束缚水的存在使三种类型岩心的渗流能力都产生一定程度的下降。其中孔隙型岩心束缚水饱和度最高，裂缝—孔洞型岩心束缚水饱和度最低。这是因为孔隙型岩心孔隙空间连通性差，孔喉半径小，毛细管压力大；而裂缝—孔洞型岩心孔隙空间连通性较好，且存在大尺寸溶蚀孔洞，毛细管压力小，地层水更容易沿裂缝流出。束缚水条件下，孔隙型岩心渗透性下降幅度最大达90%，裂缝—孔洞型岩心最小仅20%（表3-22）；束缚水增大孔隙型岩心的启动压力梯度，并使低速非达西阶段更加明显（图3-97）；束缚水使裂缝—孔洞型岩心的高速非达西阶段提前，

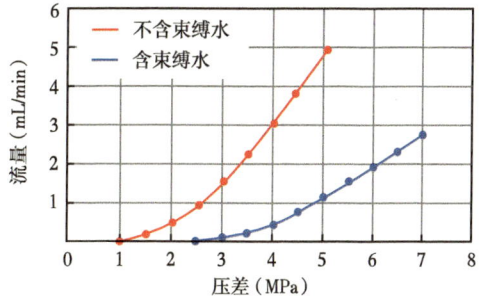

图3-97　束缚水条件下孔隙型岩心渗流能力对比

且由该现象引起的渗透率损失程度更大（图3-98）；束缚水使孔洞型岩心的高速非达西阶段消失（图3-99）。

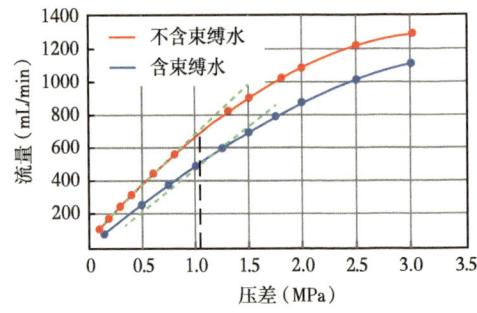

图3-98 束缚水条件下裂缝—孔洞型岩心渗流能力对比

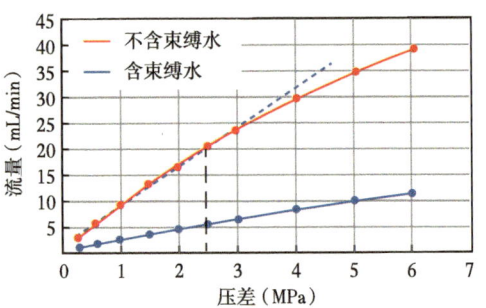

图3-99 束缚水条件下孔洞型岩心渗流能力对比

表3-22 不同类型储层束缚水条件下渗流能力实验结果

储集类型	井号	井深（m）	束缚水饱和度（%）	相对渗流能力降低（%）	干岩心非达西效应（MPa）	束缚水非达西效应（MPa）
裂缝—孔洞型	高石102	5101.56	13.47	19.23	≥1.2	≥0.9
孔洞型	高石20	5210.31	19.39	72.29	≥2.5	无
孔隙型	M51	5356.36	25.74	88.70	1.0~2.0	2.5~4.0

裂缝—孔洞型储层具有相对较好的储集和渗流能力，是气藏主力产层，但由于震旦系灯四段为一套古老的白云岩储层，在漫长的成藏过程中受到了复杂的沉积、成岩，以及构造作用的综合影响，形成了不同的缝洞搭配，具有极强的非均质性，因此，需要对不同缝洞发育规模的储层渗透性开展进一步探讨。

（三）气水两相渗流实验

1. 含水饱和度对渗流的影响及分析

不同含水饱和度下渗流实验结果表明：阈压效应和滑脱效应与含水饱和度大小有关。随含水饱和度增加，启动压力梯度也随之增加，阈压效应越明显、滑脱效应影响程度越低；物性越好储层，启动压力梯度越小，水临界流动饱和度越低（图3-100）。

裂缝欠发育低渗透致密储层必须考虑阈压效应的影响。滑脱因子随含水饱和度增大而减小；实际储层条件下滑脱影响可不考虑（图3-101）。

2. 气水相渗实验分析

1）低压气水相渗实验及分析

研究气水两相共渗过程中气、水的渗流规律，可以为数值计算和气藏工程计算提供相渗数据，评价储层含水条件下气相渗流能力。

图3-102为高石梯区块灯四气藏储层岩心低压气水相渗曲线，表3-23为归一化后的气水相渗数据，可用于矿场数值模拟和气藏工程基础数据。从图3-102和表3-23中可以看出：水相相对渗透率开始下降快，气相相对渗透率上升快，体现出含裂缝岩心气水两相

渗流特征，气水相渗从另一个角度说明震旦系灯四段储层发育一定规模裂缝，这一点与岩心观察一致。

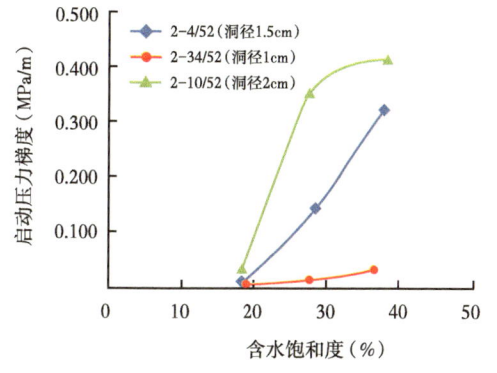

图 3-100　启动压力梯度与含水饱和度关系

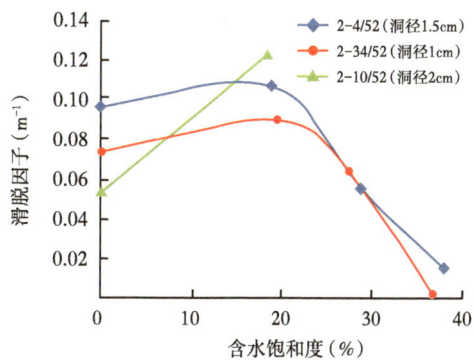

图 3-101　滑脱因子与含水饱和度关系

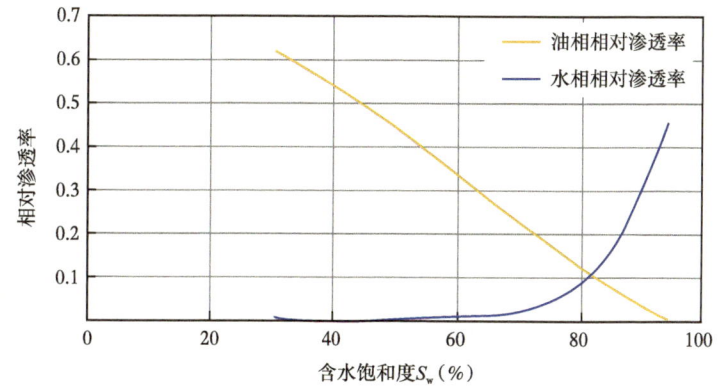

图 3-102　高石梯区块灯四段气水相渗图

在含水饱和度较低的区域（10%~40%），特别是小于 20% 的区域，气相渗透率较高而水相渗透率很低，这一点结论与压汞实验的结果相同：该地区大部分样品最大进汞饱和度都在 70% 以下，说明其湿相水的束缚水饱和度大于 30%。而储层含水饱和度普遍较低（小于 25%），在此条件下气相渗流能力强（K_{rg}=0.4~1.0），水相渗流能力很低（K_{rw}≈0.001）。这是部分气井高产且出水较少的重要原因之一。

表 3-23　高石梯区块震旦系灯四段气水相渗数据表

S_w(%)	K_{rg}	K_{rw}
30.7	0.626	0
33.9	0.585	0.001
37.0	0.560	0.001
40.2	0.540	0.002
43.4	0.514	0.002

续表

S_w(%)	K_{rg}	K_{rw}
46.5	0.489	0.003
49.7	0.455	0.004
52.8	0.418	0.005
56.0	0.380	0.006
59.2	0.341	0.008
62.3	0.306	0.011
65.5	0.269	0.017
68.7	0.236	0.022
71.8	0.204	0.032
75.0	0.174	0.049
78.2	0.140	0.074
81.3	0.111	0.109
84.5	0.079	0.162
87.7	0.052	0.232
90.8	0.027	0.325
94.0	0.008	0.460

2）高温高压气水相渗分析

地层条件下的气水相渗为高温高压下的两相渗流，与常温常压下相比气水界面张力降低，气水两相渗流能力增强。高温高压条件下气水两相相渗实验充分考虑了高温高压对地层水和天然气的溶解度和体积系数的影响，参照国家标准 GB/T 28912—2012《岩石中两相流体相对渗透率测试方法》的实验要求和流程，模拟了真实气藏地层条件（150℃，56MPa）下的气水两相渗流。

高温高压条件下气水两相相渗实验结果（图 3-103）与常温常压下相比，残余水饱和度明显降低，两相共渗区变大，相渗曲线右移。地层条件下气相渗透率上升更快更早，残余水饱和度下的气相渗透率更大。分析认为，在高温高压条件下，气水两相渗流不仅受岩心孔喉结构的影响，还受温度和压力的影响。此时，天然气在水中的溶解度更大，气相的密度和黏度更大，性质与水更为接近，导致气水表面张力减小，气水两相共渗能力增加，表现为气驱水时岩心中残余水饱和度降低，气驱水的效率更高。

室内实验表明：高石梯区块震旦系灯四段储层表现出低速敏、中等偏弱碱敏、强应力敏感的特征；裂缝—孔洞型岩心流动中存在高速非达西流效应；阈压效应和滑脱效应受含水饱和度大小影响。储层含水饱和度条件下，气相渗流能力强，水相渗流能力弱；地层高温高压条件下，气水两相渗流能力比常温常压下更强，气驱水效率更高。

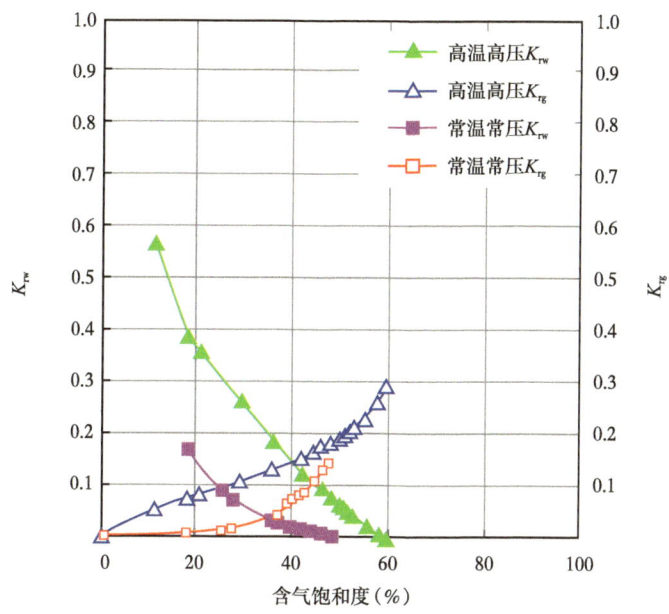

图 3-103　高温高压与常温常压下相渗曲线对比

二、岩溶储层微观渗流模型

储渗体主要是指致密岩层中非均一分布的孔、洞、缝相互沟通而形成的不规则的储渗系统。岩溶缝洞型储渗体的储集空间包括孔隙、裂缝和溶洞,其中裂缝和溶洞为主要的储渗空间。溶洞和裂缝的存在导致了储层的非连续性,同时其空间上的多尺度性使得流体在其中的流动不仅仅是渗流,而是由多种流动特征组合而成的复合流动。因此对岩溶缝洞型储渗体微观孔隙结构研究是该类储层渗流规律研究的基础和前提。

岩溶缝洞型储渗体微观孔隙结构是非常复杂和不规则的,欧式几何理论和传统的实验方法给出的宏观孔隙参数都已不再适应。这就需要通过其他非物理实验的方法或手段来寻找能够量化描述微观孔隙结构复杂性和不规则性的特征参数。建立模型法开辟了孔隙结构研究的新路子,其着眼于真实的孔隙结构空间,借助于体视学理论的数字图像处理方法,能够给出岩石的微观孔隙结构。目前常用的方法主要包括物理模型法和近年来新兴的分形模型法。分形模型法是由研究学者基于 20 世纪 70 年代提出的分形理论之上发展而来的,也在近些年掀起了研究的热潮(Popov,2007)。

（一）分形几何理论

分形理论是由 Mandelbrot 在 1975 年正式提出和建立的一种探索物体复杂性的科学方法和理论。分形理论最早诞生于自然几何学中,其在经过近十几年的发展之后,在众多领域中展现了广阔的应用前景。分形是指各个组成部分的形态以某种方式与整体相似的一类形体。它具有自相似性和标度不变性,是具有复杂高维几何性的数学集合。它是描述自然界和非线性系统中不光滑和不规则几何形体的有效工具,能够用来模拟很多自然现象。与传统的欧几里得几何理论相比,分形几何理论已广泛应用于研究不规则特征的物体。储层岩石是非常复杂的地质材料，其孔隙结构具有不连续、非均质和复杂多变的结构特征，因此运用分形理论研究多孔介质微观结构具有天然优势。

大量的研究表明储层岩的孔隙结构具有典型的分形特征，自1985年Katz等将分形几何理论用于分析多孔介质内部的孔隙结构后，为了研究岩石不规则孔隙分布的分形特征，很多研究者相继发展和完善了能够适合岩石孔隙结构分析的分形理论方法。国内外大量学者的研究表明岩石的孔隙分布具有统计自相似性，分形维数可以被用来描述孔隙分布的分形特征。分形几何理论被用于分析和研究储层岩石的孔隙结构特征是一种不同于常规方法的新方法，其已经并将继续在地质分析领域得到深入和广泛的应用。

运用分形维数可以求取描述基质系统、裂缝系统特征的各个参数，目前国内外公开报道的关于油气藏多孔介质分形理论研究的文献超过150篇，关于岩溶缝洞型储渗体分形理论研究主要集中在两个方面：分形多孔介质模型研究；分形裂缝网络模型研究。

1. 分形几何概况

分形（Fractal）的英文原意为不规则的碎片形，Mandelbrot于1986年提出一个较为实用的定义：组成部分以某种方式与整体相似的形，即为分形。对于到底什么是分形，目前只有一些描述性的表达，并没有数学上的严格定义。分形几何学以自然界中常见的、不稳定的、不规则的和非线性的复杂现象为研究对象，即研究自然界中没有特征长度，而又具有自相似性的形状和现象，从而定量化描述和分析了这些复杂形状和现象的本质规律。

2. 分形几何的性质

分形几何最重要的一个特性就是自相似性。所谓的自相似性是指：分形对象自身的局部区域经过放大后与整体相似的一种特性。其不仅体现在对象本身的形态和行为方式上，而且还体现在对象所具有的功能信息、物质成分、能量分布，以及时空频域上。其不仅仅局限于精确严格的自相似，还包括近似自相似和统计自相似。

1）精确自相似性

精确自相似是指分形的局部与整体在各个特性上完全相似。这种严格、精确的自相似一般只存在于规则的分形体中。比如九种典型的分形体：康托集（Cantor set）、方块分形（Box fractal）、科赫曲线（Koch curve）、科赫雪花（Koch snowflake）、闵可夫斯基香肠（Minkowski sausage）、皮亚诺曲线（Peano curve）、谢尔宾斯基三角（Sierpinski gasket）、谢尔宾斯基方毯（Sierpinski carpet）和门格尔海绵（Menger sponge）等（图3-104）。

2）近似自相似性

近似自相似也称半自相似，是最常见也是接触最多的一种自相似。观察一对象时，根据所选尺度范围的不同，所得到的结构并不是严格的相似，而只是大致的、整体意义上的相似。在现实生活中有许多具有这种相似性的现象和物体。

3）统计自相似性

有时两个对象或现象（或者一个对象的局部和整体）从视觉直观上看不出有什么相似之处，但是，它们的形态或性质的相关统计参数是一样的，这种情况下也称它们是相似的，即它们具有统计自相似性。

3. 分形维数基本概念

分形维数是分形几何理论及应用中最为重要的概念和内容，它是度量物体或分形体复杂性和不规则性的最主要的指标，是定量描述分形自相似性程度大小的参数。

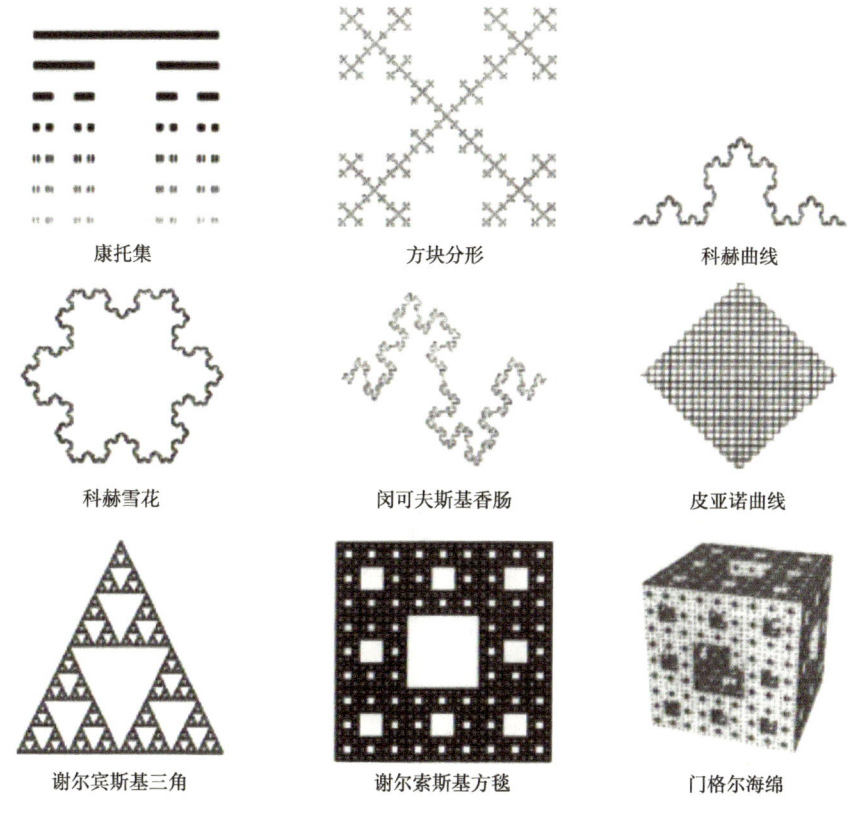

图 3-104　九种具有精确自相似性的经典分形图形

欧氏几何中，维数一般有两种含义：

（1）欧氏空间中的 4 个维数（$D=0$、1、2、3）；

（2）一个动力系统所含的变量的个数。

欧氏几何中的对象都用整数维来描述，例如点、直线、平面和立体分别具有 0、1、2、3 的整数维数，这些整数维数统称为拓扑维数。分形维数与欧氏几何中的拓扑维数之间有一定联系：如果动态地去观察点、线、面之间的转变，会发现一些几何图形并不能用整数维数来描述。例如：一条直线是由许多点集合而成的，实际上是由无数个 $D_T=0$ 的几何点累积组成了 $D_T=1$ 的直线。由此理解，从点变为直线的过程中，所形成的几何图形的维数将是介于 0 和 1 之间的分数维数，其几何意义是分数维数描述了组成直线的"点"的密度。换而言之，形成直线的点的密度不同，其分数维数将是不同的分数数值。

推而广之，直线的集合形成平面，直线密度不同所形成的平面的分数维数将处于 1 和 2 之间；空间立体图形由平面集合而成，平面密度不同所形成的空间体的分数维数将介于 2 和 3 之间。由以上分析可以看出，整数维数是被包含在分数维数中的。相对于整数维数反映对象的静态特征，分数维数则表征的是对象动态的变化过程。将其扩展到自然界的动态行为和现象中，那么分数维数就是自然现象中由细小局部特征构成整体系统行为的相关性的一种表征，即：对于一个对象，只有通过使用非整数数值的维数尺度去度量它，才能准确地反映其所具有的不规则性和复杂程度，那么这个非整数数值的维数就称为分形维数。

4. 盒维数及其算法研究

分形几何理论中，用于计算分形维数的方法有很多，根据计算方法的不同，分形维数分别被冠以不同的名称，包括 Hausdorff 维数、相似维数、盒维数、容量维数、关联维数、信息维数。研究人员将这些方法归纳总结为三大类：计盒算法、分形布朗运动方法和面积测量法。计盒算法是由 Russel 等定义的。由于其具有简易性和可计算性高的优势而最受欢迎和被频繁使用。在实际计算分形维数的算法程序中，基于的都是分形体的数字图像，根据所使用图像的不同类型，盒计算法又可分为基于二值图像的盒维数算法和基于系列图像的分形盒维数算法。

1）盒维数算法

盒计维数（Box-counting dimension）简称为盒维数，其定义为：设 A 是 $\boldsymbol{R}_n$ 空间的任意非空有界子集，对于任意的一个 $r>0$，$N_r(A)$ 为覆盖 A 所需要边长为 r 的 n 维立方体（盒子）的最小数目。如果存在一个数 d，使得当 $r\to 0$ 时：

$$N_r(A) \propto 1/r^d \tag{3-5}$$

那么称 d 为 $N_r(A)$ 的盒计维数（即盒维数）。而且当且仅当存在唯一一个正数 k 使得：

$$\lim \frac{N_r(A)}{1/r^d} = k \tag{3-6}$$

对方程（3-6）两边取对数，可进一步求得：

$$d = \lim_{r\to 0} \frac{\lg k - \lg N_r(A)}{\lg r} = -\lim_{r\to 0} \frac{\lg N_r(A)}{\lg r} \tag{3-7}$$

由于 $0<r<1$，$\lg r$ 为负数，所以 d 为所期望的正数，通常用来表示盒维数。值得注意的是，在实际计算中常采用式（3-7）。即根据实际情况，统计出一系列 r 值下覆盖分别所需的盒子个数 $N_r(A)$，在以 $-\lg r$ 为横坐标、以 $-\lg N_r(A)$ 为纵坐标的对数坐标系中绘出 [$-\lg r_i$，$\lg N_{ri}(A)$]，最后通过这些点的拟合线斜率便可求出集合的盒维数，斜率的估计常采用最小二乘法的线性回归分析方法。

$$\lg N_r(A) = d \lg N_r(1/r) + \lg k \tag{3-8}$$

2）基于二值图像的 BC 算法

在通常的研究过程中，研究对象的物理信息可以通过各种途径加以记录，得到各种图形图像，这些大量的图形图像可以转化为数字图像，最终得到由一系列二进制数字（0 和 1）表示的二维矩阵（二值图）。

BC 算法正是基于二值图像的一种分形维数计算方法，是由 Russel 等最先提出的，它包含三个主要的步骤：

（1）利用不同的步长尺寸划分图像；

（2）计算包含对象的盒子数量；

(3)对 lg(N_r)和 lg(1/r)进行最小二乘法回归分析,拟合线的斜率就是分形维数。其具体过程步骤为:

(1)设二值图像的大小为 $M \times N$(像素点),每个像素点的像素值非 0 即 1;

(2)用大小为 $s \times s$(像素点)网格(盒子)去完全覆盖二值图像。s 是整数,则分割比率为 $r=s/M$,原二值图被分成了 $M/s \times M/s$ 个网格块;

(3)任何一个网格块只要包含目标对象(白色或黑色对象,0 或者 1)就被认为是被占用(或称为有效、可计数)的网格块,进而统计总共被占用的网格块数并记为 N_r,此时就获得了一组(N_r, r);

(4)改变 s 的大小,重复第(2)步和第(3)步过程,就能得到一系列(N_r, r);

(5)利用最小二乘法对数据点[lg(N_r), lg(1/r)],进行线性拟合,所得直线的斜率值 D 就是该图像的计盒维数(图 3-105)。

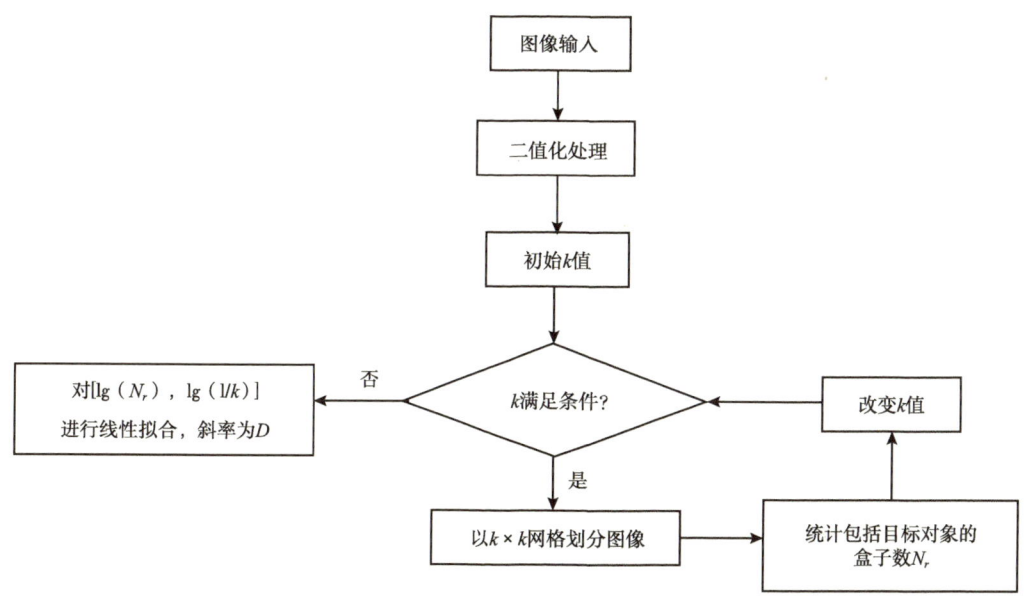

图 3-105 BC 算法程序流程图

在 BC 算法中盒子尺寸序列的选择对分形维数最终的计算结果影响很大。在 BC 算法程序中,使用不恰当或不合理的盒子尺寸序列会带来边界效应。如果选择的 s 不能完全地整分 M,那么就会在图像边缘处产生尺寸小于 $s \times s$ 的网格块,在程序中这些网格块就直接被忽略、省去或被默认地当作无效值来对待。为了消除这个因素,就需要在程序中对所选择的盒子尺寸序列做出调整,选择出合适恰当的盒子尺寸序列,目前使用较为频繁的几何序列和算术序列边界效应一直存在,因此选择因数序列计算(图 3-106 至图 3-109)。

对比结果可以发现,与算术序列比较,因数序列方法拥有较快的计算速度,与几何序列相比,其提供了更加足够的拟合数据点数,最终给出了相关系数更高、更加合理和准确的分形维数。

5.毛细管束模型分形研究

真实储层孔隙尺寸变化多端,相互连通关系迂曲多变,孔隙尺寸分布特征难以通过固定数学模型加以描述，常采用简化孔隙结构模型代替真实复杂储层多孔介质。常用的孔隙结构模型包括毛细管束模型、管子网络模型、球形孔隙段节模型，以及普通段节模型，其中尤以毛细管束模型使用最为广泛（姚军等，2010）。

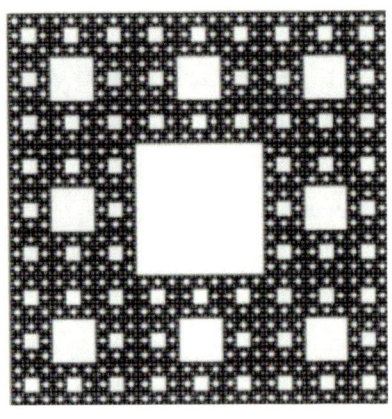

图 3-106 Sierpinski 方毯图像

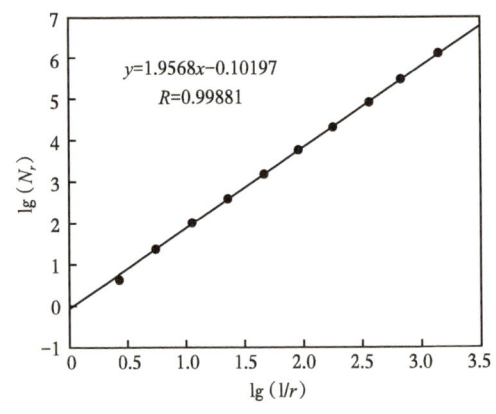

图 3-107 Sierpinski 方毯几何序列拟合分形维数

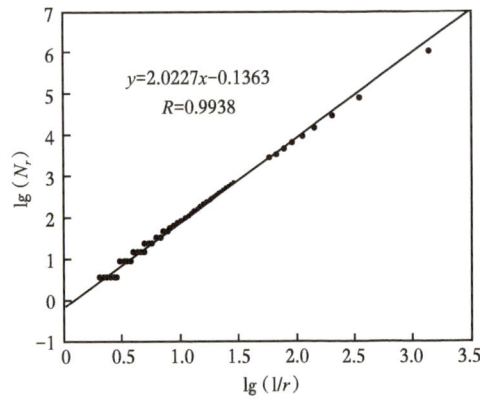

图 3-108 Sierpinski 方毯算术序列拟合分形维数

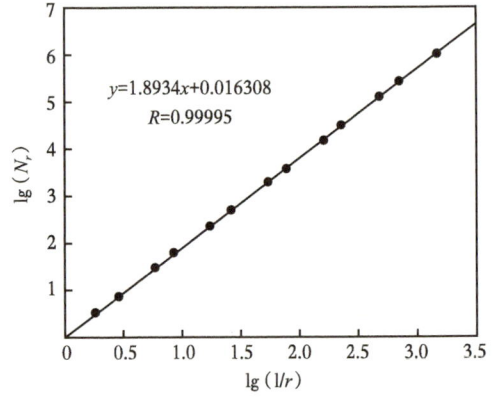

图 3-109 Sierpinski 方毯因数序列拟合分形维数

高石梯地区台缘带孔隙型和孔洞型储层孔隙结构复杂，具有较强的微观孔隙非均质性，欧几里得几何理论难以描述其相关特征，利用分形理论不仅可实现描述及评价储层微观孔隙结构，还可实现更为真实地表征储层内流体渗流机理。基于毛细管束孔隙结构模型确定其内气体渗流机理，需用到单根毛细管 Poiseuille 定律，即研究储层截面上的毛细管流量，因此需要确定毛细管径分布的平面分形特征。通常具有分形特征的储层毛细管应具备以下条件：

（1）毛细管直径在一定范围内可视为连续分布；

（2）储层多孔介质毛细管最小直径与最大直径之比应小于 0.01；

（3）储层多孔介质毛细管直径分布应遵循分形标度律，对于满足平面分形分布的储层，其毛细管直径分形维数取值范围应为 1~2。

由高石梯地区台缘带岩心微观孔隙结构相关内容可知，灯影组孔喉分布具有较强微观非均质性，孔隙半径范围为 2.51~4830μm，喉道半径范围为 0.0001~5.6μm，因此可满足前两个条件。而第三个条件的关键是计算储层毛细管径平面分形维数，因此下面将详细对该条件进行说明。

对毛细管直径分布具有平面分形特性的储层而言，其单位截面内的毛细管个数满足如式（3-9）所示的分形标度定律

$$N(D \geqslant \lambda) = \left(\frac{\lambda_{\max}}{\lambda}\right)^{D_f} \tag{3-9}$$

式中 λ——单位截面内任一毛细管直径，m；
N——单位截面内直径大于 λ 的累计毛细管数；
D——毛细管直径尺度，m；
$\lambda_{\max}$——单位截面内毛细管最大直径，m；
D_f——毛细管直径平面分形维数。

式（3-9）中的 D_f 为毛细管直径平面分形维数，是定量表征微观孔隙结构分形特征的关键参数，其取值范围为 1~2。该值越大说明储层结构孔喉分布越复杂。国内外学者常采用压汞测试法计算分形维数，研究表明基于毛细管束模型计算的分形维数值更适于描述储层微观孔喉分布的非均质性。因此下面将基于毛细管束模型建立毛细管直径平面分形维数求解方法。

岩心核磁共振 T_2 谱表征为毛细管孔喉分布，因此可用第二章研究成果开展分形研究，计算各岩样对应的毛细管径平面分形维数值，若处于 1~2 范围内则说明高石 1 井区储层毛细管直径分布在平面上具有分形特征，反之则说明不具有分形特征，即不能利用分形几何理论研究该区储层内气体渗流特征。

式（3-9）左端表示岩样截面内毛细管直径大于给定直径尺度的毛细管累积个数。本节选取的 30 块孔隙型和孔洞型岩样均为圆柱体，因此由高压压汞实验原理可知，其截面内直径为 λ_1 的毛细管个数为：

$$N(D=\lambda_1) = \frac{S_1\pi\left(\frac{d_s}{2}\right)^2 h_s \phi}{\pi\left(\frac{\lambda_1}{2}\right)^2 h_s} = S_1\left(\frac{d_s}{\lambda_1}\right)^2 \phi \tag{3-10}$$

式中 $N(D=\lambda_1)$——岩样截面内直径为 λ_1 的毛细管个数；
d_s——岩样截面直径，m；
h_s——岩样长度，m；
ϕ——岩样孔隙度；
S_1——毛细管直径为 λ_1 对应的进汞饱和度；
λ_1——进汞饱和度为 S_1 对应的毛细管直径，m。

岩样截面内直径为 λ_2（$\lambda_2 > \lambda_1$）的毛细管个数为：

$$N(D=\lambda_2) = (S_2 - S_1)\left(\frac{d_s}{\lambda_2}\right)^2 \phi \tag{3-11}$$

式中　$N(D=\lambda_2)$——岩样截面内直径为 λ_2 的毛细管个数；

　　　S_2——毛细管直径为 λ_2 对应的进汞饱和度，%；

　　　λ_2——进汞饱和度为 S_1 对应的毛细管直径，m。

则岩样截面内直径大于 λ_2 的毛细管个数为：

$$N(D \geq \lambda_2) = S_1 \left(\frac{d_s}{\lambda_1}\right)^2 \phi + (S_2 - S_1)\left(\frac{d_s}{\lambda_2}\right)^2 \phi \qquad (3\text{-}12)$$

依此类推，可得岩样截面内直径大于 λ_n 的毛细管个数为：

$$N(D \geq \lambda_n) = \left(\frac{S_1}{\lambda_1^2} + \sum_{i=2}^{n} \frac{S_i - S_{i-1}}{\lambda_1^2}\right) d_s^2 \phi, \ i \geq 2 \qquad (3\text{-}13)$$

式中　$N(D \geq \lambda_n)$——岩样截面内直径不小于 λ_n 的毛细管个数；

　　　S_i——毛细管直径为 λ_i 对应的进汞饱和度；

　　　S_{i-1}——毛细管直径为 λ_{i-1} 对应的进汞饱和度。

可根据式（3-13），依次计算岩样截面内毛细管直径大于给定直径的毛细管累积个数，其中毛细管压力曲线上某一进汞饱和度下的毛细管直径 λ_n 可由公式（3-14）近似求得：

$$\lambda_n = 2 \times \frac{2\sigma_{Hg} \cos\theta}{p_{cn}} \qquad (3\text{-}14)$$

式中　σ_{Hg}——汞与岩样的界面张力，常取 0.48N/m；

　　　θ——汞与岩样的接触角，（°），常取 140°；

　　　p_{cn}——进汞饱和度为 S_n 时对应的进汞压力，MPa。

对式（3-9）左右两边取常用对数可得：

$$\lg N(D \geq \lambda) = -D_f \lg \lambda + D_f \lg \lambda_{max} \qquad (3\text{-}15)$$

依据式（3-15）对 21 块孔隙型和 9 块孔洞型岩心孔喉分布曲线做如下处理：以毛细管直径的常数对数 $\lg\lambda$ 为横坐标，以不小于该毛细管直径累积个数的常数对数 $\lg N(D \geq \lambda)$ 为纵坐标，回归曲线所得回归直线斜率的相反数即为该岩样毛细管径平面分维数。

1）孔隙型岩心

根据岩溶缝洞型储渗体岩心孔隙结构研究分类得到，43 块岩心中共有 21 块孔隙型岩心，根据孔喉分布参数做出各岩心毛细管径分维回归曲线，各岩心拟合效果较好，相关系数均大于 0.9，分形维数 1.74~1.98，平均值为 1.91，表明岩心孔喉分选性较差（图 3-110 至图 3-117）。

2）孔洞型岩心

43 块岩心中共有 9 块孔洞型岩心，根据孔喉分布参数做出各岩心毛细管径分维回归曲线，各岩心拟合效果较好，相关系数均大于 0.97，分形维数 1.86~1.98，平均值为 1.93，表明孔洞型岩心孔喉分选性差于孔隙型岩心（图 3-118 至图 3-125）。

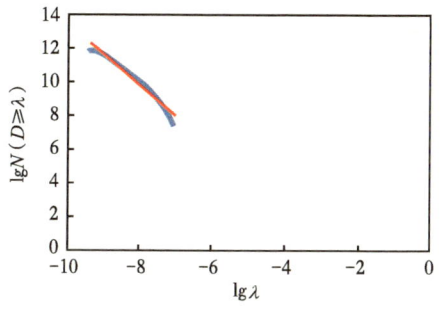 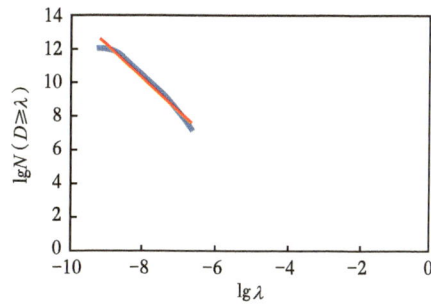

图 3-110 13109051 号岩样毛细管径分维回归曲线　图 3-111 13275007 号岩样毛细管径分维回归曲线

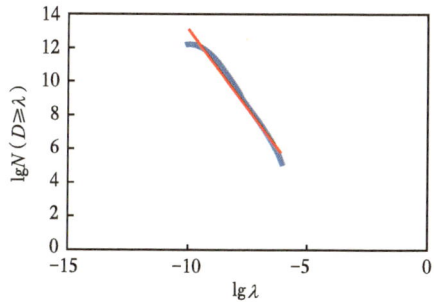 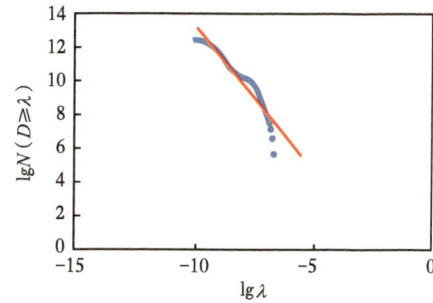

图 3-112 13109040 号岩样毛细管径分维 回归曲线　图 3-113 13110112 号岩样毛细管径分维回归曲线

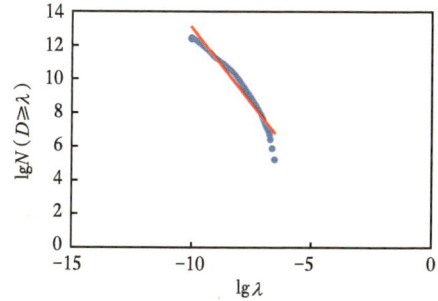 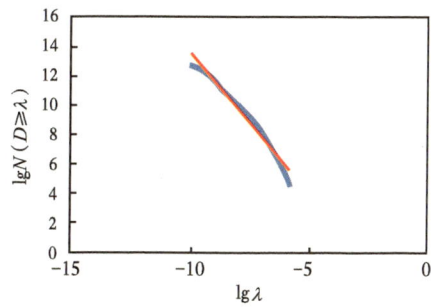

图 3-114 13110028 号岩样毛细管径分维回归曲线　图 3-115 13110046 号岩样毛细管径分维回归曲线

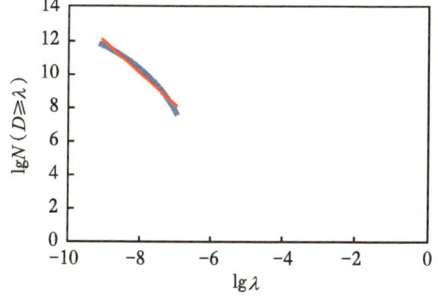 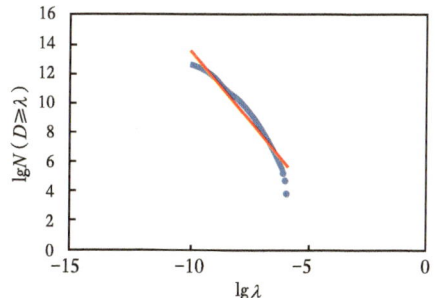

图 3-116 13110034 号岩样毛细管径分维回归曲线　图 3-117 13110098 号岩样毛细管径分维回归曲线

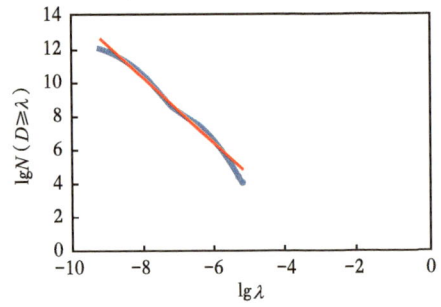
图 3-118 （26/35）号岩样毛细管径分维回归曲线

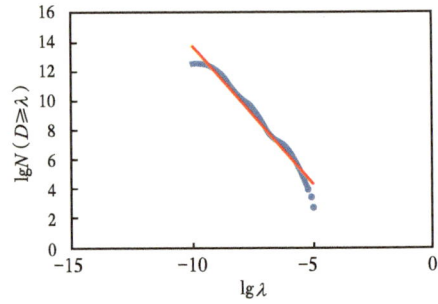
图 3-119 （50/69）号岩样毛细管径分维回归曲线

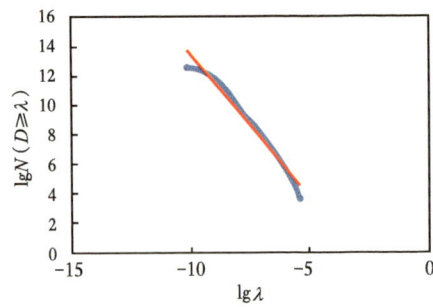
图 3-120 （24/81）号岩样毛细管径分维回归曲线

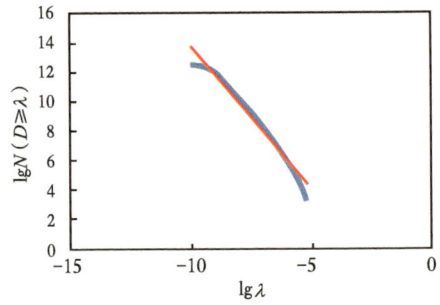
图 3-121 （26/36）号岩样毛细管径分维回归曲线

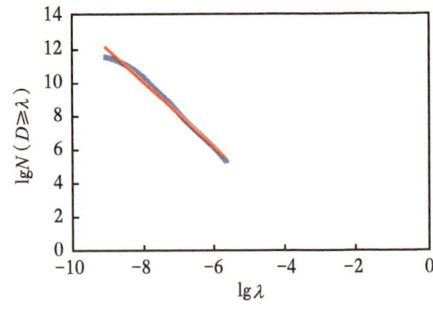
图 3-122 （27/36）号岩样毛细管径分维回归曲线

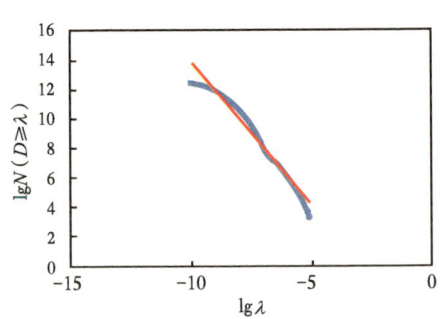
图 3-123 （6/36）号岩样毛细管径分维回归曲线

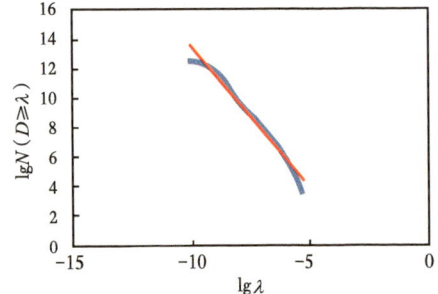
图 3-124 （54/72）号岩样毛细管径分维回归曲线

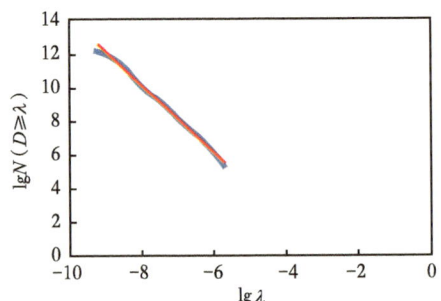
图 3-125 （48/72）号岩样毛细管径分维回归曲线

（二）孔隙型和孔洞型岩心微观结构表征方法

油气藏储层的复杂性主要表现为：储层内流体的复杂性，储层内流体为气体、液相牛顿流体或者液相非牛顿流体，其流动特征各不相同；流体渗流的复杂性，流体渗流路径迂曲弯折；储层孔隙分布的复杂性，孔隙分布复杂，非均质性强。为了探讨油气藏储层的渗流特征，本章建立了多孔介质统一毛细管束模型，用于描述油气藏储层的渗流特征。

1. 物理模型

多孔介质由多根不同直径的弯曲毛细管构成，毛细管之间为固相骨架。模型基于如下假设条件：毛细管内充满单相流体，渗流过程为等温渗流，忽略毛细管压力与重力的影响，渗透率和孔隙度等参数不随压力变化。多孔介质统一毛细管束物理模型如图 3-126 所示。

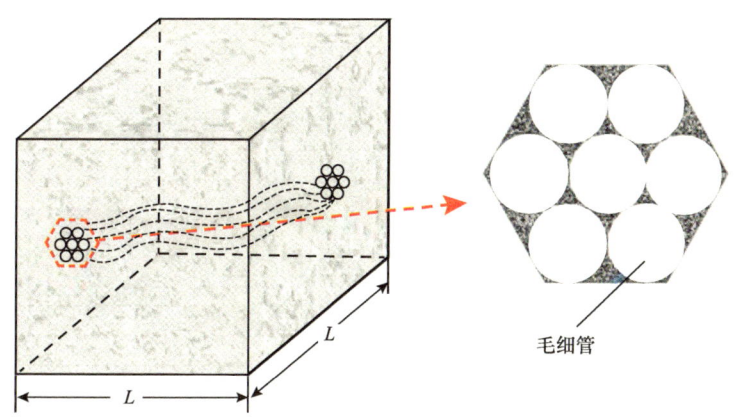

图 3-126　多孔介质统一毛细管束渗流物理模型

2. 数学模型

由毛细管束模型基本定义可知，流经多孔介质的流体流量为多孔介质内各毛细管流体流量之和：

$$Q = \int_{\lambda_{\min}}^{\lambda_{\max}} q(\lambda) \mathrm{d}N \tag{3-16}$$

式中　Q——流经多孔介质的流体流量，m^3/s；

$\lambda_{\max}$，$\lambda_{\min}$——分别为多孔介质毛细管最大直径与最小直径，m；

$q(\lambda)$——流体通过直径为 λ 毛细管的流量函数，m^3/s；

$f(\lambda)$——毛细管在多孔介质截面的概率密度分布函数；

N——多孔介质截面内的总毛细管数。

由统计学原理可得如下关系：

$$\frac{\mathrm{d}N}{N} = f(\lambda)\mathrm{d}\lambda \tag{3-17}$$

由式（3-17）可得：

$$\mathrm{d}N = f(\lambda)N\mathrm{d}\lambda \tag{3-18}$$

将式（3-18）代入式（3-16），得到统一毛细管束模型的流体流量表达式：

$$Q = N \int_{\lambda_{\min}}^{\lambda_{\max}} q(\lambda) f(\lambda) \mathrm{d}\lambda \tag{3-19}$$

由达西定律得到多孔介质渗透率的表达式：

$$K = \frac{Q\mu L}{A\Delta p} \tag{3-20}$$

式中　K——多孔介质的渗透率，m^2；
　　　μ——流经多孔介质的流体黏度，Pa·s；
　　　L——多孔介质的直线长度，m；
　　　A——多孔介质的横截面积，m^2；
　　　Δp——施加于多孔介质两端的压差，Pa。

将式（3-19）代入式（3-20），得到统一毛细管束模型的渗透率表达式：

$$K = \frac{\mu L N}{A\Delta p} \int_{\lambda_{\min}}^{\lambda_{\max}} q(\lambda) f(\lambda) \mathrm{d}\lambda \tag{3-21}$$

多孔介质内各毛细管所占体积为：

$$V_\mathrm{p} = \int_{\lambda_{\min}}^{\lambda_{\max}} F_\mathrm{p} \lambda^2 L_\mathrm{t}(\lambda) f(\lambda) \mathrm{d}N = F_\mathrm{p} N \int_{\lambda_{\min}}^{\lambda_{\max}} L_\mathrm{t} f(\lambda) \lambda^2 \mathrm{d}\lambda \tag{3-22}$$

式中　$L_\mathrm{t}(\lambda)$——毛细管长度函数，m；
　　　V_p——多孔介质的孔隙体积，m^3；
　　　F_p——毛细管的形状因子，当 $F_\mathrm{p}=\pi/4$ 时，毛细管为圆管。

定义多孔介质孔隙度为：

$$\phi = \frac{V_\mathrm{p}}{V} \tag{3-23}$$

式中　ϕ——多孔介质的孔隙度；
　　　V——多孔介质的体积，m^3。

将式（3-22）代入式（3-23），得到统一毛细管束模型的孔隙度表达式：

$$\phi = \frac{F_\mathrm{p} N}{V} \int_{\lambda_{\min}}^{\lambda_{\max}} L_\mathrm{t}(\lambda) f(\lambda) \lambda^2 \mathrm{d}\lambda \tag{3-24}$$

3. 基质渗透率表征方法

分形毛细管束模型从本质上反映了多孔介质中微观孔隙结构对渗透率的影响，被认为是比较公认的模型和渗透率的通用表达式。

流体流经单根毛细管时的流量 $q(\lambda)$ 满足修正的 Hagen-Poiseulle 方程：

$$q(\lambda) = G \frac{\lambda^4}{\mu} \frac{\Delta p}{L_\mathrm{t}(\lambda)} \tag{3-25}$$

式中 　G——形状因子；

　　　λ——毛细管的水力直径，μm；

　　　L_t——弯曲毛细管的实际长度，mm。

根据分形基本理论，通过单元截面 A 的总流量 Q 为：

$$Q = \frac{\pi}{128} \frac{\Delta p}{\mu} \frac{A}{L_0} \frac{L_0^{1-D_T}}{A} \frac{D_f}{3+D_T-D_f} \lambda_{\max}^{3+D_T} \quad (3-26)$$

式中 　D_f——孔隙分形维数；

　　　D_T——流线迂曲度分形维数；

　　　$\lambda_{\max}$——最大孔隙直径，μm。

再结合达西定律公式，可得多孔介质的渗透率 K：

$$K = \frac{\pi}{128} \frac{L_0^{1-D_T}}{A} \frac{D_f}{3+D_T-D_f} \lambda_{\max}^{3+D_T} \quad (3-27)$$

式（3-27）就是所得到的渗透率的分形表达式，式中的每一个参数物理意义都很明确，从本质上反映了多孔介质微观孔隙结构对渗透率的影响。图 3-127 给出了分形维数 D_f 与迂曲度分形维数 D_T 对渗透率的影响，从图 3-127 中可以看出，渗透率随着分形维数增大而增大，这是由于随着分形维数增加，多孔介质中孔隙占有的空间不断增加（孔隙度增加），当孔隙度为 1 时，孔隙分形维数也达到最大值 2，使得渗透率也达到极限值。而渗透率随着迂曲度分形维数增加而减小，这是由于随着迂曲度分形维数增加，流动路径变得越曲折，造成流体的流阻增加，使得渗透率减小。

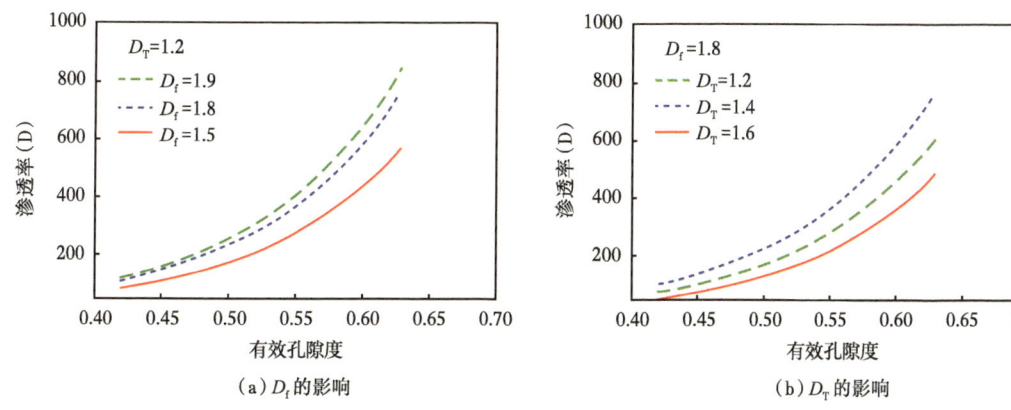

图 3-127　孔隙分形维数 D_f 与迂曲度分形维数 D_T 对渗透率影响关系图

显然，基于分形建立的多孔介质渗透率模型不同于传统欧氏几何基础上的模型，为研究多孔介质中的渗流提供了新的研究方法和途径。

高石梯地区台缘带溶洞直径较小，因此溶洞内的流动满足达西规律，可将其视为大孔隙运用统一毛细管束模型开展渗透率规律研究，30 块岩心中共有 5 块岩心计算结果与实测值不匹配，其中孔隙型 3 块，孔洞型 2 块，符合率达到 83.33%，匹配岩心误差率为

5.4%，表明统一毛细管束模型可有效表征岩心微观孔隙结果。

由表3-24与图3-128可知：(1)高石梯地区台缘带30块基质型和孔洞型岩心均质系数均低于0.2，平均值为0.076，表明其孔喉分选性较差；(2)岩心分形维数与均质系数呈现负相关。

表3-24 孔隙、孔洞型岩心实测与计算渗透率差异表

序号	岩心编号	岩心类型	孔隙度（%）	实测渗透率（mD）	计算渗透率（mD）	是否匹配	误差（%）	分形维数	均质系数
1	13109051	孔隙型	1.35	0.002	0.002	是	0.75	1.85	0.12
2	13275007	孔隙型	2.73	0.008	0.008	是	3.88	1.95	0.05
3	13109040	孔隙型	1.02	0.004	0.004	是	4.25	1.88	0.04
4	13110112	孔隙型	1.71	0.003	0.003	是	3.33	1.74	0.19
5	13110028	孔隙型	1.62	0.006	0.006	是	1.67	1.79	0.13
6	13110046	孔隙型	1.73	0.014	0.013	是	5.71	1.92	0.05
7	13110034	孔隙型	2.20	0.004	0.004	是	7.50	1.84	0.11
8	13110098	孔隙型	1.81	0.065	0.009	否	86.46	1.93	0.09
9	13110030	孔隙型	1.63	0.006	0.006	是	5.83	1.91	0.06
10	13110074	孔隙型	1.76	0.001	0.005	否	362.00	1.92	0.10
11	13101009	孔隙型	1.00	0.075	0.077	是	2.67	1.96	0.01
12	13101107	孔隙型	2.61	0.045	0.056	是	24.44	1.92	0.01
13	13101058	孔隙型	1.57	0.041	0.045	是	9.76	1.94	0.02
14	13239029	孔隙型	3.29	0.014	0.015	是	3.57	1.88	0.16
15	7（32/35）	孔隙型	3.16	0.048	0.050	是	3.33	1.93	0.06
16	13（15/36）	孔隙型	2.82	0.040	0.039	是	3.50	1.96	0.03
17	8（83/89）	孔隙型	1.43	0.001	0.001	是	10.00	1.95	0.04
18	11（25/77）	孔隙型	1.98	0.050	0.053	是	5.60	1.95	0.07
19	12（38/88）	孔隙型	2.22	0.047	0.043	是	8.51	1.98	0.07
20	3（35/37）	孔隙型	0.85	0.159	0.0005	否	99.74	1.97	0.09
21	4（52/87）	孔隙型	1.04	0.175	0.167	是	4.57	1.94	0.10
22	7（26/35）	孔洞型	6.43	0.246	2.700	否	997.56	1.93	0.09
23	6（50/69）	孔洞型	4.58	0.187	0.181	是	3.21	1.88	0.09
24	13（24/81）	孔洞型	2.60	0.428	0.463	是	8.18	1.92	0.05
25	13（26/36）	孔洞型	2.60	0.751	0.735	是	2.13	1.97	0.04
26	13（27/36）	孔洞型	3.37	0.474	0.502	是	5.91	1.96	0.06
27	13（6/36）	孔洞型	3.09	0.660	0.622	是	5.76	1.96	0.05
28	15（54/72）	孔洞型	2.29	0.155	0.622	是	0.65	1.92	0.09
29	15（48/72）	孔洞型	2.60	0.360	0.154	是	0.28	1.98	0.06
30	8（56/89）	孔洞型	4.12	0.350	0.5215	否	49.00	1.86	0.11

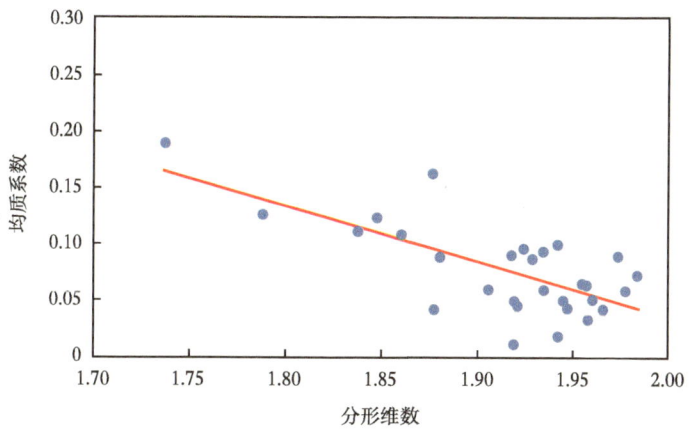

图 3-128　岩心分形维数与孔喉均质系数关系

（三）裂缝网络分形表征方法

1. 裂缝网络的分形理论

裂缝型岩石通常被看作双重多孔介质，即包括高孔低渗透的基质系统和低孔高渗透的裂缝系统（图 3-129），其中，裂缝是流体的主要渗流通道，基质是流体的主要储存空间。

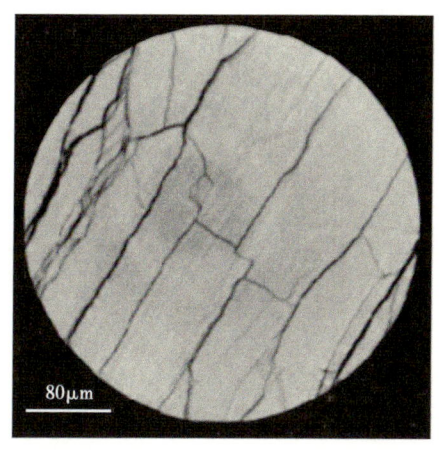　　

（a）微观尺度下的裂缝系统（80μm）　　　（b）宏观尺度下的裂缝系统（10μm）

图 3-129　岩石多孔介质中的裂缝系统和基质系统示意图

裂缝型多孔介质中基质系统的结构与孔隙型岩石介质十分相似，其渗流模型也常利用分形毛细管束模型来进行表征。而岩石介质中的裂缝系统同样具有良好的分形特征，下文将阐述如何表征岩石介质中裂缝系统的结构及渗流特征。

已有研究表明裂缝长度满足分形标度律，根据分形基本理论，其分形幂律关系为：

$$N(\geqslant l) \propto l^{-D_f}, l_{min} \leqslant l \leqslant l_{max} \tag{3-28}$$

式中　l——裂缝长度，μm；

N——裂缝的总数目；

D_f——裂缝长度的分形维数。

在二维空间中 $0 < D_f < 2$，在三维空间中 $0 < D_f < 3$。式（3-28）就是盒子计数法的基础。方程（3-28）可以改写为：

$$N(\geq l) = k l^{-D_f}, \quad l_{\min} \leq l \leq l_{\max} \tag{3-29}$$

裂缝的概率密度表示为：

$$-\frac{\mathrm{d}N(l)}{N_t} = \frac{k}{N_t} D_f l^{-(D_f+1)} \mathrm{d}l = f(l)\mathrm{d}l \tag{3-30}$$

式中 N_t——裂缝的总数目。

其中，$\frac{k}{N_t} D_f l^{-(D_f+1)} \mathrm{d}l$ 就是裂缝的概率密度函数。概率密度函数归一化：

$$\int_{l_{\min}}^{l_{\max}} f(l)\mathrm{d}l = \int_{l_{\min}}^{l_{\max}} \frac{k}{N_t} D_f l^{-(D_f+1)} \mathrm{d}l = 1 \tag{3-31}$$

得到：

$$\frac{k}{N_t}\left(l_{\min}^{-D_f} - l_{\max}^{-D_f}\right) = \frac{k}{N_t} \frac{1}{l_{\min}^{D_f}} \left[1 - \left(\frac{l_{\min}}{l_{\max}}\right)^{D_f}\right] \tag{3-32}$$

很明显，当 $l_{\min} \ll l_{\max}$ 时，式（3-32）可表达为：

$$k = N_t l_{\min}^{D_f} \tag{3-33}$$

一般可取 $l_{\min}/l_{\max} \leq 10^{-2}$，自然界的裂缝网络一般满足这个要求。因此根据该条件，结合盒分形维数可计算裂缝网络分形维数。

把裂缝长度与孔隙直径作类比，就可得到裂缝网络的裂缝的总数目为：

$$N_t(l) = \left(l_{\max}/l_{\min}^{D_f}\right) \tag{3-34}$$

将式（3-34）代入式（3-33）中可以得到：

$$N_t(l) = l_{\max}^{D_f} \tag{3-35}$$

这样就求出了裂缝网络的分形幂律关系。将式（3-35）代入到式（3-30）中可以得到：

$$-\mathrm{d}N(l) = D_f l_{\max}^{D_f - (D_f+1)} \tag{3-36}$$

和

$$f(l) = D_f l_{\min}^{D_f - (D_f+1)} \tag{3-37}$$

方程(3-36)就是重要的分形裂缝网络裂缝长度的分形幂律分布关系式，其中每一个参数都有明确的物理意义。方程(3-37)则是裂缝长度分布的概率密度函数。因此分形维数可表示为：

$$D_f^{-(D_f+1)} = \frac{\ln \phi_f}{\ln(l_{min}/l_{max})} \qquad (3-38)$$

2. 裂缝系统分形渗透率计算模型研究

裂缝密度是影响裂缝网络渗流特征的重要参数。为此，先定义裂缝的形状。裂缝的形状在介质中很难确定，至今仍没有完美的解决方案。特征单元体裂缝网络的面孔隙率定义为：

$$\phi_f = A_{pf}/A_f \qquad (3-39)$$

式中 ϕ_f——裂缝网络面孔率；

A_f——裂缝网络所在特征单元体的横截面积；

A_{pf}——该面积上裂缝孔隙的总面积。

结合式(3-35)可以得到：

$$A_{pf} = -\int_{l_{min}}^{l_{max}} a\mathrm{d}N(l) = \frac{\beta D_f l_{max}^2 \left[1 - \left(\frac{l_{max}}{l_{min}}\right)^{2-D_f}\right]}{2-D_f} \qquad (3-40)$$

式中 α——形状因子；

β——裂缝系统储容比。

将方程(3-37)代入到方程(3-40)中得到：

$$A_{pf} = \frac{\beta D_f l_{max}^2 (1 - \phi_f)}{2 - D_f} \qquad (3-41)$$

特征单元体横截面积表达式为：

$$A_f = \frac{\pi \beta D_f l_{max}^2}{2 - D_f} \frac{1 - \phi_f}{\phi_f} \qquad (3-42)$$

特征单元体上裂缝总长度为：

$$l_{total} = \int_{l_{min}}^{l_{max}} l\mathrm{d}N(l) = \frac{D_f}{1 - D_f} l_{max} \left[1 - \left(\frac{l_{min}}{l_{max}}\right)^{1-D_f}\right] \qquad (3-43)$$

将式(3-37)代入方程(3-43)得到：

$$l_{total} = \int_{l_{min}}^{l_{max}} l\mathrm{d}N(l) = \frac{D_f l_{max}}{1 - D_f} \left(1 - \phi_f^{\frac{1-D_f}{2-D_f}}\right) \qquad (3-44)$$

二维裂缝网络中裂缝的面密度定义为：

$$D = l_{\text{total}}/A_f \tag{3-45}$$

因此将式（3-42）、式（3-44）带入到式（3-45）中得到：

$$D = \frac{(2-D_f)\left(1-\phi_f^{\frac{1-D_f}{2-D_f}}\right)\phi_f}{\beta l_{\max}(1-D_f)(1-\phi_f)} \tag{3-46}$$

单裂缝的立方定律由于简单和有效性而成为岩石裂缝网络渗流的基本理论。由著名的立方定律，可得到水平单裂缝的流率为：

$$q(l) = \frac{a^3}{12}\frac{l}{\mu}\frac{\Delta p}{L_0} \tag{3-47}$$

式中 L_0——表征单元体的长度，mm；
       a——裂缝的开度，（°）；
       l——裂缝的迹线长度，μm；
       Δp——裂缝两端的压差，MPa；
       μ——流体的动力黏滞系数，mPa·s。

如果考虑到了裂缝的空间方位，单个裂缝中的流率可表示为：

$$q(l) = \frac{a^3 l(1-\cos^2\alpha\sin^2\theta)}{12\mu}\frac{\Delta p}{L_0} \tag{3-48}$$

流体通过一组分形裂缝集合的总流量，可以由流体通过单个裂缝的流量对整个特征单元横截面上所有裂缝从最小长度到最大长度积分得到，即：

$$Q = -\int_{l_{\min}}^{l_{\max}} q(l)\mathrm{d}N(l) = \frac{\beta^3 D_f}{12\mu}\frac{(1-\cos^2\alpha\sin^2\theta)}{4-D_f}\frac{\Delta p}{L_0}l_{\max}^4\left[1-\left(\frac{l_{\min}}{l_{\max}}\right)^{4-D_f}\right] \tag{3-49}$$

通常在分形裂缝网络中 $l_{\min}/l_{\max} \le 10^{-2}$。且在二维平面中 $0 < D_f < 2$。因此，式（3-49）可化简为：

$$Q = \frac{\beta^3 D_f}{12\mu}\frac{(1-\cos^2\alpha\sin^2\theta)l_{\max}^4}{4-D_f}\frac{\Delta p}{L_0} \tag{3-50}$$

由方程（3-50）可以看到分形裂缝中流体的流率与裂缝长度的分形维数、裂缝的方位、最大裂缝长度等联系起来了，比传统模型揭示了更多的流动机理。

牛顿流体满足达西定律，因此根据式（3-50）可得到裂缝网络渗透率表达式：

$$K = \frac{\beta^3 D_f}{12 A_f} \frac{(1 - \cos^2 \alpha \sin^2 \theta) l_{\max}^4}{4 - D_f} \quad (3-51)$$

裂缝网络的渗透率用裂缝的密度来表示为:

$$K = \frac{\beta^3 D}{12} \frac{1 - D_f}{4 - D_f} \frac{(1 - \cos^2 \alpha \sin^2 \theta) l_{\max}^3}{1 - \phi_f^{\frac{1-D_f}{2-D_f}}} \quad (3-52)$$

裂缝孔隙型双重介质一般由基质的孔隙和裂缝网络构成。通常,基质孔隙的孔隙度大,起到储存流体的作用,而裂缝网络孔隙度小,起到输送流体的作用。基质孔隙的渗透率比裂缝网络要小几个数量级,流体在裂缝网络和基质孔隙中渗透流动,可用达西定律来描述;这种双重介质的渗透率由基质孔隙的渗透率和裂缝的渗透率两部分组成。忽略基质孔隙中流体和裂缝网络中流体的相互作用(李传亮等,2008):

$$K = \frac{\pi}{128} \frac{L_0^{1-D_T}}{A} \frac{D_f}{3 + D_T - D_f} \lambda_{\max}^{3+D_T} + \frac{\beta^3 D_f}{12 A_f} \frac{(1 - \cos^2 \alpha \sin^2 \theta) l_{\max}^4}{4 - D_f} \quad (3-53)$$

如果 $\phi_f = 0$,即随机分布的裂缝网络对渗流的影响可以忽略,方程可以简化为:

$$K = \frac{\pi}{128} \frac{L_0^{1-D_T}}{A} \frac{D_f}{3 + D_T - D_f} \lambda_{\max}^{3+D_T} \quad (3-54)$$

结合该渗透率模型和关系图(图 3-130)可以看出,裂缝网络的渗透率与裂缝的迹线分形维数、方位(方位角和倾角)、孔隙度,以及裂缝最大长度有关,且对裂缝的最大长度最为敏感(尹川等,2014)。

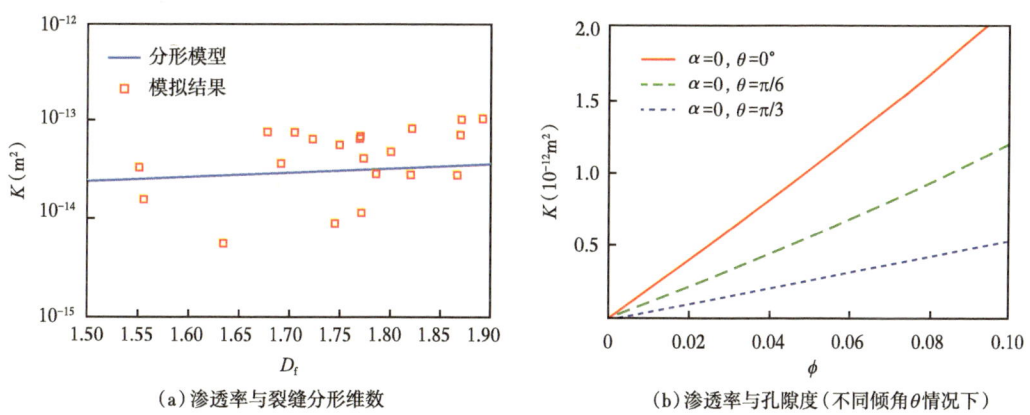

(a)渗透率与裂缝分形维数 (b)渗透率与孔隙度(不同倾角 θ 情况下)

图 3-130 岩石渗透率与裂缝网络结构参数的关系图

运用考虑分形特征的数值图像处理方法和盒分形维数对 4 块含有裂缝的岩心铸体薄片图像进行处理,得到的处理图和拟合关系图如图 3-131 至图 3-146 所示。由各图可知,该方法有效地提取了裂缝和孔隙特征。

图 3-131　13101031 岩心原图

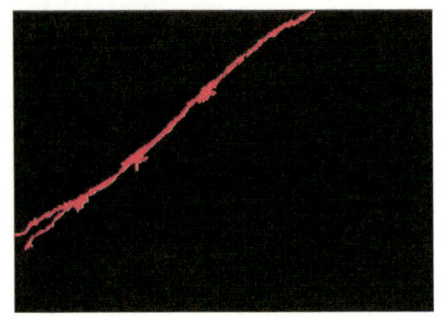

图 3-132　13101031 岩心处理图

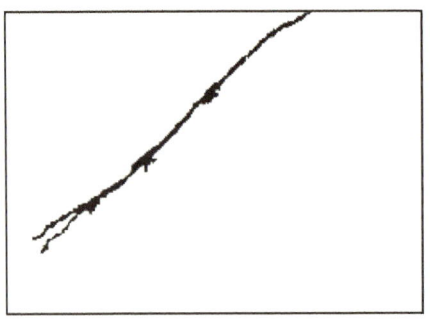

图 3-133　13101031 岩心分形处理图

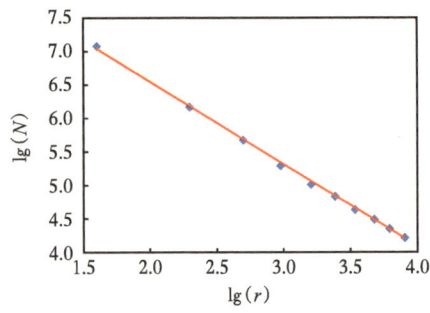

图 3-134　13101031 岩心分形拟合图

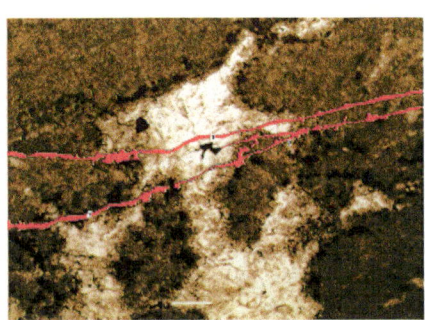

图 3-135　13275001 岩心原图

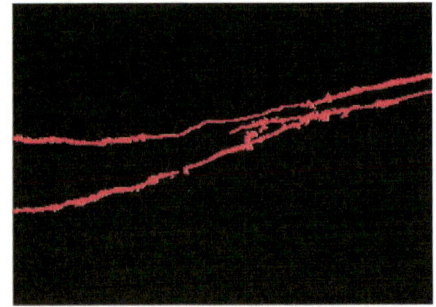

图 3-136　13275001 岩心处理图

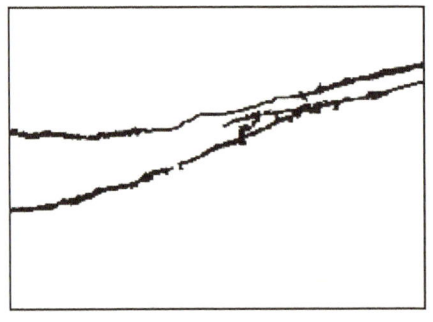

图 3-137　13275001 岩心分形处理图

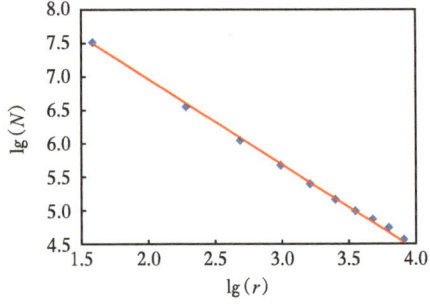

图 3-138　13275001 岩心分形拟合图

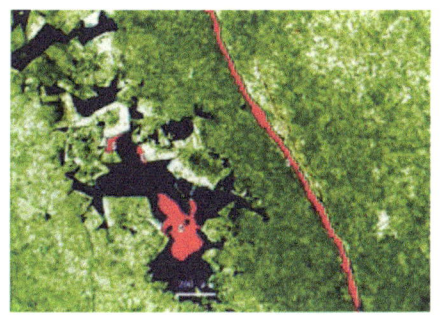

图 3-139　13283043 岩心原图

图 3-140　13283043 岩心处理图

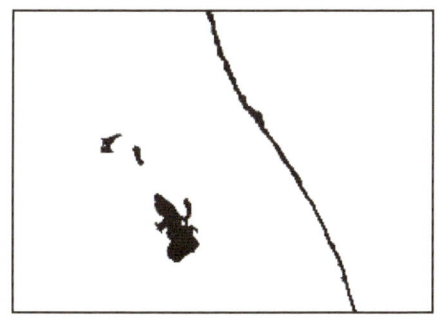

图 3-141　13283043 岩心分形处理图

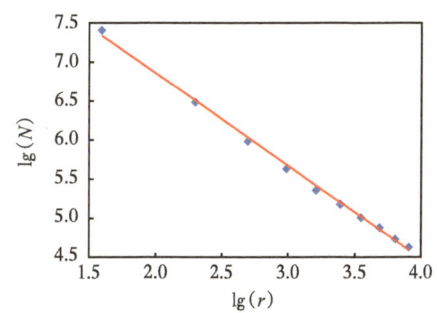

图 3-142　13283043 岩心分形拟合图

图 3-143　13283006 岩心原图

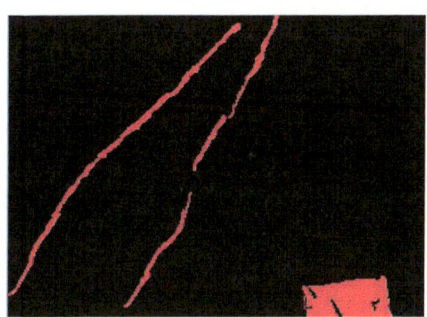

图 3-144　13283006 岩心处理图

图 3-145　13283006 岩心分形处理图

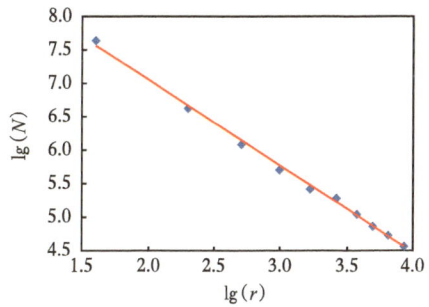

图 3-146　13283006 岩心分形拟合图

由裂缝和裂缝—孔隙型岩心分形分析可知：(1)受实验仪器精度和分辨率影响，计算得到两类平均分形维数为1.247，其主要受裂缝的影响；(2)分形计算得到的岩心渗透率与实际渗透率误差为7.09%，计算结果具有较高的准确性（表3-25）。

表3-25 裂缝和裂缝—孔隙型岩心分形计算渗透率与实际渗透率差异

编号	D_f	计算渗透率（mD）	实际渗透率（mD）	误差（%）
13101031	1.222	0.757	0.790	4.17
13275001	1.264	0.777	0.834	6.86
13283043	1.199	5.056	4.870	3.81
13283006	1.305	0.454	0.525	13.53
平均值	1.247	1.761	1.755	7.09

三、岩溶储层宏观渗流特征

高石梯区块震旦系灯四气藏共进行了37口井55井次试井解释，其中方案前气井远井区渗透率平均为0.35mD，后续新测试井远井区平均渗透率为0.61mD。

（1）整体储层低渗透特征明显，纵横向非均质性强。

通过37口井的试井解释，结合地质、测井等资料，总结出各井产能系数差异大，储层非均质性强，各井远井区渗透率大多低于1mD，低渗透特征明显，台缘带好于台内，高渗透区主要集中在3个开发建产区，4个建产区平均产能系数分别为25.33mD·m、30.52mD·m、23.62mD·m，以及6.75mD·m。

从试井解释情况来看，灯四段储层总体上表现出低渗透的特征。高石3井、高石9井、高石18井等3口气井压力恢复试井双对数曲线上压力导数都表现出了近井区与远井区径向流不一致的特点，因此在试井解释过程中都是选择的多区复合模型。如高石梯区块的高石001-X25井，试油解释远井区渗透率与内区渗透率分别为1.52mD和7.78mD，由此计算这口井的渗透率级差为5.12（图3-147）。

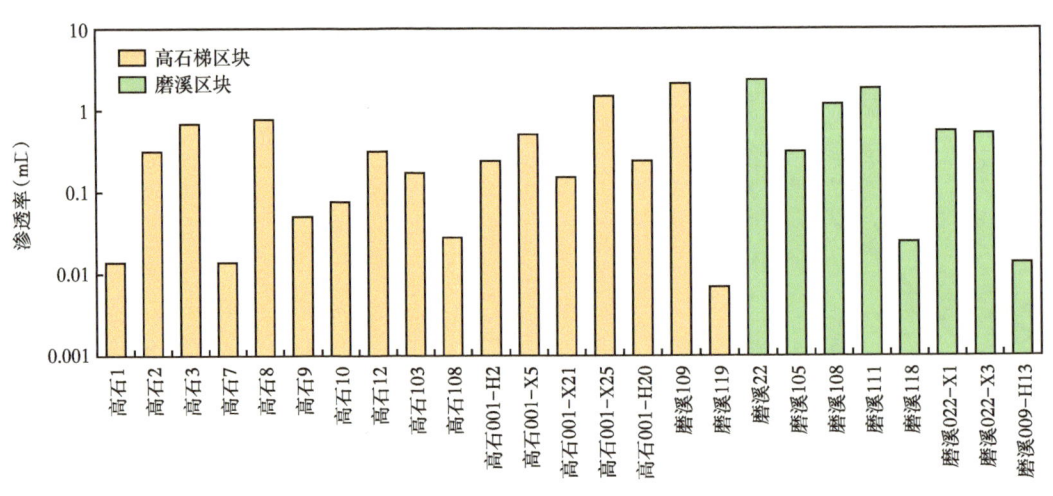

图3-147 试井解释远井区渗透率统计直方图

灯四气藏气井的远井区存在较大的渗透率级差，横向上表现出较强的非均质性特征（图3-147）。此外，高石8井灯四$^{2+3}$储层孔隙渗透率0.045mD，灯四^{1}储层孔隙渗透率为0.109mD；而高石9井灯四$^{2+3}$储层孔隙渗透率0.05mD，灯四^{1}储层孔隙渗透率0.36mD，说明纵向上也存在明显的非均质性。

（2）部分气井酸压效果明显，但改造范围有限。

油气井在钻井过程中容易造成井筒附近区域的储层污染，使得气井的产能受到抑制，因此油气井在试油过程中通常都要对储层进行酸化改造，起到一定解堵作用。另外对于发育有溶蚀孔洞或裂缝的储层，部分裂缝或溶洞在成岩过程中被充填，在试油或后期生产过程中对储层进行酸压改造，在一定程度上能沟通孔隙、裂缝和溶洞三类介质，也能改善近井区储层的渗透性能，提高气井产能。震旦系所钻气井在试油过程中都进行了酸化改造，且酸化以后测试产量普遍有所提高，具体从试井解释结果（图3-148）来看，近井区（半径为9.33~158.92m，平均半径为37.76m）渗透率较高，说明酸化解堵有一定效果，但远井区渗透率普遍较低，气井渗透率级差在0.39~719.23之间，平均半径37.76m外储层渗透性能没有得到改善，因此酸化改造范围比较有限。

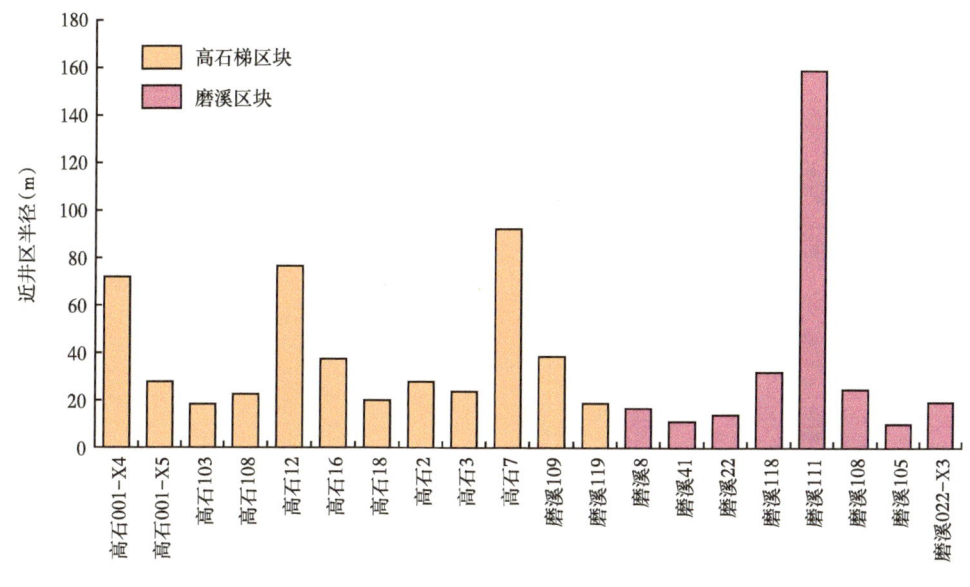

图3-148　部分气井近井区半径

（3）少数气井井筒与洞穴有效沟通，表现出"大井筒"的效应。

高石梯区块震旦系气藏溶蚀孔洞和裂缝特征明显（图3-149），在试井曲线上并没有观察到明显的双重介质特征，即流体由孔隙向裂缝，或者溶洞向裂缝窜流，压力导数曲线上表现为"下凹"段，但多数气井表现为计算的井筒容积远大于实际值，理论分析认为应是气井在钻井或酸压增产过程中，近井区域的溶蚀孔洞被高度连通，试井解释得到的井筒容积会大于实际容积。

如高石1井的试油（井）解释的"井筒"体积表现出"大井筒"效应（3-150），井筒与洞穴之间有效沟通，这一特征与岩心照片反映出的特征相吻合。

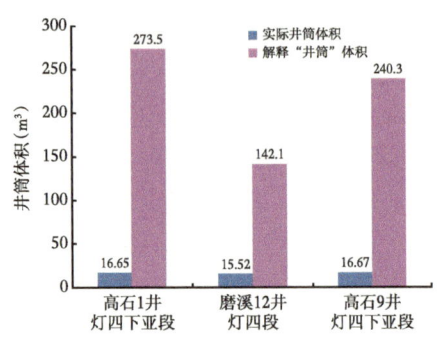

图 3-149　高石 1 井岩溶孔洞发育（灯四段）　　图 3-150　不同井"井筒"体积统计分析图

（4）受缝洞搭配、酸压改造、断层等因素影响，气藏表现出复杂渗流特征。

试井分析作为人们认识气藏动态特征和流体流动规律的有效手段，是正确求取气藏特征参数、指导气藏开发的关键。气藏的储渗条件决定了试井曲线类型，试井曲线类型是气藏储渗条件的动态再现。因此在储集类型划分的基础上，结合宏观渗流特征认识，初步划分出了高石梯区块灯四气藏气井试井响应分类图版（表 3-26）。

表 3-26　高石梯区块灯四气藏气井试井响应特征分类图版

储层类型	缝洞组合模式	岩心/成像测井	岩心流线分布	试井曲线特征
裂缝—孔洞型	裂缝发育			磨溪109
裂缝—孔洞型	缝洞发育			高石001-X25
孔洞型	溶洞发育			磨溪105
孔隙型	孔隙喉道			高石16

根据分类图版可以看到：

①裂缝—孔洞型储层中有 2 种试井响应类型，分别是裂缝发育、缝洞发育两种情况。这类气井的主要渗流通道是裂缝及缝洞系统，初期测试产量均较高，但是受到储层非均质性的影响，远井区的供给能力存在差异，主要分布在高石梯的台缘带。根据试井解释分析，目前属于裂缝—孔洞型储层特征的气井有 9 口，此类气井平均产能系数为 43.78 mD·m，平均流动系数 1431.92 mD·m/（mPa·s）。

②孔洞型储层的试井响应主要是视均质特征。这类气井的主要渗流通道是溶洞和孔喉，初期测试产量不高，但是储层非均质性较弱，稳产能力与初期测试效果差异不会

太大。

③孔隙型储层的试井响应主要是井储型,因此将这类储层划分为同一类渗流类型。这类气井的主要渗流通道是孔隙喉道,测试产量较低,很难实现工业开采,主要分布在高石梯的台内。根据试井解释分析,目前属于裂缝—孔洞型储层特征的气井有6口,此类气井平均产能系数为3.45mD·m,平均流动系数148.76(mD·m)/(mPa·s)。

(5)斜井与水平井产能系数相当,直井最低。

高石梯区块震旦系气藏气井由直井、斜井及水平井组成,其中直井占比48%,斜井占比44%,水平井占比8%。根据统计,直井平均产能系数为16.91mD·m,平均流动系数549.13(mD·m)/(mPa·s),平均井控半径0.75km;斜井平均产能系数为32.13mD·m,平均流动系数1057.43(mD·m)/mPa·s,平均井控半径1.32km;水平井平均产能系数为40.33mD·m,平均流动系数1331.02(mD·m)/(mPa·s),平均井控半径为1.47km(图3-151)。由此可见,水平井平均产能系数为直井的2倍左右,产能系数差异较大。

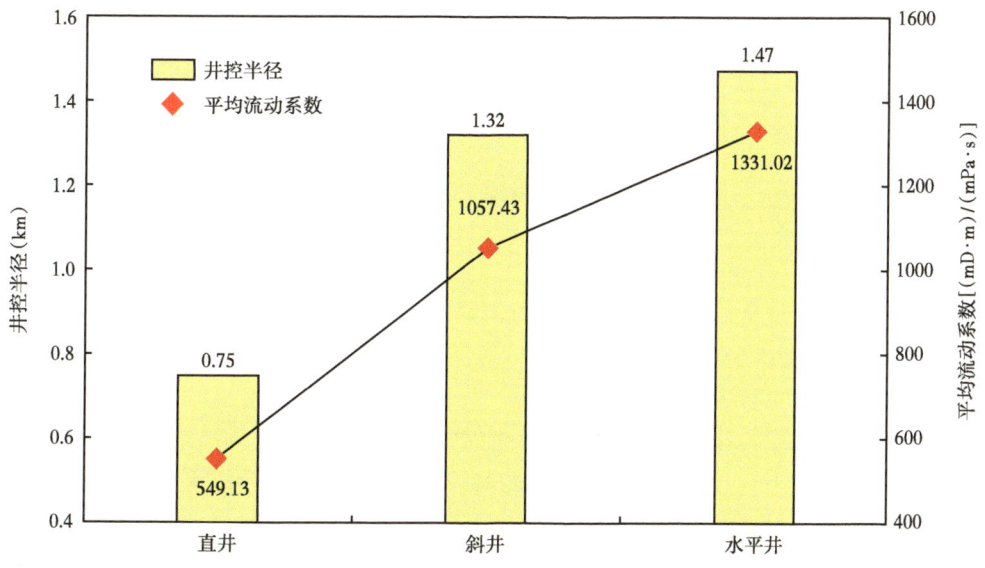

图3-151 不同井型平均井控半径及流动系数关系图

第六节 灯影组气藏产能特征

在常规复合气藏水平井不稳定渗流模型的基础上,分别建立了考虑应力敏感效应的内外区为双重介质、三重介质的复合气藏水平井不稳定渗流模型(赵玉龙等,2010),并通过Laplace变换、正交变换等方法求解了各模型对应的无量纲拟压力的解析解,进一步求得了无量纲产量的解析解表达式。同时将岩溶储渗体和高渗透连通带构成的"缝洞组合"视为离散介质模型,N个岩溶储渗体边缝叠加模型和串联叠加模型最为符合储层真实情况且具有代表性。在此基础上,开展气井产能评价(黄全华等,2000),为掌握灯四气藏气井产能特征及气井稳产能力奠定坚实的基础。

一、非均质储层气井渗流模型

（一）考虑应力敏感复合气藏水平井产量递减分析

1. 单重介质复合水平井渗流模型及产量递减

1）物理模型

均一介质复合气藏水平井渗流的物理模型如图3-152所示。

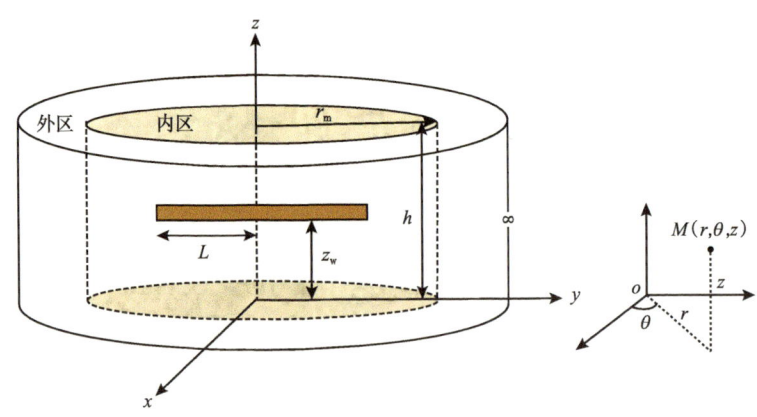

图3-152 均一介质复合气藏水平井物理模型

2）假设条件

（1）气藏顶面、底面封闭、水平方向为无限大，厚度为 h，内区半径为 r_m，初始条件下，气井生产前，地层各处压力为 p_i；

（2）气藏水平与垂直方向渗透率分别表示为 K_h、K_v；

（3）水平段的长度为 $2L$，处于气藏任一位置 z_w 处，且与气藏垂向边界平行；

（4）气井恒定生产，单相气体微可压缩并具有恒定的黏度和压缩系数，流动服从达西定律，渗透率受储层应力敏感效应的影响，且应力敏感性主要发生在近井筒地带；

（5）内区和外区交界面没有附加压力降，忽略重力和毛细管压力的影响。

3）数学模型

内区（$0 \leqslant r_D \leqslant r_{mD}$）：

$$\left[\frac{\partial^2 m_{1D}}{\partial r_D^2} + \frac{1}{r_D} \frac{\partial m_{1D}}{\partial r_D} - \gamma_{mD} \left(\frac{\partial m_{1D}}{\partial r_D} \right)^2 \right] + L_D^2 \left[\frac{\partial^2 m_{1D}}{\partial z_D^2} - \gamma_{mD} \left(\frac{\partial m_{1D}}{\partial z_D} \right)^2 \right] = (h_D L_D)^2 \, e^{\gamma_{mD} m_{1D}} \frac{\partial m_{1D}}{\partial t_D} \tag{3-55}$$

外区（$r_{mD} \leqslant r_D \leqslant \infty$）：

$$\frac{1}{r_D} \frac{\partial}{\partial r_D} \left(r_D \frac{\partial m_{2D}}{\partial r_D} \right) + L_D^2 \frac{\partial m_{2D}}{\partial z_D^2} = \frac{M_{12}}{\omega_{12}} (h_D L_D)^2 \frac{\partial m_{2D}}{\partial t_D} \tag{3-56}$$

初始条件：

$$m_{1D}\big|_{t_D=0} = m_{2D}\big|_{t_D=0} = 0 \quad (3\text{-}57)$$

定产生产时内边界条件：

$$\lim_{\varepsilon_D \to 0}\left[\lim_{r_D \to 0} \int_{z_{wD}-\frac{\varepsilon_D}{2}}^{z_{wD}+\frac{\varepsilon_D}{2}} \left(r_D e^{-\gamma_{mD} m_D}\frac{\partial m_D}{\partial r_D}\right) dz_{wD}\right] = -\frac{1}{2}, \ |z_D - z_{wD}| \leqslant \frac{\varepsilon_D}{2} \quad (3\text{-}58)$$

交界面条件：

$$\frac{\partial m_{1D}}{\partial r_D}\bigg|_{r_D=r_{mD}} = \frac{1}{M_{12}}\frac{\partial m_{2D}}{\partial r_D}\bigg|_{r_D=r_{mD}}, \ m_{1D}\big|_{r_D=r_{mD}} = m_{2D}\big|_{r_D=r_{mD}} \quad (3\text{-}59)$$

式中　m——拟压力，MPa；
　　　γ——应力敏感系数；
　　　M——内外区流度比；
　　　ω——裂缝系统的弹性储容比；
　　　ε——垂向上积分变量。

下角中，D 表示无量纲量，m 表示基质，f 表示裂缝，1 表示内区，2 表示外区。

4）压力动态特征与典型曲线敏感性分析

图 3-153 和图 3-154 展示了不同渗透率模量（γ_{mD}）对压力动态曲线的影响，应力敏感对压力动态曲线的影响从中期线性流阶段开始显现，到后期影响逐渐增大，压力及压力导数曲线逐渐偏离并上翘，且随渗透率模量增大，压力与其导数曲线位置越高。因为应力敏感越强，储层的伤害则越大，气体流动所需压差也更大。

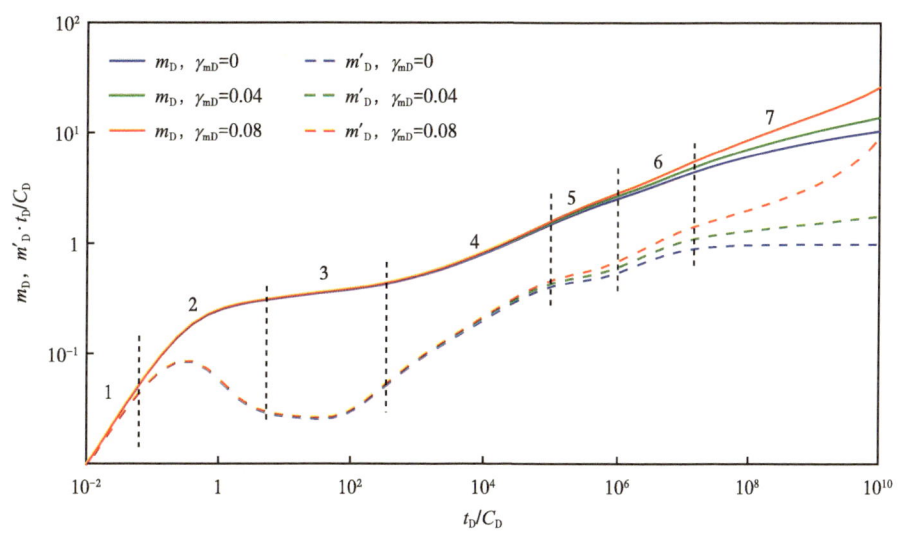

图 3-153　渗透率模量对均质复合气藏水平井压力动态的影响

1—井筒储集阶段；2—井筒污染阶段；3—垂向径向流阶段；4—水平径向流阶段；5—内区的拟径向流阶段；
6—内外区过渡阶段；7—外区的拟径向流阶段

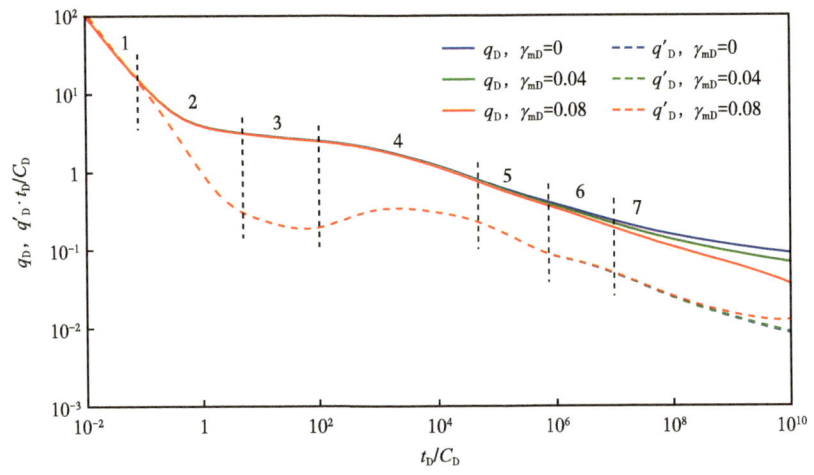

图 3-154 渗透率模量对单重介质复合气藏水平井产量递减曲线的影响

随渗透率模量增大，产量曲线的位置逐渐降低，这代表产量越低，这是因为应力敏感越强，储层的伤害则越大，在压差相同的情况下，气井的产量越低（图3-155）。

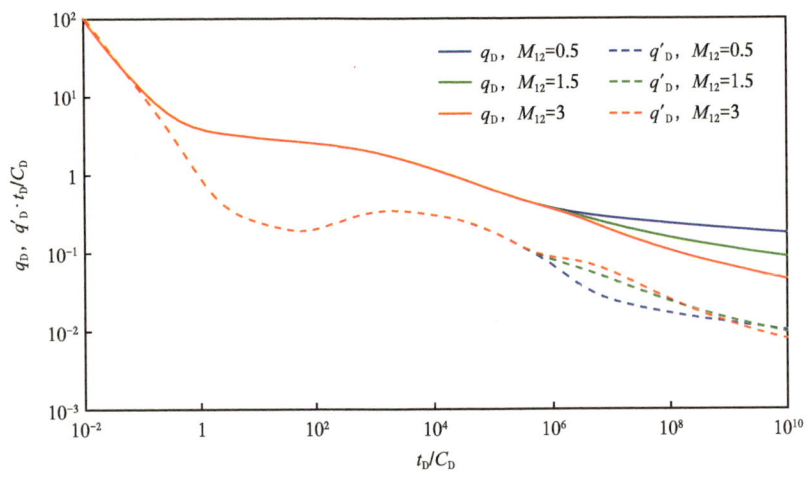

图 3-155 内外区流度比对产量递减曲线的影响

内外区流度比对产量递减的影响主要在内外区过渡阶段（第6阶段）和外区的拟径向流阶段（第7阶段），随着内外区流度比的增大，中后期产量减小，这是因为内外区流度比增大表明外区渗透性相对内区变得更差，因而中后期产量越低（图3-156）。

内区半径对产量递减曲线的影响主要体现在第5阶段到第7阶段，随内区半径增大，曲线位置逐渐升高，即产量增大。且内区半径越大，内区的拟径向流阶段（第5阶段）的持续时间就越长，而外区的拟径向流阶段（第7阶段）出现时间就会越晚（红色虚线）。这是因为内区半径越大，压力波传到内外边界所需的时间越长（图3-156）。

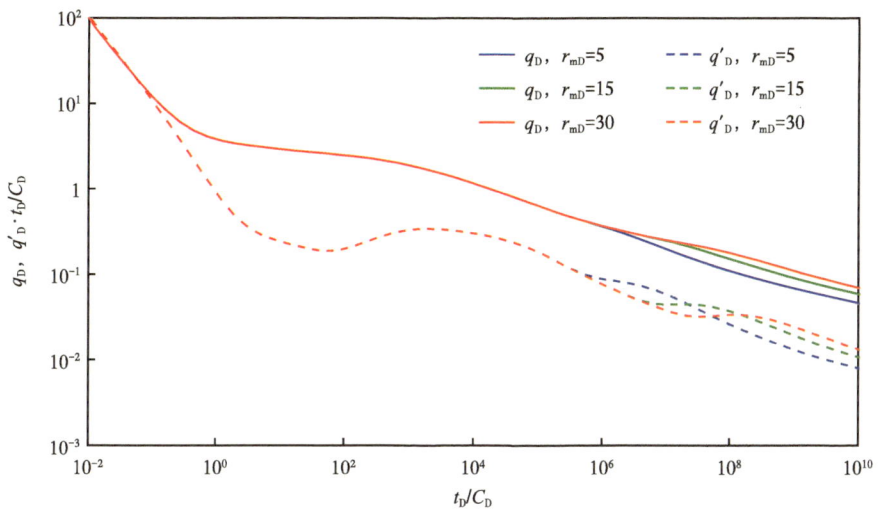

图 3-156 内区半径对产量递减曲线的影响

随水平段长度增加，早期的垂向径向流阶段（第 3 阶段）持续的时间越短，产量及导数曲线位置越高，这是因为水平段长度越长，在相同的压差下气井的产量就越大。但随水平段长度的增加，产量的增加幅度越来越小，因此水平段长度并不是越长越好（图 3-157）。

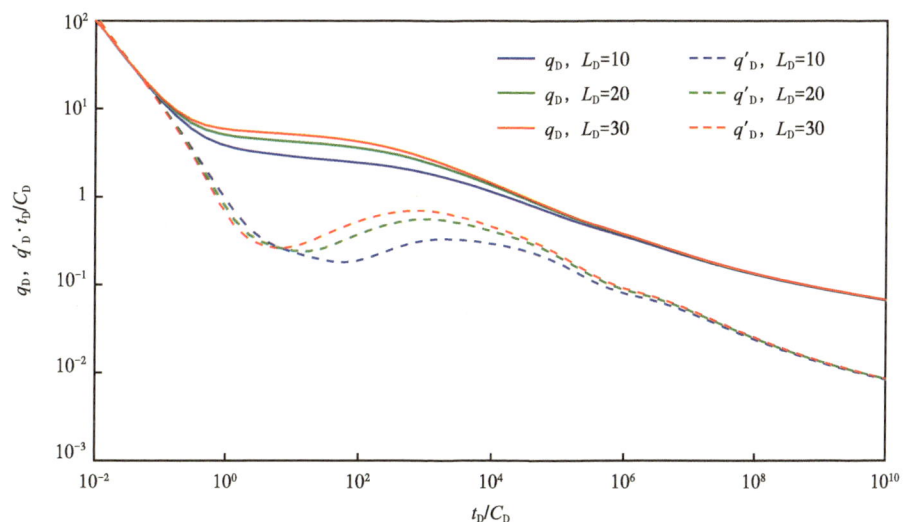

图 3-157 水平段长度对产量递减曲线的影响

2. 双重介质复合水平井渗流模型及产量递减

1）物理模型

双重介质复合气藏水平井渗流的物理模型如图 3-158 所示。

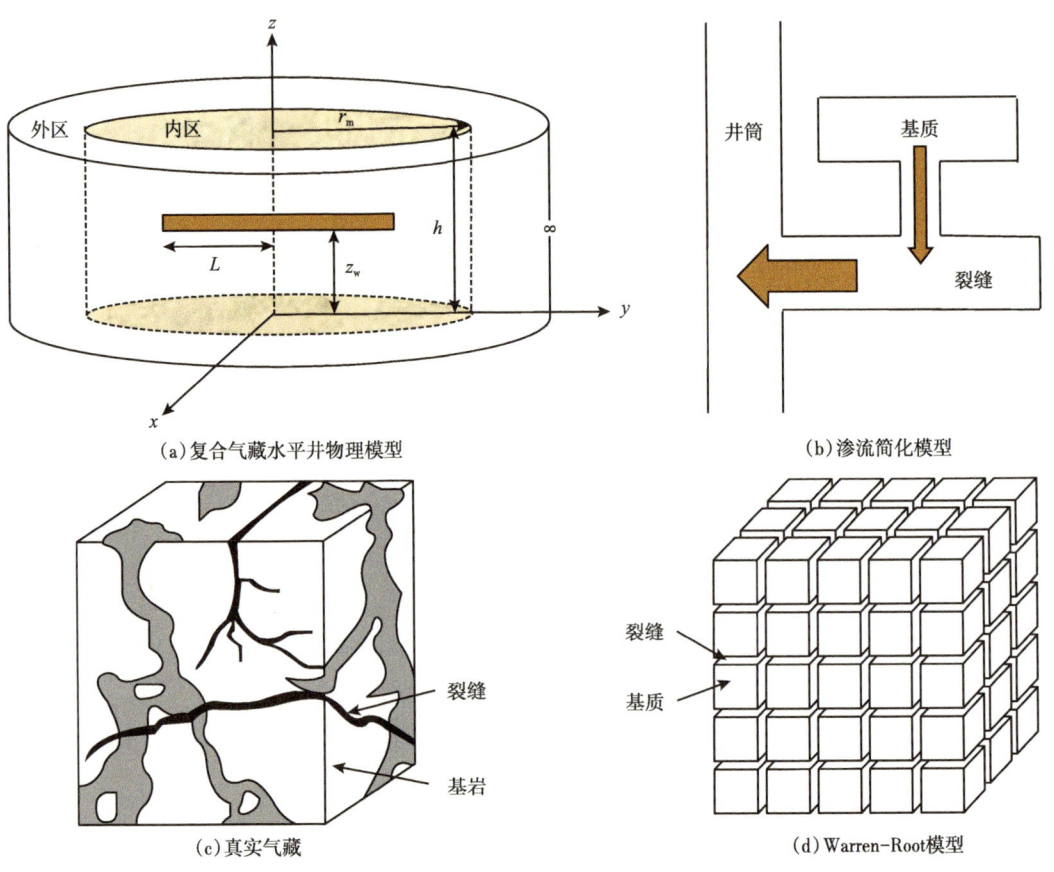

图 3-158 双重介质复合气藏水平井物理模型

2)假设条件

(1)气藏顶面、底面封闭,水平方向为无限大,厚度 h,内区半径 r_m,水平段的长度 $2L$,气井生产前,地层各处压力为 p_i,裂缝系统水平与垂直方向渗透率分别表示为 K_{fh}、K_{fv};

(2)双重介质物理结构为 Warren-Root 模型,裂缝作为渗流通道,基质作为供给源;

(3)气井恒定生产,单相气体微可压缩并具有恒定的黏度和压缩系数,在裂缝系统中的流动服从达西定律,裂缝渗透率受到储层应力敏感效应的影响,且应力敏感性主要发生在近井筒地带;

(4)储层内外区物性不同且在各自内部为双重介质;

(5)内区和外区交界面没有附加压力降,忽略重力和毛细管压力的作用。

3)数学模型

内区($0 \leqslant r_D \leqslant r_{mD}$):

$$\frac{1}{r_D}\frac{\partial}{\partial r_D}\left(r_D \frac{\partial m_{f1D}}{\partial r_D}\right) - \gamma_{mD}\left(\frac{\partial m_{f1D}}{\partial r_D}\right)^2 + L_D^2\left[\frac{\partial^2 m_{f1D}}{\partial z_D^2} - \gamma_{mD}\left(\frac{\partial m_{f1D}}{\partial z_D}\right)^2\right] = (h_D L_D)^2 e^{\gamma_{mD} m_{f1D}} \quad (3-60)$$

$$\left[\omega_1 \frac{\partial m_{f1D}}{\partial t_D} + (1-\omega_1)\frac{\partial m_{m1D}}{\partial t_D}\right](1-\omega_1)\frac{\partial m_{m1D}}{\partial t_D} \lambda_1 (m_{m1D} - m_{f1D})$$

外区（$r_{mD} \leqslant r_D \leqslant \infty$）：

$$\frac{1}{r_D}\frac{\partial}{\partial r_D}\left(r_D\frac{\partial m_{f2D}}{\partial r_D}\right) + L_D^2\frac{\partial^2 m_{f2D}}{\partial z_D^2} = (h_D L_D)^2 \eta\left[\omega_2\frac{\partial m_{f2D}}{\partial t_D} + (1-\omega_2)\frac{\partial m_{m2D}}{\partial t_D}\right] \quad (3\text{-}61)$$

$$\eta(1-\omega_2)\frac{\partial m_{m2D}}{\partial t_D} + \lambda_2(m_{m2D} - m_{f2D}) = 0$$

初始条件：

$$m_{fjD}\Big|_{t_D=0} = m_{mjD}\Big|_{t_D=0} = 0, \quad j=1,2 \quad (3\text{-}62)$$

定产生产时内边界条件：

$$\lim_{\varepsilon_D \to 0}\left[\lim_{r_D \to 0}\int_{z_{wD}-\frac{\varepsilon_D}{2}}^{z_{wD}+\frac{\varepsilon_D}{2}}\left(r_D e^{-\gamma_{mD}m_{f1D}}\frac{\partial m_{f1D}}{\partial r_D}\right)dz_{wD}\right] = -\frac{1}{2}, \quad |z_D - z_{wD}| \leqslant \frac{\varepsilon_D}{2} \quad (3\text{-}63)$$

交界面条件：

$$m_{f1D}\Big|_{r_D=r_{mD}} = m_{f2D}\Big|_{r_D=r_{mD}} \quad (3\text{-}64)$$

$$\frac{m_{f1D}}{\partial r_D}\Big|_{r_D=r_{mD}} = \frac{1}{M_{12}}\frac{\partial m_{f2D}}{\partial r_D}\Big|_{r_D=r_{mD}} \quad (3\text{-}65)$$

式中 λ——无量纲窜流系数；

η——导压系数。

4）典型曲线与压力动态特征

双重介质复合气藏的拟压力导数曲线的内外区会各出现一个"凹子"（图3-159）。

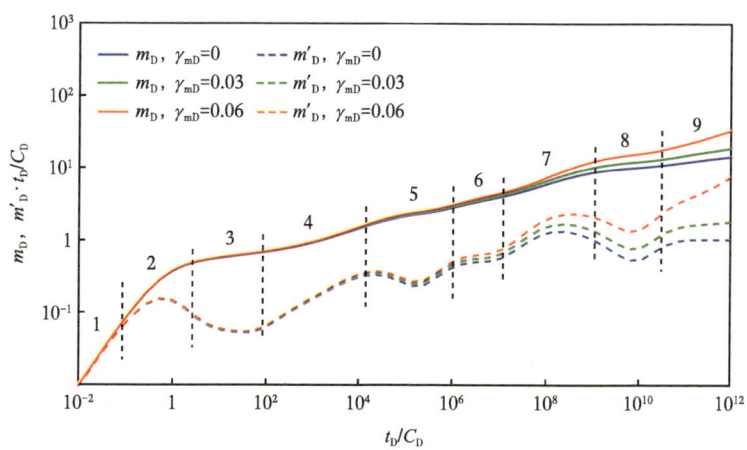

图3-159 渗透率模量对双重介质复合气藏水平井压力动态的影响

1—井筒储集阶段；2—井筒污染阶段；3—垂向径向流阶段；4—水平径向流阶段；5—基质向裂缝流动阶段；
6—内区的拟径向流阶段；7—内外区过渡阶段；8—外区向裂缝流动阶段；9—外区拟径向流阶段

随渗透率模量增大,产量曲线的位置逐渐降低,这代表产量越低,这是因为应力敏感越强,储层的伤害则越大,在压差相同的情况下,气井的产量越低。双重介质复合的产量导数曲线的内外区会各出现一个"凹子"(图3-160)。

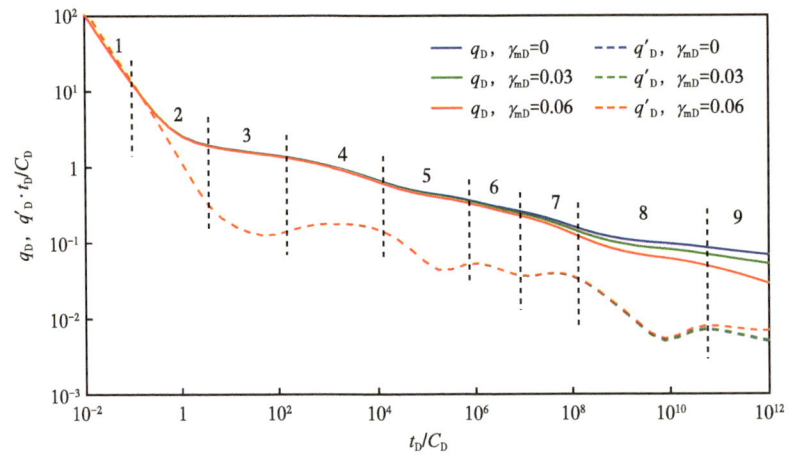

图3-160 渗透率模量对双重介质复合气藏水平井产量递减曲线的影响

弹性储容比越大,产量曲线位置越高。产量导数曲线上反映出的特征为:弹性储容比越大,窜流持续的时间就越短,"凹子"越浅,这是因为弹性储容比越大,裂缝系统的储集能力就越强(图3-161)。

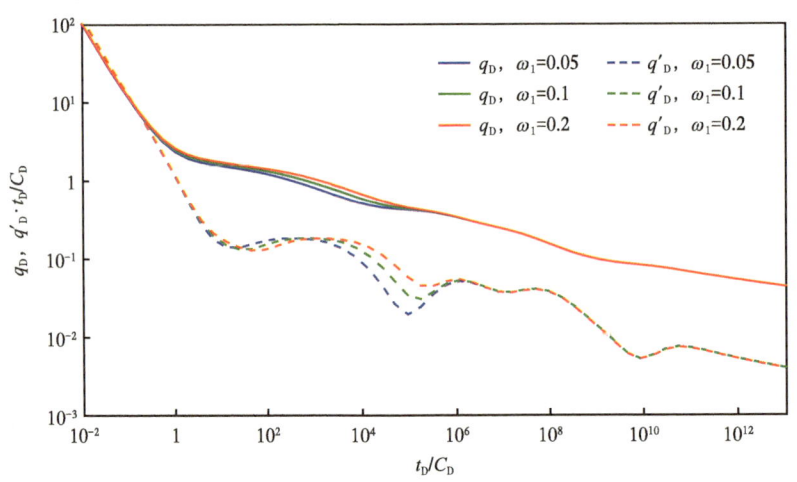

图3-161 内区弹性储容比对产量递减曲线的影响

外区窜流系数越大,产量曲线的位置越高。产量导数曲线上反映出的特征为:窜流系数越小,窜流发生的时间越晚,对应的"凹子"就越深,这是因为窜流系数的大小与裂缝的流通能力有非常密切的关系,这一参数越小对应裂缝的流通能力越强,同时也表明裂缝系统与基质系统的物性差异越大,因而窜流越难发生,即对应"凹子"出现的时间越延后,从而外区拟径向流阶段(第9阶段)出现的时间越晚(图3-162)。

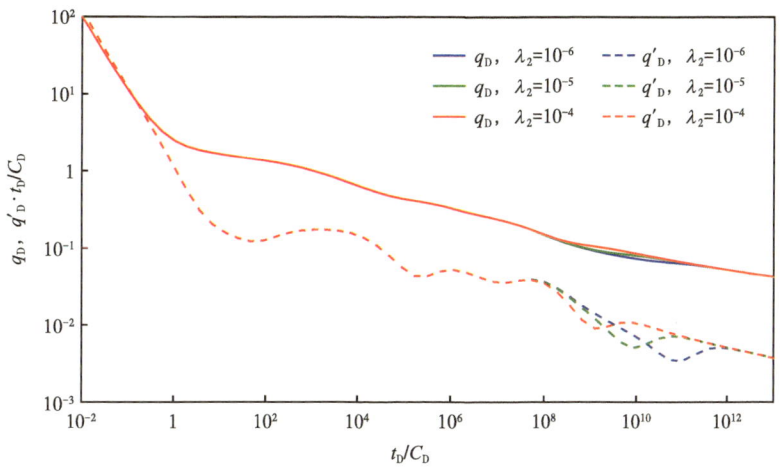

图 3-162　外区窜流系数对产量递减曲线的影响

3. 三重介质复合水平井渗流模型及产量递减

1)物理模型

三重介质复合气藏水平井渗流的物理模型如图 3-163 所示。

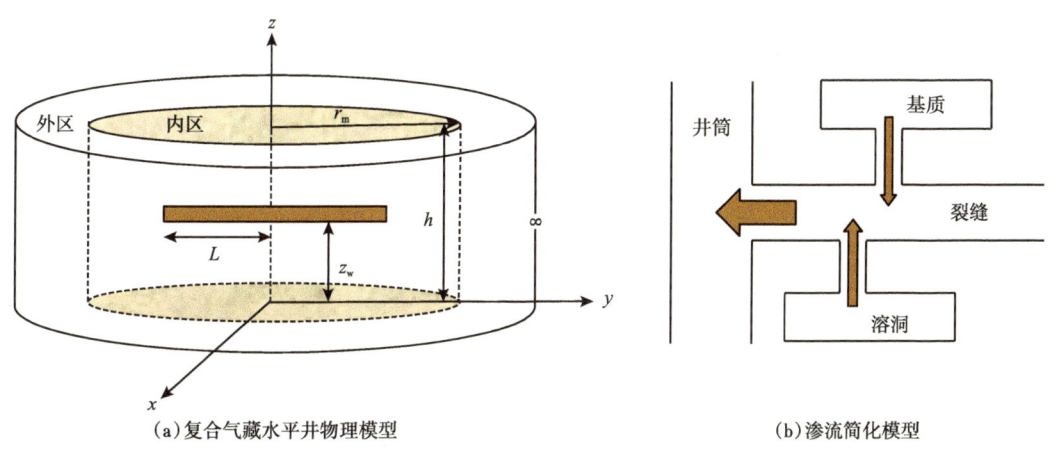

(a)复合气藏水平井物理模型　　　　　　　　(b)渗流简化模型

图 3-163　三重介质复合气藏水平井物理模型

2)假设条件

气藏顶面、底面封闭,水平方向为无限大,厚度 h,内区半径 r_m,水平段的长度 $2L$;气井生产前,地层各处压力为 p_i,裂缝系统水平与垂直方向渗透率分别表示为 K_{fh}、K_{fv};三重介质由裂缝、基质和溶洞构成,裂缝向井筒供液,基质和溶洞作为源向裂缝补给;气井恒定生产,单相气体微可压缩并具有恒定的黏度和压缩系数,在裂缝系统中的流动服从达西定律,裂缝渗透率受到储层应力敏感效应的影响,且应力敏感性主要发生在近井筒地带;储层内外区物性不同且在各自内部为三重介质;内区和外区交界面没有附加压力降,忽略重力和毛细管压力的作用。

3）数学模型

内区（$0 \leqslant r_D \leqslant r_{mD}$）：

$$\frac{1}{r_D}\frac{\partial}{\partial r_D}\left(r_D\frac{\partial m_{f1D}}{\partial r_D}\right) - \gamma_{mD}\left(\frac{\partial m_{f1D}}{\partial r_D}\right)^2 + L_D^2\left[\frac{\partial^2 m_{f1D}}{\partial z_D^2} - \gamma_{mD}\left(\frac{\partial m_{f1D}}{\partial z_D}\right)^2\right]$$

$$= (h_D L_D)^2 e^{\gamma_{mD} m_{f1D}}\left[\omega_{m1}\frac{\partial m_{m1D}}{\partial t_D} + (1-\omega_{f1}-\omega_{m1})\frac{\partial m_{v1D}}{\partial t_D}\right] \quad (3-66)$$

$$\omega_{m1}\frac{\partial m_{m1D}}{\partial t_D} + \lambda_{m1}(m_{m1D}-m_{f1D}) = 0$$

$$(1-\omega_{f1}-\omega_{m1})\frac{\partial m_{v1D}}{\partial t_D} + \lambda_{v1}(m_{v1D}-m_{f1D}) = 0$$

外区（$r_{mD} \leqslant r_D \leqslant \infty$）：

$$\frac{1}{r_D}\frac{\partial}{\partial r_D}\left(r_D\frac{\partial m_{f2D}}{\partial r_D}\right) + L_D^2\frac{\partial^2 m_{f2D}}{\partial z_D^2} = (h_D L_D)^2 \eta\left[\omega_{f2}\frac{\partial m_{f2D}}{\partial t_D} + \omega_{m2}\frac{\partial m_{m2D}}{\partial t_D}\right.$$

$$\left. + (1-\omega_{f2}-\omega_{m2})\frac{\partial m_{v2D}}{\partial t_D}\right]\eta\omega_{m2}\frac{\partial m_{m2D}}{\partial t_D} + \lambda_{m2}(m_{m2D}-m_{f2D}) = 0 \quad (3-67)$$

$$\eta(1-\omega_{f2}-\omega_{m2})\frac{\partial m_{v2D}}{\partial t_D} + \lambda_{v2}(m_{v2D}-m_{f2D}) = 0$$

初始条件：

$$m_{fjD}\big|_{t_D=0} = m_{mjD}\big|_{t_D=0} = m_{vjD}\big|_{t_D=0}, \quad j=1,2 \quad (3-68)$$

定产生产时内边界条件：

$$\lim_{\varepsilon_D \to 0}\left[\lim_{r_D \to 0}\int_{z_{wD}-\frac{\varepsilon_D}{2}}^{z_{wD}+\frac{\varepsilon_D}{2}}\left(r_D e^{-\gamma_{mD} m_{fD}}\frac{\partial m_{f1D}}{\partial r_D}\right)dz_{wD}\right] = -\frac{1}{2}, \quad |z_D - z_{wD}| \leqslant \frac{\varepsilon_D}{2} \quad (3-69)$$

交界面条件：

$$m_{f1D}\big|_{r_D=r_{mD}} = m_{f2D}\big|_{r_D=r_{mD}} \quad (3-70)$$

$$\frac{\partial m_{f1D}}{\partial r_D}\bigg|_{r_D=r_{mD}} = \frac{1}{M_{12}}\frac{\partial m_{f2D}}{\partial r_D}\bigg|_{r_D=r_{mD}} \quad (3-71)$$

4）压力动态特征与典型曲线敏感性分析

三重介质复合气藏的拟压力导数曲线的内外区会各出现两个"凹子"（图3-164）。

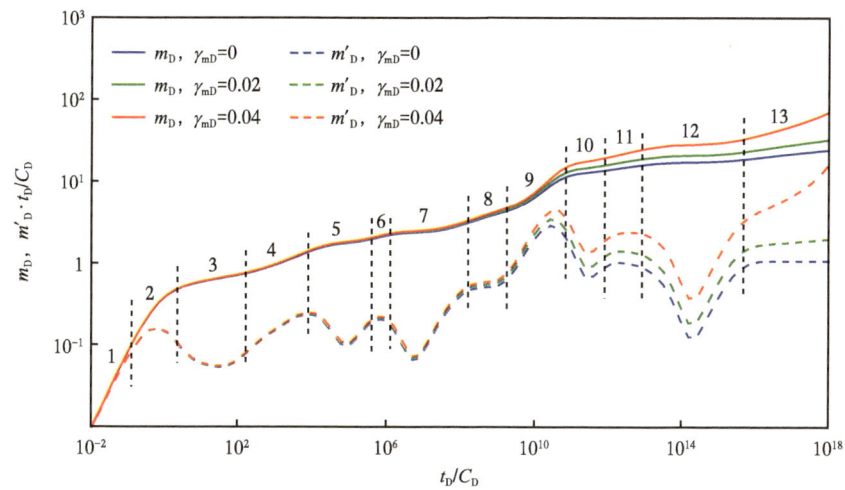

图 3-164　渗透率模量对三重介质复合气藏水平井压力动态的影响

1—井筒储集阶段；2—井筒污染阶段；3—垂向径向流阶段；4—水平径向流阶段；5—基质向裂缝流动阶段；
6—内区的拟径向流阶段；7—溶洞向裂缝流动阶段；8—内外区过渡阶段；9—外区向裂缝流动阶段；
10—外区基质向裂缝流动阶段；11—溶洞向裂缝过渡阶段；12—溶洞向裂缝流动阶段；13—外区拟径向流阶段

随渗透率模量增大，产量曲线的位置逐渐降低，这代表产量越低，这是因为应力敏感越强，储层的伤害则越大，在压差相同的情况下，气井的产量越低。三重介质复合的产量导数曲线的内外区会各出现两个"凹子"（图 3-165）。

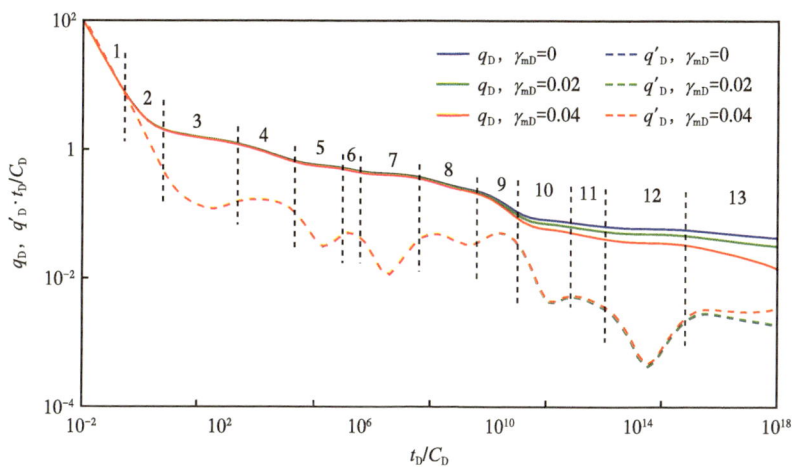

图 3-165　渗透率模量对三重介质复合气藏水平井产量递减曲线的影响

外区基质与裂缝窜流系数对产量递减曲线的影响主要体现在外区的基质向裂缝的窜流阶段和外区的拟径向流阶段，外区基质与裂缝窜流系数越大，产量曲线位置越高。产量导数曲线上反映出的特征为：外区基质与裂缝窜流系数越小，窜流发生的时间就越晚，对应的"凹子"越延后，而外区的拟径向流阶段出现的时间越晚（图 3-166）。

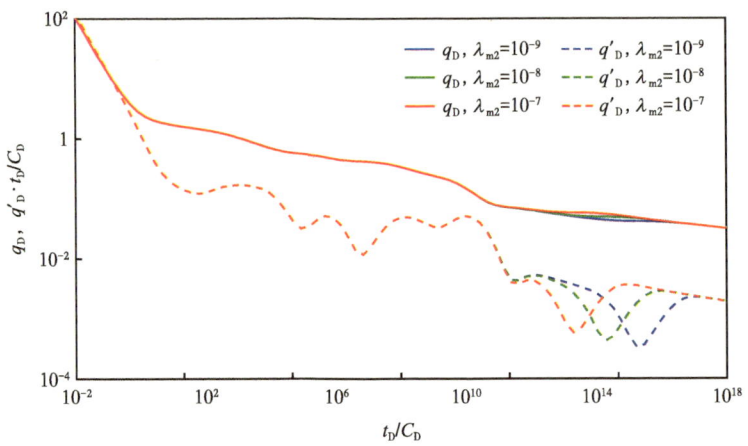

图 3-166　外区基质与裂缝窜流系数对产量递减曲线的影响

内区基质弹性储容比会同时影响第一个"凹子"和第二个"凹子"的深浅。内区基质弹性储容比越大，第一个"凹子"越浅，第二个"凹子"越深。同时，随内区基质弹性储容比增大，产量曲线位置降低，这是因为基质弹性储容比增大，使得裂缝储容比则相对减小（图 3-167）。

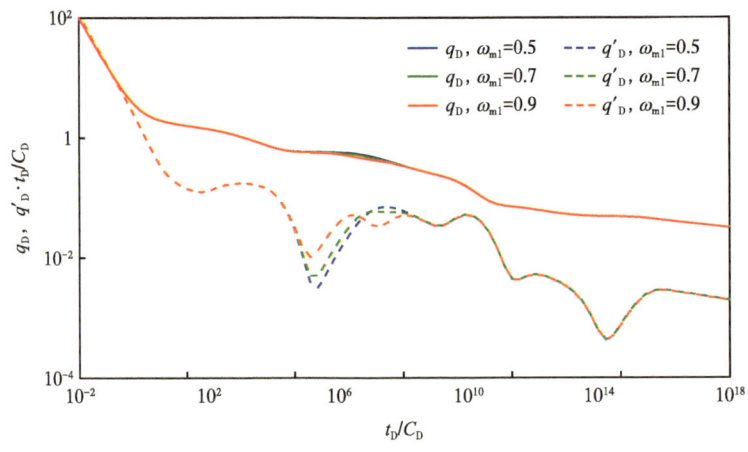

图 3-167　内区基质弹性储容比对产量递减曲线的影响

（二）离散介质不稳定渗流模型

裂缝孔洞型气藏中溶蚀孔洞是流体的主要储集空间，离散分布在空间范围内，形成岩溶裂缝孔洞型储渗体；局部发育低孔高渗透连通带，具备良好的渗透性，起到沟通岩溶储渗体与井筒的作用，即储渗体与井筒之间的高渗透连通带。基于离散介质理论（彭朝阳等，2010），高渗透连通带为板块，简化为立方平板；岩溶孔洞型储渗体简化为圆柱体；其基质部分作为封隔体，不参与流体流动，能够更准确地对真实裂缝孔洞型储层规律进行描述。针对最能反映真实地层情况的岩溶储渗体和高渗透连通带的两种组合：N 个岩溶储渗体边缝叠加模型和 N 个岩溶储渗体串联叠加模型，分别建立适用于高石 1 井区内直井的不稳定渗流模型。

1. N 个岩溶储渗体边缝叠加不稳定渗流模型

1）物理模型

物理模型如图 3-168 所示。

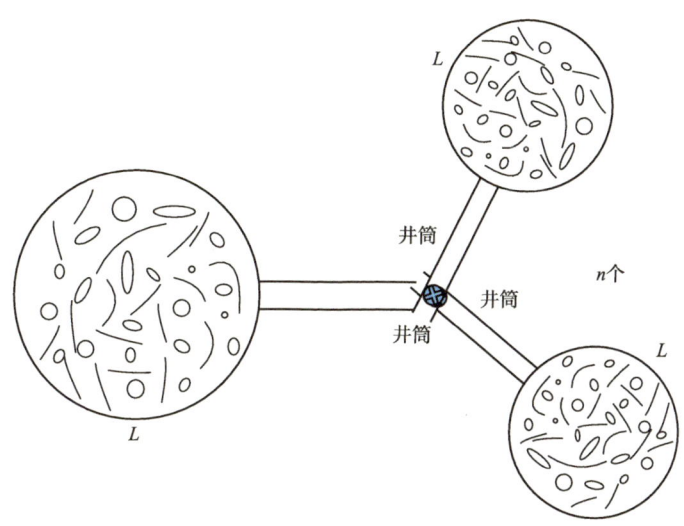

图 3-168　N 个岩溶储渗体边缝叠加模型物理模型

2）模型假设

（1）将裂缝孔洞密集发育地带简化为岩溶储渗体，局部发育低孔高渗透带简化为高渗透连通带，高渗透连通带沟通随机分布的岩溶储渗体；

（2）岩溶储渗体简化为等势圆柱体，高渗透连通带简化为立方平板，基质部分作为封隔体；

（3）渗流过程为等温渗流，忽略毛细管压力、重力的影响，渗透率和孔隙度等不随压力变化，忽略井筒储渗体效应和表皮效应；

（4）地层流体为单相气体可压缩，且压缩系数为常数，气井以衰竭式定产量生产。

3）数学模型

高渗透连通带作为主要渗流通道，考虑质量守恒原理，高渗透连通带衔接处压力和流量相等，同时满足达西渗流规律，建立第 i 个岩溶储渗体边缝数学模型。

$$\begin{cases} \dfrac{3.6K_f}{\phi_f}\dfrac{\partial^2 m_f}{\partial r^2} = \dfrac{\partial m_f}{\partial t}, \quad x\in[r_{ei}, r_w], \quad m_f\big|_{r=r_{ei}} = m_i \\ \dfrac{\partial m_f}{\partial x}\bigg|_{r=r_{ei}} = -\dfrac{\mu}{86.4K_f L_2 W}\left(\pi R_i^2 H_i \phi_i C_{it}\dfrac{dm_i}{dt}\right), \quad m_f\big|_{r=r_{wf}} = m_{wf} \end{cases} \quad (3-72)$$

此外，气井的产量完全依靠 N 个岩溶储渗体内部流体弹性能量采出，因此气井产量等于 N 个岩溶储渗体边缝模型的产量之和，即：

$$\sum_{i}^{N} q_i + q_{sc} B_g = 0 \qquad (3-73)$$

通过引入无量纲化变量和 Laplace 变换，求解得到 N 个岩溶储渗体边缝叠加模型无量纲井底压力在拉普拉斯空间的表达式：

$$\overline{m_{wD}} = \frac{A}{\sum_{i}^{N} \dfrac{a_{1i}a_{3i} - a_{2i}/a_{3i}}{a_{1i}a_{3i} + a_{2i}/a_{3i}}} \qquad (3-74)$$

4）典型曲线与压力动态特征

典型曲线与压力动态特征如图 3-169 至图 3-175 所示。

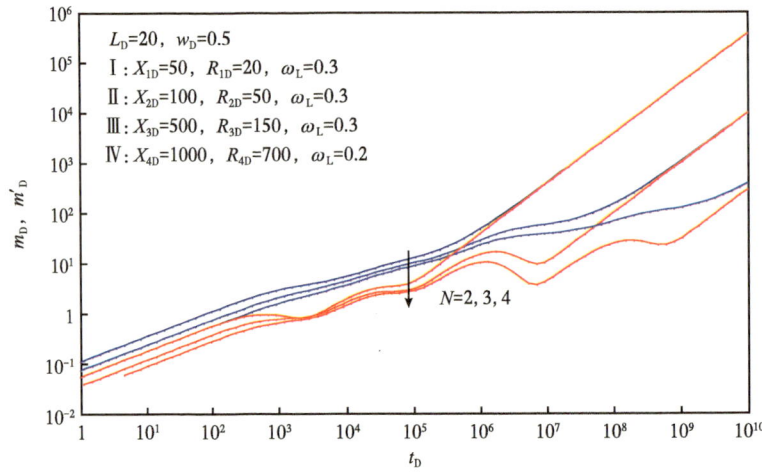

图 3-169　数量 N 对典型曲线的影响

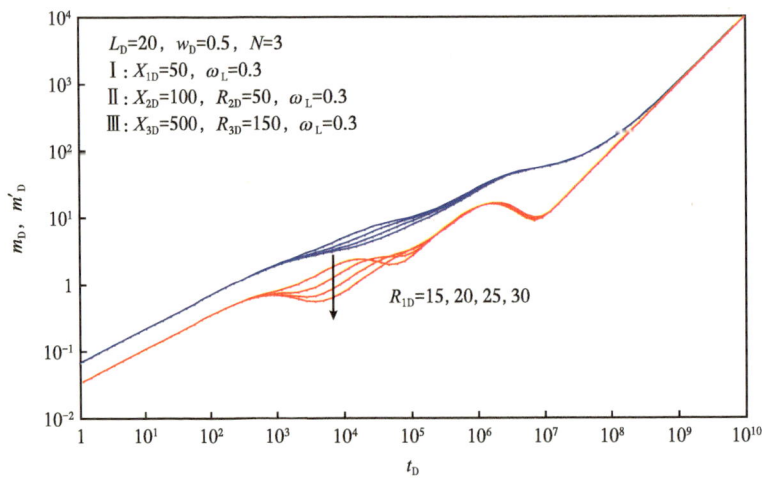

图 3-170　无量纲半径 R_{1D} 对典型曲线的影响

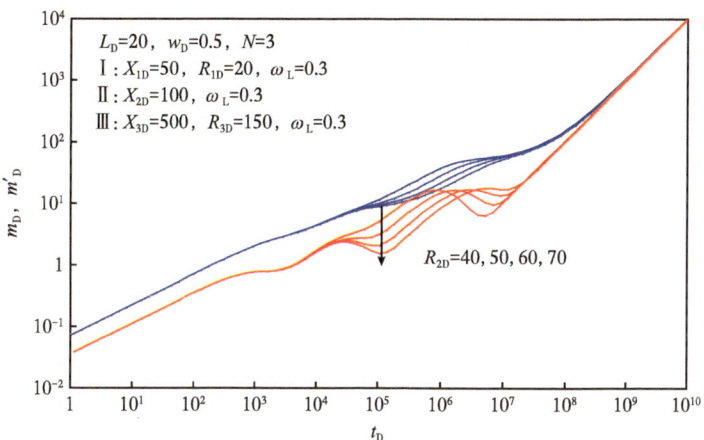

图 3-171 无量纲半径 R_{2D} 对典型曲线的影响

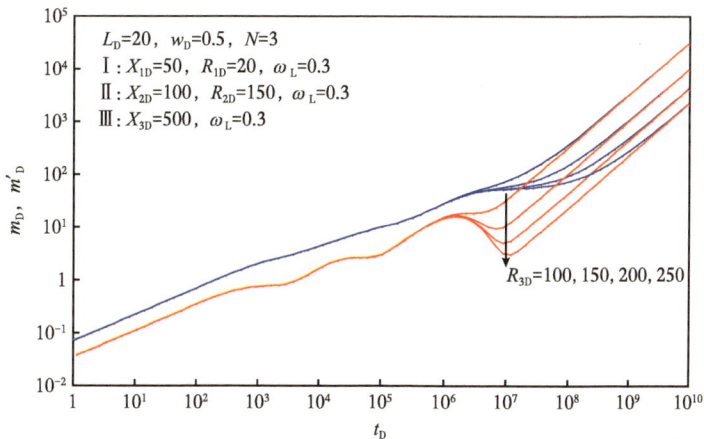

图 3-172 无量纲半径 R_{3D} 对典型曲线的影响

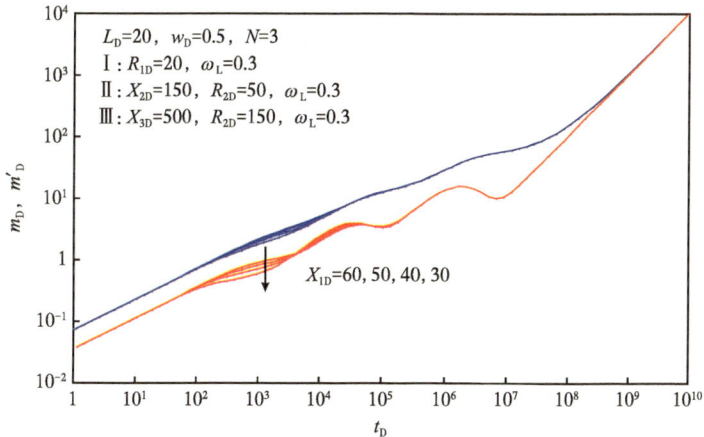

图 3-173 高渗透连通带无量纲长度 X_{1D} 的典型曲线影响

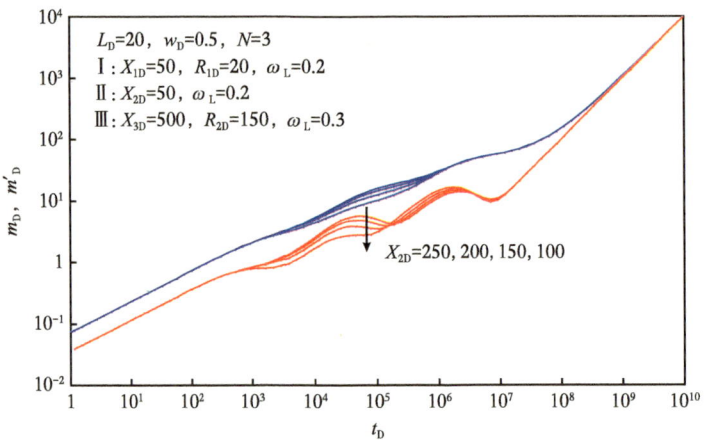

图 3-174 高渗透连通带无量纲长度 X_{2D} 的典型曲线影响

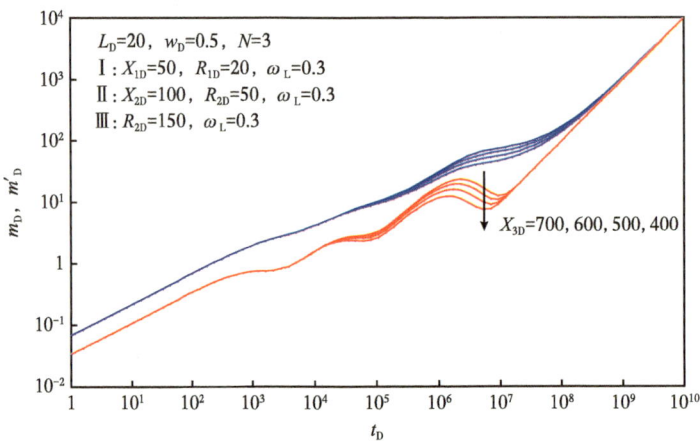

图 3-175 高渗透连通带无量纲长度 X_{3D} 的典型曲线影响

（1）叠加数量 N 直接决定着压力曲线台阶数量与压力导数曲线的凹子数量，即压力曲线会出现 N 个台阶，压力导数曲线会有 N 个凹子；

（2）三个岩溶储渗体无量纲半径 R_{1D}、R_{2D}、R_{3D} 各自影响着过渡阶段压力导数曲线对应凹子的深度，同时 R_{1D}、R_{2D} 也会对后续的"凹子"的深度有所影响；

（3）三条高渗透连通带无量纲长度 X_{1D}、X_{2D}、X_{3D} 分别影响过渡段无量纲压力导数对应凹子出现的时间和深度，其越小，凹子出现越快，高渗透连通带线性流持续的时间越短，压力波用越短的时间到达岩溶储渗体，过渡阶段无量纲压力导数曲线凹子位置越深。

2. N 个岩溶储渗体串联叠加不稳定渗流模型

1）物理模型

物理模型如图 3-176 所示。

2）模型假设

（1）将裂缝孔洞密集发育地带简化为岩溶储渗体，局部发育低孔高渗透带简化为高渗透连通带，高渗透连通带沟通随机分布的岩溶储渗体；

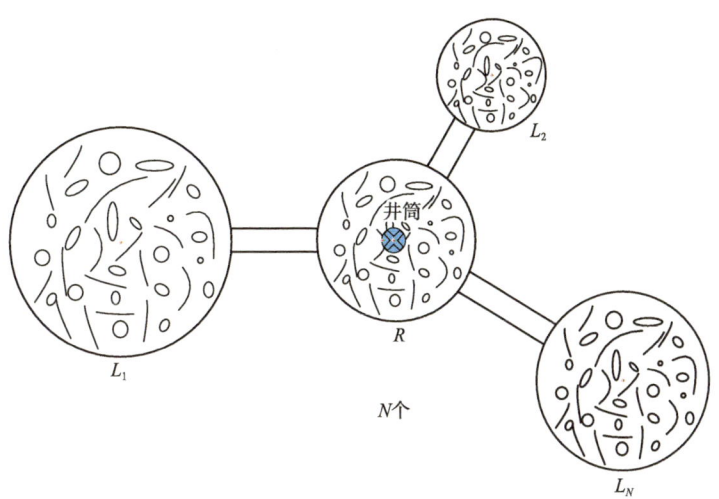

图 3-176　N 个岩溶储渗体串联叠加物理模型

（2）岩溶储渗体简化为等势圆柱体，高渗透连通带简化为立方平板，基质部分作为封隔体；

（3）渗流过程为等温渗流，忽略毛细管压力、重力的影响，渗透率和孔隙度等不随压力变化，忽略井筒储渗体效应和表皮效应；

（4）地层流体为单相气体可压缩，且压缩系数为常数，气井以衰竭式定产量生产。

3）数学模型

高渗透连通带作为主要渗流通道，考虑质量守恒原理，高渗透连通带衔接处压力和流量相等，同时满足达西渗流规律，建立第 i 个岩溶储渗体串联数学模型。

$$\begin{cases} \dfrac{3.6K_\mathrm{f}}{\phi_\mathrm{f}\mu C_\mathrm{ft}}\dfrac{\partial^2 m_\mathrm{f}}{\partial r^2}=\dfrac{\partial m_\mathrm{f}}{\partial t},\ r\in[r_{ei},r_\mathrm{w}],\ m_\mathrm{f}\big|_{r=r_{ei}}=m_i \\ \dfrac{\partial m_\mathrm{f}}{\partial r}\big|_{r=r_R}=-\dfrac{\mu}{86.4K_\mathrm{f}L_2W}\left(\pi R_i^2 H_i\phi_i C_{it}\dfrac{\mathrm{d}m_i}{\mathrm{d}t}\right),\ m_\mathrm{f}\big|_{r=r_R}=m_R=m_\mathrm{wf} \end{cases} \quad (3-75)$$

此外，气井的产量完全依靠 N 个岩溶储渗体内部流体弹性能量采出，根据质量守恒原理得到：

$$\sum_i^N q_i = q_\mathrm{gsc}B_\mathrm{g} - \pi R_R^2 H_R \phi_R C_{Rt}\dfrac{\mathrm{d}m_R}{\mathrm{d}t} \quad (3-76)$$

通过引入无量纲化变量和 Laplace 变换，求解得到 N 个岩溶储渗体边缝叠加模型无量纲井底压力在拉普拉斯空间的表达式：

$$\overline{m_\mathrm{wD}}=\dfrac{A}{\sum\limits_i^N \dfrac{a_{1i}a_{3i}-a_{2i}/a_{3i}}{a_{1i}a_{3i}+a_{2i}/a_{3i}}+B} \quad (3-77)$$

4)典型曲线与压力动态特征

典型曲线与压力动态特征如图 3-177 至图 3-184 所示。

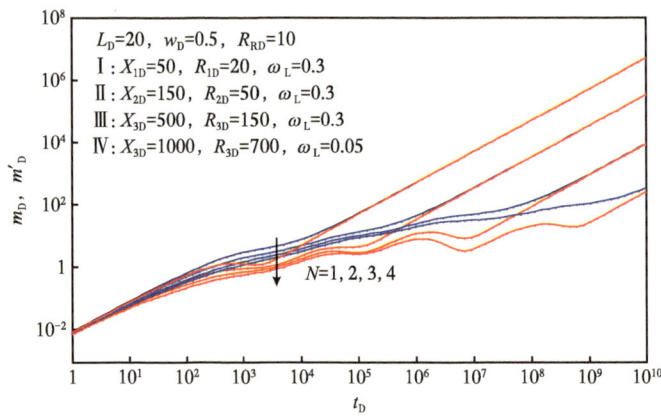

图 3-177 数量 N 对典型曲线的影响

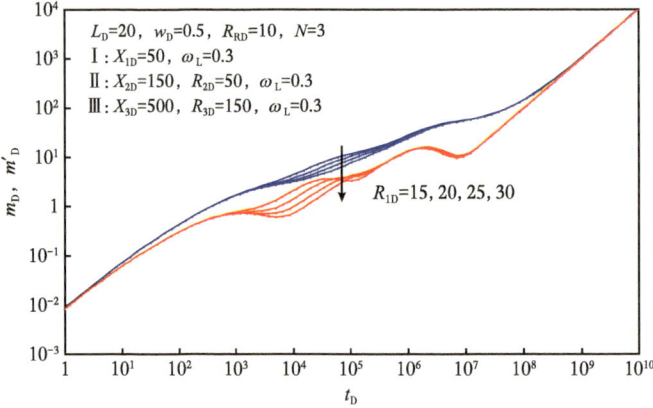

图 3-178 无量纲半径 R_{1D} 对典型曲线的影响

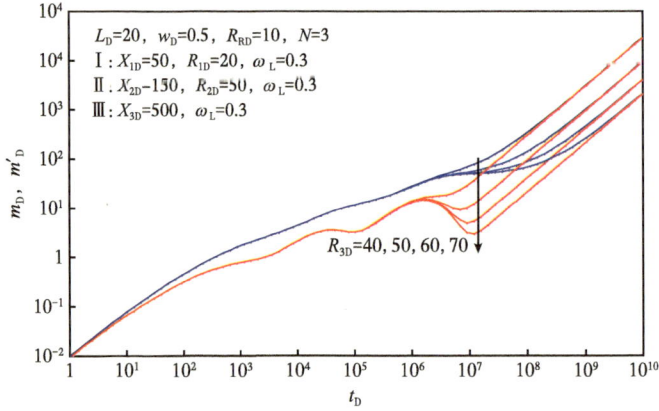

图 3-179 无量纲半径 R_{3D} 对典型曲线的影响

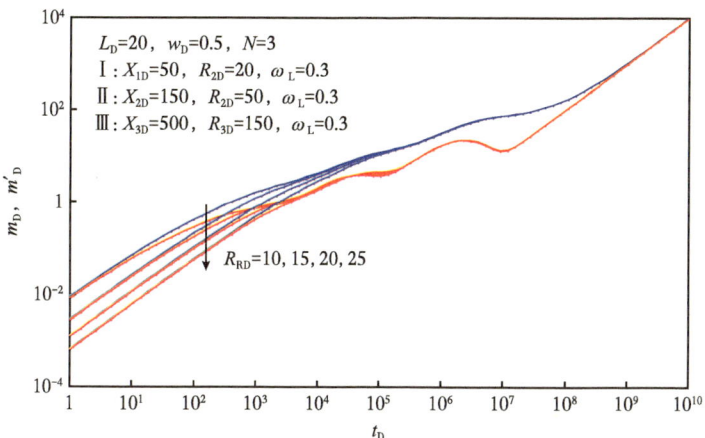

图 3-180　无量纲半径 R_{RD} 对典型曲线的影响

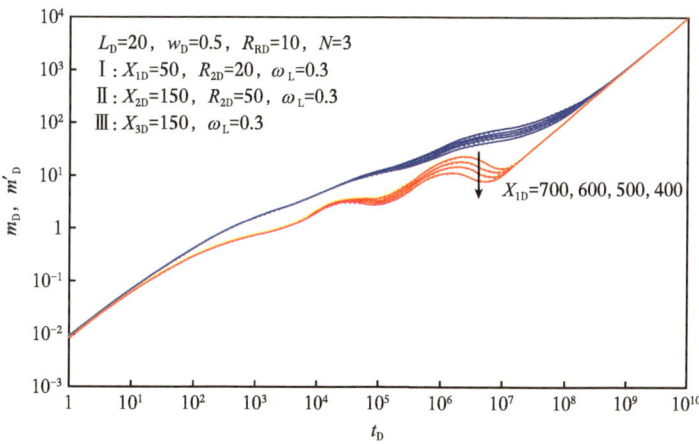

图 3-181　高渗透连通带无量纲长度 X_{1D} 的影响

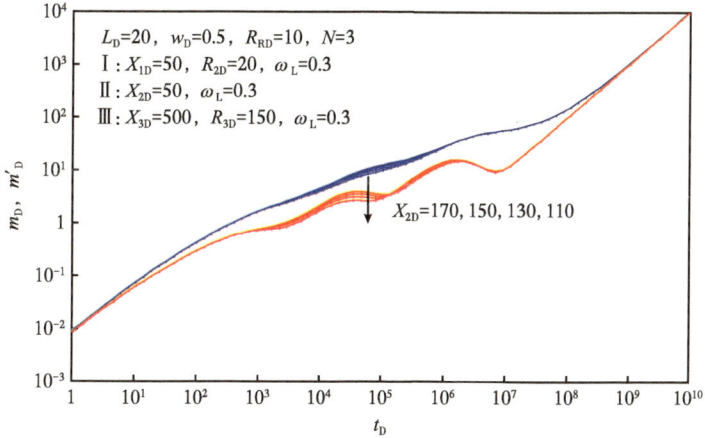

图 3-182　高渗透连通带无量纲长度 X_{2D} 的影响

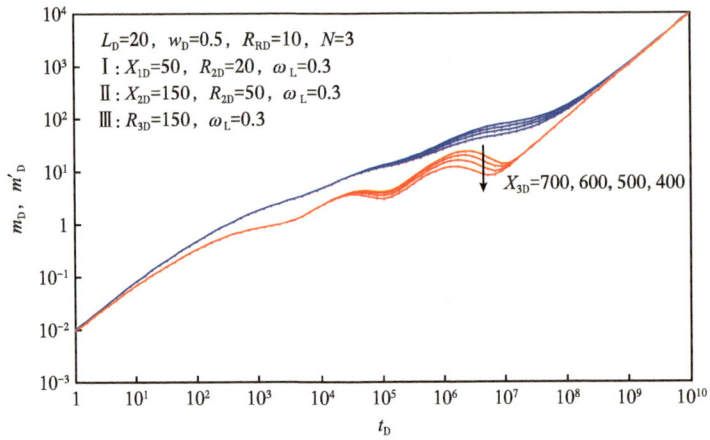

图 3-183　高渗透连通带无量纲长度 X_{3D} 的影响

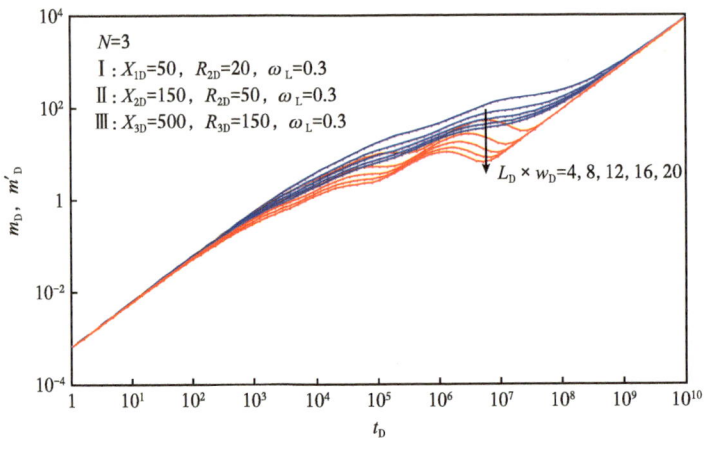

图 3-184　$L_D \times w_D$ 对典型曲线的影响

（1）叠加数量 N 直接决定着压力曲线台阶数量与压力导数曲线的凹子数量，即压力曲线会出现 N 个台阶，压力导数曲线会有 N 个凹子；

（2）远离井筒的岩溶储渗体无量纲半径各自影响着过渡阶段压力导数曲线对应凹子的深度，同时 R_{1D}、R_{2D} 也会对后续的"凹子"的深度有所影响；

（3）岩溶储渗体 R 无量纲半径 R_{RD} 影响典型曲线的近似井筒储集阶段，R_{RD} 越大，"井筒"半径越大，近似井筒储集阶段越长，如果 R_{RD} 过大，将掩盖高渗透连通带线性流阶段；

（4）三条高渗透连通带无量纲长度 X_{1D}、X_{2D}、X_{3D} 分别影响着过渡段无量纲压力导数对应"凹子"出现的时间和深度，长度越小，"凹子"出现越快，高渗透连通带线性流持续的时间越短，压力波用越短的时间到达岩溶储渗体，过渡阶段无量纲压力导数曲线"凹子"位置越深；

（5）无量纲断面面积对压力动态响应曲线的影响体现在过渡阶段无量纲压力导数曲线"凹子"的深度及过渡段整个曲线的位置，接触面积越大，整个曲线越下移，并且无量纲压力导数曲线的"凹子"越明显。

二、非均质储层产能模型

针对最能反映真实地层情况的岩溶储渗体和高渗透连通带的两种组合：N 个岩溶储渗体边缝叠加模型和 N 个岩溶储渗体串联叠加模型，分别建立适用于高石 1 井区内直井的稳态产能方程，首先分别推导纯岩溶储渗体弹性膨胀模型、高渗透连通带到井筒流动模型和岩溶储渗体拟稳态流动模型。

假设条件：每个岩溶储渗体相互独立，相互之间不发生窜流，等厚、顶底封闭且外边界封闭的圆柱体，且仅通过高渗透连通带流入井筒中，气藏温度恒定为 T，原始地层压力为 p_e；完井方式为射孔完井，井筒周围考虑高速非达西效应，气体在高渗透连通带视为线性流动；气井的总产量完全依靠岩溶储渗体弹性膨胀获得；气体在岩溶储渗体及高渗透连通带内的渗流均为单相等温稳态渗流，且为拟稳态流动状态；忽略表皮效应、气体滑脱效应、重力和毛细管压力的影响。

（1）纯岩溶储渗体弹性膨胀模型。

$$V_t = C_g \pi R_i^2 H \phi (p_c - p_{vi}) \tag{3-78}$$

$$q_{gscvi} B_g = -C_g \pi R_i^2 H \phi \frac{(p_c - p_{vi})}{t} \tag{3-79}$$

（2）高渗透连通带到井筒的流动（图 3-185）。

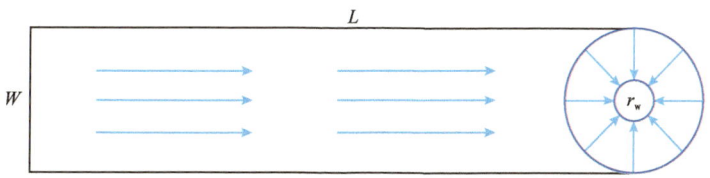

图 3-185　高渗透连通带渗流模型

裂缝线性流动且考虑达西效应：

$$\frac{\mathrm{d}p}{\mathrm{d}r} = \frac{\mu_g}{K} v_g \tag{3-80}$$

$$\frac{p}{\mu_g Z} \mathrm{d}p = -\frac{q_{sc} T}{K_f \omega_f h} \frac{p_{sc}}{T_{sc}} \mathrm{d}x \tag{3-81}$$

积分得裂缝线性流动表达式：

$$m(p_{vi}) - m(p_{hi}) = \int_{p_h}^{p_f} \frac{p}{\mu_g Z} \mathrm{d}p = \frac{1.157 \times 10^2 q_{gscv} T}{K_f \omega_f W} \frac{p_{sc}}{T_{sc}} \left(\frac{L_f - W/2}{W} \right) \tag{3-82}$$

近井筒区域渗流径向流可考虑高速非达西效应：

$$\frac{\mathrm{d}p}{\mathrm{d}r} = \frac{\mu_\mathrm{g}}{K} v_\mathrm{g} + \beta_\mathrm{g} \rho_\mathrm{g} v_\mathrm{g}^2 \qquad (3\text{-}83)$$

可得近井筒区域渗流：

$$m(p_\mathrm{vi}) - m(p_\mathrm{wf}) = \frac{p_\mathrm{sc}}{2\pi T_\mathrm{sc}} \frac{q_\mathrm{gscvi} T}{K_\mathrm{f} \omega_\mathrm{f}} \ln \frac{2r_\mathrm{w}}{W} + \frac{\beta_\mathrm{g} M_\mathrm{air} p_\mathrm{sc}^2}{4\pi^2 R T_\mathrm{sc}^2 \mu_\mathrm{g}} \frac{q_\mathrm{gscvi}^2 T \gamma_\mathrm{g}}{\omega_\mathrm{f}^2} \left(\frac{1}{r_\mathrm{w}} - \frac{2}{W} \right) \qquad (3\text{-}84)$$

两部分相加可得裂缝到井筒的产能公式：

$$\begin{aligned} m(p_\mathrm{vi}) - m(p_\mathrm{wf}) &= \frac{T}{K_\mathrm{f} \omega_\mathrm{f}} \frac{p_\mathrm{sc}}{T_\mathrm{sc}} \left(\frac{L_\mathrm{f} - W/2}{W} + \frac{1}{2\pi} \ln \frac{W}{2r_\mathrm{w}} \right) q_\mathrm{sc} \\ &+ \frac{M_\mathrm{air} p_\mathrm{sc}^2}{4\pi^2 R T_\mathrm{sc}^2 \mu_\mathrm{g}} \frac{\beta_\mathrm{g} T \gamma_\mathrm{g}}{\omega_\mathrm{f}^2} \left(\frac{1}{r_\mathrm{w}} - \frac{2}{W} \right) q_\mathrm{sc}^2 \end{aligned} \qquad (3\text{-}85)$$

（3）岩溶储渗体拟稳态流动模型（图3-186）。

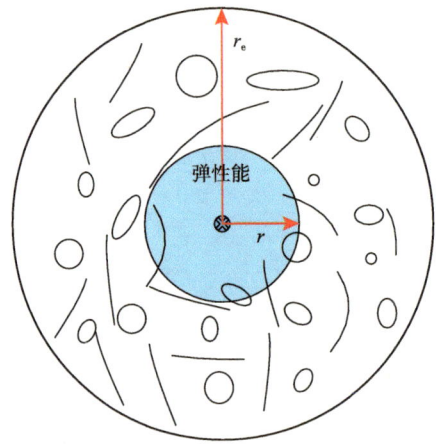

图3-186　纯岩溶储渗体渗流模型

井控区内总弹性量为：

$$V_\mathrm{t} = C_\mathrm{g} \pi (r_\mathrm{e}^2 - r_\mathrm{w}^2) h \phi \nabla p(t) \qquad (3\text{-}86)$$

在r处渗流断面的流量为：

$$f(r,t) = q'_\mathrm{sc}(t) B_\mathrm{g} = -C_\mathrm{g} \pi (r_\mathrm{e}^2 - r^2) h \phi \frac{\mathrm{d}p(t)}{\mathrm{d}t} \qquad (3\text{-}87)$$

在r_w处渗流断面的流量为：

$$f(r_\mathrm{w},t) = q'_\mathrm{sc}(t) B_\mathrm{g} = -C_\mathrm{g} \pi (r_\mathrm{e}^2 - r_\mathrm{w}^2) h \phi \frac{\mathrm{d}p(t)}{\mathrm{d}t} \qquad (3\text{-}88)$$

由此可得：

$$q'_{sc} = \frac{r_e^2 - r^2}{r_e^2 - r_w^2} q_{sc} \approx \left(1 - \frac{r^2}{r_e^2}\right) q_{sc} \quad (3-89)$$

$$v_g(t) = \frac{q'_{sc}}{A} = \frac{q_{sc}}{2\pi K r_e h} \times \frac{p_{sc}}{T_{sc}} \times \frac{ZT}{p}\left(\frac{r_e}{r} - \frac{r}{r_e}\right) \quad (3-90)$$

近井筒区域径向流可考虑高速非达西效应：

$$m(r) = m_e - \frac{q_{sc}}{2\pi K r_e h}\frac{p_{sc}}{T_{sc}}\left(r_e\ln\frac{r_e}{r} - \frac{r_e^2 - r^2}{2r_e}\right) + \frac{\beta_g \rho_{sc} p_{sc}^2}{\mu_g T_{sc}}\left(\frac{q_{sc}}{2\pi K r_e h}\right)^2\left[\frac{r_e^2}{r} - r_e - 2(r_e - r) + \frac{r_e^3 - r^3}{3r_e}\right] \quad (3-91)$$

化简得产能公式：

$$m(p_h) - m(p_{wf}) = A_2 q_{sgR} + B_2 q_{qsgR}^2 \quad (3-92)$$

（4）N个岩溶储渗体边缝叠加产能模型。

$$\begin{aligned}
&q_{gscv1}B_g = -C_g\pi R_1^2 H\phi(p_e - p_{v1})/t \\
&q_{gscvN}B_g = -C_g\pi R_N^2 H\phi(p_e - p_{vN})/t \\
&m(p_{vi}) - m(p_{wf}) = A_{1i}q_{gscvi} + B_{2i}q_{gscvi}^2 \\
&m(p_{vN}) - m(p_{wf}) = A_{1N}q_{gscfN} + B_{2N}q_{gscfN}^2 \\
&\sum_{i=1}^{N} q_{gscvi} = q_{gscv}
\end{aligned} \quad (3-93)$$

（5）N个岩溶储渗体串联叠加产能模型。

$$\begin{aligned}
&q_{gscvi}B_g = -C_g\pi R_i^2 H\phi(p_e - p_{vi})/t \\
&q_{gscvN}B_g = -C_g\pi R_N^2 H\phi(p_e - p_{vN})/t \\
&m(p_{vi}) - m(p_h) = \frac{1.157\times 10^5 T}{K_f \omega_f W}\frac{p_{sc}}{T_{sc}}\left(\frac{L_{fi} - W/2}{W}\right)q_{gscvi} \\
&m(p_{vN}) - m(p_h) = \frac{1.157\times 10^5 T}{K_f \omega_f W}\frac{p_{sc}}{T_{sc}}\left(\frac{L_{fN} - W/2}{W}\right)q_{gscvN} \\
&m(p_h) - m(p_{wf}) = A_2 q_{gscR} + B_{2N}q_{gscR}^2 \\
&\sum_{i=1}^{N} q_{gscvi} + q_{gscR} = q_{gscv}
\end{aligned} \quad (3-94)$$

三、非均质储层产能模型求解方法

根据建立的N个岩溶储渗体边缝叠加产能方程［式（3-93）］，以及建立的N个岩溶储渗体串联叠加产能方程［式（3-94）］，求解各个岩溶储渗体产量 q_{gscvi} 及总产量 q_{gscv}，因此本节对各个参数的获取及具体解法进行详细说明，计算流程如图 3-187 所示。

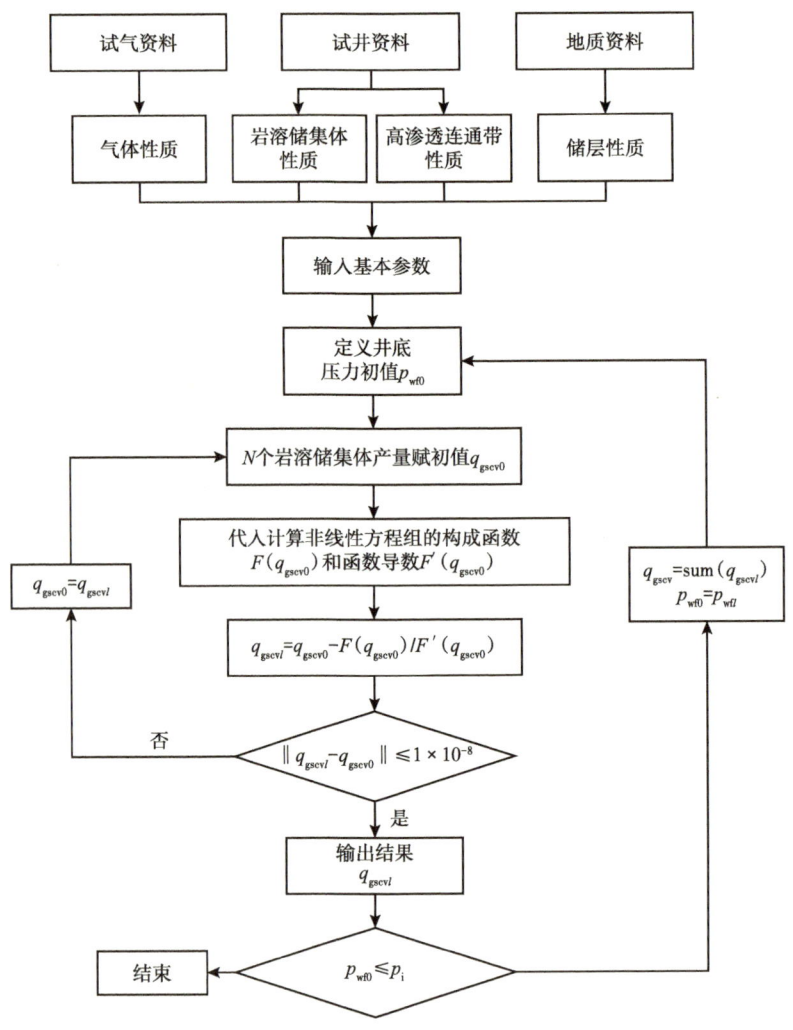

图 3-187　计算流程图

（一）关键参数获取

每个岩溶储渗体产量受到储渗体的尺寸和高渗透连通带基本参数的影响，关键参数包括岩溶储渗体尺寸、高渗透连通带尺寸、高渗透连通带的渗透率，该三个关键参数可以选择合适的离散介质试井曲线与实际试井曲线拟合获得。

（二）产能叠加模型求解方法

（1）直井井底压力初值取为 P_{wf0}。

（2）取各个岩溶储渗体初始产量为 q_{gscvj0} 分别代入非线性方程组，分别计算非线性方程组的解，利用牛顿迭代法可获得每个岩溶储渗体的新的产量值 q_{gscvj1}。

（3）计算每个岩溶储渗体的产量，对比产量初值，若两者之差满足误差范围，便可得各岩溶储渗体的产量，然后返回第（1）步，改变井底压力 $p_{wf0}=p_{wf1}$，最终计算得到不同井底流压下的各岩溶储渗体的产量；否则将计算值 q_{gscvj1} 赋值给 q_{gscvj0}，重复第（2）步直至满足误差，便停止迭代，各岩溶储渗体产量之和即为整个直井总产量。

（三）影响因素分析

通过对图 3-188 至图 3-190 分析可得：

（1）随岩溶储渗体数量的增加，流入动态曲线逐渐往右移，无阻流量增大；

（2）随岩溶储渗体体积的增加，流入动态曲线逐渐往右移，无阻流量增大，且增大的幅度增大；

（3）随高渗透连通带导流能力的增加，流入动态曲线逐渐往右移，无阻流量增大。

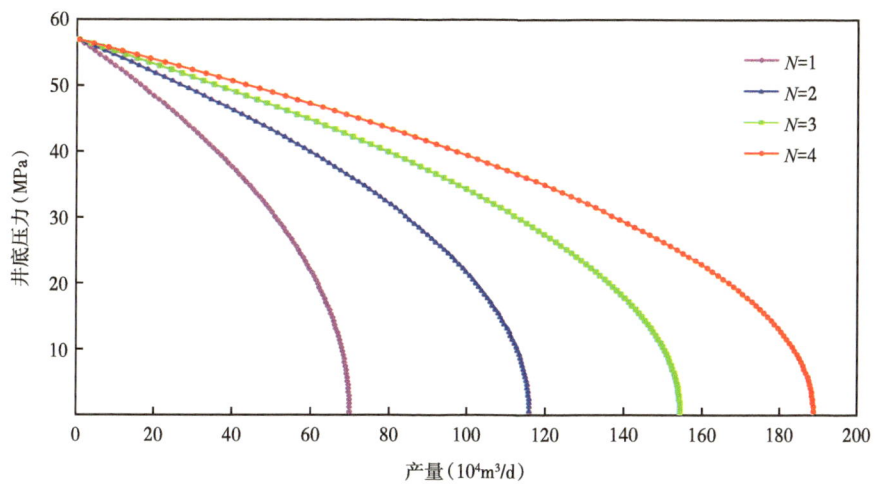

图 3-188　岩溶储渗体数量对曲线的影响

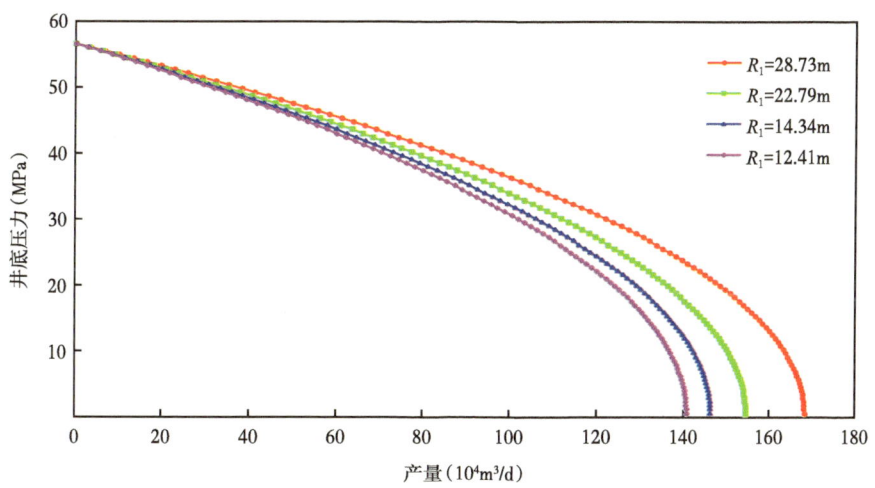

图 3-189　岩溶储渗体半径对曲线的影响

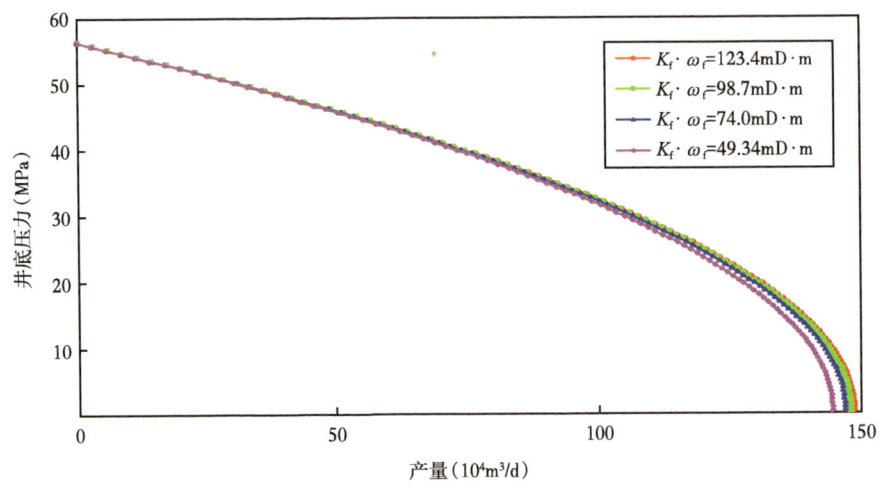

图 3-190 高渗透连通带导流能力对曲线的影响

四、气藏连通性评价

气藏连通性是影响气藏动态储量计算方法选取的一个重要参考依据之一。历次动态监测资料显示,安岳气田高石梯气藏非均质性强,储层低渗透特征明显,井间连通性总体较差。将35口投产井原始地层压力折算至-5024.2m后,原始地层压力52.72~57.61MPa,主要集中分布在56MPa左右,其中高石001-H50井、高石001-X52两口井较早期投产井存在先期压降(图3-191)。

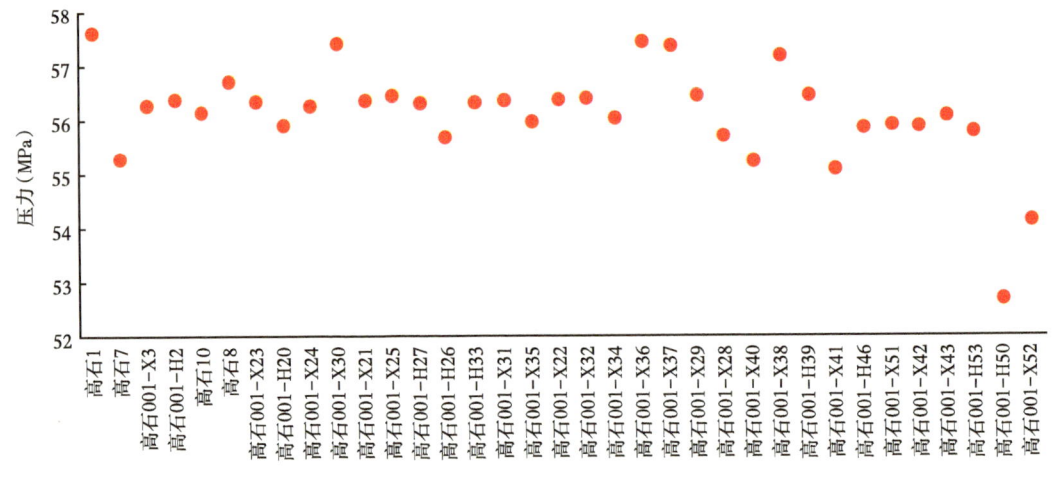

图 3-191 高石1井区折算至5024.2m地层压力分布图(按投产时间排序)

结合优质储层展布与井间距离分析,高石001-H50井与高石8井、高石001-X34井系统可能存在连通关系;高石001-X52井与高石001-X31井、高石X29井可能存在连通关系(图3-192)。

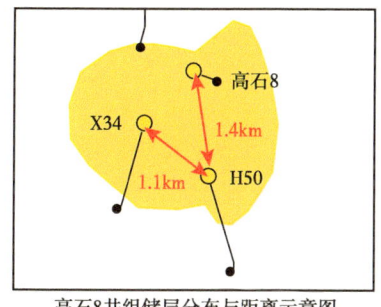
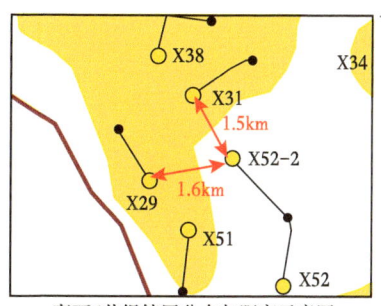

高石8井组储层分布与距离示意图　　　高石6井组储层分布与距离示意图

图 3-192　高石 8 井组和高石 6 井组储层分布与距离示意图

五、单井控制储量计算

由于高石梯区块震旦系气藏储集类型多样，非均质性强，孔、洞、缝储容能力和渗流能力具有显著差异，使得在储渗介质的不同搭配关系条件下，高、中、低渗透介质储量分布特征和基质中储量可动用性特征复杂化。在这种情况下，仅依靠容积法难以准确描述气藏储量特征，势必影响气藏储量评价的可靠性，从而影响气藏开发决策的科学制定。

从川渝气田过去的开发工作积累的经验看，全气藏关井物质平衡分析法是计算气藏动态储量的较为可靠方法，但全面应用于高石梯区块震旦系气藏存在困难，其一是在目前天然气供需矛盾突出的情况下，大型气藏难以普遍采用全气藏关井测压方式；其二是即使能全气藏关井，受高含硫气井测试工艺装备条件的限制，难以同时对所有井测压；其三是对于非均质气藏，根据以往应用物质平衡法计算气藏储量的经验，通常是采出程度超过 20%，才能准确计算气藏动态储量，而高石梯区块震旦系气藏开发亟须早期评价气藏储量。

针对上述问题，本研究集成应用现有气藏储量计算多种方法，开展动态储量计算方法优选，提高储量计算和评价的可靠性（邓惠等，2012）。

（一）动态储量计算

1. 物质平衡法

截至目前，高石梯震旦系气藏共投产 82 口气井，其中高石 1 井、高石 2 井、高石 3 井生产时间相对较长，压力资料相对丰富（表 3-27），利用压力恢复试井解释地层压力数据，运用物质平衡压降法计算其动态储量。

表 3-27　高石 1 井、高石 2 井、高石 3 井历次测压资料统计

井号	测试项目	测试时间	测试层位	产层中部压力（MPa）	偏差系数	产层中部视地层压力（MPa）	累计产气量（$10^4 m^3$）
高石 1	压恢试井	2012-12	灯影组	56.86	1.23458	46.05	432.54
高石 1	压恢试井	2014-12	灯影组	55.21	1.23301	44.77	1136.76
高石 2	压恢试井	2015-6	灯四上亚段	57.23	1.25752	45.51	1841.44
高石 2	压恢试井	2016-5	灯四上亚段	54.80	1.23528	44.36	6950.19

续表

井号	测试项目	测试时间	测试层位	产层中部压力（MPa）	偏差系数	产层中部视地层压力（MPa）	累计产气量（10⁴m³）
高石3	试油测试	2012-11	灯四上亚段	56.83	1.24710	45.56	0
高石3	系统试井	2014-6	灯四上亚段	56.43	1.24353	45.38	0.09
高石3	压恢试井	2015-1	灯四上亚段	56.39	1.24310	45.36	0.64
高石3	点测静压	2015-4	灯四上亚段	54.64	1.22710	44.53	0.81
高石3	点测静压	2015-6	灯四上亚段	55.43	1.23430	44.91	0.81
高石3	点测静压	2015-9	灯四上亚段	54.98	1.23020	44.69	1.02
高石3	产能试井	2016-5	灯四上亚段	55.48	1.27057	43.59	1.57

高石1井、高石2井、高石3井结合试井解释地层压力数据，运用物质平衡压降法计算其动态储量，计算结果见表3-28。

表3-28 高石1井、高石2井、高石3井物质平衡压降法计算动态储量

井号	高石1	高石2	高石3
动态储量（10⁸m³）	2.58	20.44	37.08

2. 产量不稳定分析法

根据高石梯区块震旦系各气井生产动态资料（截止到2020年8月），优选出生产时间较长、生产情况较为稳定的气井，利用产量不稳定分析法计算了个别气井的动态储量（孙贺东等，2013），见表3-29。

表3-29 利用产量不稳定分析法计算高石梯地区震旦系气藏动态储量

井号	井型	井控半径（m）	动态储量（10⁸m³）	计算方法
高石001-H2	水平井	1117.95	19.07	现代产量递减法（Blasingame、NPI、A+G）
高石001-X1	斜井	777.78	12.27	现代产量递减法（Blasingame、FMB）
高石001-X3	斜井	1336.87	19.45	现代产量递减法（Blasingame、NPI、A+G）
高石001-X4	斜井	625.21	5.86	现代产量递减法（Blasingame、FMB）
高石001-X5	斜井	895.17	8.66	现代产量递减法（Blasingame、NPI、A+G）
高石001-X6	斜井	1782.80	34.17	现代产量递减法（Blasingame、NPI、A+G）
高石001-X7	水平井	1837.05	21.69	现代产量递减法（Blasingame、NPI、A+G）
高石001-X8	水平井	3300.68	36.45	现代产量递减法（Blasingame、NPI、A+G）
高石1	直井	440.87	4.88	压降法+现代产量递减法（Blasingame、NPI）两者综合
高石10	直井	617.03	5.13	现代产量递减法（Blasingame、A+G）
高石12	斜井	1434.03	14.53	现代产量递减法（Blasingame、NPI、A+G）

续表

井号	井型	井控半径（m）	动态储量（10^8m^3）	计算方法
高石2	直井	1191.89	25.41	压降法+现代产量递减法（Blasingame、NPI）两者综合
高石3	斜井	1570.28	46.02	压降法+现代产量递减法（Blasingame、NPI）两者综合
高石7	直井	621.89	10.60	压降法+现代产量递减法（Blasingame、NPI）两者综合
高石8	直井	785.05	14.67	压降法+现代产量递减法（Blasingame、NPI）两者综合

（二）动态储量评价

综合不同动态储量计算方法结果，投产井单井平均动态储量为 $17.82×10^8m^3$，变化区间为 $(5～46)×10^8m^3$，平均井控半径为1.2km，变化区间为0.5～1.8km，其中建产井单井平均动态储量为 $20.68×10^8m^3$，平均井控半径为1.48km。

从平面分布来看不同开发单元动态储量特征具有一定差异。其中高石1井区投产井数相对较多，大部分气井生产时间相对较长，趋近压力边界值，利用产量不稳定法计算单井动态储量比较可靠。

六、气井产能评价技术

（一）气井产能计算

截至目前，高石梯灯四气藏累计完成99口井115井次的无阻流量计算，有3口井（高石3井、高石8井、高石12井）已开展产能试井并建立了二项式产能方程（表3-30）。其余采用陈元千教授传统"一点法"产能公式或非均质储层产能模型，通过单点稳定测试资料来计算气井无阻流量（陈元千等，1987）。高石梯区块进行58口井70井次无阻流量的计算。

常用的"一点法"产能计算方法如下：

$$q_{AOF}=\frac{6q_g}{\sqrt{1+48\left(\frac{p_R^2-p_{wf}^2}{p_R^2}\right)}-1} \quad (3-95)$$

式中　q_{AOF}——无阻流量，$10^4m^3/d$；

　　　q_g——测试稳定流量，$10^4m^3/d$；

　　　p_R——储层压力，MPa；

　　　p_{wf}——井底压力，MPa。

表3-30　高石梯区块灯四气藏气井二项式产能方程统计表

井号	二项式产能方程	二项式计算无阻流量（$10^4m^3/d$）
高石3	$p_R^2-p_{wf}^2=14.413q_g+0.0331q_g^2$	158.36
高石8	$p_R^2-p_{wf}^2=0.2382q_g+0.4996q_g^2$	77.32
高石12	$p_R^2-p_{wf}^2=2.3538q_g+0.343q_g^2$	79.57

(二)数值机理模型模拟

1. 井区数值机理模型构建

根据最新地质研究认识,结合储层构型研究成果,以及开发方案试采情况,仍然建立高石1井区数值机理模型进行模拟和类比分析。运用 Eclipse 数值模拟软件建立高石1井区气水两相黑油数值机理模型(图3-193),参数见表3-31,区面积为32.4km^2,拟合地质储量为168.87×10^{8}m^3。先导试验区内一共布井8口:2口探井(高石3井、高石12井),2口试采井(高石001-X1井、高石001-X4井),4口先导试验井(高石001-X5井、高石001-X6井、高石001-X7井、高石001-X8井)。模型中灯四上亚段、下亚段各三层,分别包含角砾间溶洞型、孔洞型、裂缝—孔洞型三种储层构型,并结合地震、测井、试井资料对储层物性参数进行了优化。储层高压物性、相渗等参数与后续地质与气藏工程方案预测参数一致。

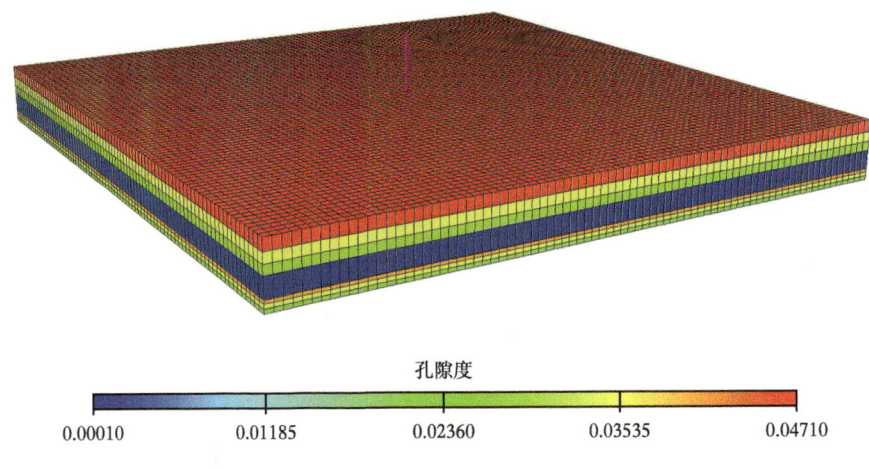

图3-193 高石1井区灯四段机理模型

表3-31 机理模型参数表

模型层数	储层构型	平均储层厚度(m)	平均孔隙度(%)	平均渗透率(mD)
第一层	孔隙型	4	2.70	0.011
第二层	孔洞型	12	3.28	0.370
第三层	裂缝—孔洞型	20	3.96	4.780

注:已考虑应力敏感影响。

2. 数值机理模型试采预测

在拟合高石3井生产历史的基础上,设计了2种预测方案,方案一:先导试验区内8口气井(平均井距1.7km)分别按照2%、2.5%、3%三种采速进行生产模拟;方案二:在不部署4口先导试验井的情况下(平均井距3.5km),进行生产模拟。

预测结果见表3-32,在平均井距为1.7km情况下,30年后累计采气量在85.05×10^8~89.06×10^{8}m^{3}之间,采出程度50.3%~52.7%。2%的采速虽然稳产时间最长,但是预测期末采出程度相比于 2.5% 采速时增加并不明显，而 3% 的采速稳产时间太短，因此综合比较认为 2.5% 采速下的生产指标是最合适的。

表 3-32 先导试验区试采效果预测结果统计表

先导试验井	平均井距（km）	采气速度（%）	生产规模（10⁴m³/d）	平均单井产量（10⁴m³/d）	稳产时间（a）	预测时间（a）	预测期末累计产气量（10⁸m³）	预测期末采出程度（%）
部署（4口）	1.7	2.0	110	14	13.95	30	85.05	50.3
		2.5	130	16	7.95	30	87.40	51.7
		3.0	150	18	5.95	30	89.06	52.7
不部署	3.5	1.4	75	18.5	8.21	30	49.10	29.1

在 2.5% 采速下，从机理模型模拟不同类型储层产量预测曲线结果可以看到，裂缝—孔洞型和孔洞型储层的产量占据了总产量的 95% 以上，而孔隙型储层的产量仅占总产量的 5% 不到；裂缝—孔洞型和孔洞型储层的孔隙度在 3% 以上，孔隙型储层在 3% 以下，因此气藏可动用的储量主要集中在孔隙度 3% 以上的裂缝—孔洞型和孔洞型储层中，对于 3% 以下的孔隙型储层中的储量动用程度较少。

（三）现场测试分析

1. 高石 11 井

高石 11 井灯四上亚段射孔段分析：成像测井上局部层段见溶洞（图 3-194a），储层以孔隙型为主，平均孔隙度 2.9%，气层厚度 12.8m，测试产气 3.14×10⁴m³/d，可动用性较差；灯四¹小层射孔段分析：成像上偶见溶洞（图 3-194b），储层类型为孔隙型，平均孔隙度 2.6%，气层厚度 11m，测试产气 2.2×10⁴m³/d，可动用程度较低。

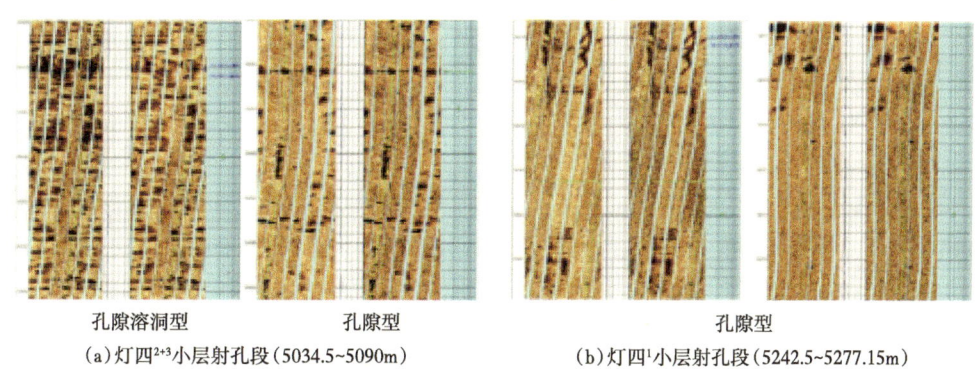

孔隙溶洞型　　孔隙型　　　　　　孔隙型

（a）灯四²⁺³小层射孔段（5034.5~5090m）　　（b）灯四¹小层射孔段（5242.5~5277.15m）

图 3-194　高石 11 井成像测井分析图

2. 示踪剂测试分析情况

震旦系灯四气藏进行的示踪剂测试，3 口井产能贡献情况如图 3-195 和表 3-33 所示，测试结果表明主力产层为孔隙度大于 3% 的储层；孔隙度 2%~3% 储层产能贡献率较低，在 10%~20% 之间。

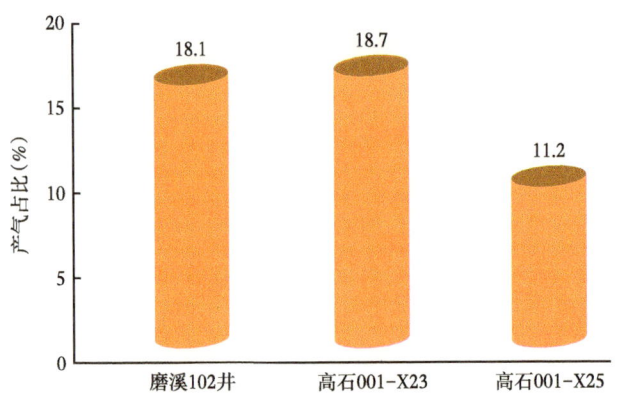

图 3-195　孔隙度 2%~3% 储层产能贡献占比

表 3-33　高石 001-X23 井各测试段不同类型储层产气占比

测试段	储层厚度（m）	2%~3% 储层厚度（m）	≥3% 储层厚度（m）	优质储层厚度（m）	裂缝—孔洞型储层厚度（m）	孔洞型储层厚度（m）	无阻流量贡献（10⁴m³/d）
6	56.5	1.8	54.7	41.3	13.3	28.0	99.43
5	76.4	4.1	72.3	61.6	10.0	51.6	55.90
4	6.3	5.0	1.3	5.8	2.1	3.7	9.32
3	1.6	1.6	0	1.6	1.6	0	5.67
2	11.8	11.8	0	10.7	8.0	2.7	18.02
1	11.3	11.3	0	5.3	0	5.3	14.18

（四）储量可动性评价方法

1. 多重介质低孔储层渗流能力表征

安岳气田震旦系灯影组储层储集空间类型复杂，不同尺度下的细小孔隙、溶蚀孔洞和裂缝难以同时表征，对不同类型孔隙结构进行定量分析的难度大。为此，基于数字岩心分析技术（李隆新等，2017），对多尺度孔隙结构进行定量分析，通过对不同分辨率数字岩心的等效叠加（鄢友军等，2017），实现了对总孔隙度、不同类型孔隙占比、迂曲度、孔洞配位数等关键参数的定量表征。针对已有微观渗流数值模拟技术存在模拟节点少、计算精度低、误差相对较大等问题，发展了微米尺度渗流数值模拟方法，对全直径岩心中多重介质进行"多流态"耦合微观流动模拟，计算节点数可达 $600×10^4$ 个，展示出了流体在多重介质中的流动规律，明确了主要渗流通道。

2. 高温高压条件下强非均质储层物理模拟实验评价

1）平面非均质气藏开发规律物模实验及分析

震旦系灯四气藏试井解释结果分析表明：气藏平面非均质性强，由于采用酸压作业，单井试井解释模型多为内区物性较好、外区物性较差的复合模型，并且内外区储层物性差异相差较大。针对高石梯地区震旦系灯四气藏非均质性强的特点，根据高石梯区块震旦系灯四气藏试井资料分析，结合实验取心，确定高石梯区块震旦系灯四段平面非均质气藏开发物理模拟方法，开展不同非均质程度、不同采气速度下平面非均质气藏开发物理模拟实验，分析物理模拟的平面非均质气藏内区高渗透储层、外区低渗透储层和气藏整体动用规律、生产压差变化规律，以及对于不同类型储层，衰竭式开发采出程度影响的主要因素及其影响规律，为灯四气藏有利区优选提供实验数据支撑。实验流程示意图如图3-196所示，实验参数见表3-34。

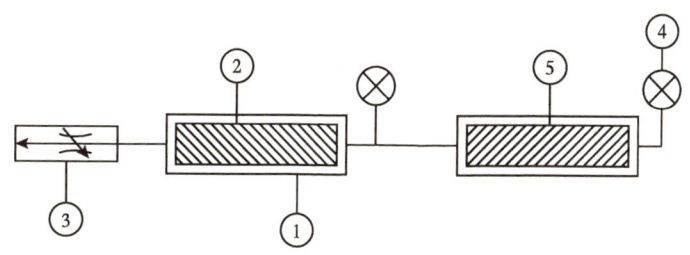

图3-196　震旦系灯影组平面非均质气藏开发物模实验装置示意图
1—压力传感器；2—环压泵；3—岩心夹持器；4—质量控制流量计；5—岩心

表3-34　全直径岩心衰竭式开发物理模拟实验参数

岩心号	长度（cm）	直径（cm）	孔隙度（%）	克氏渗透率（mD）	岩心代表储层类型
15-48-72	10.1	6.6	4.07	0.540	裂缝—孔洞型
13-15-36	10.3	6.6	3.30	0.048	孔洞型
13-24-81	10.2	6.6	2.50	0.580	裂缝—孔洞型

由物模实验模拟的平面非均质不同内外区渗透率级差下气藏采出程度与井底压力关系曲线中可以看出，受外区低渗透储层采出程度影响，不同配产、不同渗透率级差下平面非均质气藏采出程度与井底压力曲线差异较大。其表现为：平面非均质越强，产量越高，相同井底压力下气藏采出程度越低。因此，矿场可通过降低配产来提高平面非均质气藏采出程度（常程等，2017）。

2）基于开发物理模拟实验结果的井况生产模拟

由于岩心尺寸较小，室内实验不可能完全模拟现场单井实际生产。只能通过采用相似理论，使实验模型和模拟原型保持相似，按一定的相似准数进行转换，才能由模型实验结果推算出原型结构的相应结果，将实验结果应用于生产实际中。依据相似原理中的 π 定理，在本次室内模拟实验中，对于均质气藏采用了保持运动相似的相似准数 π_1：

$$\pi_1 = \frac{q}{q_{AOF}} \tag{3-96}$$

式中　q_{AOF}——无阻流量；
　　　q——实时流量。

π_1 在现场为实际生产井配产强度。

对于非均质气藏的相似,在均质气藏相似准数 π_1 的基础上考虑了反映非均质性程度的渗透率级差相似准数 π_2:

$$\pi_2 = \frac{K_g}{K_d} \tag{3-97}$$

式中　K_g——低渗透区均值渗透率,mD;
　　　K_d——高渗透区均值渗透率,mD。

从灯四气藏开发物理模拟相似准数表(表3-35)中可以看出物模 π 值在矿场 π 值范围以内,物理模拟实验结果可用于灯四气藏开发动态预测。

表3-35　高石梯区块灯四气藏开发物理模拟相似准数

相似准数	物理意义	矿场值	物模值
$\pi_1 = q/q_{AOF}$	π_1 越大,产量越大	0~1/2	0~1/2
$\pi_2 = K_g/K_d$	π_2 越大,纵向非均质性越强	1~1000	2.5~80

根据平面非均质气藏开发物模实验结果,结合相似性理论中非均质渗透率级差(π_2)相似的原理,假定纵向非均质气藏原始压力为55.7MPa,最小井口压力7MPa,根据物模结果和相似准数,数值反演获得纵向储层动用规律,预测平面非均质性储层开发动态。

依据相似性理论和物模实验获得的平面非均质气藏不同配产强度系数 π_1 下采出程度对比曲线可以看出:受内区低渗透储层采出程度影响,相同井底压力下,产量越高、非均质性越强,平面非均质气藏采出程度越低,产量和平面非均质性对气藏采出程度影响较大,可通过降低气井产量来提高平面非均质气藏采出程度。

根据平面非均质性开发物模实验在不同内外区的级差下,由于模拟内区用的岩心取自裂缝—孔洞型地层,对应到实际的储层中,内区相当于缝洞型的储层(等效于近井地带酸压施工后的情况)。而外区选用孔洞型和孔隙型岩心,分别对应孔洞型和孔隙型储层。通过开发物模实验结果及开发动态的数值反演预测,以10MPa作为废弃压力得到不同配产下平面非均质性储层采出程度范围对比情况,见表3-36。可以发现,内区缝洞型储层的采出程度基本不受外区的渗透性影响,说明制约平面非均质性储层整体动用程度的主要是低渗透的外区的渗流能力和补给速度,从整体采出程度来看外区孔洞型储层要优于孔隙型储层。因此划分有利区时应当优先选择与内区裂缝—孔洞型地层级差较小的区域,以利于提高整体的采出程度。

表3-36　不同平面非均质情况下储层采出程度范围对比

区域		采出程度	
内区缝洞型		68%~78%	内外区整体综合
外区	孔隙型	5%~16%	20%~30%
	孔洞型	45%~75%	55%~75%

3)地层条件下不同类型储层产能贡献对比实验

地层条件下的气体受高压和高温的影响,气体黏度增加、密度变大,会影响气体在储层中的流动状态和渗流规律(王璐等,2017)。因此,需要开展地层条件下裂缝—孔洞型、孔洞型和孔隙型三种不同类型储层高温高压覆压衰竭式开采模拟实验,对三种类型岩心占总产气量的贡献值进行了对比分析。用高石梯区块灯四段3块岩心分别代表这三种不同类型的储层。实验样品基础参数见表3-37,流程如图3-197所示,实验温度为120℃,围压为130MPa,流压为50MPa。

表3-37 高温高压产能模拟实验样品基础参数

岩心编号	样品号	岩心类型	渗透率(mD)	孔隙度(%)
20140286132	G33	孔隙型	0.0124	1.58
201500570011	G39	孔洞型	0.1000	3.55
20140266210	G40	裂缝—孔洞型	8.6800	3.35

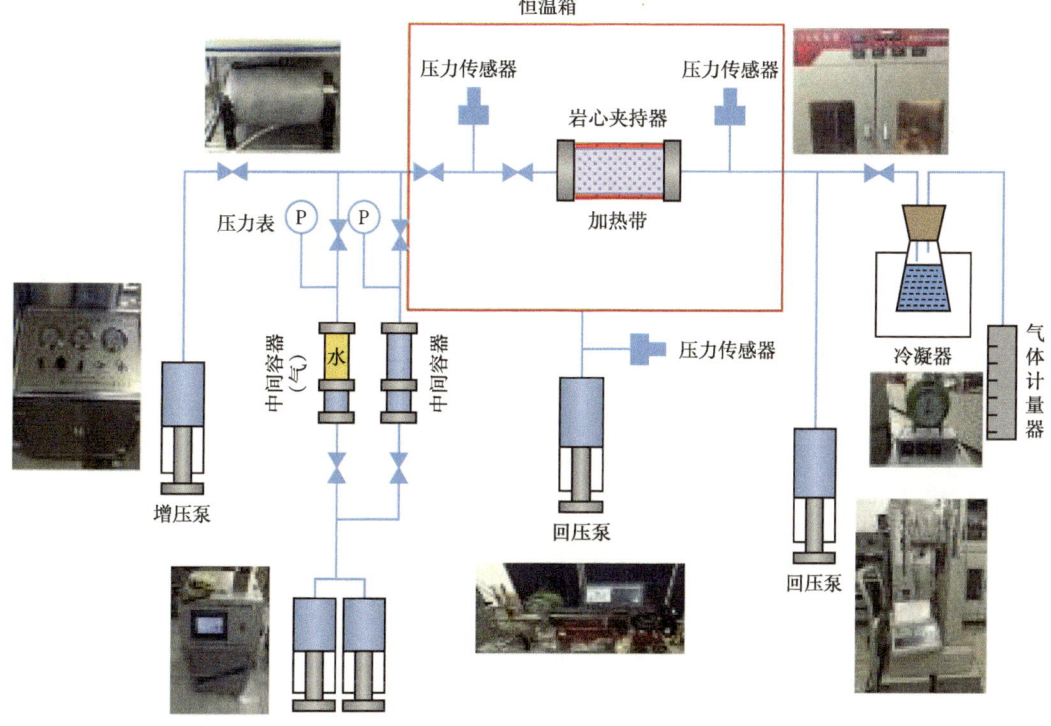

图3-197 地层条件下衰竭式开采实验流程图

通过对比不同类型岩心在衰竭初期和缝洞开采末期的产能贡献值大小(图3-198),可以发现:裂缝—溶洞型(缝洞型)和孔洞型(孔洞型)岩心是衰竭开发初期产量主要贡献来源,其中缝洞型岩心贡献率最大。随着生产压差的增加,缝洞型岩心贡献率逐步增加,孔隙型岩心中的气相动用较低,占总气量贡献率小。随着开发时间的增加,到缝洞衰竭期末,高压差下孔隙型岩心动用程度得到提高,贡献率逐渐增大。

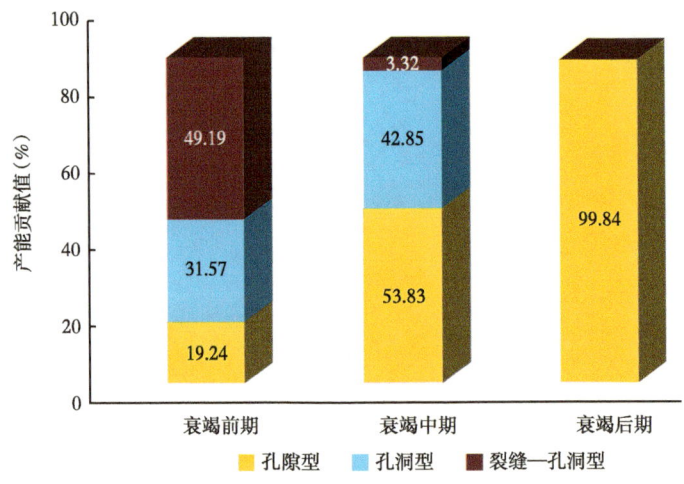

图 3-198　不同衰竭阶段不同类型岩心产能贡献率

通过开展开发物模实验及分析和开发动态数值模拟研究，取得如下认识：

（1）高石梯区块震旦系灯影组非均质气藏物模结果分析表明：非均质渗透率级差（非均质性）对气井合理配产、稳产期采出程度影响较大，非均质性越强，配产和采出程度越低。配产对非均质气藏低渗透储层采气影响也有较大影响，降低产量可提高低渗透储层和气藏整体采出程度。

（2）井况生产数值模拟研究表明，裂缝—孔洞型储层采出程度最高，孔洞型次之，孔隙型储层动用率最低。非均质性对储层整体采出程度影响较大，非均质性强时，产量对非均质气藏外区低渗透储层采气影响也较大，降低产量可提高外区低渗透储层及储层整体的采出程度。有利区优选时，应选取与内区裂缝—孔洞型储层孔渗结构相似或渗透性级差较小的区域，以利于提高整体的采出程度。

3. 可动性下限综合分析

综合上述开发物理模拟实验、生产测井、试油成果、示踪剂测试分析及数值机理模型模拟分析结果，结合储层分类评价情况，在开发初期裂缝—孔洞型和孔洞型储层是产量的主要贡献来源，气藏可动用的储量主要集中在这两种类型储层中，孔隙型储层动用程度低，产能贡献率在 10%~20% 之间。裂缝—孔洞型和孔洞型储层物性主要集中于孔隙度 3%以上、渗透率在 0.1mD 以上。而孔隙型储层物性主要集中在孔隙度 3% 以下，孔隙型储层的渗透率甚至主要在 0.01mD 以下。因此，考虑在当前技术条件下，把孔隙度大于 3%、渗透率不小于 0.1mD 作为易动用储量，孔隙度 2%~3% 作为可动用储量（表 3-38）。

表 3-38　储层分类评价表

储层类型	裂缝发育程度	成像缝洞特征	孔隙度（%）	渗透率（mD）	采出程度（%）	测试效果（$10^4 m^3/d$）	代表井	可动性
裂缝—孔洞型	发育	溶洞发育且发育裂缝	≥3	≥0.1	57.47	>30	高石 3、高石 7	易动用
孔洞型	欠发育	溶洞发育呈蜂窝状	≥3	≥0.1	46.08	2~30	M 105	易动用
孔隙型	无	无	2~3	<0.01	11.00	<2	高石 102 灯四^1 小层、高石 19 灯四^1 小层	可动用

(五)产能分布特征及评价

高石梯震旦系气藏气井无阻流量大于 $100×10^4m^3/d$ 的有 44 口井,$(50~100)×10^4m^3/d$ 的有 26 口井,$(20~50)×10^4m^3/d$ 的有 9 口井,$(10~20)×10^4m^3/d$ 的有 6 口井,小于 $10×10^4m^3/d$ 的有 14 口井(图 3-199)。其中,探明储量区内高石 1 井区进行了 43 口井 51 井次无阻流量的计算,合计无阻流量 $6407.32×10^4m^3/d$,单井平均无阻流量 $149.01×10^4m^3/d$;高石 19 井区进行了 5 口井 6 井次无阻流量的计算,合计无阻流量 $152.66×10^4m^3/d$,单井平均无阻流量 $30.91×10^4m^3/d$。

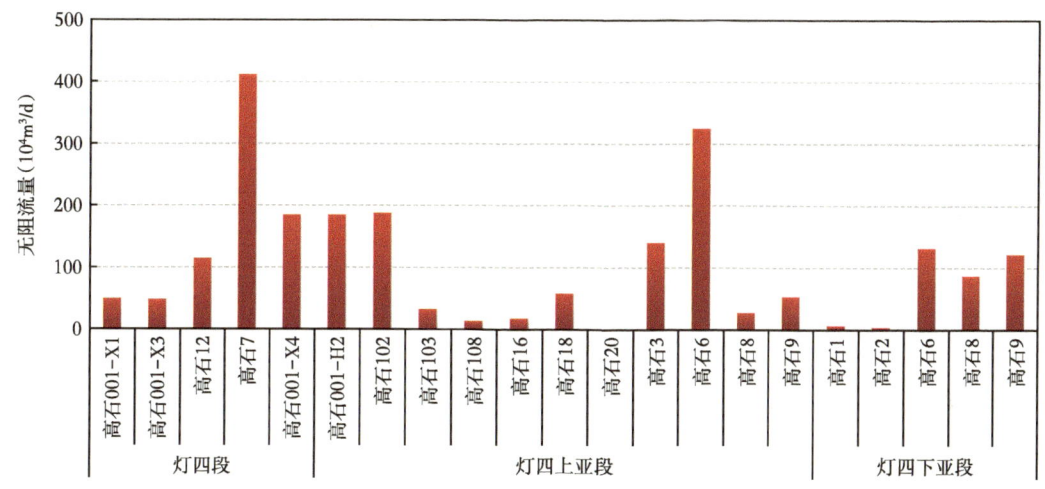

图 3-199 高石梯区块灯四气藏气井无阻流量统计直方图

(1)高石梯区块单井平均无阻流量 $127.78×10^4m^3/d$。

高石梯区块 58 口井 70 井次的无阻流量计算结果表明,高石梯区块合计无阻流量 $7400.83×10^4m^3/d$,单井平均无阻流量 $127.60×10^4m^3/d$,其中灯四$^{2+3}$小层测试合计无阻流量 $4772.45×10^4m^3/d$,单井平均无阻流量为 $110.99×10^4m^3/d$;灯四^{1}小层测试合计无阻流量 $377.23×10^4m^3/d$,单井平均无阻流量为 $41.91×10^4m^3/d$;灯四段测试合计无阻流量 $2251.15×10^4m^3/d$,单井平均无阻流量为 $160.80×10^4m^3/d$。

(2)高石梯区块震旦系气藏灯四段台缘带气井平均无阻流量高于台内气井。

截至目前,台缘灯四气藏完钻 38 口井,正钻 3 口,完成试油 38 口,测试获气 $2875.51×10^4m^3/d$,其中测试产量大于 $100×10^4m^3/d$ 的井 12 口,开发主体区投入生产井 35 口(以大斜度井、水平井为主),开井 35 口,日产气 $835.6×10^4m^3$,累计产气 $98.5×10^8m^3$,日产水 $152.7m^3$,累计产水 $20.1×10^4m^3$(表 3-39)。

台内灯四气藏完钻 25 口井,正钻 1 口,完成试油 24 口,测试获气 $1050.44×10^4m^3/d$,其中测试产量大于 $100×10^4m^3/d$ 的井 3 口。

(3)高石 1 井区井区内气井产能普遍较高,仅少数井为三类井。

高石 1 井区共开展了 50 口井 60 井次的无阻流量计算,合计无阻流量为 $7168.95×10^4m^3/d$,单井平均无阻流量为 $143.38×10^4m^3/d$。其中,灯四$^{2+3}$小层合计无阻流量 $4559.04×10^4m^3/d$,单井平均无阻流量为 $126.64×10^4m^3/d$;灯四^{1}小层合计无阻流量为 $358.76×10^4m^3/d$,单井

平均无阻流量为 $59.79×10^4m^3/d$。灯四 $^{2+3}$ 小层的无阻流量明显高于灯四 ^{1} 小层，气井产气贡献主要源于灯四 $^{2+3}$ 小层。50 口井中一类井 47 口，二类井 2 口，三类井 1 口，高石 1 井区以一类、二类井为主。

表 3-39 台缘灯四气藏生产情况简表

分类	投产井数（口）	生产井数（口）	日产气（10^4m^3）	日产水（m^3）
高压稳产井	9	9	436.3	82.0
中压稳产井	14	14	271.3	50.5
低压稳产井	7	7	86.8	14.6
低渗透波动井	5	5	41.2	5.6
残余台缘	1	0	0	0
合计	36	35	835.6	152.7

七、储渗体划分

储渗体主要是指致密岩层中非均一分布的孔、洞、缝相互沟通而形成的不规则的储渗系统。鉴于本区灯四段储层类型多样性、非均质性，为满足开发需求，应对储渗体进行进一步分类刻画。前人对四川盆地灯影组储渗体研究目前存在以下观点：(1)王兴志等基于储渗体成因及形态，将灯影组储渗体划分为残丘及风化壳型、岩溶溶洞型、透镜型、裂缝裂和古残留背斜型；(2)侯方浩等认为灯影组储渗体主要由重结晶白云岩晶间孔（洞）、沿 40°方向构造缝扩溶形成的溶洞、葡萄花边胶结后的残余孔洞、70°~80°张裂缝等 4 类储渗空间构成。这些研究方法一方面未考虑储渗体的叠置特征，另一方面缺乏定量划分依据。基于缝洞预测成果、丘滩体平面展布刻画、优质储层建模成果、优质储层储量丰度之间的关系，建立储渗体划分方案（表 3-40）。划分方案依据如下：(1)根据丘滩复合体分布特征，以丘滩体平面分布边界作为储渗体横向边界；(2)根据灯四气藏地质模型，明确优质储层（裂缝—孔洞型和孔洞型）累计厚度大于 5m 的区域；(3)根据灯四气藏地质模型，明确优质储层储量丰度大于 $2×10^8m^3/km^2$ 的区域；(4)基于曲率属性，建立地震缝洞发育有利区。

表 3-40 高石 1 井区灯四段储渗体分类评价依据表

分类依据	一类储渗体	二类储渗体	三类储渗体
优质储层厚度	>15m，裂缝—孔洞型储层厚度占比超过 30% 且厚度大于 5m	>15m，孔洞型储层厚度占储层总厚度比例超过 70%，裂缝—孔洞型储层厚度小于 5m	<15m
储量丰度（$10^8m^3/km^2$）	>4	3~4	<3
主要渗流特征	缝洞系统渗流特征或复合模型	裂缝线性流或视均质特征	低渗透特征明显

续表

分类依据	一类储渗体	二类储渗体	三类储渗体
缝洞反演剖面	GS3	GS7	GS10
典型井试井曲线	高石001-X31井双对数曲线	高石001-H53井双对数曲线	高石001-X42井双对数曲线
典型井	高石2井、高石3井、高石6井	高石1井、高石7井、高石8井	高石10井

第七节 灯影组气藏开发有利区优选

综合生产测井、试油成果、示踪剂测试分析、数值机理模型模拟分析结果与储层分类评价情况，采用地层条件下开发物理模拟实验、数值岩心微观流动模拟等手段，明确了开发初期裂缝—孔洞型和孔洞型储层是产量的主要贡献来源。并根据储层描述、地震预测、产能评价研究成果认识，分析制约气藏效益开发的主控因素，建立开发有利区块优选指标体系，优选开发有利目标区块。

丘滩体刻画明确有利滩体分布，岩溶古地貌确定优质岩溶储层发育区，以一类、二类储渗体为主，优选4个有利开发目标区。

通过持续深化气藏认识，结合最新气藏静、动态特征，在充分考虑开发建产井取得明显效果的基础上对有利区进行了优化和优选，最终综合优选了高石梯灯四台缘带有利区。

一、灯四^{2}小层与灯四^{3}小层有利区优选

灯四^{2}小层与灯四^{3}小层有利区优选标准，以效益开发理念为指导，综合高石梯震旦系灯四气藏的构造特征、沉积相特征、岩溶古地貌特征、优质储层厚度、缝洞发育程度、波形分类等因素，开展评价区内有利区划分，最终在高石1井区等4个储量区中优选了4个开发有利区，这4个开发有利区的总叠合面积682.5km^2。

进一步根据沉积有利区、古地貌单元、储层发育情况等因素在这4个有利区优选出5个一类有利区，总面积319.3km^2，4个二类有利区，总面积363.2km^2（图3-200），其

划分标准见表3-41。其中，一类有利区：有利沉积相带丘滩比例分布在60%~80%之间，古地貌主要位于岩溶残丘和坡折带，位于缝洞发育区，地震预测孔隙度大于3%的储层厚度分布在20~35m，优质储层厚度一般在20m以上；二类有利区：有利沉积相带丘滩比例分布在50%~75%之间，古地貌主要位于残丘和坡折带，位于缝洞较发育区，地震预测孔隙度大于3%的储层厚度主要分布在15~25m，优质储层厚度一般在15m以上（表3-42）。

表3-41 开发有利区划分标准

有利区划分	一类有利区	二类有利区
沉积相	丘滩发育区（丘滩比例60%~80%）	丘滩发育、较发育区（丘滩比例50%~75%）
古地貌	主要位于残丘、坡折带、缓坡	主要位于残丘、坡折带、缓坡
第一潜流带潜流上带厚度	大于45m区域	小于45m区域
地震预测缝洞发育	缝洞发育区	缝洞发育区
储层	地震预测孔隙度大于3%的储层厚度大于20m	地震预测孔隙度大于3%的储层厚度大于15m
	灯四上亚段优质储层厚度大于20m	灯四上亚段优质储层厚度大于15m

表3-42 一二类井开发方案有利区划分结果

井区	高石1一类有利区	高石1二类有利区
面积	171.8km²	151.2km²
构造	-4760m以上	-4760m以上
沉积相	丘滩比例（70%~80%）	丘滩比例（60%~75%）
古地貌	残丘、坡折带（占比98%）	残丘、坡折带（占比91%）
地震预测缝洞发育	缝洞发育区	缝洞较发育区
储层	30m＞地震预测孔隙度大于3%的储层厚度＞20m	25m＞地震预测孔隙度大于3%的储层厚度＞15m
	灯四上亚段优质储层厚度大于20m	灯四上亚段优质储层厚度大于15m
一、二类井比例	100%	96%

第三章 气藏描述及气藏关键开发技术

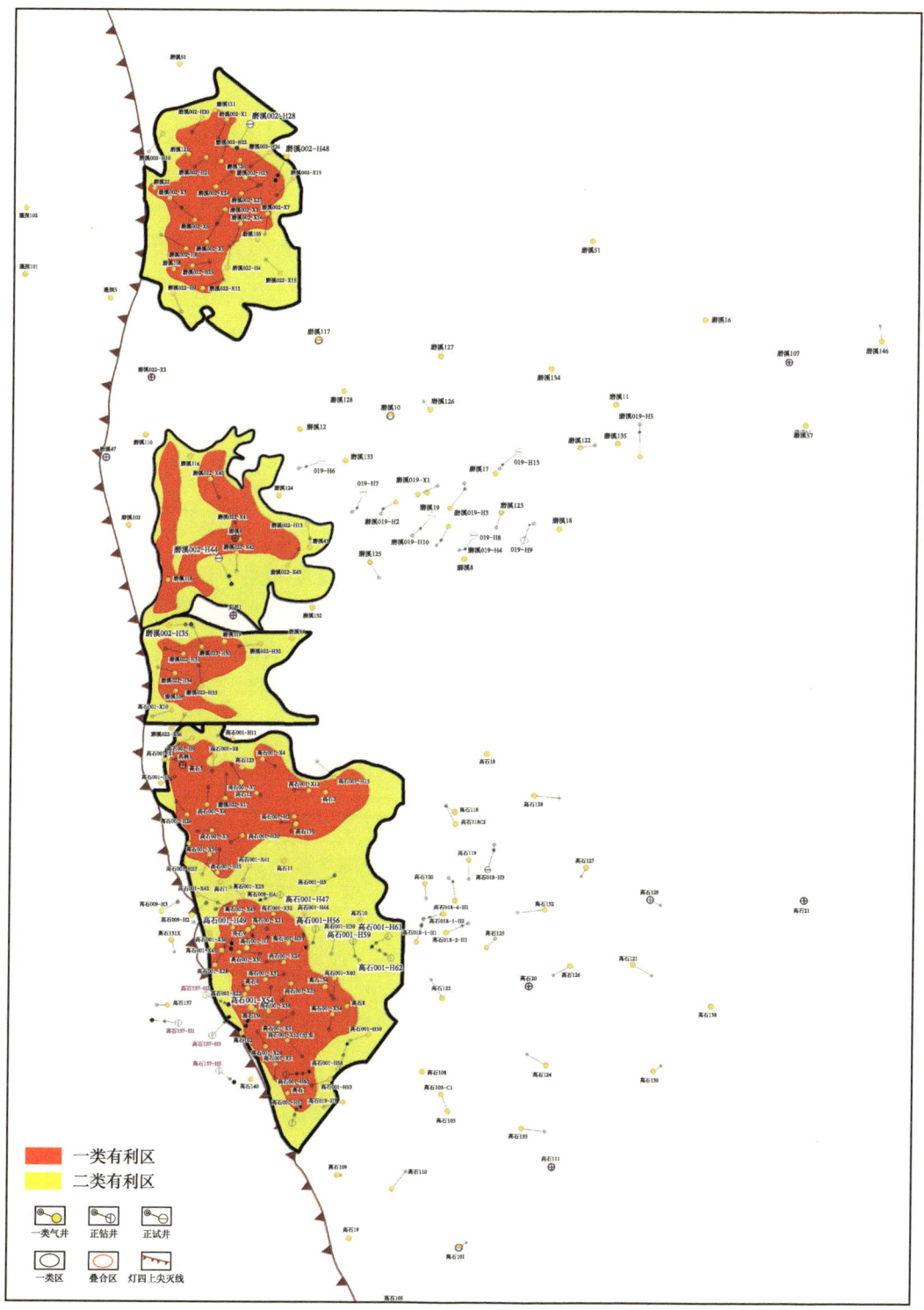

图 3-200 开发评价区一类、二类有利区划分图

二、灯四^{1}小层有利区优选

以往的研究认为由于高石梯优质储层主要受桐湾期表生岩溶作用控制,优质储层集中发育于近震旦系顶的灯四^{2}小层与灯四^{3}小层,灯四^{1}小层远离震旦系顶岩溶储层发育程度较低。而最新的研究与钻井证实高石梯地区灯四^{1}小层在沉积过程中,受海平面变化作用影响,受到了海岸性岩溶作用,也形成具有储渗意义的优质储层。高石梯地区灯四^{1}小层优质储层集中发育于近海岸线10km以内区域,但优质岩溶储层发育厚度随距古海岸线的距离的增加而减少。以效益开发理念为指导,综合考虑灯四^{1}小层的沉积、储层、含气性、储量区分布,以及与上覆有利区的叠合特征对灯四^{1}小层开展了有利区优选,优选有利区256km^2(图3-201)。

进一步根据沉积前古地貌、丘地比、优质储层的厚度情况等因素将灯四^{1}小层有利区划分为2个一类区,面积148.1km^2,1个二类区,面积107.9km^2(表3-43)。其中,一类有利区主要位于沉积前古地貌次高带、丘地比大于65%区域、储层厚度大于20m区域,含气饱和度大于85%区域,以及与上覆有利区呈叠加关系,综合划定高石梯灯四^{1}小层一类有利区面积148.1km^2,由于此类区域优质储层发育厚度较大,因此区内气井测试产量相对较高,平均可达35×10^{4}m^3/d。而二类有利区主要位于沉积前古地貌次高带,丘地比在55%~65%之间,受沉积与距陡坎的距离影响,优质储层厚度相对较薄,小于20m,但含气饱和度普遍在75%以上。由于此类区域内灯四^{1}储层厚度整体较薄,因此在划定有利区时参考了灯四^{2}小层与灯四^{3}小层的有利区范围,将二者叠合的部分定位二类有利区,其面积为107.9km^2。由于该区储层厚度相对较薄,因此测试产量相对一类区低,平均测试产量19×10^{4}m^3/d。

表3-43 灯四^{1}小层开发方案有利区划分结果

指标	一类有利区	二类有利区
面积	148.1km^2	107.9km^2
沉积前古地貌	次高带	次高带
丘地比	大于65%	55%~65%
优质储层发育厚度	大于20m	小于20m
含气饱和度	大于85%	大于75%
与上覆有利区叠合情况	叠合	叠合
平均测试产量	35×10^{4}m^3/d	19×10^{4}m^3/d

三、有利区综合优选

根据最新的研究成果,综合考虑高石梯区块灯四^{1}小层、灯四^{2}小层、灯四^{3}小层有利区优选结果,在高石梯地区灯四段通过各小层叠合,最终在高石梯区块灯四台缘带选定四个有利区(高石1井区、M109井区、M118井区、M108-118井区)的面积为700km^2(图3-202)。

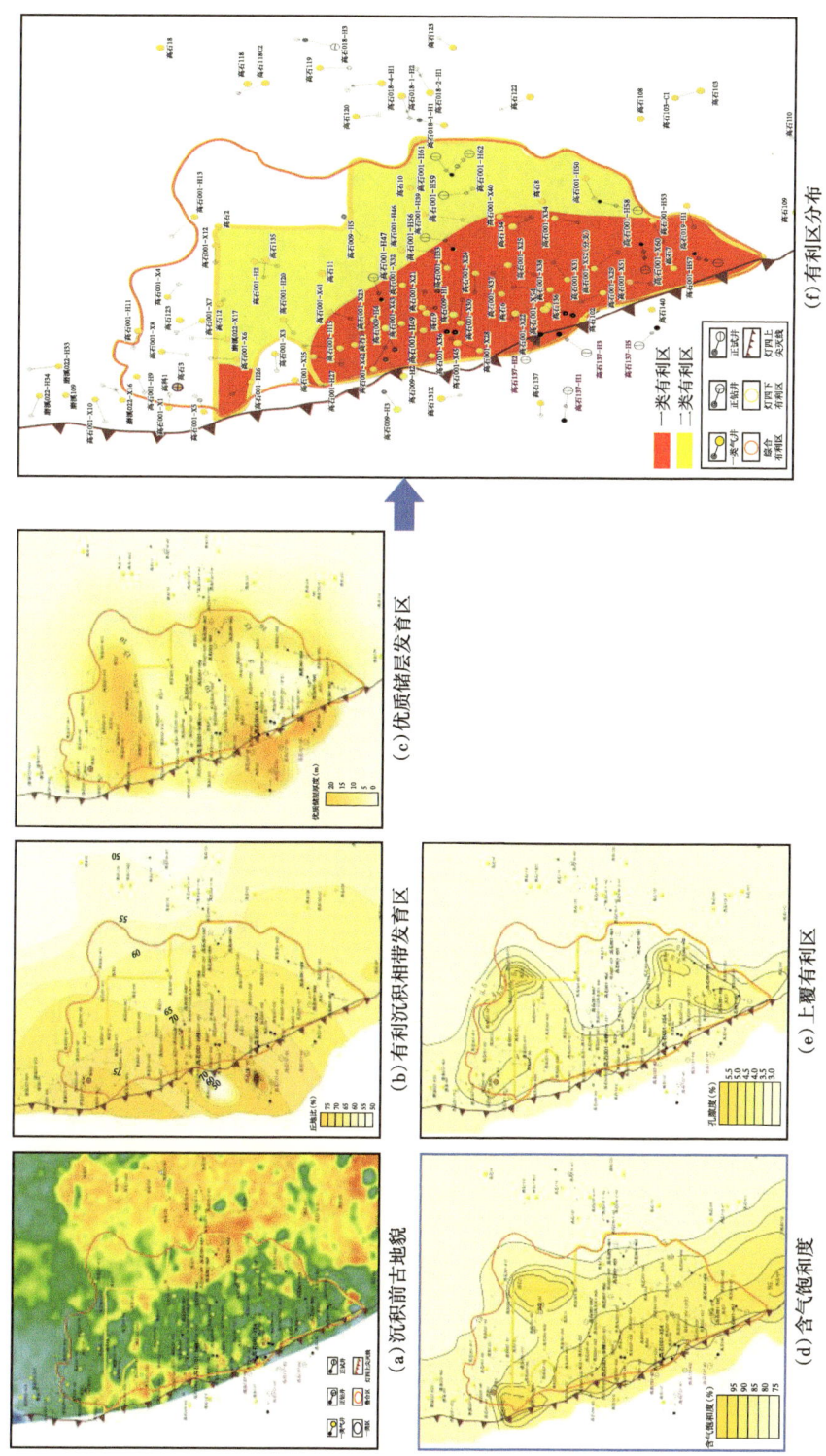

图 3-201 高石梯震旦系灯四气藏灯四¹小层开发评价区内有利区划分图

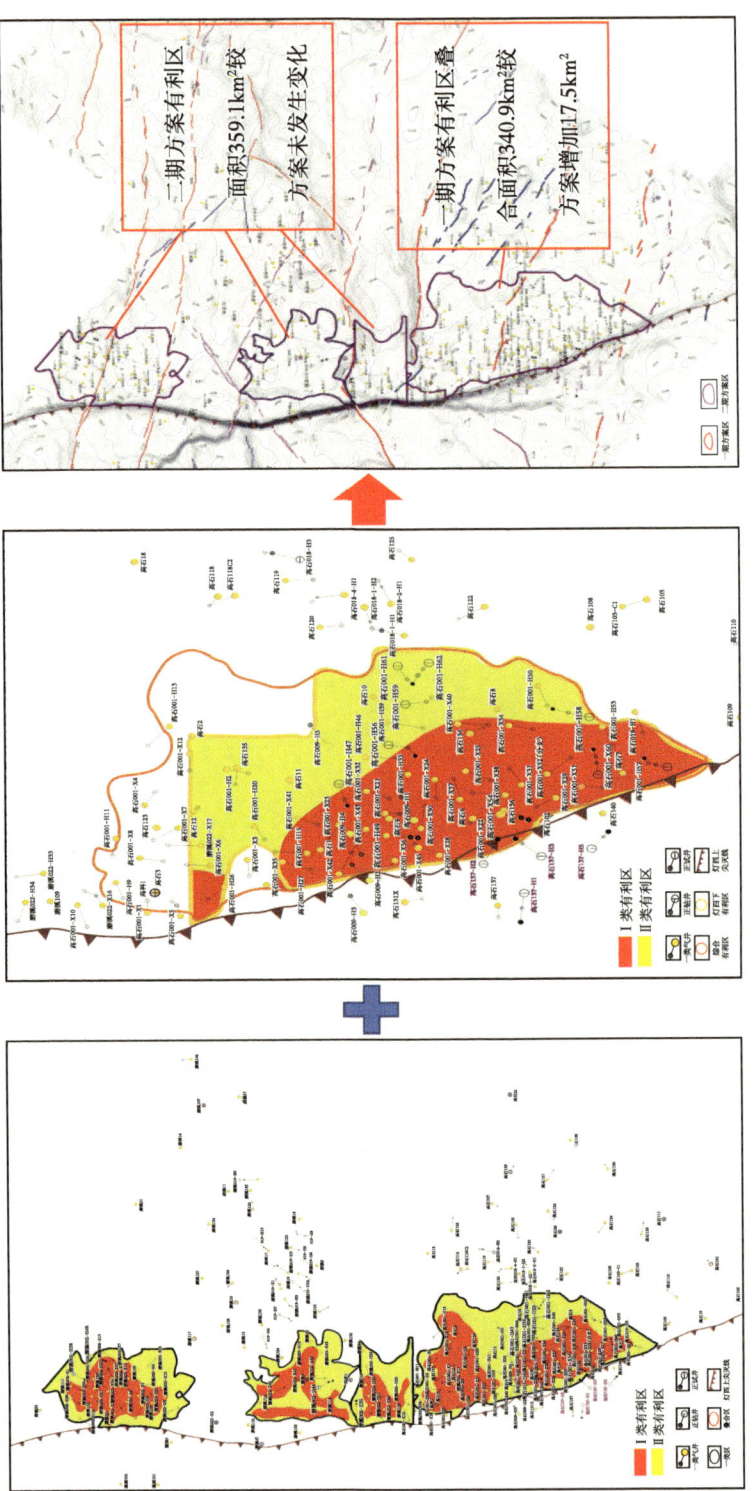

图 3-202　高石梯区震旦系灯四气藏灯四 1 小层开发评价区内有利区划分图

第八节 灯影组气藏高效开发技术对策

创新形成储渗体精细描述技术选区、储层地震响应模式定点、储渗体组合优化靶体的大斜度井、水平井高产目标靶体优化设计技术，解决了气藏储量效益开发动用难题，建立3类有效井位部署模式，形成分区优化开发技术对策，优化了开发部署，提高了气藏储量动用率。

一、开发井井型优选与开发井距优化

（一）开发井井型优选

随着钻井技术和地质导向工具的进步，水平井、大斜度井，以及分支井技术已经广泛地应用于各类气藏开发。国内外通过多年来研究及实践表明，大斜度井、水平井是能够有效提高气井单井产量和气藏采收率的井型。在四川盆地以五百梯石炭系气藏为典型代表，大斜度井的实施有效提高了气井的稳产能力和储量动用率，取得了良好的开发效果和经济效益。

根据西南油气田科研成果《四川盆地现有水平井（大斜度井）开采效果评价及气藏开发井型优选研究》，高石梯区块震旦系灯四气藏储层发育跨度大，相互叠置，采用斜井可兼顾纵向各层储量的有效动用，提高单井产量。同时，类比国内外同类碳酸盐岩气藏，以一种井型为主，结合多种井型的开发模式可供借鉴。

按照"提高单井产量和储量有效动用，开发技术指标较优，开发经济指标较好"的原则，对高石1井区开发井型开展进一步研究和论证。根据灯四气藏地质特征分析不同开发井型的适应性，以气藏的实际资料为基础建立单井数值模拟模型和解析分析模型，对气藏水平井、大斜度井和直井的开发效果进行模拟和对比分析，并结合实钻井的测试和试采资料，分析不同井型的实施效果，优选适应灯四气藏的开发井型。

1. 井型适应性分析

（1）灯四段储层发育跨度大、相互叠置、非均质性强，采用斜井可兼顾纵向各层储量的有效动用。

安岳气田高石梯区块灯四段储层测井处理解释成果分析表明：储层纵向上发育层数多，储层累计厚度大，主要分布在93~256m。高石梯区块钻遇储层2~25层不等，主要发育在距灯四段顶120m区域，钻遇率主要在50%~100%之间。其中，高石梯区块灯四段单层厚度0.5~50m，储层累计厚度11.5~153.2m，平均值56.7m（孙玉平等，2016）。

从灯四段部分气井开展的试油（井）解释来看，各气井之间的渗透率差异较大，渗透率最小0.01mD，最大15.47mD；各井近井区与远井区渗透率差异大，如高石梯区块的高石3井和高石18井灯四段，试油解释远井区渗透率分别为0.68mD和0.028mD，但内区渗透率分别为15.48mD和15.04mD，由此计算这两口井的渗透率级差为22.76和520.79，储层纵横向的非均质性强。因此，从储层纵向展布和储层物性来看，灯四段采用斜井利于纵向各层储量的有效动用。

（2）灯四段储层斜井或水平井开发易于钻遇缝洞系统，有利于提高气井产能。

灯影组储集空间研究表明，区内主要以溶洞、粒间溶孔、晶间孔和晶间溶孔为主，孔

洞和孔隙是灯四段的主要储集空间，裂缝发育，提高了储层的渗流能力。在钻井过程中，多口井在灯四段顶部出现大规模钻井液漏失和钻具放空现象，最大井漏高石 001-H2 井超过 6000m³，表明高石 1 井区内缝洞发育段的存在。区内灯影组取心段普遍发育孔洞、孔隙、裂缝，在成像测井上也明显见到洞缝的相应特征。

因此，灯四段储层以裂缝—孔洞型储层为主，斜井或水平井开发易于钻遇裂缝和孔洞系统，有利于提高气井产能。

（3）灯四段储层含水饱和度低，适宜于斜井或水平井开发。

根据安岳气田灯四段岩心烘干法测定含水饱和度值分析，灯四段含水饱和度介于 2.17%~89.56% 之间，平均为 23.26%；储层含水饱和度低，并且现有完钻井测试未见地层水。仅从含水饱和度来看，该储层适宜斜井或水平井开发。

2. 不同开发井型预测分析

1) 解析分析方法

从上述分析中可得，根据气藏地质条件，水平井与斜井有助于提高气井产量与储量动用。对于这两种井型，影响其产能的主要因素包括储层厚度、井段长度（陈军等，2004）、储层的各向异性等因素，采用相关方法计算水平井和斜井的初期无阻流量比值：

$$\frac{Q_s}{Q_g} = \frac{\ln\frac{r_e}{r_w} + \ln\left(\frac{4r_w}{L} \times \frac{1+\alpha}{2}\right) + \frac{2h}{L}\left(\frac{h}{\pi r_w} \times \frac{\alpha}{1+\alpha}\right) - \frac{1}{6}\left(\frac{\alpha h}{L}\right)^2}{\ln\frac{r_e}{r_w} + \ln\left(\frac{4r_w}{L_s} \times \frac{1}{\alpha\gamma} \times \frac{1+\gamma}{2\gamma}\right) + \frac{h}{L_s}\ln\left(\frac{\sqrt{L_s h}}{4r_w} \times \frac{2\alpha\sqrt{\gamma}}{1+1/\gamma}\right)} \quad (3-98)$$

根据不同的储层厚度，绘制两种井型的初期无阻流量比值预测图（图 3-203）。

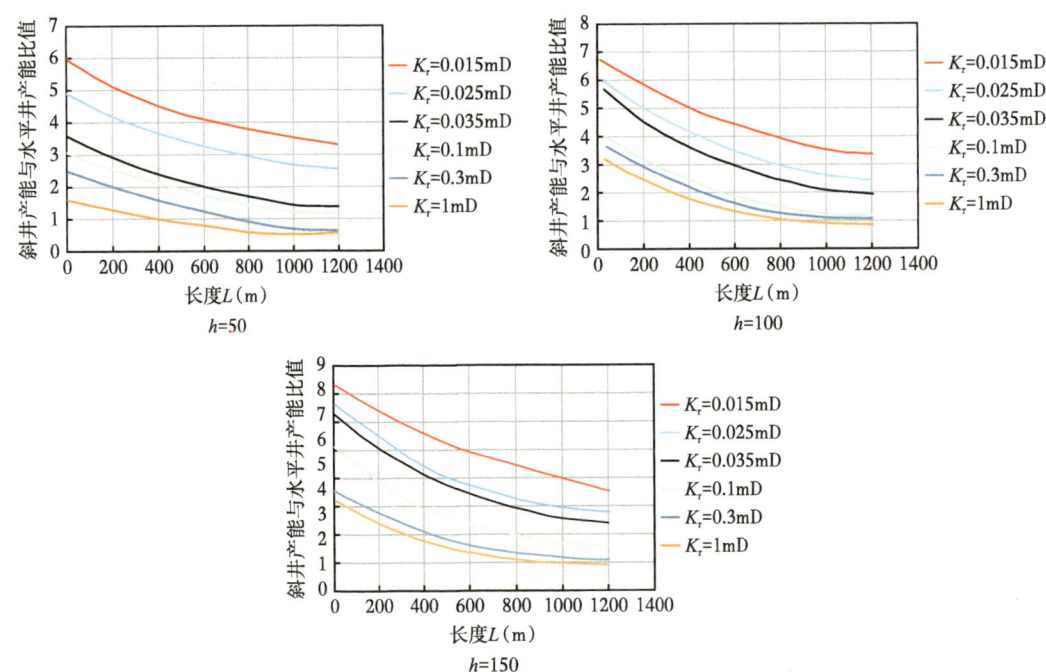

图 3-203　不同长度与垂向渗透率对水平井和斜井产能比的影响

从预测结果来看，垂向渗透率越大，垂向流动阻力越小，对于产能在很大程度上依靠垂向流动的水平井来说是有利的，而垂向渗透率越低，选择斜井是有利的。同时随着储层厚度的增加，斜井与水平井的产能比越大，垂向渗透率的影响更加显著；随着钻井长度的增加，斜井与水平井的产能比呈现变小的趋势，但总体来说，水平段长度在1000m之内，大斜度井存在一定的优势（孟凡坤等，2017）。

灯四气藏储层发育跨度大、相互叠置、非均质性强，钻遇储层为10~15层，垂向平均渗透率为0.48mD（图3-204），采用水平井难以兼顾纵向各层储量的有效动用，而采用斜井开采的初期产能可以达到水平井（水平段小于1000m）的2~3倍；此外，斜井在控制气藏储量，充分发挥纵向上产能，以及实施酸压等措施方面存在优势。为了保证动用所有储层段的产能，开发井型可以考虑采用大斜度井。

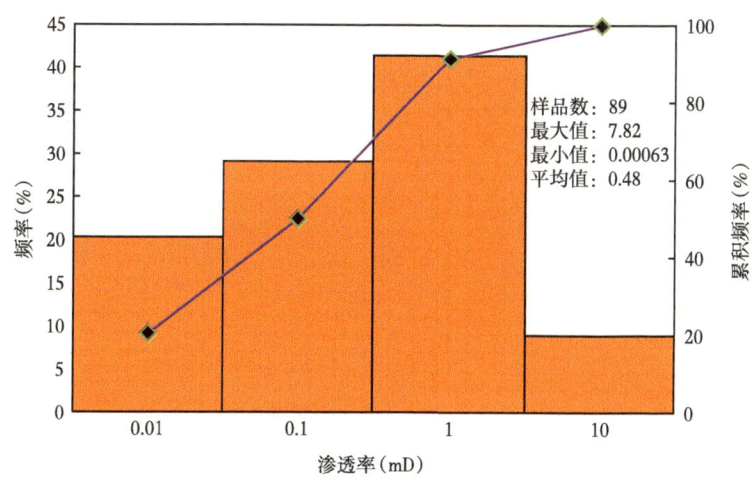

图3-204　灯四段储层垂向渗透率分布直方图

2）数值模拟方法

以灯四段台缘带的实际资料为基础，建立单井地质模型，采用水平井、大斜度井、多分支井和直井四类井井型的开发效果进行模拟及对比分析，在此基础上开展了开发井型的优选研究（表3-44）。

表3-44　不同开发井型优选研究

井型	参数					
直井	直井灯四段（隔层）	直井灯四上亚段	直井灯四段（纵向沟通）			
斜井	30°斜井	40°斜井	50°斜井	60°斜井	70°斜井	80°斜井
水平井	水平井600m（隔层）	水平井800m（隔层）		水平井1000m（隔层）		
	水平井1000m（纵向沟通）	双台阶水平井		三台阶水平井		
分支井	同层500m分支	分层500m分支		分支斜井		

参考 M109 井区的基础参数，建立单井模型。模型尺寸为 25km²，模型纵向上分为 7 层，5046~5192m，层间存在隔夹层，采用直井、大斜度井（30°、40°、50°、60°、70°、80°）、水平井（水平段长度为 600m、800m、1000m）、多分支井按照稳产 8 年分别开展模拟研究，预测结果如图 3-205 至图 3-208 所示。

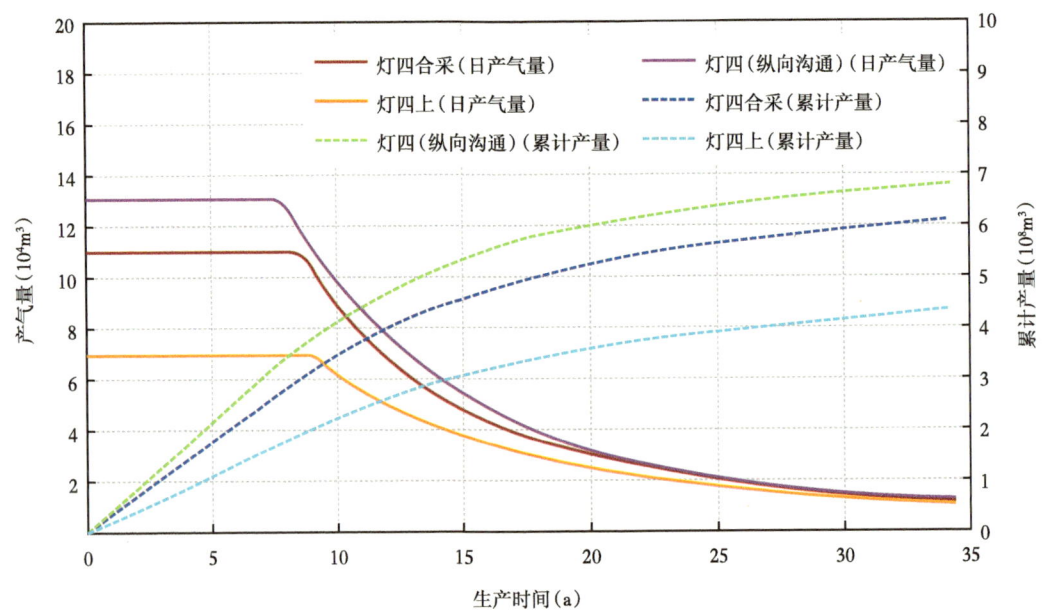

图 3-205　区块直井生产预测曲线图

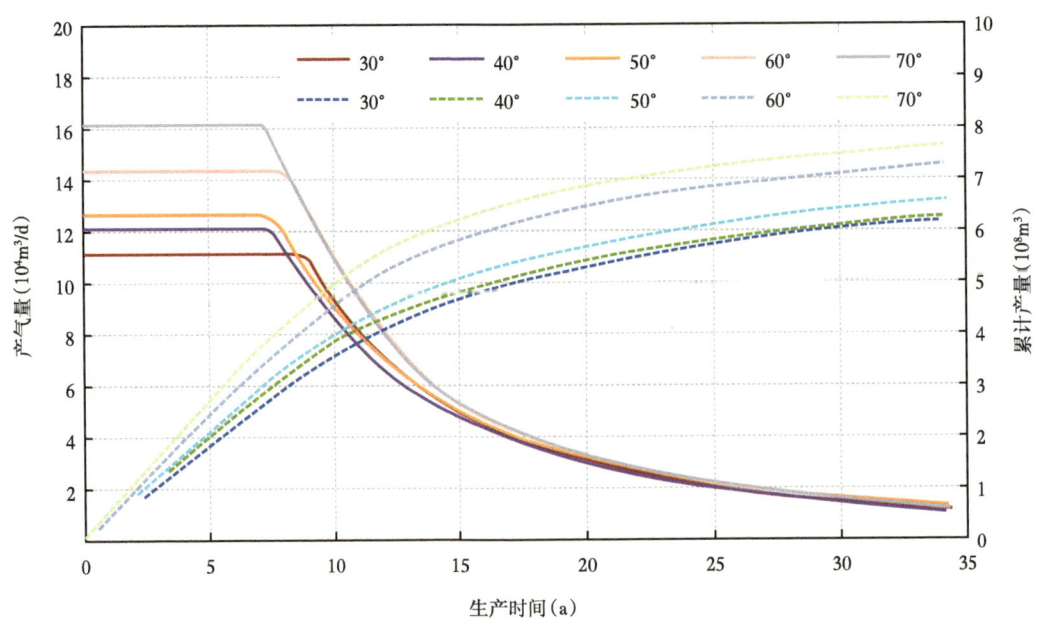

图 3-206　不同井斜角斜井生产预测曲线图

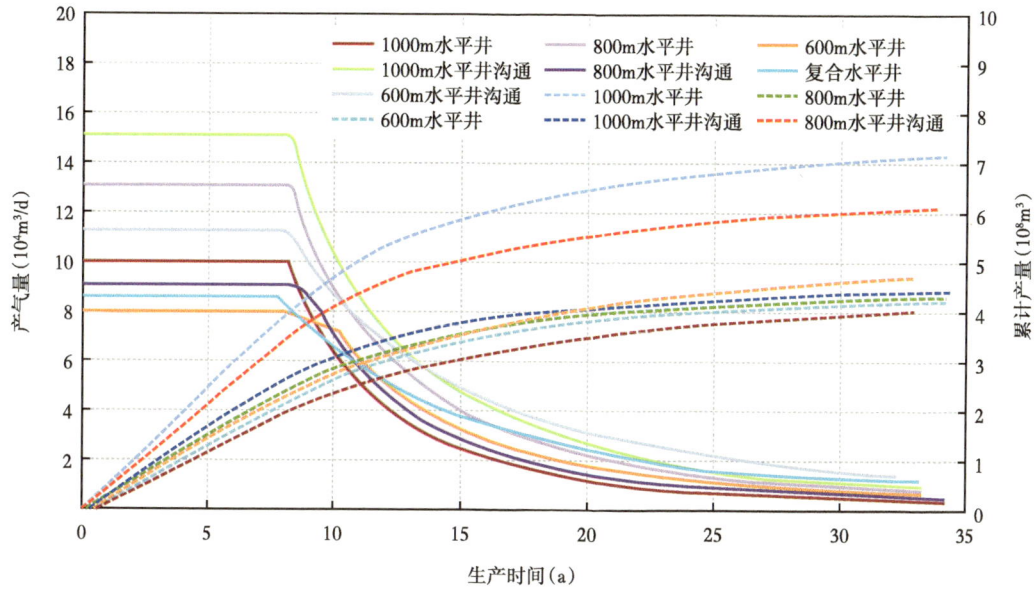

图 3-207　水平井生产预测曲线图

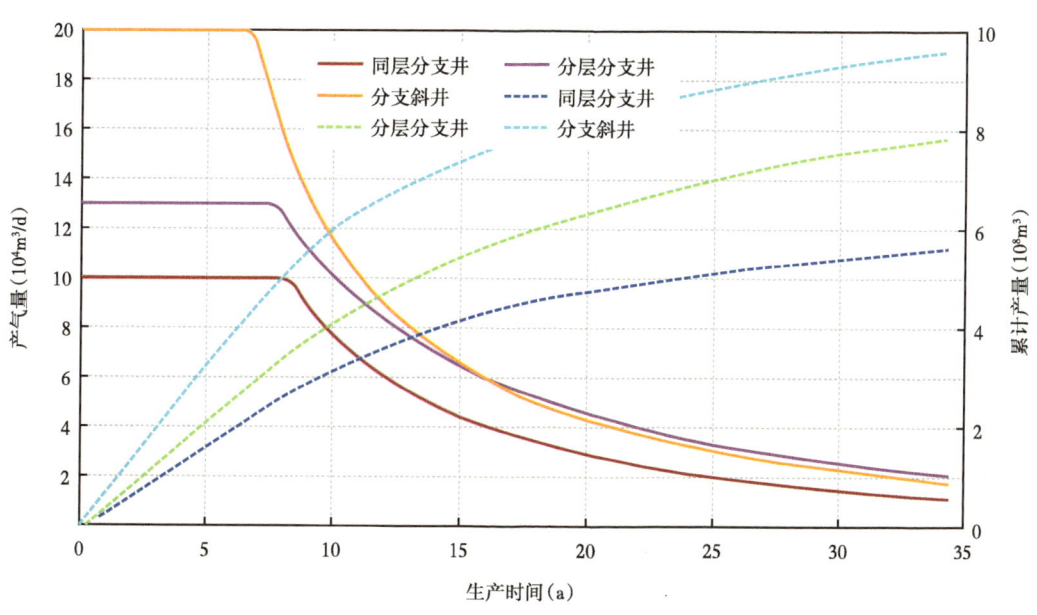

图 3-208　多分支井生产预测曲线图

在隔夹层不发育的条件下,直井生产累计产气量 $4.84×10^8m^3$,稳产期配产为 $10×10^4m^3/d$,在隔夹层发育的条件下,仅能产出 $4.16×10^8m^3$,稳产期配产为 $9×10^4m^3/d$。水平井累计产气量随水平段长度的增加而增加,纵向是否能沟通多个有效储层是影响其产气量的关键,沟通多层条件下水平井累计产量是仅动用单层时的 1.7 倍;随井斜角的增加,斜井的累计产量和配产增加,增加的幅度逐渐变缓;分支井中,斜分支井的生产效果最佳,但钻井周期、成本也最高。

对比不同井型的开发效果，从表3-45可以看出，灯四段台缘带储层纵向分散且跨度大，采用分支井效果最好，后依次是斜井、水平井、直井，分支井钻井成本、钻井周期明显高于其他三种井型，且预测35年累计产量仅比大斜度井高$1×10^8m^3$。通过对比分析，针对储层发育跨度大、相互叠置、非均质性强的储层，采用数值模拟预测及实钻测试，采用斜井可兼顾纵向各层储量的有效动用，采用60°~80°斜井可以明显提高稳产年限（3~5年）和累计产气量，局部优质储层集中发育区域可采用水平井提高单井产量，对于多个优质储层发育区可通过分支井提高储量动用率。

表3-45 不同井型预测结果表

井类	直井			斜井					
井型	直井灯四段	直井灯四$^{2+3}$小层	直井灯四段（沟通）	30°	40°	50°	60°	70°	80°
配产（$10^4m^3/d$）	9.0	7.0	10.0	11.0	12.0	12.6	14.3	16.1	17.5
累计产量（10^8m^3）	4.16	4.38	4.84	6.19	6.26	6.58	7.25	7.63	8.53

井类	水平井						多分支井		
井型	600m	800m	1000m	（纵向连通）800m	（纵向连通）1000m	（纵向连通）1200m	同层分支	分层分支	斜分支井
配产（$10^4m^3/d$）	8.0	9.0	10.0	13.0	15.0	16.8	10.0	13.0	20.0
累计产量（10^8m^3）	4.24	4.31	4.36	6.14	7.14	8.49	5.63	7.83	9.60

3. 实钻井效果分析

在开发评价期，高石梯区块震旦系灯四气藏完成斜井（水平井）测试均获得中高产；井斜角大于60°的7口斜井测试无阻流量均超过$100×10^4m^3/d$，井斜角在35°~60°的3口斜井测试无阻流量在$(50~100)×10^4m^3/d$之间，而3口直井，单井测试无阻流量均小于$50×10^4m^3/d$。在开发建产期，已完成40口测试井产井均为大斜度井或水平井，井斜角均大于60°，平均井斜角85.88°，40口井累计测试产量$2857.06×10^4m^3/d$，累计无阻流量$4778.85×10^4m^3/d$，单井平均无阻流量$119.47×10^4m^3/d$，一类井占比95%，无阻流量大于$100×10^4m^3/d$占比55%。目前，高石3井、高石001-H2井、高石001-X7井、高石001-X8井等大斜度井（水平井）投入生产，也取得了较好的生产效果，单井平均井控储量为$20.50×10^8m^3$（图3-209和图3-210）。实钻井的分析表明，高石梯区块震旦系灯四气藏采用大斜度井（水平井）开采可以取得较好的开发效果。

综上所述，灯四段储层纵向储层分散且跨度大、相互叠置、非均质性强，通过采用数值模拟预测及实钻测试分析，采用斜井可兼顾纵向各层储量的有效动用，采用60°~80°斜井可以明显提高稳产年限（3~5年）和累计产气量，局部优质储层集中发育区域可采用水平井提高单井产量，对于多个优质储层发育区可通过分支井提高储量动用率。

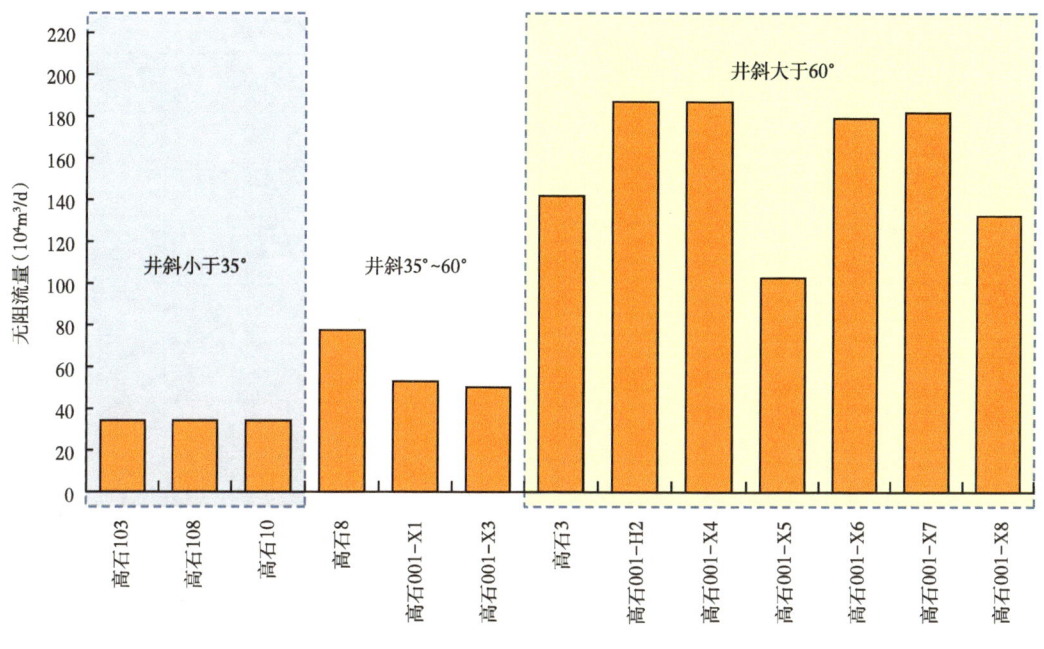

图 3-209　获气斜井产能统计直方图

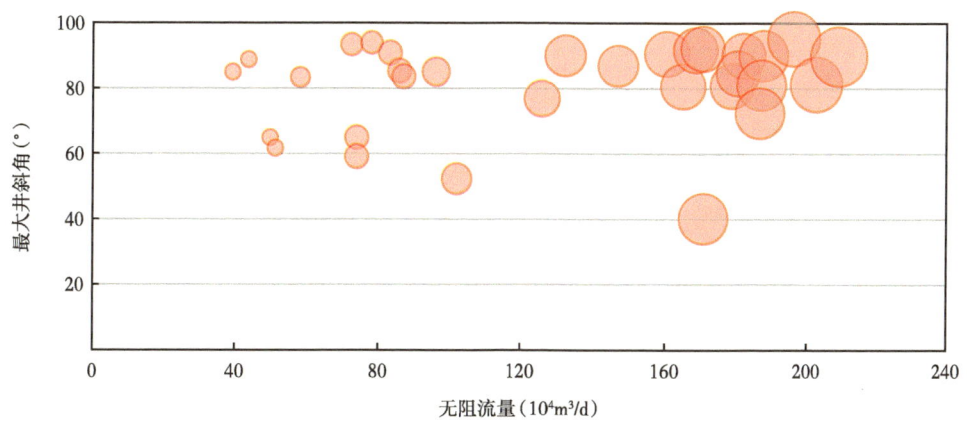

图 3-210　气井无阻流量与最大井斜角关系图

（二）开发井距优化

现有资料认为，高石梯灯四气藏属于大型岩溶风化壳碳酸盐岩气藏。根据国内外大型气藏调研的结果，这类气藏开发多以不规则井网为主（表 3-46）。高石梯震旦系灯四气藏储层在平面上形态不规则，在纵向上厚度变化大；由于受到多期岩溶作用的影响，储层物性和缝洞的发育具有强非均质性，不适宜采用均匀井网部署；采用不规则井网可以有效地控制储层，有利于增加钻遇气层的概率。因此，建议在气藏开发中采用不规则井网（邓惠等，2019）。

表 3-46 国内外大型气田井网井距统计表

气藏	部署区域	部署方式	平均井距（m）	水体
拉克气田		不规则井网	1500	无边底水
奥伦堡凝析气田	高渗透区	中央布井		有边底水
	低渗透带	均匀井网		
普光气田	主体区	不规则井网		
	周边	不规则井网		
克拉 2 气田		沿构造高部位直线布井	1000~1200	
萨曼杰佩气田		不规则井网、在边境加密井网	2000~3000	

开发井距论证主要通过试油试采井计算井控半径、类比法、经济极限法开展论证。

1. 动态控制半径法

1）裂缝—孔洞储层

裂缝—孔洞储层气井测试产量较高，酸压改造后一般在（50~200）×10^4m³/d，可利用气井生产动态数据，先计算气井动态储量，再利用动态储量采用容积法反推算井控半径，如 GS2 井、GS3 井在试采期间多次开展压力恢复试井测试，利用多次计算的外推地层压力，采用物质平衡法计算出 GS2 井动态储量为 20.44×10^8m³，GS3 井动态储量为 37.08×10^8m³（图 3-211）。

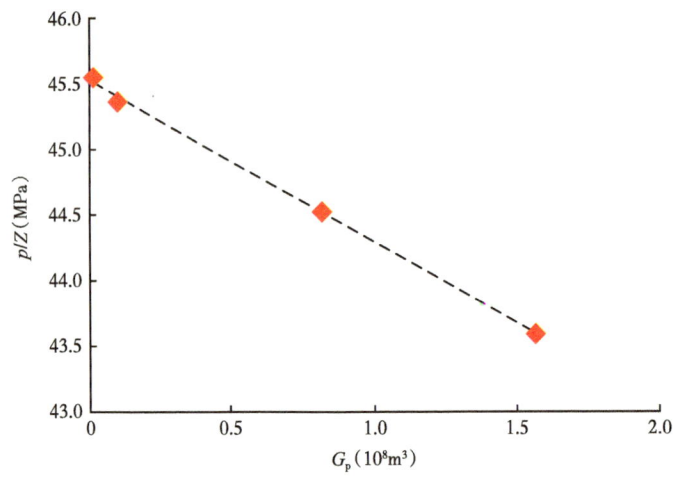

图 3-211　GS3 井物质平衡法动态储量计算图

当气井进入边界控制流以后，同时利用生产数据，建立单井 Blasingame 曲线，与理论特征曲线进行拟合，选择任何一个拟合点 M，记录实际拟合点 $(t_{ca}, q/\Delta p_p)_M$ 及相应的理论拟合点 $(t_{caDd}, q_{Dd})_M$，采用式（3-99）计算 GS2 井、GS3 井两口井的动态储量分别为 19.63×10^8m³ 和 38.45×10^8m³。采用两种方法计算动态储量很接近，取其平均值分别为

$19.63×10^8m^3$ 和 $38.45×10^8m^3$，再采用容积法计算出该井的井控半径为 1.26km 和 1.36km。同时也可以采用式（3-100）直接计算气井井控半径。

$$G = \frac{1}{C_t}\left(\frac{t_{ca}}{t_{caDd}}\right)_M \left(\frac{q/\Delta p_p}{q_{Dd}}\right)_M (1-S_w) \quad (3-99)$$

$$r_e = \sqrt{\frac{\dfrac{B}{C_t}\left(\dfrac{t_{ca}}{t_{caDd}}\right)_M \left(\dfrac{q/\Delta p_p}{q_{Dd}}\right)_M}{\pi h \phi}} \quad (3-100)$$

式中　G——天然气地质储量，10^8m^3；

　　　C_t——地层总压缩系数，MPa^{-1}；

　　　t_{ca}——气井物质平衡拟时间，d；

　　　t_{caDd}——Blasingame 气井无量纲物质平衡拟时间；

　　　q——产气量，m^3/d；

　　　Δp_p——归一化拟压力差，MPa；

　　　q_{Dd}——Blasingame 气井无量纲产量；

　　　S_w——含水饱和度，%；

　　　B——体积系数，m^3/m^3；

　　　h——储层厚度，m；

　　　ϕ——孔隙度；

　　　r_e——井控半径，m。

同理，采用压降法或产量不稳定分析法计算出气井动态储量，通过反推计算出其他以裂缝—孔洞储层为主的气井井控半径（图 3-212）。

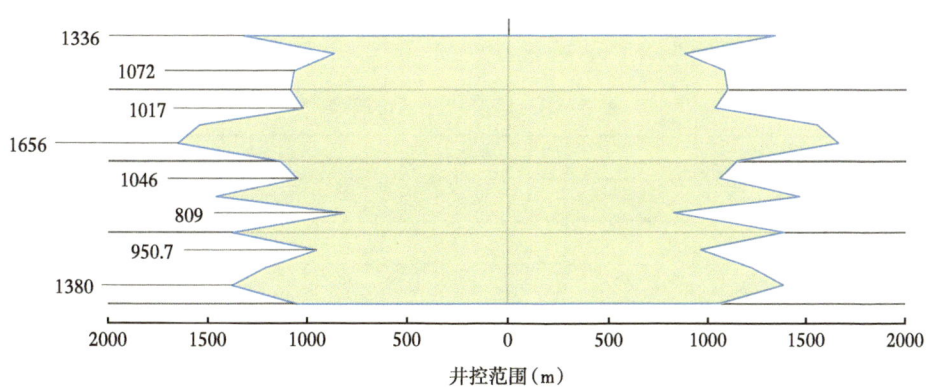

图 3-212　裂缝—孔洞型储层井控范围

2）孔洞型储层

对于孔洞型储层，同样采用产量不稳定法或压降法计算其动态储量，再折算出各口气井的井控半径（图 3-213 和表 3-47）。

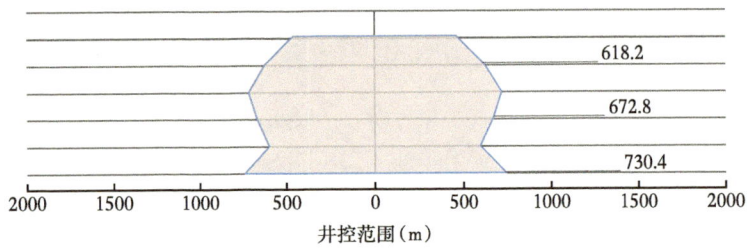

图 3-213 孔洞型储层气井井控范围

表 3-47 部分气井井控半径计算表

储层类型	裂缝—孔洞型为主			孔洞型为主
井号	高石 001-X5	高石 001-X25	M 022-X1	M 009-H13
（预测）动态储量（10^8m^3）	8.44	24.32	24.21	6.60
孔隙度（%）	2.90	4.42	2.80	3.20
含气饱和度	0.96	0.88	0.90	0.88
有效储层厚度（m）	39.40	46.90	42.18	41.75
（井控）泄油半径（km）	0.88	1.16	1.57	0.73

通过计算井控半径，裂缝—孔洞型储层论证泄油半径 1.6~3.3km，孔洞型储层论证泄油半径 0.9~1.4km，考虑初期计算动态储量存在一定误差，气井合理井距控制在 1.0~3.0km。

2. 经济极限法

通过经济极限法对不同类型气井的经济极限井区进行了论证，对于高石梯区块震旦系灯四段气藏，采用大斜度井（70°）开发（稳产 5 年），平均经济极限井距为 1.03km，而采用水平井（水平段 800m）经济极限井距为 1.15km；计算结果与采用单井控制半径法计算的 1.0~3.0km 的合理井距很吻合（表 3-48）。

表 3-48 经济极限评价简表

井型	大斜度井（70°）	水平井（800m）
商品率（%）	92	92
气价	阶梯气价	阶梯气价
钻井投资（万元）	9423	14445
地面投资（万元）	2830	2830
操作成本（元/10^3m^3）	335	335
基准收益率（%）	8	8
储量丰度（$10^8m^3/km^2$）	2.8	2.8
单井极限（稳产 5 年）（$10^4m^3/d$）	8.49	10.25
累计产气（10^8m^3）	2.37	2.96
极限井距（km）	1.03	1.15

综合上述三种方法研究，考虑到震旦系气藏具有裂缝—孔洞型储层特征，气藏开发井距为 1.0~3.0km。

二、大斜度水平井高产目标靶体优化方案

（一）储层展布特征及储层组合模式

硅质层、岩溶期断裂、丘滩有利微相、古地貌这四者共同控制了溶蚀孔洞发育部位和区域，进而控制了优质岩溶储层在纵向上分布。基于等时储层精细对比分析，根据灯四段优质储层叠置关系和储渗体空间展布特征，可将高石梯区块灯四段分为五类优质储层组合模式（表 3-49 和图 3-214）。

表 3-49 优质储层组合模式储层统计简表

模式	模式名称	储层叠置关系	储渗体类型	单井平均累计厚度（m）
①	厚层丘滩强岩溶模式	灯四^{3}小层、灯四^{2}小层、灯四^{1}小层均发育	一类储渗体为主	21.4
②	剥缺带强岩溶模式	灯四^{3}小层剥缺＋灯四^{2}小层发育	一类储渗体为主，局部为二类	35.3
③	多期叠合岩溶模式	灯四^{3}小层发育＋灯四^{2}小层不发育＋灯四^{1}小层发育	一类储渗体为主，局部为二类	40.8
④	中厚层丘滩强潜流岩溶模式	灯四^{3}小层欠发育＋灯四^{2}小层发育	一类储渗体为主，局部为二类	30.2
⑤	薄层丘滩弱潜流岩溶模式	灯四^{3}小层较薄＋灯四^{2}小层发育	二类储渗体为主	52.1

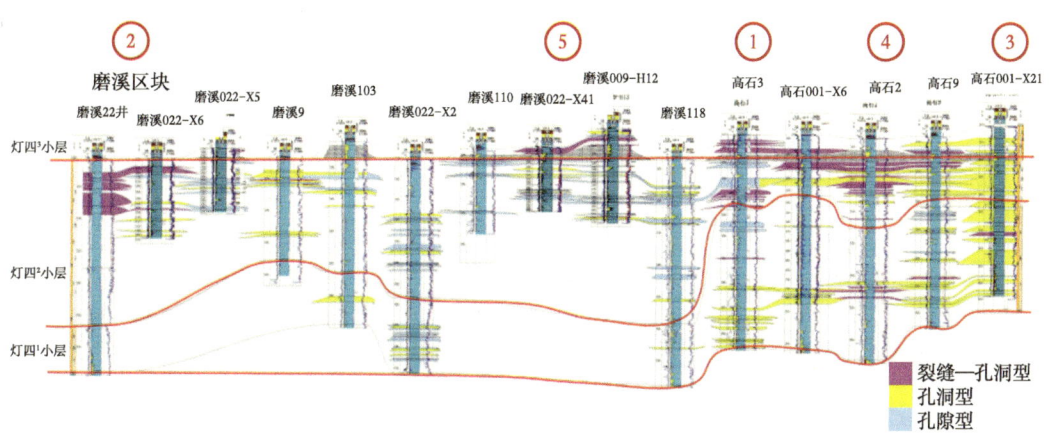

图 3-214 高石梯灯四段储层组合模式对比图

基于这五种储层组合模式，进一步分析了相应地质背景下储层的纵向展布特征，在高石梯区块灯四段中总结出了五中典型的储层发育模式。其中，灯四^{2}小层丘滩体遭受强烈岩溶作用，形成厚度大、物性好的优质储层，以一类储渗体为主；高石 8 井区为典型的多期叠合岩溶模式，由于硅质层稳定存在，灯四^{2}小层岩溶作用弱，储层欠发育，优质储层主要集中发育于准同生期—表生期叠合的灯四^{3}小层、灯四^{1}小层丘滩体中，以一类储渗体为主，局部为二类储渗体；高石 3 井区为典型的厚层丘滩强岩溶模式，由于构造断裂沟

通,灯四³小层、灯四²小层、灯四¹小层中均发育,优质储层主要发育于表生岩溶作用强烈的灯四³小层丘滩体中,以一类储渗体为主;高石2井为典型的中厚层丘滩强潜流岩溶模式,在储层上即表现为高石2井顶部灯四³小层被剥蚀为薄层,灯四²小层中厚层丘滩体处于水平潜流带中,岩溶作用发育,优质储层集中发育,厚度大、物性较好,以一类储渗体为主,局部为二类储渗体。

(二)优质岩溶储层地震响应模式

在明确高石1井区储层发育模式的基础上,进一步开展了优质储层地球物理响应正演分析,其中藻丘+坡折带模式区内,有储层集中发育于灯四²小层中,且储层厚度大、质量好,在地球物理上表现为"宽波谷+亮点"的特征;藻丘+残丘+断裂模式区中主要发育灯四²储层与灯四³储层两套储层,当储层单层厚度较薄时,在地球物理上表现出"双亮点"的特征,而储层较厚时,由于储层集中发育,地震资料难以分析各套储层,则在剖面上表现出"宽波谷+扰动"的地球物理响应特征;藻丘+残丘模式区内集中发育于灯四³小层的储层在地球物理上即表现为"单亮点"的特征;藻丘+坡折带+断裂区域内由于储层集中发育于灯四²小层,在地球物理上表现为"宽波谷+扰动"的特征,但波谷宽度与断裂+残丘模式相比略窄(图3-215)。

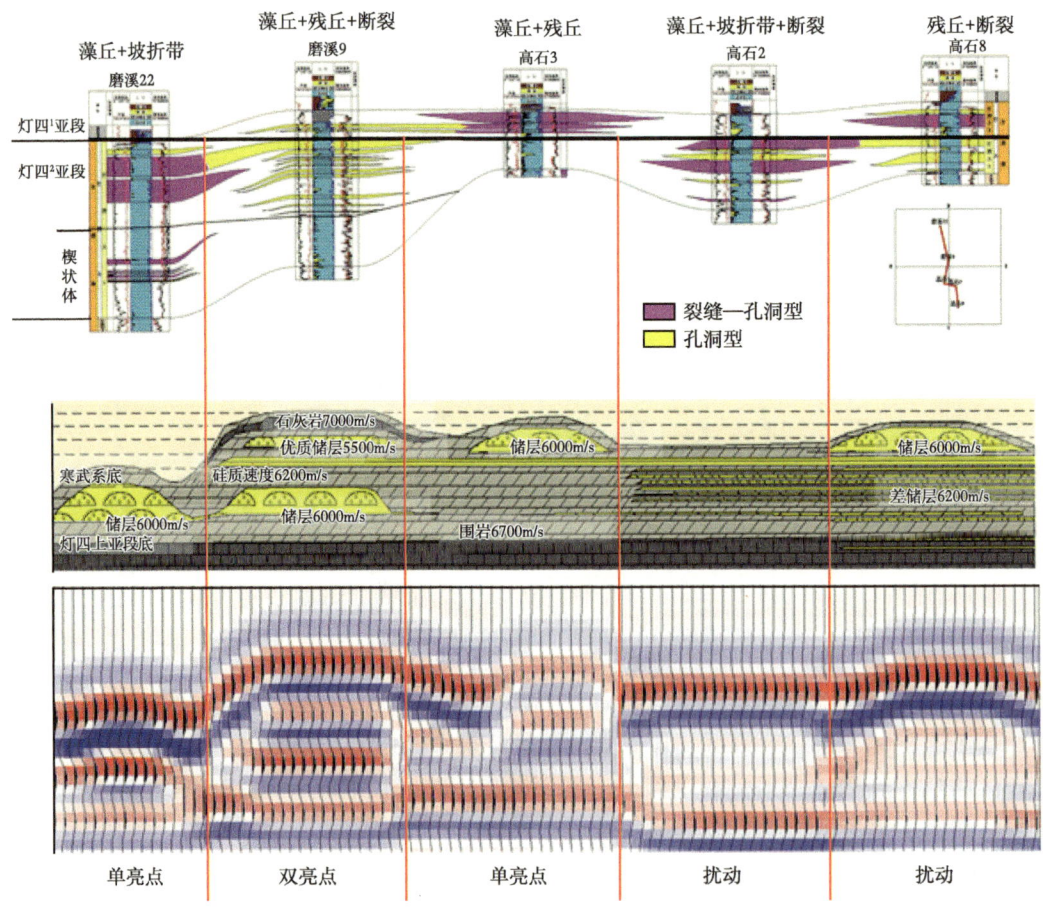

图3-215 储层组合模式地震响应特征

由此建立了以"地质模式定点、地震响应定轨"为核心的3类高产井部署模式,有力地支撑了65口建产井部署,有效率100%(表3-50)。

表3-50 灯影组气藏有效井部署模式

部署模式	岩溶储层模式	丘滩特征	岩溶特征	地震反射模式	储层发育特征	缝洞预测特征	轨迹方案
厚层丘滩—近风化壳强岩溶叠合	藻丘+残丘潜流岩溶、藻丘+坡折带潜流岩溶	厚层丘滩体、潜流岩溶		宽波谷+单亮点	优质储层集中发育		水平井钻至亮点之上
厚层丘滩—潜流岩溶叠合	藻丘+残丘+断裂潜流岩溶	厚层丘滩体、断裂、潜流岩溶		宽波谷+扰动	优质储层多层发育		大斜度井斜穿宽波谷扰动区域
	藻丘+坡折带+断裂潜流岩溶						
薄互层叠置丘滩—潜流岩溶叠合模式	藻丘+残丘+断裂潜流岩溶	薄层丘滩体、断裂、潜流岩溶		宽波谷+双亮点	优质储层分散发育		大斜度井斜穿宽波谷下亮点

(三)开发目标靶体参数优化技术

1. 水平井相对直井的稳态产能比分析

相同地质条件下,水平井通过增大气井泄流面积提高气井产量已为人们所共识,水平井相对直井的增产倍比已成为待开发区域井型优选及已开发区块水平井开采效果评价的重要指标。为此,运用同时考虑近井区高速非达西与远井区阈压效应的水平井及直井稳定产能评价模型,推导出水平井相对直井稳态产能比的预测方法。

(1)同时考虑近井区高速非达西与远井区阈压效应的水平井稳态产能方程:

通过深入分析现有水平井产能评价模型适用性,优选保角变换方法,建立了同时考虑近井区高速非达西与远井区阈压效应的水平井稳定产能评价模型:

$$A_H q_H + B_H q_H^2 = p_e^2 - p_w^2 - 2\bar{p}\lambda\left(r_{eh} - r_w e^{-S} - \frac{L-h}{2}\right) \quad (3-101)$$

$$A_H = 1.274 \times 10^{-3} \frac{\mu}{K_h} \frac{ZT}{h} \left[\ln\frac{a+\sqrt{a^2-(L/2)^2}}{0.5L} + \frac{\beta h}{L}\ln\frac{(\beta h/2)^2 + \beta^2\delta^2}{\pi\beta h r_w e^{-S}/2}\right] \quad (3-102)$$

$$B_H = 2.82 \times 10^{-21} \frac{ZT\gamma_g}{h^2}\left\{\beta'\left[1 - \frac{0.5L}{a+\sqrt{a^2-(L/2)^2}}\right] + \frac{\beta''h^2}{L^2}\left(\frac{\beta h}{2\pi r_w e^{-S}} - 1\right)\right\} \quad (3-103)$$

其中

$$a = \frac{L}{2}\left[0.5 + \sqrt{0.25 + (2r_{eh}/L)^4}\right]^{0.5}$$

$$r_{eh} = \sqrt{r_{ev}^2 + 2Lr_{ev}/\pi}$$

（2）同时考虑近井区高速非达西与远井区阈压效应的直井稳态产能方程：

$$A_V q_V + B_V q_V^2 = p_e^2 - p_w^2 - 2\overline{p}\lambda\left(r_{ev} - r_w e^{-S}\right) \quad (3\text{-}104)$$

$$A_V = 1.274 \times 10^{-3} \frac{\mu}{K_h} \frac{ZT}{h}\left(\ln\frac{r_{ev}}{r_w e^{-S}}\right) \quad (3\text{-}105)$$

$$B_V = 2.82 \times 10^{-21} \frac{ZT\gamma_g}{r_w e^{-S} h^2}\beta' \quad (3\text{-}106)$$

（3）同时考虑近井区高速非达西与远井区阈压效应的水平井相对直井稳态产能比，可以得到水平井相对直井稳态产能比的理论计算式：

$$HRV = \frac{q_H}{q_V} = \frac{\sqrt{A_H^2 + 4B_H\left[p_e^2 - p_w^2 - 2\overline{p}\lambda\left(r_{eh} - r_w e^{-S} - \frac{L-h}{2}\right)\right]} - A_H}{\sqrt{A_V^2 + 4B_V\left[p_e^2 - p_w^2 - 2\overline{p}\lambda\left(r_{ev} - r_w e^{-S}\right)\right]} - A_V} \frac{B_V}{B_H} \quad (3\text{-}107)$$

式中　　HRV——水平井相对直井的稳态产能比；

p_e——地层压力，MPa；

p_{wf}——井底流压，MPa；

$\overline{p}$——平均压力，MPa；

q——产量，$10^4\text{m}^3/\text{d}$；

h——储层厚度，m；

K_h——水平方向渗透率，mD；

L——水平段长度，m；

a——水平井椭球流场长半轴，m；

β——各向异性系数；

δ——偏心距，m；

r_{eh}——水平方向泄流半径，m；

r_{ev}——垂直方向泄流半径，m；

r_w——井半径，m；

β'、β''——水平方向、垂直方向紊流系数，m^{-1}；

γ——临界压力梯度，MPa/m；

S——表皮系数；

μ——天然气黏度，mPa·s；

Z——天然气偏差因子；

T——地层温度，K；

γ_g——天然气相对密度。

下标 H 代表水平井；下标 V 代表直井。

2. 大斜度井相对直井的稳态产能比分析

大斜度井因生产管柱的倾斜改变了气井泄流区的几何形状与大小，从井身结构来看，大斜度井兼具直井和水平井的某些特点。大斜度井是另一种提高气井产量的定向井，具有与水平井类似的增产原理，即通过增大泄流面积实现增产。目前广泛采用的大斜度井稳态产能方程为：

$$q_S = \frac{p_e^2 - p_w^2}{1.274 \times 10^{-3} \frac{\mu}{K} \frac{ZT}{h} \left(\ln \frac{r_e}{r_w} + S_\theta \right)} \quad (3-108)$$

与直井相比，大斜度井的产能方程仅仅多了一项由于井眼倾斜产生的负表皮——拟表皮系数 S_θ，其表达式为：

$$S_\theta = \left(1 - \frac{\cos\theta}{\gamma} \right) \ln \left(\frac{4\gamma_w}{L} \frac{1}{\beta\gamma} \right) + \frac{\cos\theta}{\gamma} \ln \left(\frac{2\sqrt{\gamma\cos\theta}}{1+\gamma} \right) \quad (3-109)$$

由式（3-110）与直井稳态产能方程相结合，推导出大斜度井相对直井的稳态产能比理论计算公式：

$$SRV = \frac{q_S}{q_V} = \frac{\ln\left(\frac{r_e}{r_w}\right)}{\ln\left(\frac{r_e}{r_w}\right) + s_\theta} \quad (3-110)$$

式中　L——大斜度井井段长度，m；

θ——大斜度井井斜角，(°)；

SRV——大斜度井相对直井的稳态产能比。

3. 气藏开发井型优选技术流程设计

按照井型优选准则设计井型优选技术流程，如图 3-216 所示。

1）步骤一、水平井相对直井的稳态产能比判别

水平井相对直井的稳态产能比分析图版显示，水平井并非在任何条件下都能提高气井产量，对于具有渗透率各向异性特征的储层，厚储层短水平井的产能比同等条件下的直井还低，即在水平井稳态产能比图版的左上角存在着稳态产能比小于 1 的区域，水平渗透率降低或渗透率各向异性系数增大，这一区域的范围扩大，显然对于这种水平井稳态产能比小于等于 1（HRV≤1）的情况不适合水平井开采。总体而言，水平井应用于厚储层的局限性很大程度上需要通过延长水平段长度予以弥补。

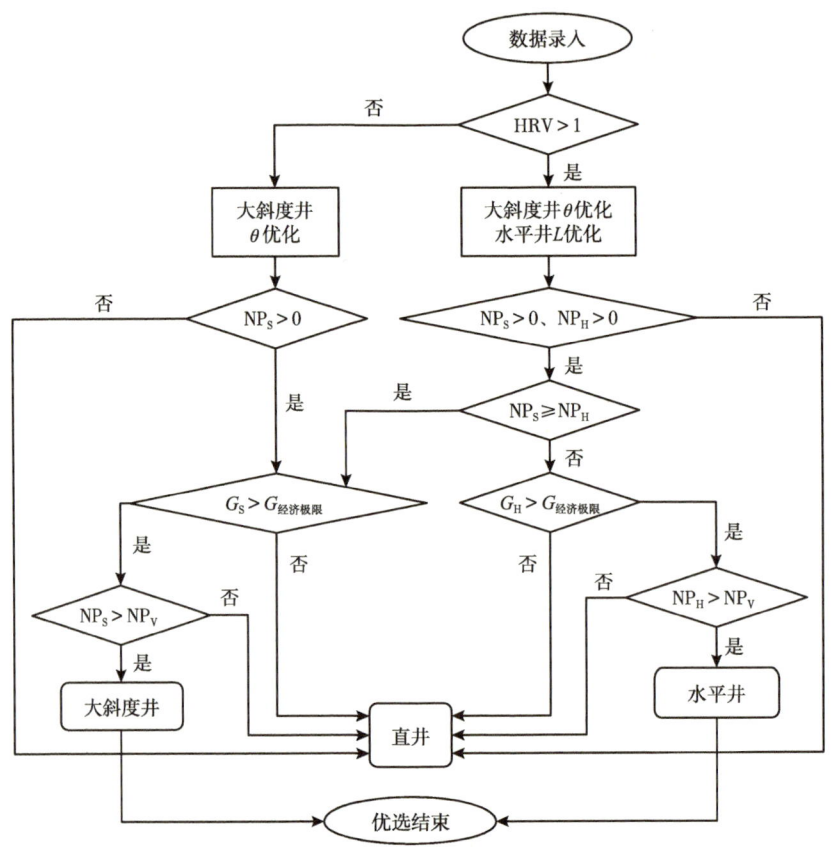

图 3-216　气藏开发井型优选技术流程图

NP—气井净收益，万元；G—气井控制储量，$10^8 m^3$；下标 H 代表水平井、下标 S 代表大斜度井、下标 V 代表直井

2）步骤二、水平井（大斜度井）参数优化

（1）情况一：$HRV > 1$。

大斜度井相对直井的稳态产能比始终是大于 1 的，当水平井相对直井的稳态产能比也大于 1 时，需进行水平井与大斜度井之间的比选。对于一个将进行井型优选的目标区块，其地质条件是确定的，而影响气井产能大小的关键因素——水平井水平段长度（L）与大斜度井井斜角（θ）却是可变的，也是可以预先设计的。因此，要对水平井、大斜度井的产能进行评价，必须先完成水平井、大斜度井的优化设计。

众所周知，水平井水平段长度增加（大斜度井井斜角增加）将引起水平井（大斜度井）产能增加、水平井（大斜度井）产值增加；但同时随着水平段长度延伸（大斜度井井斜角增大），不仅钻井周期增加，而且作业难度也越来越大，由此产生的实际费用将大幅度增加，风险费用也越来越大，相应增加了水平井（大斜度井）的开发成本。水平井水平段长度增加（大斜度井井斜角增加）产生的利与弊相互抗衡，由此产生了如何确定最佳水平段长度与最佳井斜角的问题。

关于水平段长度优化，已有方法大都是基于水平井筒摩阻对水平井产能的影响规律，利用水平段长度与水平井产能关系曲线进行确定（图 3-217），但水平井是否优于直井并不仅取决于水平井相对直井是否增产,而在于水平井是否具有比直井更高的经济效益。为此,在水平井(大斜度井)增效原则的指导思想下,建立水平井(大斜度井)参数优化方法:以实现效益最大化为优化目标,取与水平井(大斜度井)净收益最大值所对应的水平段长度(井斜角)为优化结果(图 3-218)。

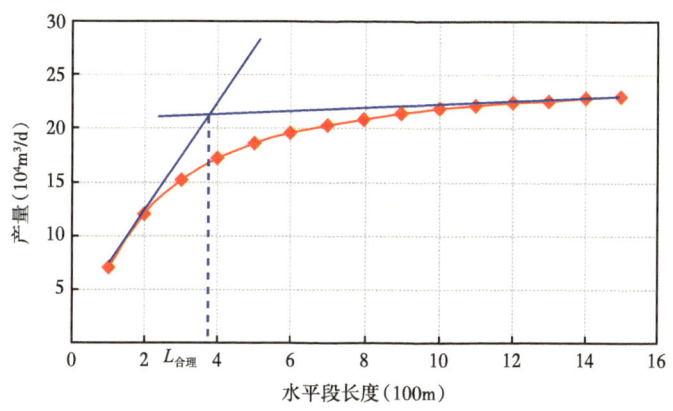

图 3-217　水平段长度与产量关系曲线确定合理水平段长度方法示意图

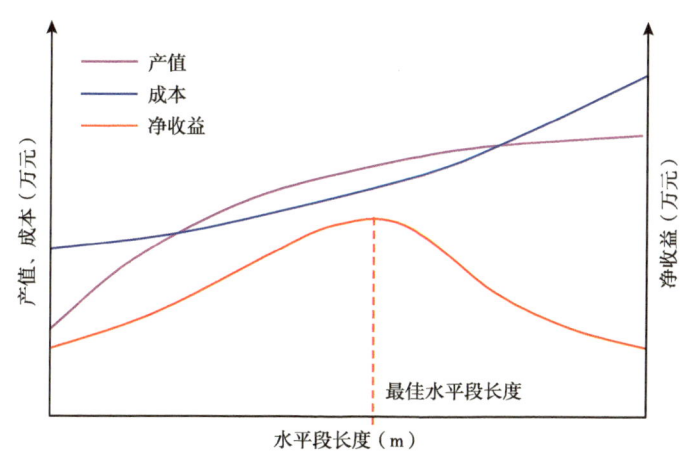

图 3-218　水平段长度优化示意图

气井产值取决于其累计产量。按照经验取值,震旦系灯四气藏单井以 21 年(1 年建设期和 20 年运营期)投资回收期作为评价期,取 2019 年西南油气田公司天然气平均出厂价 1.275 元 /m³,以四分之一无阻流量对气井配产,取年有效生产时间 330d,震旦系气藏天然气商品率取 93.5%,则气井在评价期内形成的产值可表示为:

$$PV = 0.935 \times 1.275 \times 21 \times 330 \times q_{AOF}/4 = 2065.36 q_{AOF} \quad (3-111)$$

气井开发成本包括钻井成本及评价期内发生的天然气生产操作费。钻井成本主要由设备费、钻进费、起下钻费、固井费、完井费和技术服务费组成,其中设备费、钻进费、起下钻费和技术服务费等都是钻井时间的函数,钻井时间越长,总费用越高。取 2019 年川中油气矿和川蜀南气矿高石梯区块平均天然气生产操作费 0.265 元 /m³,则评价期内气井的开发成本为：

$$C=C_{钻}+21\times330\times0.265\times q_{AOF}/4=C_{钻}+459.11q_{AOF} \quad (3-112)$$

气井在评价期内创造的产值减去其开发成本即为气井在评价期获得的净收益，即：

$$NP=PV-C=1606.25q_{AOF}-C_{钻} \quad (3-113)$$

在公式（3-113）中，q_{AOF} 与 $C_{钻}$ 都是关于水平段长度（井斜角）的函数，因此，NP 值的大小最终与水平段长度（井斜角）直接相关，当 NP 值达到最大时，对应的水平段长度（井斜角）即为水平井（大斜度井）的合理水平段长度（井斜角）。需要说明的是：由于公式（3-111）、公式（3-112）中涉及了较多的经验参数取值，这些参数的大小与市场经济发展、钻完井工艺技术密切相关，因此，计算净收益的公式（3-113）并非固定不变的计算式，列举于此仅仅是为水平段长度（井斜角）优化展示一种可行的具体方法。

（2）情况二：HRV ≤ 1。

当水平井不能提高气井无阻流量实现增产时，气藏开发井型就只能在大斜度井与直井之间进行比选，需要进行大斜度井井斜角优化。

3）步骤三、水平井（大斜度井）控制储量约束分析

在步骤二里面，水平井（大斜度井）产值的确定已经隐含了"水平井（大斜度井）具有与其稳定产量相匹配的地质储量"这一假设前提，这就要求水平井（大斜度井）具有足够的储量基础，即：与最佳水平段长度对应的水平井或与最佳井斜角对应的大斜度井的控制储量要大于各自的经济极限可采储量。控制储量采用容积法进行确定：

$$G_{控}=10^{-8}\pi r_e^2 h\phi S_g/B_g \quad (3-114)$$

式中　$G_{控}$——气井控制储量，$10^8 m^3$；

　　　r_e——气井供气半径，m；

　　　h——有效储层厚度，m；

　　　ϕ——有效孔隙度；

　　　S_g——含气饱和度；

　　　B_g——天然气体积系数。

经济极限可采储量是气井实现效益开采的储量下限，实际上就是当气井产值与气井开发成本相当时的累计产气量：

$$G_{经济极限}=C/(1.275\times0.935)=1.19C \quad (3-115)$$

式中　$G_{经济极限}$——气井经济极限可采储量，$10^8 m^3$。

如果水平井（大斜度井）的控制储量小于其经济极限可采储量，意味着水平井（大斜度井）的储层条件无法满足由开发成本决定的储量要求，气藏开发井型不宜采用水平井（大斜度井）。

通过上述预测方法，在一类储渗体中，因其高产模式为叠合岩溶型裂缝—孔洞型储层模式，宜用井斜角在 80° 的斜井开发（图 3-219）；而在潜流岩溶型孔洞型储层模式为主的二类储渗体中，宜采用水平井开发，水平段长度在 800~1200m 之间。

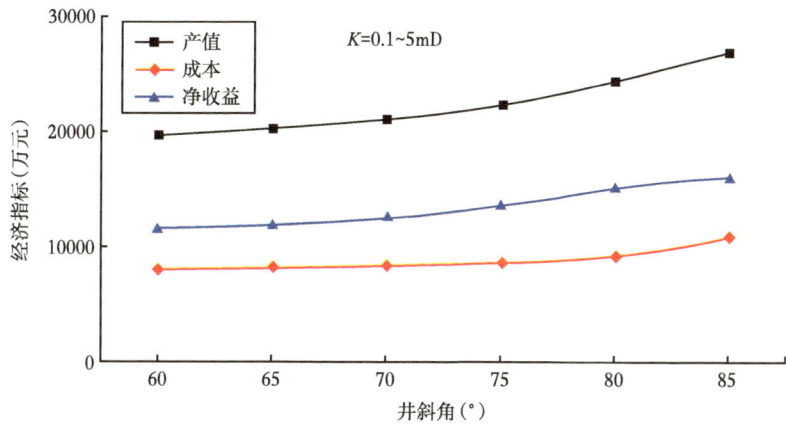

图 3-219　大斜度井井斜角优化图

三、分区优化开发技术对策

在气藏开发层系划分、井型井距优选、合理配产等开发技术指标优化研究的基础上，利用数值模拟技术对采收率等开发技术指标进行了预测。根据安岳气田高石梯区块灯四气藏开发地质特征、流体分布规律和渗流机理，模拟计算模型选用三维两相（气水）黑油模型。

高石梯地区（高石 1 井区、M109 井区）模拟模型是采用 Petrel 地质建模软件建立的三维网格，网格数为 2345 万个，而模拟研究采用 Colchis 公司 tNavigator 油气藏模拟软件难以计算，因此需要对地质模型进行粗化，粗化后的地质模型坐标系统为笛卡儿坐标系统，网格类型为三维正交角点网格，网格平均步长：Δx=100m，Δy=100m，模拟层纵向上划分为 7 层，网格系统规模：191×396×7=529452 个（图 3-220）。

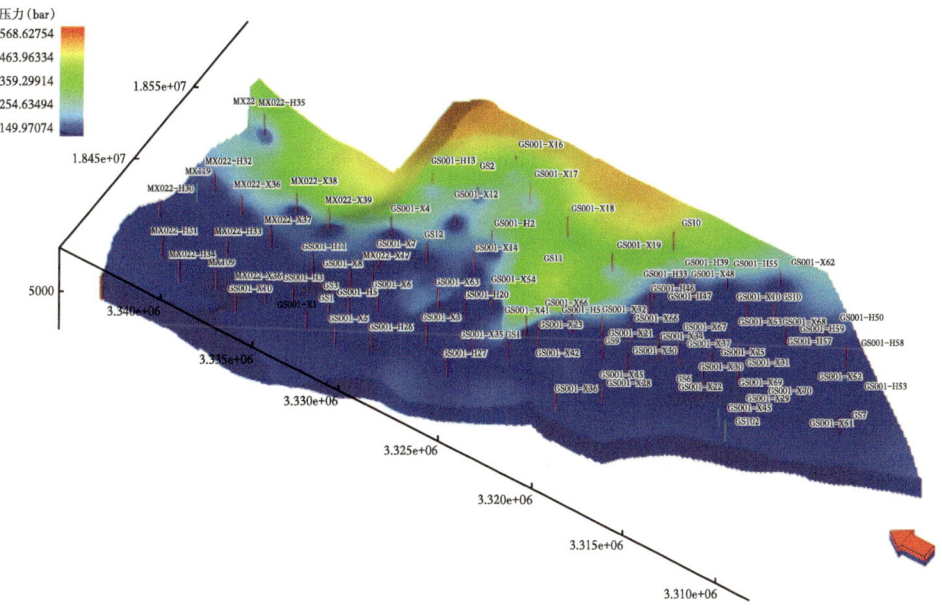

图 3-220　高石梯地区预测期末压力分布图

通过数值模拟预测结果,在高石 1 井区及 M108~111 井区,一类井比例大于 70%,预测采收率为 65%~75%(表 3-51)。

表 3-51 震旦系气藏不同井区开发技术对策

井区	储渗体	优质储层组合模式	开发井型	合理井距(km)	合理配产($10^4m^3/d$)	一类井比例(%)	预测采收率(%)
高石 1 井区、M108~111 井区	以一类储渗体为主	残丘+滨岸岩溶组合、残丘+断裂+滨岸岩溶组合、坡折带+剥缺岩溶组合	以 80°左右大斜度井为主	1.6~3.3	20~40	>70	65~75

第四章 钻完井及增产改造技术

本章主要依据油藏研究的成果和已钻井资料,借鉴国内外高温、高压、高产、含硫气井成功钻井经验(孔凡群等,2011),通过优化区域井身结构,合理封隔不同压力层系;利用岩性、可钻性、研磨性剖面和实钻分析优选钻头,形成了成熟钻头选型序列;全井段采用"个性化 PDC+高效螺杆+优质钻井液"钻井提速技术,以提高不同井段机械钻速,形成了钻井提速模板;推广应用精细控压钻井技术,降低了窄安全密度窗口带来的井控风险,减少了钻井液漏失,降低了井控风险,缩短了钻井周期,实现了灯影组安全钻井的需求。针对储层改造难点,定量化地评价了储层品质,结合精细化分段和深度酸压工艺,提高了储层改造效果。

第一节 地应力及三压力剖面

一、构造应力特点

地应力大小、方向的确定是计算地层坍塌压力和破裂压力及研究井壁稳定的基础。包括最大水平主应力 σ_H、最小水平主应力 σ_h、垂直应力 σ_V 的大小和方向及最大剪切应力等。地应力状态主要有三种类型:(1) $\sigma_V > \sigma_H > \sigma_h$;(2) $\sigma_H > \sigma_h > \sigma_V$;(3) $\sigma_H > \sigma_V > \sigma_h$(图 4-1 和表 4-1)。

表 4-1 高石 102 井灯影组地应力统计

层位	顶深 (m)	底深 (m)	垂直应力 (MPa)	最小水平主应力 (MPa)	最大水平主应力 (MPa)
灯四段	5152	5341	118.589	97.168	141.506

从高石 102 井灯影组地应力统计表和测井解释图可以看出:

(1)高石梯区块震旦系灯影组地应力大小顺序为 $\sigma_H > \sigma_V > \sigma_h$,即最大水平主应力>垂直应力>最小水平主应力;

(2)最大水平主应力与最小水平主应力比值为 1.45 左右。

二、三压力剖面建立及特点

通过对高石梯区块多口井的测井资料的解释处理(表 4-2),结合实测地层压力数据,建立了高石梯区块地层三压力预测剖面。

沙二段—嘉二^{3}亚段为常压地层;沙二段地层压力系数 1.0,沙一段—凉高山组地层压力系数 1.10,大安寨—嘉二^{3}亚段地层压力系数 1.27~1.34。

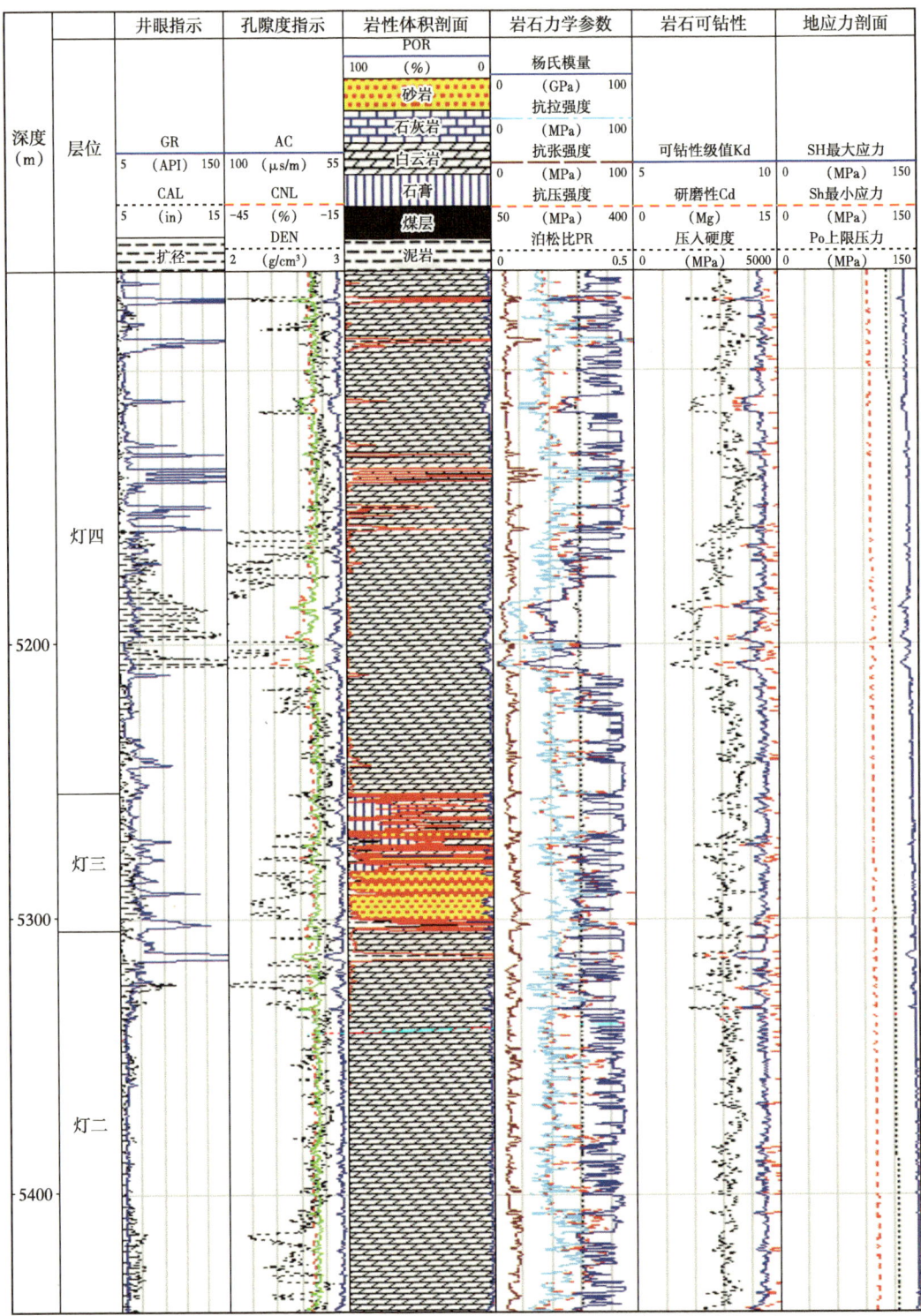

图 4-1 高石 102 井灯影组地应力测井解释图

嘉二³亚段—筇竹寺组为相对高压地层：嘉二³亚段—高台组地层压力系数 1.97~2.01；龙王庙组地层压力系数 1.45~1.65；沧浪铺—筇竹寺组地层压力系数 2.0。

灯四段为常压地层：地层压力系数 1.09~1.17。

表 4-2 地层三压力预测结果统计表

井号	顶深（m）	底深（m）	破裂压力（MPa）	坍塌压力（MPa）	孔隙压力（MPa）	破裂压力梯度（MPa/100m）	坍塌压力梯度（MPa/100m）	孔隙压力梯度（MPa/100m）
高石 20	5206	5456	103~108	47~50	61~63	1.98~1.99	0.90~0.94	1.13~1.14
高石 21	5275	5575	104~110	47~52	62~69	1.97~1.98	0.88~1.00	1.10~1.12
高石 102	5064	5264	100~104	47~61	59~62	1.97~2.00	0.90~1.20	1.11~1.17

高石 20 井灯影组的地层孔隙压力梯度在 1.13MPa/100m 左右，坍塌压力梯度为 0.897~0.941MPa/100m，破裂压力梯度最小为 1.984MPa/100m。实际钻井液密度为 1.25g/cm³，坍塌压力梯度均小于地层孔隙压力梯度。

高石 21 井灯影组的地层孔隙压力梯度主要在 1.10MPa/100m 左右，坍塌压力梯度为 0.884~1.001MPa/100m，破裂压力梯度最小为 1.970MPa/100m。

高石 102 井灯影组的地层孔隙压力梯度为 1.11MPa/100m 左右，坍塌压力梯度为 0.902~1.217MPa/100m，破裂压力梯度最小为 1.973MPa/100m。

第二节 井身结构设计和井眼轨迹控制

一、井身结构设计

根据高石梯区块的地质特征，井身结构设计需要考虑以下因数。

（1）本区沙一段以下地层油气显示频繁，表层套管必须下入沙二段稳定地层，为二开钻井做井控准备。

（2）嘉二³亚段以下地层高压，技术套管需要下至嘉二³亚段，封隔上部相对低压层，为三开高密度钻进做准备。

（3）灯影组地层压力系数相对嘉二³亚段以下地层低，前期钻井表明，高密度钻井易井漏，且储层污染较严重，因此生产套管应下至灯影组顶部，为产层降密度钻进做准备。

高石梯区块灯四气藏一二期开发井分为大斜度井、水平井井型，井身结构主要依据高石梯区块地层三压力剖面、套管必封点并结合前期钻井经验及单井配产要求的完井管柱尺寸进行设计。

一开：采用 ϕ444.5mm 成熟国产常规 PDC 钻头钻进 500m 左右，下入 ϕ339.7mm 表层套管，封固上部地层。

二开：采用 ϕ311.2mm 钻头钻至嘉二³亚段中部白云岩地层，下入 ϕ244.5mm 技术套管，封隔上部相对低压层、浅油气层、垮塌层、膏盐层段，为下部高压地层安全钻进创造条件。

三开：采用 ϕ215.9mm 钻头钻至灯影组顶部，下入 ϕ177.8mm 悬挂套管封隔上部高压层，为下一开降低钻井液密度，实现储层专打做准备。

四开：采用φ149.2mm钻头钻完目的层，以裸眼完井为主，少部分井采用衬管或射孔完井。钻完全部进尺后再回接φ177.8mm套管至井口，井身结构示意图如图4-2所示。

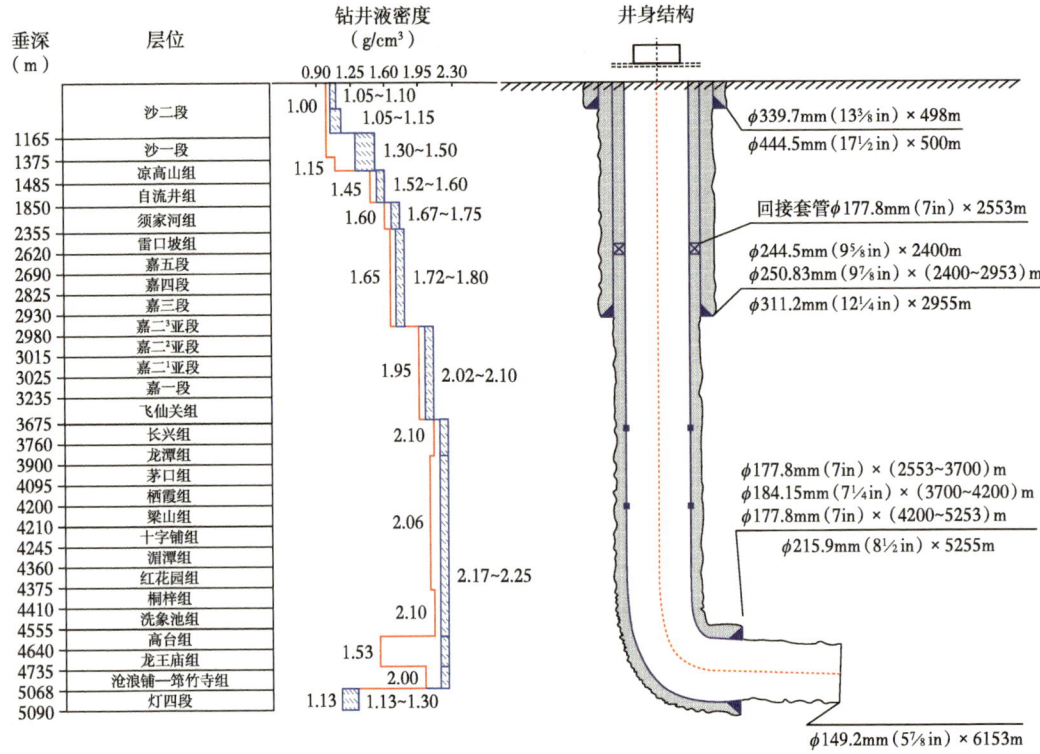

图4-2 高石梯区块灯四气藏建产井井身结构示意图

一开至四开钻井提速模板如图4-3至图4-6所示。

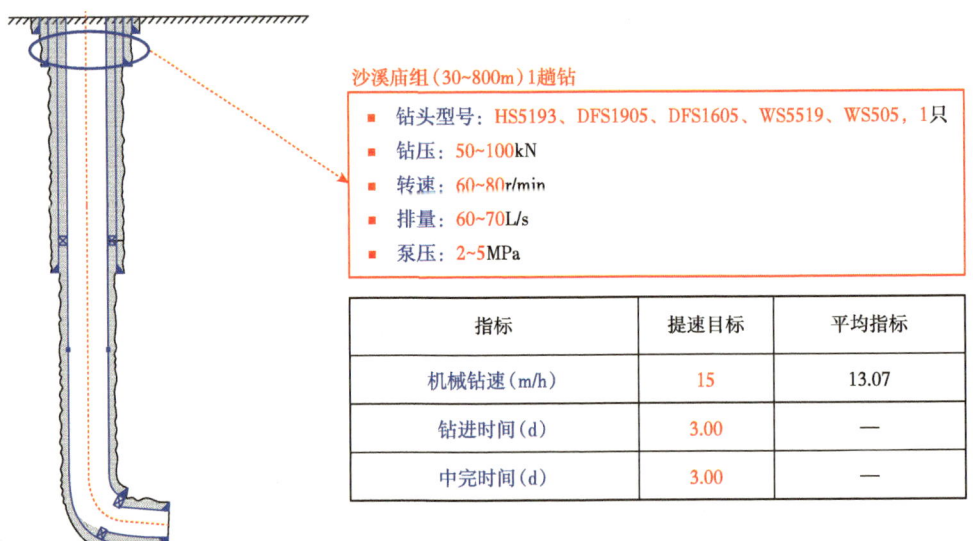

图4-3 一开钻井提速模板

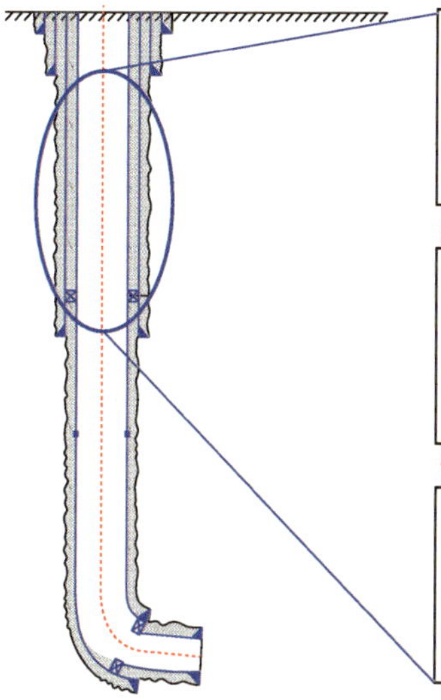

沙溪庙—珍珠冲组(500~1800m)1趟钻

- 钻井方式：PDC+螺杆
- 钻头型号：GS1905、GS1625、HS5163、WS5519、BS553，1只
- 钻压：>150kN
- 转速：80r/min+螺杆
- 排量：65~70L/s
- 泵压：15~20MPa

指标	提速目标	平均指标	最高指标
机械钻速(m/h)	15	10.16	19.21（磨溪022-X13）
钻进时间(d)	5.28	10.5	5.77（高石001-H13）

须家河组(1800~2500m)1~2趟钻

- 钻井方式：PDC+螺杆
- 钻头型号：KM633、KPM1633、HC609、SH633，1只
- 钻压：>200kN
- 转速：80r/min+螺杆
- 排量：65~70L/s
- 泵压：20~25MPa

指标	提速目标	平均指标	最高指标
机械钻速(m/h)	4	3.92	6.40（磨溪022-X43）
钻进时间(d)	10.34	10.46	5.45（高石119）

雷口坡组—嘉二³亚段(2500~3500m)1趟钻

- 钻井方式：PDC+螺杆
- 钻头型号：WS505、GS1625，1只
- 钻压：>150kN
- 转速：80r/min+螺杆
- 排量：65~70L/s
- 泵压：20~25MPa

指标	提速目标	平均指标	最高指标
机械钻速(m/h)	8	5.94	10.53（磨溪022-H10）
钻进时间(d)	6.12	10.13	4.66（高石119）
中完时间(d)	10	13.61	8.97（高石001-X40）

图 4-4 二开钻井提速模板

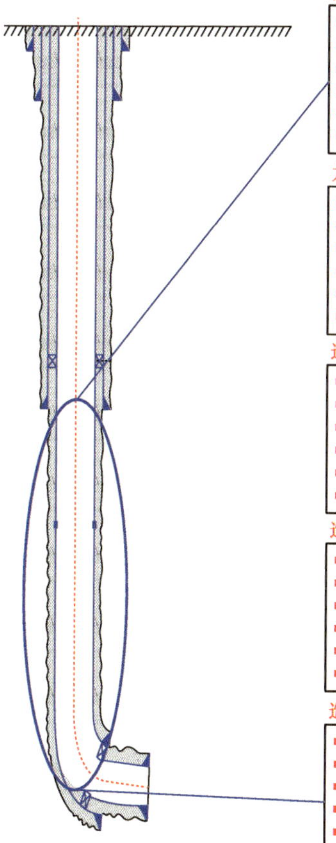

嘉二³亚段—龙潭组(3500~4300m)1趟钻

- 钻井方式：PDC+螺杆
- 钻头型号：GS1605、DFS1605、HM5163，1只
- 钻压：>150kN
- 转速：80r/min+螺杆
- 排量：30~35L/s
- 泵压：20~25MPa

指标	提速目标	平均指标	最高指标
机械钻速(m/h)	6.8	5.24	9.39（磨溪022-H20）
钻进时间(d)	9.5	11.36	5.67（磨溪022-X12）

龙潭—洗象池组(4300~4600m)1~2趟钻

- 钻井方式：PDC+螺杆
- 钻头型号：KPM1663、DFS1605、WS5519、HP425、HS5164，1只
- 钻压：>150kN
- 转速：80r/min+螺杆
- 排量：30~35L/s
- 泵压：20~25MPa

指标	提速目标	平均指标	最高指标
机械钻速(m/h)	2.5	2.51	3.90（磨溪022-H33）
钻进时间(d)	12.50	14.41	4.82（磨溪022-X43）

造斜段，洗象池—龙王庙组(4600~4900m)1趟钻

- 钻井方式：弯螺杆+复合配备钻柱扭摆系统、旋转阀式脉冲器
- 钻头型号：WS505、WS5519、DFS1606，1只
- 钻压：>150kN
- 转速：70r/min+螺杆
- 排量：>30L/s
- 泵压：23~25MPa

指标	提速目标	平均指标	最高指标
机械钻速(m/h)	2	2.06	3.73（磨溪022-H8）
钻进时间(d)	7	7.67	2.70（磨溪022-H20）

造斜段，沧浪铺组(4900~5100m)1趟钻

- 钻井方式：弯螺杆+水力振荡器配备钻柱扭摆系统、旋转阀式脉冲器
- 钻头型号：KPMD1642、HS5164、MV613，1只
- 钻压：>150kN
- 转速：70r/min+螺杆
- 排量：>30L/s
- 泵压：23~25MPa

指标	提速目标	平均指标	最高指标
机械钻速(m/h)	2	1.74	2.96（磨溪022-X43）
钻进时间(d)	6.26	8.50	2.16（高石001-X41）

造斜段，筇竹寺组—灯四段顶(5100~5500m)1趟钻

- 钻井方式：弯螺杆+水力振荡器配备钻柱扭摆系统、旋转阀式脉冲器
- 钻头型号：WS556、DFS1606、GM1606，1只
- 钻压：>150kN
- 转速：70r/min+螺杆
- 排量：>30L/s
- 泵压：23~25MPa

指标	提速目标	平均指标	最高指标
机械钻速(m/h)	3	2.30	4.38（磨溪127）
钻进时间(d)	9.5	11.48	3.11（磨溪124）
中完时间(d)	20	33.33	16.73（高石123）

图 4-5 三开钻井提速模板

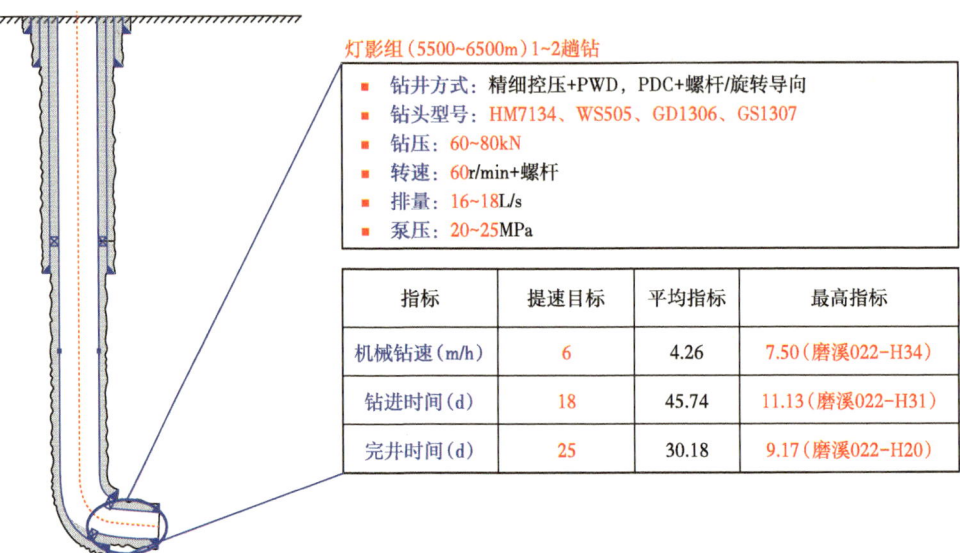

图 4-6　四开钻井提速模板

二、井眼轨迹设计

震旦系气藏开发井以灯四段为目的层，设计井型为斜井和水平井，斜井井斜角为 60°~80°。

（一）斜井井眼轨迹设计

造斜点选择在茅口组—龙王庙组稳定地层，采用"直—增—稳"三段制剖面，复合钻过沧浪铺组。设计轨迹在 ϕ215.9mm 井眼狗腿度控制在 5°/30m 以内，以 70° 左右井斜角稳斜穿越储层，靶前距预计 500m 左右（图 4-7 和表 4-3）。

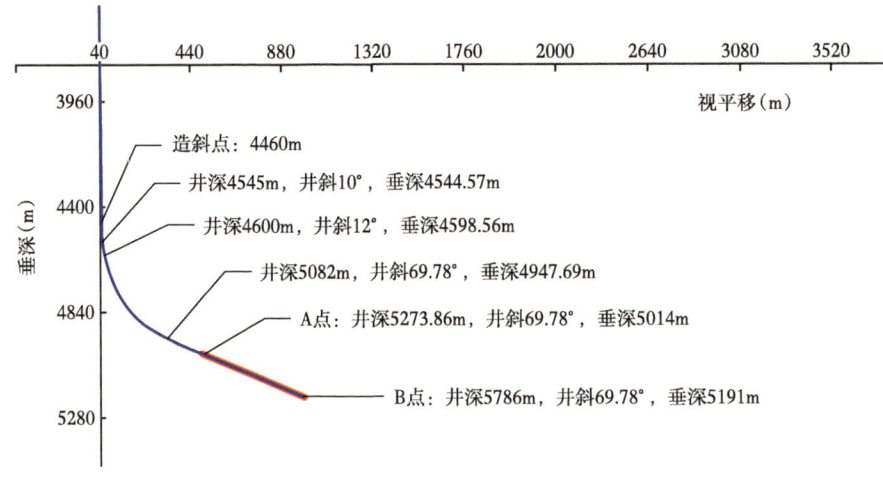

图 4-7　高石梯区块灯四段斜井轨迹垂直剖面图

表4-3 灯四段斜井轨迹剖面方案

井段描述	测深（m）	井斜（°）	网格方位（°）	垂深（m）	北坐标（m）	东坐标（m）	狗腿度（°/30m）	闭合距（m）	闭合方位（°）
直井段	4460.00	0	—	4460.00	0	0	0	0	—
增斜段	4545.00	10.00	302.00	4544.57	3.92	-6.27	3.53	7.40	302.00
增斜段	4600.00	12.00	302.00	4598.56	9.48	-15.17	1.09	17.89	302.00
增斜段	5082.00	69.78	302.00	4947.69	169.69	-271.56	3.60	320.21	302.00
稳斜段	5786.00	69.78	302.00	5191.01	519.76	-831.79	0	980.83	302.00

（二）水平井井眼轨迹设计

造斜点选择在茅口组—龙王庙组稳定地层，设计轨迹采用"直—增—稳—增—稳"五段制剖面，留足轨迹调整余地，在 ϕ215.9mm 井眼狗腿度控制在 5°/30m 以内，因本区沧浪铺组可钻性极差，难以造斜，该段设计采用复合钻稳斜通过（表4-4和图4-8）。

表4-4 灯四段水平井轨迹剖面方案设计

井段描述	测深（m）	井斜（°）	网格方位（°）	垂深（m）	北坐标（m）	东坐标（m）	狗腿度（°/30m）	闭合距（m）	闭合方位（°）
直井段	4433.63	0	—	4433.63	0	0	0	0	—
增斜段	4613.63	30.00	23.21	4605.52	42.33	18.15	5.00	46.06	23.21
稳斜段	4813.63	30.00	23.21	4778.72	134.24	57.56	0	146.06	23.21
增斜段	5246.08	87.14	23.21	4995.00	459.50	197.02	3.97	499.96	23.21
稳斜段	6147.97	87.14	23.21	5040.00	1287.37	551.99	0	1400.72	23.21

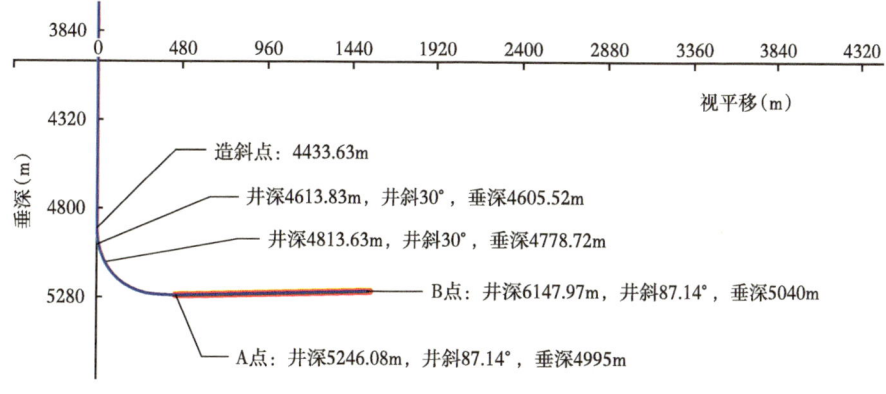

图4-8 灯四段水平井垂直剖面投影图

大斜度井、水平井轨迹控制与监控：直井段采用复合钻的方式钻进，使用无线随钻（MWD）或单、多点测斜仪监测井眼轨迹。斜井段采用"螺杆定向+复合钻"方式钻进，ϕ215.9mm 井眼使用无线随钻（MWD）监测井眼轨迹，ϕ149.2mm 井眼使用地质导向（LWD）

工具（表 4-5）。

表 4-5　高石梯区块灯四气藏开发井井眼轨迹控制与监控表

井段描述	钻井方式	监测方式
直井段	复合	单/多点测斜仪
增斜段	螺杆	MWD
稳斜段	复合	MWD
增斜段	螺杆	MWD/LWD
水平段	复合	MWD/LWD

第三节　钻井提速技术

一、钻头优选

根据前期探井及部分开发井实钻钻头使用情况统计，通过对钻头应用主要指标优选分析，结合地层岩石可钻性分析，不断摸索适合高石梯区块灯影组气藏开发井的钻头序列。

（一）沙溪庙—凉高山组井段个性化 PDC 钻头优选

高石1井该井段使用牙轮钻头提速效果不显著，为此，2012 年第一批 6 口井通过优选常规 PDC 钻头，进行了现场试验，同比高石 1 井机械钻速提高 70% 以上；2013 年针对第一批 6 口井钻井过程中出现钻头泥包等问题，开展了高效个性化 PDC 钻头设计研究，通过不断改进钻头刀翼、布齿、胎体类型和水眼，研制出抗软硬交错、耐磨性强的 PDC（FX56S）钻头（图 4-9）。

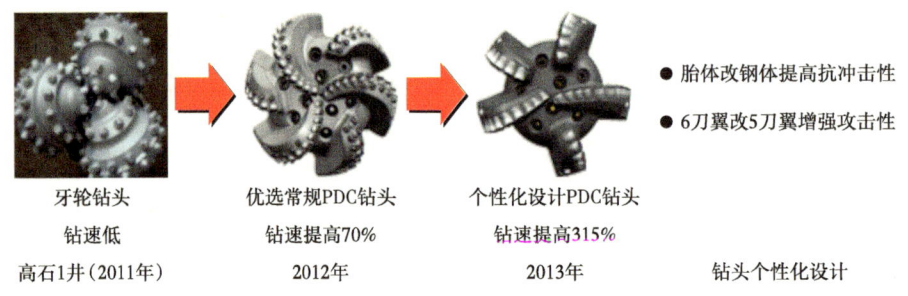

图 4-9　沙溪庙—凉高山组井段钻头优化设计过程

2013—2014 年试验钢体 PDC 钻头（FX56S），平均钻速 16.97m/h，同比 2012 年第一轮 6 口井提高了 134.4%；平均进尺 835.4m，同比第一轮提高了 440.5m。

针对进口钻头价格高昂的问题，2014 年开发井试验了国产 PDC 钻头 9 只（19mm 复合片刚体——格瑞特 GM1905S、深远 DFS1905），试验结果表明，国产深远 DFS1905 钻头指标最好，能实现沙溪庙—凉高山组一趟钻，机械钻速 16~18m/h，与 FX56S 指标相当。

（二）凉高山组—须六段井段个性化 PDC 钻头优选

2013—2014 年在凉高山组—须六段井段试验进口胎体 PDC 钻头（FX55D），平均机械钻速达 3.74m/h，单只钻头进尺 437.8m，机械钻速同比 2012 年提高 21.8%，实现了凉高山组—须六段"一趟钻"。

2014 年，在凉高山组—须六段井段试验国产 PDC 钻头 15 只，试验结果表明：深远 DF1605 效果最好，与哈里伯顿 PDC 钻头持平，均能实现一趟钻，平均机械钻速 4.27m/h。

（三）须家河组井段个性化 PDC 钻头优选

2013—2014 年，经过优化设计的 FX75R 在须家河组井段试验，平均机械钻速达到 2.60m/h，单只进尺达到 347.51m，单只进尺较 2012 年提高 16.02%，有 2 口井实现了"一趟钻"钻穿须家河组井段。本段国产钻头试验效果较差，因此开发井须家河组井段优选 FX75R 钻头（图 4-10）。

➢ 采用抗冲击和抗研磨性极强的R1齿
➢ 双排齿设计，提高钻头稳定性
➢ 增加返屑槽面积

图 4-10 须家河组 PDC 钻头优化设计过程

（四）雷口坡组—嘉二^{3}亚段井段个性化 PDC 钻头优选

2013—2014 年，该井段开展高效个性化 PDC 钻头（FX55D）+高效螺杆"一趟钻"快速钻井技术，试验井平均机械钻速 4.85m/h，较单一 PDC 钻头提高 66.1%，平均单只钻头进尺 773m，较 2012 年（平均单只进尺 343.04m）提高 125.34%。本段国产钻头试验效果较差，因此开发井雷口坡组—嘉二^{3}亚段井段优选 FX75R 钻头。

（五）嘉二^{3}亚段—茅口组井段优选个性化 PDC 钻头

高石 1 井在该井段使用 15 只钻头，机械钻速同比高科 1 井提速效果差，2012 年针对该层段通过优化、优选常规 PDC 钻头，第一批 6 口井实现了 4 只 PDC 钻头钻穿该井段，单只进尺 279.07m，平均机械钻速 4.75m/h，分别较高石 1 井提高了 4 倍和 2.5 倍，但龙潭组强塑性地层对 PDC 钻头损害大，单只钻头不能钻穿该层位。

通过优化设计、优选 FX55D 钻头，2013—2014 年 12 口井实现了嘉二^{3}亚段—茅口组一趟钻，同比 2012 年减少 3 趟起下钻；平均单只钻头进尺达 1049m，同比 2012 年提高 770.93m。嘉二^{3}亚段—茅口组钻井周期 14.6d，同比 2012 年缩短了 5.2d。同样，本段国产钻头试验效果较差，因此开发井嘉二^{3}亚段—茅口组井段优选 FX55D 钻头（图 4-11）。

●水眼由5个上升至7个，提高清洁效果
●双排齿设计增加钻头进尺
●力平衡设计抗研磨

牙轮钻头　　优选常规PDC钻头　　个性化设计PDC钻头
单只进尺少　　使用4只钻头　　　使用1只钻头
该段使用15只钻头
高石1井（2011年）　2012年　　　2013年　　　钻头个性化设计

图 4-11 嘉二^{3}亚段—茅口组钻头优化设计过程

（六）茅口组以下二叠系—寒武系个性化 PDC 钻头优选

针对本区茅口—栖霞组、洗象池组、龙王庙组地层为硬质地层、奥陶系为软质地层，遇软硬交错地层易产生井下振动易损坏复合齿，单只钻头进尺较低的情况，2013—2014年，经过钻头不断优化改进 FX64D 钻头，二叠系—寒武系钻头单只进尺达到 161.3m，较 2012 年（119.77m）提高 34.67%，同样本段国产 PDC 钻头试验效果差，因此开发井二叠系—寒武系推荐优选 FX64D 钻头（图 4-12）。

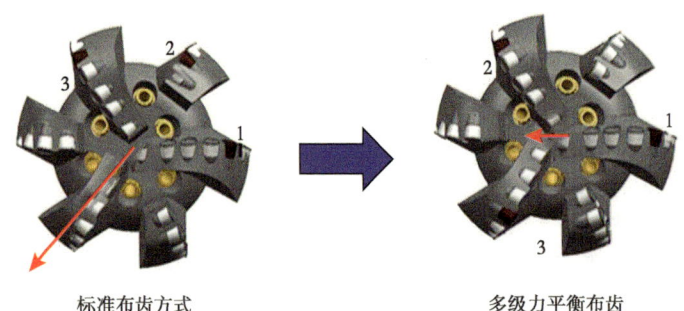

标准布齿方式　　　　　　　　多级力平衡布齿

图 4-12　二叠系—寒武系 FX64D 钻头优选、优化设计过程

（七）震旦系个性化 PDC 钻头优选

震旦系灯影组以白云岩、硅质云岩为主，岩石强度为 45kpsi，地层偏硬，钻头吃入困难。针对上述情况，2013—2014 年，在该地层采用改进的 MM64DH 等钻头，平均单只进尺 127.8m，较之前井提高 32.51%，平均机械钻速 3.17m/h（图 4-13）。

➢ 提高刀翼的数目，5 刀翼改成 6 刀翼
➢ 使用了多级力平衡设计和 H 形抗研磨复合片

图 4-13　震旦系钻头优选、优化设计过程

（八）高石 001-X3 井应用效果

优选出的钻头序列应用于高石 001-X3 井，相对于高石 1 井、高石 2 井机械钻速提升明显，见表 4-6。

表 4-6　高石 001-X3 井机械钻速对比表　　　　单位：m/h

层位	高石 1 井	高石 2 井	高石 001-X3
沙溪庙组	6.57	6.74	25.36
自流井组	2.90	4.82	6.50
须家河组	2.74	3.00	5.26

续表

层位	高石1井	高石2井	高石001-X3
嘉陵江组	1.81	3.73	5.21
飞仙关组	1.34	5.66	5.14
长兴组	2.11	2.93	4.15
龙潭组	1.43	1.28	1.31
茅口组	1.42	1.33	1.54
栖霞组	1.57	2.19	1.42
洗象池组	0.93	1.63	1.23
高台组	0.70	1.01	1.22
龙王庙组	0.80	1.35	2.31
沧浪铺组	0.86	0.76	1.13
筇竹寺组	0.65	1.03	1.81
灯影组	1.93	1.21	2.96
全井平均机械钻速	1.68	2.32	3.12

二、钻井提速模板

高石梯区块钻井提速面临诸多难题：(1)纵向上具有多产层、多压力系统的特点，钻井显示频繁，气体钻井提速受限。(2)中上部（沙溪庙—珍珠冲组）地层易垮塌，对钻井液抑制性能要求较高。(3)中下部地层（嘉二段—震旦系）存在高低压互层，井漏、溢流复杂多。(4)二叠系以下地层可钻性差，机械钻速低。(5)定向井段滑动钻进托压严重，机械钻速低。(6)灯影组压力窗口窄、复杂、事故频发。

为突破以上难点，在高石梯区块开展多轮钻井提速攻关试验，形成了以"高效PDC钻头＋长寿命螺杆＋优质钻井液"为主体的钻井提速配套技术，并结合实钻经验，形成了《高石梯区块钻井提速模板》，提速效果良好。

三、提速效果

目前高石梯区块灯四气藏完钻建产井29口，总进尺17.89×10^4m，平均井深6169.67m，平均钻井周期169.22d，平均机械钻速4.33m/h。经过几轮区块提速，在执行提速模板后，2020年相对2019年，在平均井深增加1.21%的情况下，钻井周期缩短3.82%，机械钻速提高11.72%（表4-7）。

表 4-7　高石梯区块灯四气藏钻井情况统计

完钻日期	井号	井深（m）	钻井周期（d）	平均机械钻速（m/h）
2018/1/1	高石 001-X23	5748	135.42	4.73
2018/1/18	高石 001-X21	5579	196.78	3.65
2018/1/18	高石 001-X31	6098	139.82	4.51
2018/2/1	高石 001-X24	6045	206.71	3.27
2018/2/19	高石 001-H20	6061	169.86	3.80
2018/2/24	高石 001-X25	6243	199.69	3.53
2018/3/20	高石 001-X30	6196	160.91	4.27
2018/4/3	高石 001-H26	5822	174.44	4.19
2018/4/9	高石 001-H27	6550	174.46	4.86
2018/4/20	高石 001-H11	6410	165.00	3.90
2018/6/16	高石 001-X22	5490	158.80	4.86
2018/6/19	高石 001-H9	6255	152.00	4.75
2018/7/26	高石 001-X34	6007	146.00	3.63
2018/7/27	高石 001-H33	6018	170.44	4.89
2018/8/8	高石 001-X29	5973	157.46	4.90
2018/8/16	高石 001-X32	5991	185.00	4.10
2018/8/17	高石 001-X35	6118	117.58	5.29
2018/8/31	高石 001-X38	6449	154.34	4.70
2018/9/4	高石 001-X37	6147	167.86	4.06
2018/9/18	高石 001-X36	6165	138.88	4.58
2018/11/20	高石 001-X28	6355	203.00	4.17
2019/1/8	高石 001-X40	6330	161.42	4.46
2019/4/9	高石 001-H39	6565	240.00	3.24
2019/4/11	高石 001-H13	6563	174.00	3.90
2019/9/8	高石 001-X41	5988	155.10	4.87
2020/3/5	高石 001-X51	6245.52	158.20	4.38
2020/4/21	高石 001-H46	6580	228.43	4.13
2020/6/7	高石 001-X42	6401	152.00	5.16
2020/9/27	高石 001-X43	6528	163.98	4.73

第四节 防塌治漏技术

一、钻井液体系

灯四段受风化及溶蚀作用，孔、洞、缝发育，安全密度窗口极窄、地层当量密度甚至为负（-0.03~0.05g/cm³），钻井过程中喷漏同存现象突出，处理难度极大。

早期所钻大多数井在149.2mm井眼钻进过程中发生较为严重的井漏现象，其中漏失量0~100m³的井占37.5%，漏失量100~1000m³的井占37.5%，漏失量1000m³以上的井占25%。

针对存在的问题，根据建产井纵向上不同地层的岩性特征对钻井液进行了分段设计，同时重点针对不同的钻进层位，就防塌、防卡、防喷、防漏和储层保护等方面对钻井液提出了使用要求。

0~500m表层段钻井主要使用膨润土聚合物体系，密度一般在1.03~1.10g/cm³；500m后主要使用聚合物或KCl聚合物体系，钻至沙二段底部前，密度控制在1.07~1.15g/cm³，钻至沙二段底部后，为防止井壁垮塌，密度增加至1.47~1.55g/cm³，体系主要为KCl—聚合物体系，钻至须家河组底部，因下部地层含有石膏且温度较高，钻井液体系转换为聚磺或钾聚磺钻井液体系，平均密度增加至1.57~1.70g/cm³；嘉二³亚段—筇竹寺组段地层高压，实钻钻井液密度主要为2.02~2.30g/cm³，钻井液体系为聚磺或钾聚磺钻井液体系。震旦系地层压力系数相对低压，实钻钻井液密度主要为1.20~1.35g/cm³，钻井液体系主要为聚磺或钾聚磺钻井液体系。通过分段调整钻井液密度和流变性，有效降低了上部井段垮塌、泥包、中部膏岩层缩径、卡钻、溢流、下部灯影组储层井漏等地质工程复杂（郭建华等，2013）。

二、防塌堵漏工艺

针对灯影组地质特性：裂缝—孔洞型，综合国内成熟的堵漏技术，首先研究预测裂缝开度，根据裂缝开度设计刚性颗粒的粒度和浓度，最后完成刚性颗粒的指导配方设计。在研究高石梯区块灯四段地层裂缝特征基础上，建立了有限长裂缝漏失理论模型，得出了裂缝宽度是影响漏失压力和漏失速率的主要因素的认识。形成了成塞堵漏剂的基本配方，可以适用于不同大小裂缝、不同漏速井漏的堵漏。对形成的成塞堵漏剂在成塞能力、抗压强度（承受压差）、酸溶率进行了室内评价和现场试验，所得结果表明，该成塞堵漏剂能够用于高石梯区块灯影组裂缝型气藏的暂堵，形成的低密度JFS钻井液能够很好地治理灯影组的垮塌问题，同时起到防漏作用。

高石001-X21井、高石001-X23井、高石001-X24井灯四段受风化作用影响，表现为裂缝—孔洞型特征，中小型溶蚀孔洞发育，钻井过程中表现为钻井放空、井漏等。实钻过程中，采用JFS防塌水基钻井液和根据井漏情况采用不同堵漏技术进行堵漏并与精细控压钻进相结合，有效控制漏速，堵漏治漏效果明显。

三、精细控压技术

高石梯区块灯影组大斜度井水平井储层段钻井存在以下难点：

（1）井段长达500~1000m，可能钻遇多个显示层，钻井液安全密度窗口窄（最窄为0.02g/cm³），井底压力平稳控制难度大。

（2）气产量大、能量足，且硫化氢含量高，一旦出现又漏又喷，控制难度大，存在较大井控风险。

（3）储层缝—洞发育，可能无法成功堵漏，正常钻井作业难度大。

（4）地层石英含量高，研磨性强，钻头寿命短，起下钻频繁，井控风险大。

精细控压钻井技术可以精确地控制整个井眼的环空压力剖面，其目的在于确定井底压力窗口，精确控制环空压力剖面（张波等，2015）。通过使用节流管汇、旋转控制装置、脱气装置，对回压、流体密度、流体流变性、环空液位、水力摩阻和井眼几何形态综合控制，使整个井筒的压力维持在地层孔隙压力和漏失压力之间，进行平衡或近平衡钻井，如图4-14和图4-15所示。

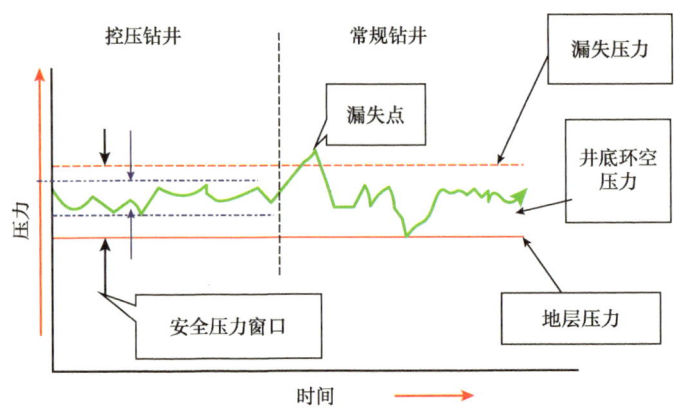

图4-14 精细控压钻进压力控制原理模型

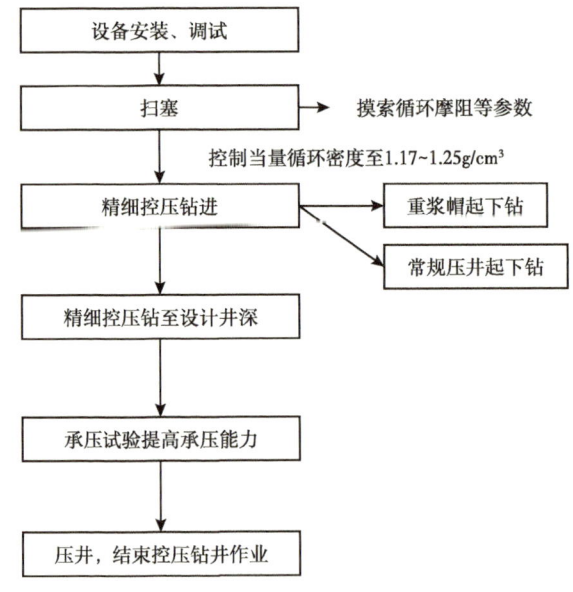

图4-15 制定的精细控压钻井作业程序

针对高石梯区块灯四段地层特点，通过优化形成了以地层漏失压力推算、降低钻井液密度、精细控压钻进、控压重浆帽起下钻为主体的精细控压防漏治漏技术，可精确控制当量循环密度（ECD）在安全钻井液密度窗口范围内，始终保持井底压力略高于地层压力，实现微过平衡钻进。现场应用取得了显著的应用效果，有效减少灯四段漏失量和处理复杂时间（Williamson，2003）。

高石 001-X23 井等 7 口井震旦系灯四段开展精细控压技术应用，在高石 001-H20 井、高石 001-X23 井、高石 001-X24 井、高石 001-X25 井、高石 001-X30 井有效减少了漏失量，高石 001-X21 井、高石 001-H26 井由于地层原因出现恶性井漏，通过使用精细控压技术，保障了井控安全，最大程度地完成了设计目标（表4-8）。

表 4-8 精细控压钻井现场试验井钻井简况数据表

井号	井段 （m）	密度窗口 （g/cm^3）	实钻密度 （g/cm^3）	控压值 （MPa）	漏失量 （m^3）
高石 001-H20	5066.2~6061.0	1.10~1.14	1.08~1.12	0.7~3.8	78.6
高石 001-X21	5052.5~5579.0	1.15~1.20	1.17	0.5~1.0	1309.0
高石 001-X23	5165.7~5748.0	1.20~1.28	1.17~1.20	0.5~4.0	243.7
高石 001-X24	5240.0~5916.0	1.14~1.20	1.13~1.18	0.3~4.5	52.2
高石 001-X25	5202.0~6243.0	1.14~1.20	1.10~1.35	0.5~4.3	302.1
高石 001-X30	5310.2~6196.0	1.14~1.21	1.10~1.23	0.2~7.0	4.5
高石 001-H26	5049.0~5822.0	1.14~1.22	1.14~1.19	0.4~6.0	4761.8

第五节 固井技术

一、固井设计

高石梯区块灯四气藏单井实测温度数据表明，灯四段地层温度在 144.18~156.79℃ 之间，平均 153.7℃，地温梯度 2.6℃/100m 左右，属高温气藏，温度梯度正常。灯四段地层压力系数在 1.03~1.11 之间，属常压气藏，灯四上、下亚段压力折算至 4898.7m 压力差别不大。根据地质特征，一开 ϕ339.7mm 套管采用内管固井，水泥浆返至地面。能够满足封隔可能存在的浅层地下水及窜漏层的要求。二开 ϕ244.5mm 技术套管采用双凝双胶塞固井工艺，一次性正注施工，水泥浆返至地面，要求纯水泥浆返出 5~10m^3，注替排量满足顶替效率要求，确保水泥封固质量；尾浆 40m^3 为防气窜水泥浆体系。三开 ϕ177.8mm 油层套管采用尾管悬挂、回接固井方式、大温差防窜柔性水泥浆体系，通过优化浆柱结构、注替排量等方式提高固井质量。其中，尾管悬挂固井采用封隔式高压尾管悬挂器、两凝加重水泥浆体系，下水泥塞长 50m，上水泥塞加多返缓凝水泥浆量为 5m^3。重合段 400m 左右，尾管回接采用双凝水泥浆双胶塞固井工艺，水泥浆返出 5~10m^3，尾浆 20m^3 为防气窜水泥浆体系。四开 ϕ127mm 尾管悬挂采用加砂防窜柔性水泥浆体系固井，下水泥塞长 50m，上水泥塞加多返水泥浆量为 3m³。

二、固井难点

高石梯区块 177.8mm 尾管固井面临同一裸眼段多压力体系共存，易漏易涌、密度高、温差大等难题，早期已完钻井合格率和优质率都偏低，2013 年，177.8mm 尾管固井质量平均优质率 23.2%，合格率仅为 46.5%，2014 年，177.8mm 尾管固井质量平均优质率 22.4%，合格率仅为 42.7%。主要原因：

（1）地层复杂、油气活跃、气层多，从上到下都有气层分布，为了有效压稳气层，固井作业中常采用两凝水泥浆体系。然而上部嘉陵江组气层显示严重，在固井候凝阶段，由于水泥浆胶凝失重原因，常造成水泥浆对上部气层无法实施有效压稳，出现气窜而造成固井质量差。

（2）封固段长：封固段长 2200m，裸眼 2000m，难以兼顾压稳与防漏。钻井液密度高（2.10~2.42g/cm³）；钻井液与水泥浆密度差小（小于 0.10g/cm³）；窄安全压力窗口制约注替排量，难以实现高效顶替。

高石梯区块四开下 ϕ177.8mm 尾管封固嘉陵江组、飞仙关组、长兴组、龙潭组、茅口组、栖霞组、凉山组、高台组、龙王庙组、沧浪铺组、筇竹寺组及灯影组顶部，跨越多个高压力系统。地层压力系数在 1.4~2.2 之间，高低互层。

由于压力高，需要的钻井液密度也相应较高，而高密度钻井液、隔离液和水泥浆的性能调配难度大，特别是在高温条件下工作液性能影响较大，容易给泵注作业安全和顶替效率等造成影响。

（3）高温大温差、水泥浆密度高。四开采用 215.9mm 钻头先后钻遇嘉陵江组、飞仙关组、长兴组、洗象池组、龙潭组、茅口组、栖霞组等地层，ϕ177.8mm 尾管封固段长达 2000~2900m，温度梯度跨越中高温段，井底温度为 140℃ 左右，喇叭口温度在 70~80℃ 之间，封固井段上下温差 50~70℃。这使得固井水泥浆封固跨越了中高温段，易出现高密度大温差超缓凝问题。而且高温高压大温差气井固井对水泥浆防窜性能、耐高温、早起强度等综合性能要求高。

三、固井工艺优化

（一）防气窜综合配套工艺技术优化应用

1. 平衡压力固井技术

固井注水泥时，保持环空压力与地层压力的平衡，在高压含硫气层固井施工中，保证注水泥期间实现压力平衡，做到不漏不喷。合理确定安全压力窗口。具体方法有：（1）利用三条压力预测线；（2）利用随钻工作液参数记录和泵压记录；（3）利用漏失实验数据；（4）利用憋泵压力和循环启动泵压数据。

2. 多凝水泥浆浆柱结构分段压稳技术

在长封固段固井时，使用双凝或多凝水泥浆，其中双凝水泥浆的缓凝段与速凝段长度比应不小于 2∶1；稠化时间或初凝时间差为 2~2.5h；并保证主要油气层在速凝段内，且满足气层段水泥浆初凝前，浆柱的有效压力＋环空憋压压力不小于气层压力。高石梯震旦系

177.8mm尾管由于封固段长、高压气层、同时显示层位多、跨度长，根据井下不同情况，选择双凝、三凝水泥浆浆柱结构。

3. 顶部水泥石强度强化技术

长封固段上下温差大，喇叭口温度60~80℃，井下温度130~160℃。跨过了中温、高温区域。根据BHCT大于110℃时加防强度衰退剂（石英砂）的原则，水泥浆应该添加硅粉以防止水泥石强度衰退，但是上部井段温度低于110℃，加砂水泥强度发育相对较慢，不能起到快速防窜的目的，为此在缓凝水泥浆中不添加石英砂，增加水泥组分，一般能保证在29h左右开始起强度，最快的能达到19h起强度，且48h强度超过10MPa。

（二）正反注工艺技术

通过优化作业参数仍无法防止井漏情况，可以采用正反注固井工艺，实现环空有效封隔。正反注固井是正注与反灌（挤）相结合的固井工艺，通过关键环节控制，达到封固目的。

正注水泥浆在高效驱替和尽量减少对产层污染的前提下，按照设计可靠、搭配合理的施工压力、水泥浆密度、施工排量，将规定量的水泥浆成功地驱替到设计返高，确保正反注水泥浆下部井段固井质量良好，同时为反注水泥浆创造条件。

尾管反注是正反注尾管固井施工后一环节，与常规注水泥浆不同，其工艺更类似反循环固井、挤水泥。必须对井下情况特别是常见漏失井反注对井下漏层及性质的影响做详尽掌握后，从反注工艺、水泥浆设计、施工参数设计等方面做具有针对性研究，提出相应固井措施，确保正反注两段水泥浆无法实现接拢，形成优质的固井水泥环。

四、应用效果

经过固井水泥浆体系的优选不断完善尾管固井技术工艺，固井质量稳步提高。177.8mm尾管固井平均质量合格率由42.7%提高到76.59%。

第六节　完井工艺

一、完井管柱结构

（一）油管尺寸

灯四气藏建产井生产油管以ϕ88.9mm、110钢级为主，针对井的不同产能，考虑管柱安全系数及酸化压裂要求，部分井采用不同尺寸油管的组合。

（二）生产管柱结构

主体采用油管挂+高抗硫材质油管（气密封扣）+井下安全阀+坐放短节+化学剂注入工具+完井封隔器+球座/裸眼分段改造管柱的管柱结构，对于符合三高气井要求的井采用镍基合金油管（气密封扣）+井下安全阀+坐放短节+完井封隔器+球座/裸眼分段改造管柱的管柱结构（付安庆等，2017）。

在生产管柱中下入了井下安全阀和永久性封隔器，符合高温高压油气井含腐蚀性介质及完井投产技术要求，有效建立了第一井屏障，保证了气井的长期安全性。

(三)防腐方式

高抗硫碳钢油管+封隔器+井下化学剂注入阀：完井环空加注环空保护液，生产中套管连续加注缓蚀剂。

高抗硫碳钢油管+封隔器：完井环空加注环空保护液，生产中定期（一个月）从油管加注缓蚀剂。

采用铁离子浓度分析、缓蚀剂残余浓度分析和目视检测的方法。结果显示，井下腐蚀防控措施效果良好。

二、井口选型

目前高石梯区块灯四段建产井完井主体采用"十"字形井口，压力等级 105MPa，温度等级 P-X，性能等级 PR2，材质等级 FF 级。

(一)压力等级

灯四气藏建产井采用 105MPa 压力等级井口装置，高石梯灯影组气藏地层压力 56.57~59.3MPa，最大关井压力为 42~46MPa；根据岩石力学和地应力试验评价，预测井底破裂压力在 140MPa 左右，对应井口压力在 85~95MPa，施工井口等级 105MPa，可满足增产改造需求。

(二)温度等级

灯四气藏建产井目前采用 P-X 温度级别（-29~176℃）井口装置，灯四气藏气井最大配产时井口温度不超过 70℃，考虑一定的安全系数，井口温度级别选择 P-U 级（-29~121℃）即可，P-X 级高于 P-U 级，且两者采购价格相同，井口温度等级的选择符合要求。

(三)材质等级

灯四气藏建产井采用 FF 材质级别井口装置，高石梯区块震旦系灯影组井口处天然气硫化氢分压为 0.34~0.66MPa，二氧化碳分压 3.42MPa 左右，地层水 Cl^- 含量 35896~64645mg/L。井口材质的选择结合了灯影组开发井实际腐蚀环境和采气井口装置材质选择标准 GB/T 22513—2023《石油天然气钻采设备 井口装置和采油树》，保障了气井的长期安全生产。

三、完井方式

高石梯建产井中，以裸眼完井方式为主，少部分井采用衬管或射孔完井，三种完井方式均能满足后期酸化压裂及采气工作的需要，具有较强的适应性。同时采用完井试油生产一体化工艺，避免了气井改造后进行二次完井时完井液对储层造成伤害，满足了酸化压裂和后期采气要求，节约了完井时间，降低了储层污染。并在完井封隔器坐封前，油套环空注环空保护液，保护了套管内壁和油管外壁。

高石梯区块灯影组气藏投入开发以来的实践证明，应用完井试油生产一体化工艺，并优化管柱结构和施工工序，缩短了试油周期，减少了单井漏失量，保障了裸眼分段管柱 100% 下入到位，上述完井方式设计合理，能够满足工程要求（表 4-9）。

表 4-9 高石梯完钻建产井完井方式统计表

完井方式	共计（口）	井号
裸眼完井	27	高石 001-H9、高石 001-X10、高石 001-H11、高石 001-H20、高石 001-X21、高石 001-X22、高石 001-X23、高石 001-X25、高石 001-H27、高石 001-X28、高石 001-X29、高石 001-X30、高石 001-X31、高石 001-X32、高石 001-H33、高石 001-X34、高石 001-X36、高石 001-X37、高石 001-X38、高石 001-X40、高石 001-H13、高石 001-H39、高石 001-X41、高石 001-X42、高石 001-X43、高石 001-H46、高石 001-X51
衬管完井	1	高石 001-X35
射孔完井	2	高石 001-X24、高石 001-H26

第七节 酸化改造工艺

一、改造难点

震旦系灯影组储层整体为特低孔低渗透，储层缝洞发育，但非均质性较强，在不同相带、不同区块储层均存在差异，单井之间储层改造效果差异极大。同时，灯影组储层岩石致密、坚硬，弹性模量高，导致破裂压力高、施工压力高，压开地层困难；地层温度高、裂缝闭合压力高，酸液有效穿透深度短，裂缝导流能力保持困难，需要配套完善高施工压力装备和施工技术，优化施工工艺，实现酸液深度穿透，形成高的酸蚀裂缝导流能力（韩慧芬，2016）。

二、储层品质的量化评价

经过前期研究，基于探井储层数据，综合储层物性参数、测录井数据，形成了储层品质的量化评价方法。针对井型的改变，考虑引入储层垂厚、井斜角、Ⅰ+Ⅱ类储层比例等因素，修正了评价方法相关系数，形成了大斜度井、水平井储层品质量化评价方法［式（4-1）至式（4-4）］。

优化前综合储层品质计算方法：

$$y_{\text{RES}} = 0.132H + 0.1060\phi - 0.0705S_{\text{w}} + 0.1600H\phi + 0.1146\Delta T - 0.0926\rho + 0.0926R_{\text{D/S}} + 0.1166V_{\text{loss}} + 0.1167\text{TOG} \tag{4-1}$$

式中 y_{RES}——综合储层品质；

H——储层厚度，m；

ϕ——储层介质孔隙度；

$H\phi$——储能系数；

ΔT——测试时间；

ρ——补偿密度，g/cm³；

$R_{\text{D/S}}$——双侧向电阻率，Ω·cm；

V_{loss}——滤失量，L；

TOG——全烃。

考虑井型而导致的权重因素变化情况。继续沿用偏最小二乘法和投影重要性指标的方法，更新大斜度井、水平井等样本点，从而确定各因素权重系数，得到了优化后综合储层改造系数计算方法：

$$y_{RES} = 0.0855H + 0.055H_V + 0.0323a_{I+II} + 0.1220A - 0.05S_w + 0.087H\phi + \\ 0.1324\phi + 0.0645K + 0.0444\rho + 0.1661V_{loss} + 0.1608TOG \tag{4-2}$$

式中 H_V——储层垂厚，m；
a_{I+II}——Ⅰ类+Ⅱ类储层比例；
S_w——含水饱和度；
A——井斜角，(°)；
K——渗透率，D。

结合岩石力学参数测试及测井数据计算得到储层岩石破裂压力剖面，从而确定起裂压力及起裂点，为封隔器位置投放、精细分层分段提供理论依据（表4-10）。

表4-10 大斜度井、水平井灯四段主控因素影响程度表（优化后）

序号	影响因素	影响程度
1	有效厚度	0.0855
2	储层垂厚	0.0550
3	Ⅰ+Ⅱ类比例	0.0323
4	井斜角	0.1220
5	漏失量	0.1661
6	全烃	0.1608
7	补偿密度	0.0444
8	孔隙度	0.1324
9	渗透率	0.0645
10	含水饱和度	0.0500
11	储能系数 $H\phi$	0.0870

优化后的储层改造系数评价方法，储层改造系数与无阻流量的相关系数由0.39提至0.76，单井单段储层改造系数与无阻流量相关系数为0.75。

优化后单井单段储层改造系数与无阻流量关系：

$$y_{RES} = 74.006x - 35.755, \quad R^2 = 0.7493 \tag{4-3}$$

通过将单段的储层改造系数与测井解释储层厚度进行加权平均，即得到了单井的总储层改造系数：

$$RES_{总} = \frac{RES_1h_1 + RES_2h_2 + RES_3h_3 + \cdots\cdots}{h_1 + h_2 + h_3 + \cdots\cdots} \tag{4-4}$$

式中 RES——储层改造系数；

h——测井解释储层厚度，m。

基于非放射性示踪剂产气剖面解释的单井单段产气贡献占比与优化后储层改造系数成正比关系，即储层改造系数高的层段产气贡献占比越大，对比优化前后的单井单段储层改造系数与其产气贡献占比相关性，其相关系数达到0.63，说明优化后的储层改造系数与产气贡献占比具有较好的吻合度，即改造系数越大，其产气贡献占比越大（图4-16至图4-21）。

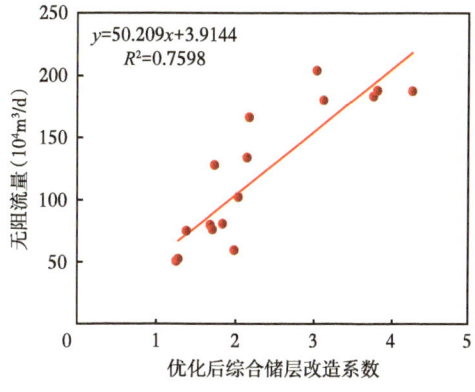

图4-16 优化后单井综合储层改造系数与无阻流量关系

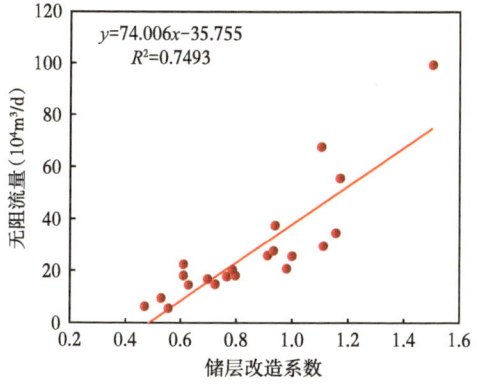

图4-17 优化后单井单段改造系数与无阻流量关系

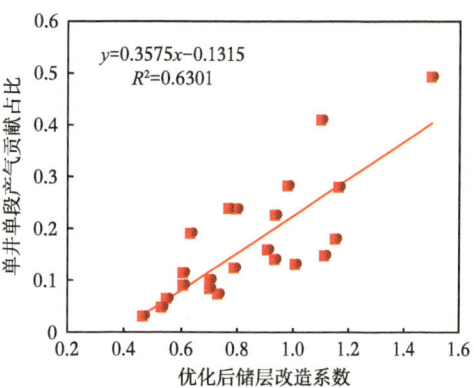

图4-18 单井单段储层改造系数与其产气贡献占比相关性

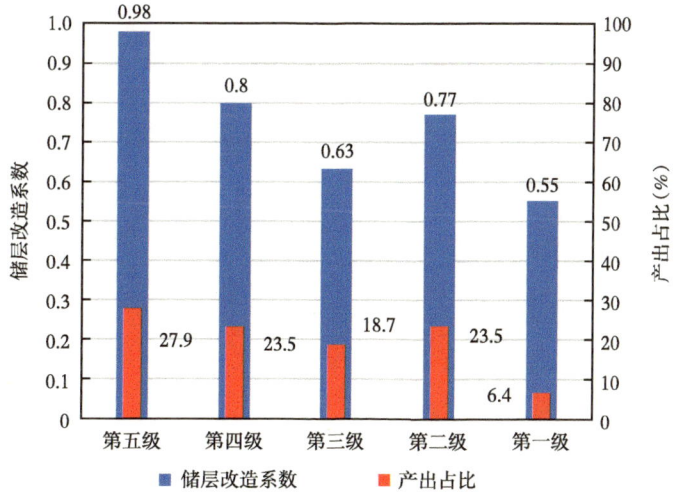

图4-19 高石001-X21井单井单段的储层改造系数与其产气贡献占比关系

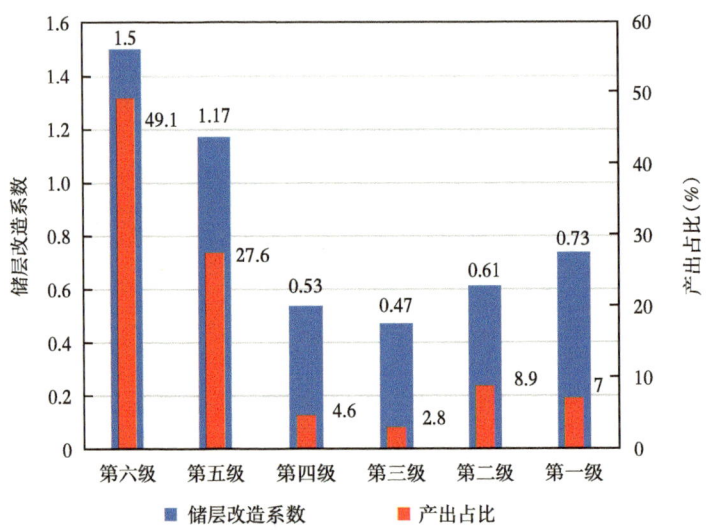

图 4-20　高石 001-X23 井单井单段的储层改造系数与其产气贡献占比关系

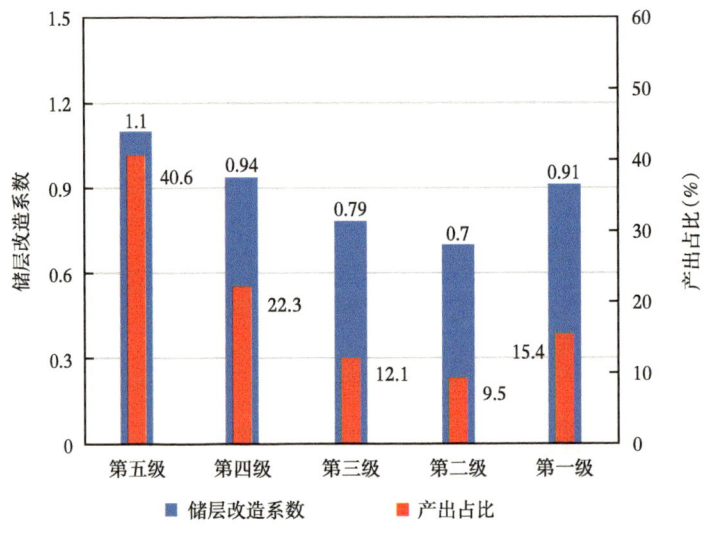

图 4-21　高石 001-X30 井单井单段的储层改造系数与其产气贡献占比关系

三、大斜度井、水平井分段工艺

针对不同储层特征、缝洞发育，结合不同储层品质，形成了大斜度井/水平井精细化分段酸压工艺，包含缓速酸酸压、前置液酸压工艺技术，利用形成的缝洞型碳酸盐岩酸压软件优化酸压关键参数，强化了储层改造针对性，提高了储层改造效率。根据完井方式、储层特征、改造系数评价及破裂压力剖面分析，优化了分层分段方法。基于储层改造系数及破裂压力剖面形成的分段方法，采用机械、化学等工艺技术实现长施工井段的精细分层分段。

（一）转向酸+可降解暂堵球分层工艺技术

转向酸+可降解暂堵球暂堵转向酸化的主要原理是采用一种可溶性的暂堵球，酸化时随酸液泵注进地层中。根据流动阻力最小原理，酸液将优先进入流动阻力较小的高渗透层或裂缝，酸液携带暂堵球到射孔孔眼形成封堵，阻碍后续酸液继续进入高渗透层使酸液往相对低渗透储层转移，从而调节各层的注入能力，最终达到各层均匀进酸的目的；同时转向酸在被高压挤入地层之后，首先会沿着较大的孔道与碳酸盐岩发生反应，随着酸岩反应的进行，酸液黏度自动增加，变黏后的酸液对大孔道进行堵塞，迫使注入压力上升，鲜酸进入孔道相对较小的储层，并再次与储层岩石进行反应，并再次发生黏度升高、注入酸压力升高。直到上升的压力使酸液冲破对渗透率较大的大孔道的暂堵，酸液才会继续前进，这样就实现了层内的暂堵转向。"转向酸+可降解暂堵球"暂堵转向酸化通过物理与化学复合转向工艺的结合，实现了层间与层内的均匀布酸（图4-22和图4-23）。

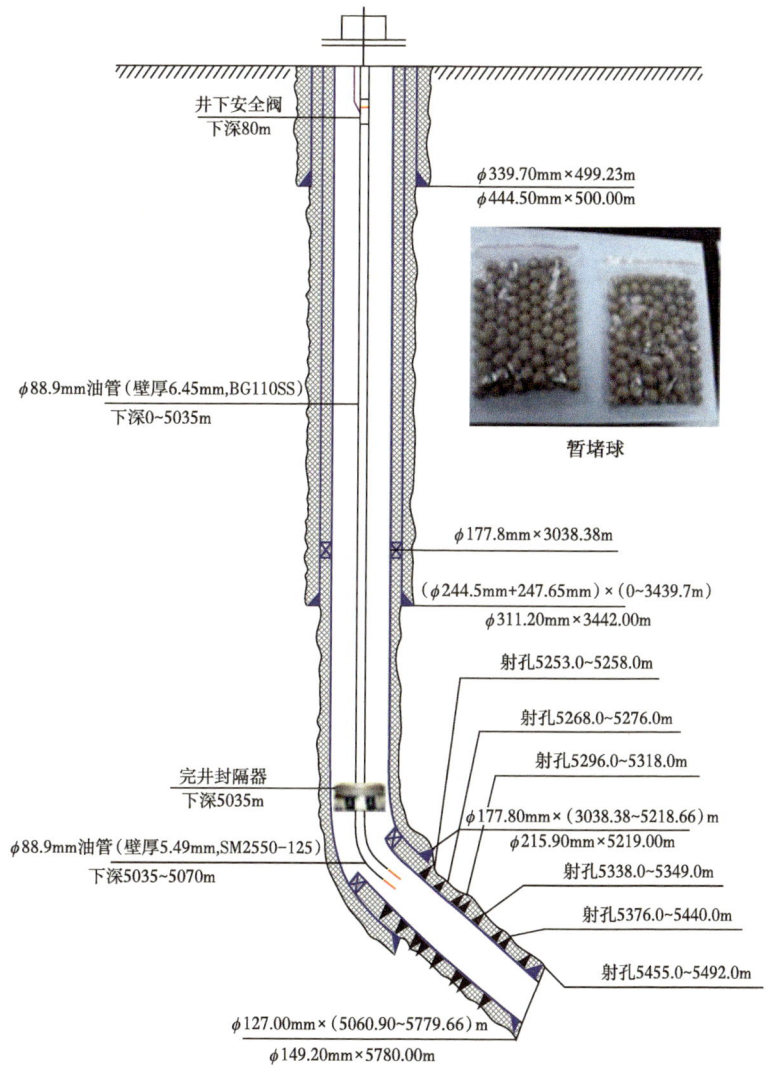

图4-22　射孔完井暂堵球分层酸压管柱

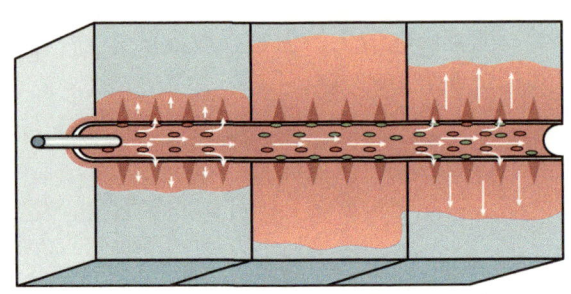

图 4-23　可降解暂堵球暂堵示意图

此工艺采用逐级注入的方式，逐段暂堵高渗透储层段形成段间暂堵转向，暂堵位置选择主要依据几点：（1）根据施工段储层物性情况确定：储层缝洞发育层段，微细裂缝对渗透率具有较大贡献，因此优先暂堵裂缝发育层段，促进基质孔隙发育段吸液；同时随着基质孔隙度的增大，储层渗透率也逐渐增大，因此二级暂堵Ⅰ类储层发育段，促进Ⅱ类、Ⅲ类储层段的吸液。（2）根据钻井过程中钻井液漏失位置来确定，漏浆位置裂缝和溶洞较为发育，需对其优先暂堵。

根据暂堵段长度，结合孔密计算可降解暂堵球数量，投球数量 = 暂堵长度 × 孔密 × 附加系数；根据现场实践优化，大斜度井 / 水平井附加系数为 1.4。

（二）裸眼封隔器投球分段工艺技术

封隔器投球分段布酸酸化工艺就是采用机械的方法进行分段布酸酸化。待完成酸化管柱后，憋压打开第一个目的层的滑套，酸化施工第一目的层；然后投球打开第二目的层的滑套，同时封堵第一个已酸化层段，酸化施工第二目的层；依次类推。此种分段布酸酸化的特点是布酸酸化目的层明确，能够较好地对各酸化目的层进行酸化施工（图 4-24）。

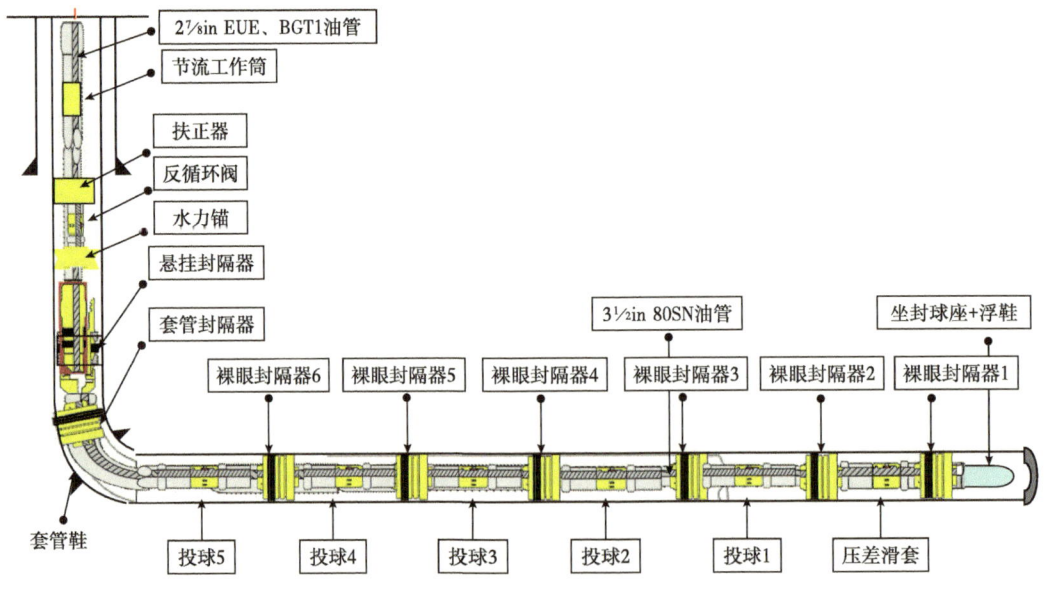

图 4-24　裸眼封隔器投球分段酸化施工管串

四、深度酸化工艺

(一)酸液体系优选

高石梯灯影组储层岩性致密,属于低孔低渗透储层,在现场酸化中施工的主要目的是压开地层,形成一定长度的人工裂缝,达到沟通天然裂缝来提高储层渗透能力。由于储层温度较高,要形成长缝就要泵注一定的高温酸与岩石反应。将高温胶凝酸、高温有机转向酸和自生酸按照不同组合顺序即高温胶凝酸+自生酸+高温有机转向酸、自生酸+高温胶凝酸+高温有机转向酸、自生酸+高温有机转向酸+高温胶凝酸三种注入顺序分别与岩心反应,测试过酸后的导流能力,注入酸量保持恒定值,优选合适的酸液注入顺序。

从酸刻蚀后的导流能力值来看,自生酸+高温胶凝酸+高温有机转向酸注入顺序能有效刻蚀岩石,保持较高的导流能力,在储层高闭合压力状态下也能保持较高的导流能力,改善了油气渗流通道(表4-11和图4-25)。

表4-11 三种酸液过酸后的导流能力值

酸液类型	不同闭合压力下的导流能力(D·cm)				
	10MPa	20MPa	30MPa	40MPa	50MPa
高温胶凝酸+自生酸+高温有机转向酸	47.09	23.56	12.12	7.07	3.50
自生酸+高温胶凝酸+高温有机转向酸	942.45	578.54	302.32	214.23	120.93
自生酸+高温有机转向酸+高温胶凝酸	300.15	110.28	30.69	1.47	0.33

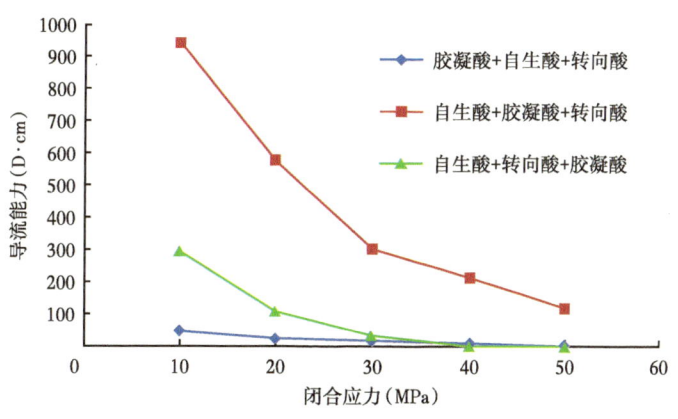

图4-25 不同交替注入顺序酸蚀裂缝导流能力对比

(二)酸压工艺优选

针对不同储层特征、缝洞发育,结合不同储层品质,形成了"一段一策"的单井单段酸压工艺技术,实现酸压工艺与地质目标匹配,强化单井单段储层改造针对性,提高储层改造效率。

通过优化后的储层改造系数,进一步细化了不同品位储层改造需求及针对性改造工艺。基于数据统计分析方法,高石梯区块大斜度井、水平井5井次27段储层改造系数介于 0.47~1.50，细化单井单段储层改造系数界定为 0.8 作为针对性改造工艺优选依据。结合工艺技术现场推广的改造效果（图 4-26）及示踪剂产期剖面解释结果，证实该选择依据可靠。

针对大斜度井、水平井储层非均质性强，且施工段长的特点，结合储层改造系数评价对单井单段进行针对性改造：储层改造系数较高层段（大于 0.8）采用胶凝酸/转向酸酸压工艺（深穿透选择胶凝酸，均匀改造选择转向酸，具体选择依据见上节所述），改造系数较低层段（小于等于 0.8）采用自生酸+胶凝酸酸压工艺（表 4-12）。用酸规模选择：储层改造系数大于 0.8 采用胶凝酸酸压工艺，用酸强度为 1.0~1.5m³/m；储层改造系数小于等于 0.8 采用自生酸前置液工艺，用酸强度 1.5~2.5m³/m。

表 4-12　单井单段不同品质储层对应的改造工艺技术

储层改造系数	改造需求	改造工艺	用酸强度（m³/m）
RES > 0.8	均匀改造、有效增加裂缝导流能力	胶凝酸/转向酸酸压	1.0~1.5
RES ≤ 0.8	提高酸蚀裂缝长度及高导流能力，扩大改造波及范围	自生酸前置液+胶凝酸/转向酸酸压	1.5~2.5

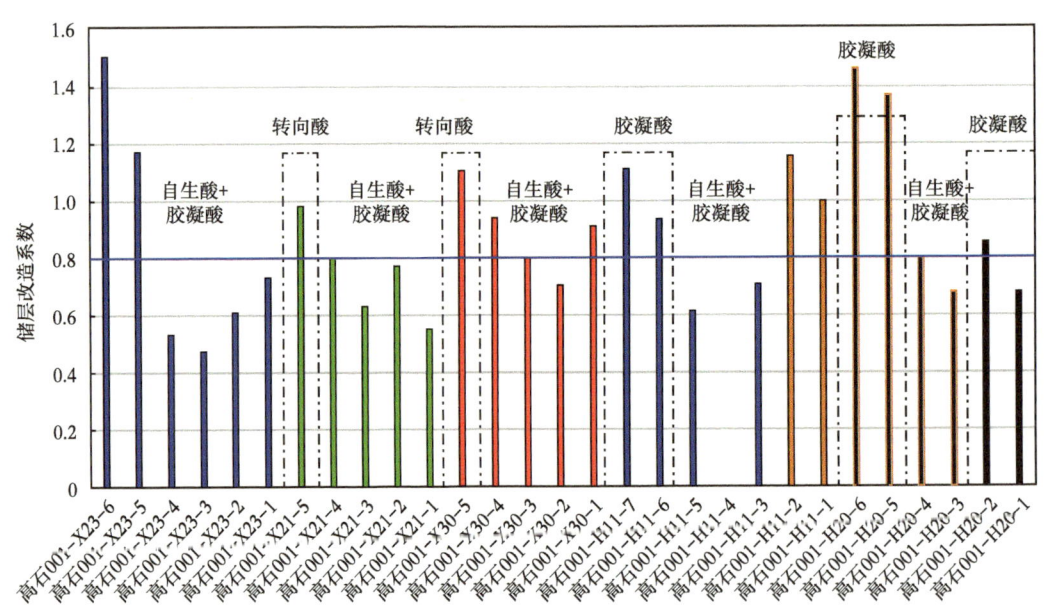

图 4-26　单井单段储层改造系数与改造工艺对比

五、酸化改造效果

（一）高石 001-X23 井灯四段裸眼封隔器分段 + 自生酸前置液酸压工艺

该井灯四段酸压施工采用 KQ78-105MPa 井口，ϕ88.9mm 油管注入，共挤入井筒总液量 1289.6m³，挤入地层液量 1289.6m³，其中：自生酸前置液 391.62m³、胶凝酸 874.58m³、降阻水 23.4m³；施工排量 6.0~6.5m³/min，施工泵压 65~75MPa，套压 18~20MPa。

从施工曲线（图4-27）上反映出酸化施工情况如下：第一段施工，初期顶替清水入井过程中，油压不断上升，最高泵压达65MPa，排量为2.0m³/min，酸液接触地层后，泵压由65MPa下降至29MPa，解除了第一段井周的钻井液污染，沟通了缝洞，在建立3m³/min排量后，泵压依然出现两次较为明显的下降（沟通缝洞）显示，随泵压的提高，最高排量6m³/min。在整个施工过程中，投球到位后，开启滑套显示均较不明显，但根据泵压与排量的匹配关系，各段之间存在较为明显的差异，因此判断本井五次投球开滑套均成功实现分段改造。第二段、第三段、第四段、第五段、第六段施工中均见到在排量一定的情况下，泵压不同程度地出现下降，不同程度地解除堵塞及沟通远井地带的缝洞显示。其中第三段、第四段改造过程中表现出的改造效果与其他段相比略差，第五段与第六段改造效果较好。

压后测试获得天然气$80.27×10^4m^3/d$，测试稳定2h，稳定油压32.2MPa，取得了显著的改造效果。

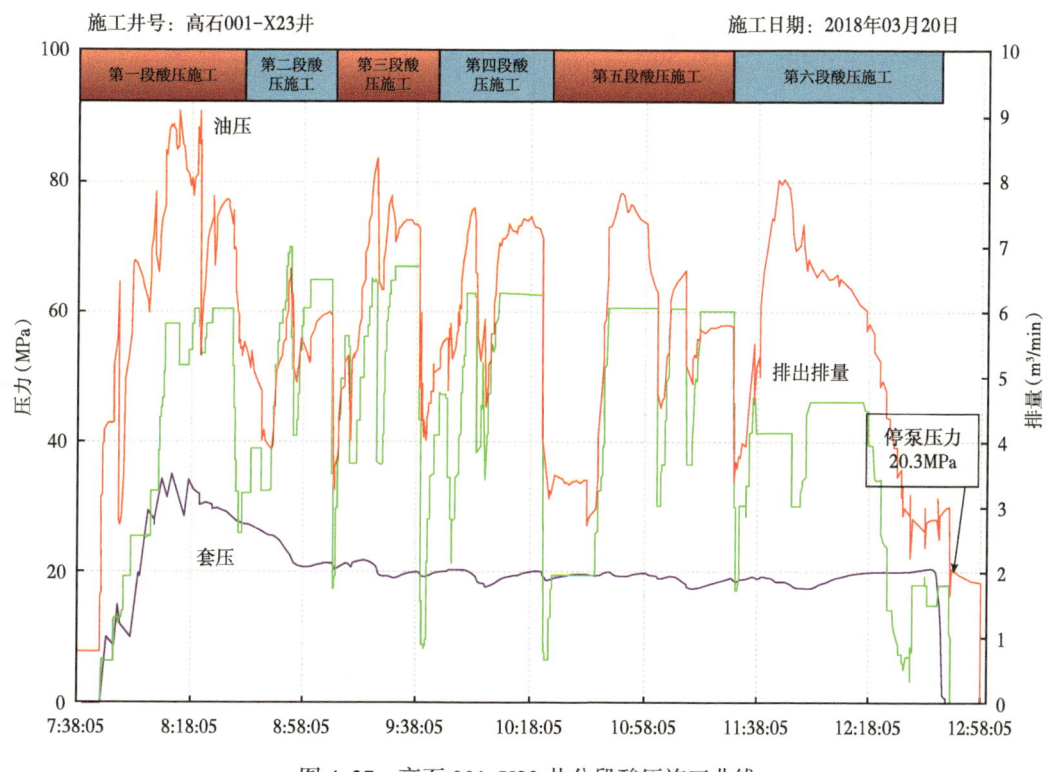

图4-27　高石001-X23井分段酸压施工曲线

（二）高石001-X21井灯四段自生酸前置液+转向酸+胶凝酸酸化工艺

该井采用自生酸前置液+转向酸+胶凝酸酸化工艺，采用裸眼封隔器分5段（裸眼封隔器+级差滑套）。井口装置为KQ78-105MPa，施工排量6.5~7.8m³/min，泵压78~92MPa，施工规模：自生酸前置液227.71m³、胶凝酸499.6m³、转向酸533.43m³，停泵压力28.81MPa，吸酸压力梯度0.0157MPa/m，改造后测试产量为$54.9×10^4m^3/d$，应排液2918.44m³，共排液603.2m³，排液率20.67%，改造效果较为明显（图4-28）。

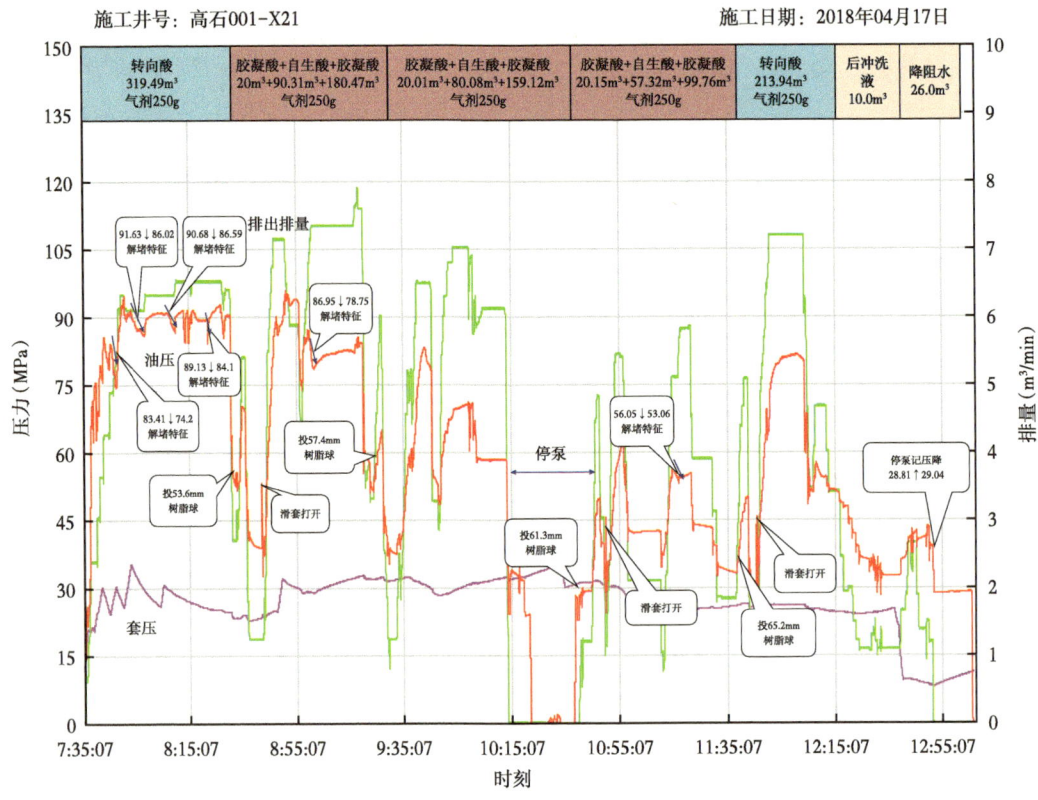

图4-28　高石001-X21井灯四段自生酸+转向酸+胶凝酸酸压曲线

酸压施工过程中，各段见同排量下泵压降低的解堵疏通迹象，采用转向酸的层段见暂堵转向效果，且投球开滑套泵压波动明显，高挤酸液阶段对应的泵压不同，表明滑套打开、分段成功。

（三）高石001-H20井胶凝酸酸压工艺

该井采用胶凝酸酸压工艺，采用裸眼封隔器+级差滑套的分段工艺实现长井段6段。井口装置：KQ78-105MPa；施工参数：排量7.2~7.5m³/min，泵压82~90MPa；施工规模：胶凝酸1400m³；施工管串：ϕ88.9mm油管；停泵压力：35.0MPa；吸酸压力梯度：0.0167MPa/m；改造后测试产量：52.9×10⁴m³/d；应排液：1541.45m³，共排液：410.0m³，排液率26.61%（图4-29）。

该井酸压改造低排量送球阶段，打开滑套显示明显，表明裸眼封隔器+投球滑套分段酸压工艺成功。各段高挤胶凝酸阶段见同排量下泵压降低的解堵疏通迹象。

（四）高石001-X30井自生酸+胶凝酸酸压工艺

改造工艺：自生酸前置液+胶凝酸酸化工艺；分压段数：5段（裸眼封隔器+投球滑套）；井口装置：KQ78-105MPa；施工规模：自生酸前置液540m³+胶凝酸880m³；施工管串：ϕ88.9mm油管；施工参数：排量7.1~7.4m³/min，泵压86.5~91.2MPa；停泵压力：7.78MPa；吸酸压力梯度：0.0123MPa/m；测试产量：103.96×10⁴m³/d；应排液：1447.0m³，共排液：411.2m³，排液率28.42%；无阻流量：164.94×10⁴m³/d（图4-30）。

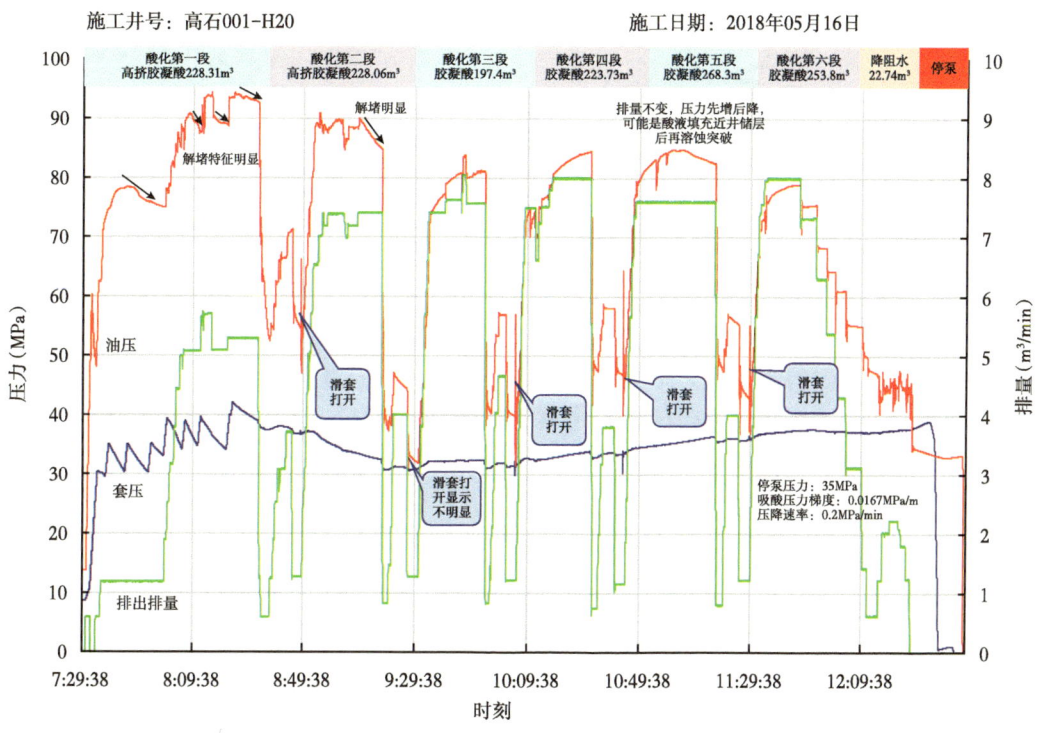

图 4-29　高石 001-H20 井灯四段胶凝酸酸压曲线

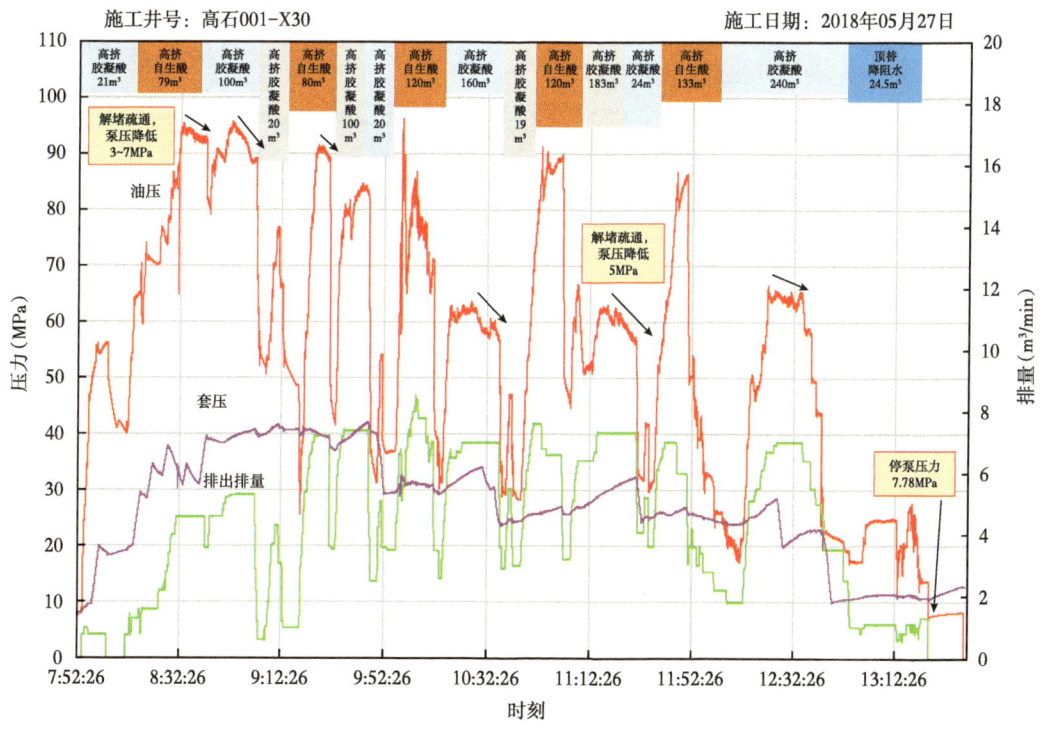

图 4-30　高石 001-X30 井灯四段自生酸+胶凝酸酸压曲线

第五章 井筒完整性评价与治理技术

本章主要通过模拟井下实际工况,开展一系列油管腐蚀、开裂,接头密封性试验,环空带压机理研究及评价(吴彦先等,2014;朱达江,2014),"三高"(高温、高压、高含硫)气井缓蚀剂优选等试验和研究,形成了一套全尺寸实物油管柱和螺纹接头腐蚀、密封完整性评价方法,建立了环空异常带压诊断测试流程和分析方法,形成高温高压气井综合防腐工艺技术,建立井筒完整性综合评价方法,解决了灯四气藏管柱和螺纹接头设计、选型、评价、防腐及完整性等问题。

第一节 复杂工况条件下管柱安全评价技术研究

本节主要通过模拟井下实际工况,开展全尺寸实物油管柱腐蚀、开裂损伤性能评价实验,研究管体腐蚀、开裂损伤机理;开展复合载荷条件下管柱接头密封性能评价,研究管柱密封失效机理(赵密锋等,2018)。

一、材料拉伸力学性能

(一)温度对材料力学性能的影响

试验管材为两种材料油管:110SS 和 2532-110。分别从宝钢和天钢 $\phi 88.9 \times 6.45$ mm 油管管体和接箍上取 $\phi 8.9 \times 35$ mm 的棒状拉伸样,进行材料力学性能分析,取样情况见表 5-1。材料不同温度下拉伸应力应变性能见表 5-1 至 5-3。

表 5-1 材料拉伸力学性能试验取样

材料	试验数量(个)	厂家	温度范围(℃)
110SS	5	宝钢	25~180
2532-110	5	天钢	25~180

表 5-2 110SS 不同温度拉伸性能

温度(℃)	屈服强度(MPa)	抗拉强度(MPa)	弹性模量(GPa)	硬化指数
25	823	893	206	0.072
50	798	864	206	0.075
100	779	849	196	0.077
150	749	846	190	0.081
180	730	843	187	0.083
API 5CT 室温	758~828	≥793	无规定	无规定

表 5-3　2532-110 不同温度拉伸性能

温度（℃）	屈服强度（MPa）	抗拉强度（MPa）	弹性模量（GPa）	硬化指数
20	893	930	193	0.064
50	856	906	193	0.068
100	839	879	190	0.070
150	805	844	188	0.074
180	789	827	186	0.076
ISO 13680 室温	758~965	≥ 793	无规定	无规定

从表 5-2 和表 5-3 分析可知：材料实测力学性能降低量大于 Landmark 软件中规定的屈服强度 [线性降低量 0.054%/℃（20~260℃）]，弹性模量、抗拉强度及硬化指数未规定。实测材料力学性能降低变化量见表 5-4。

表 5-4　实测材料力学性能降低量（25~180℃）　　　　　单位：%/℃

管材	屈服强度	抗拉强度	弹性模量	硬化指数
110SS	0.073	0.036	0.060	0.0069
2532-110	0.075	0.077	0.023	0.0075

（二）油管实物性能随温度变化

油管挤毁其力学本质是结构弹塑性失稳，有限元分析和实物挤毁试验验证，油管内壁首先发生局部屈服，随后发生结构失稳变形，如图 5-1 所示。因此挤毁计算有 API 的塑性计算公式和结构失稳极限计算方法两种（申昭熙等，2012）。

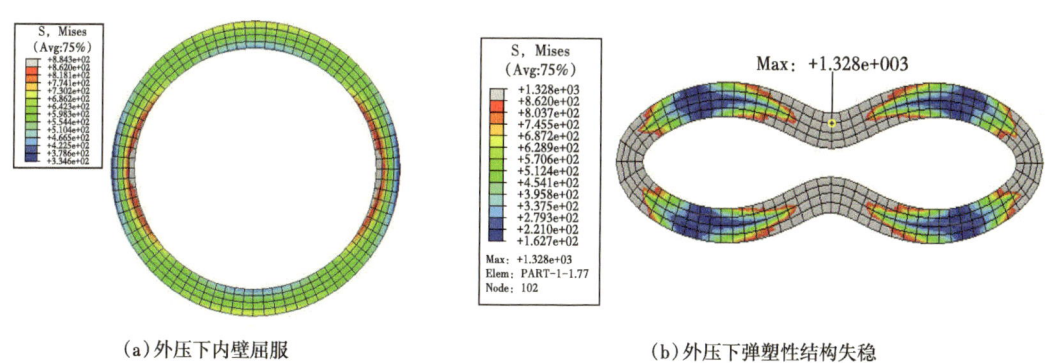

（a）外压下内壁屈服　　　　　　　　　　　（b）外压下弹塑性结构失稳

图 5-1　油管挤毁机理分析

高温下油管抗挤强度折减系数分析见表 5-5 和表 5-6。油管抗挤强度随温度升高降低量如图 5-2 所示。

表 5–5 油管规格及挤毁性质

外径 D（mm）	88.9
壁厚 t（mm）	6.45
110SS 钢级材料屈服强度范围（MPa）	758~828
室温下材料弹性模量（MPa）	206000
依据公式（D/t=13.8≤20.41）	塑性挤毁

表 5–6 高温下油管挤毁折减系数分析

高温 180℃ 屈服强度（MPa）	672
高温 180℃ 下弹性模量（MPa）	187000
室温下 API 计算挤毁压力值（MPa）	93.3
高温 180℃ API 计算挤毁压力值（MPa）	85.0（折减系数 0.91）
室温下极限挤毁压力值（MPa）	106
高温 180℃ 极限挤毁压力值（MPa）	93.8（折减系数 0.885）
高温 180℃ 下安全抗挤强度（MPa）	93.3×0.885=82.6
高温下（20~180℃）抗挤强度折减系数（%/℃）	0.074
影响因素	材料弹性模量、屈服强度

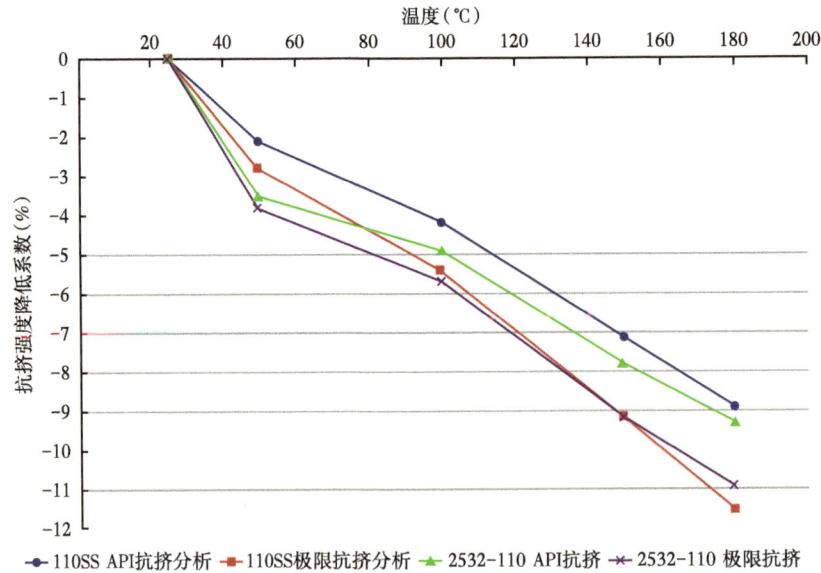

图 5-2 油管抗挤强度随温度变化

依据材料实测屈服强度和弹性模量随温度升高的相对降低量，计算不同挤毁机理下，抗挤强度随温度升高降低变化规律。分析可知：API 屈服挤毁高温折减系数 0.91；极限弹塑性结构失稳挤毁高温折减系数 0.885，小于 API 值，由于考虑了高温下材料弹性模量和屈服强度的双参数影响，因此高温下抗挤强度降低系数是 0.074%/℃。

二、材料冲击韧性分析

良好的冲击性能是保证实物油管在含有制造缺陷或使用碰伤缺陷后，在许用抗内压强度下不发生开裂。实物油管在内压下的失效判据主要有四种：

（1）API 规定内屈服压力（即内压产生环向拉应力使管体内壁发生屈服失效）；

（2）VME 复合 MISES 应力油管内壁屈服（即内压下产生径向和环向，以及轴向应力的合成使内壁屈服）；

（3）油管极限失效爆裂抗内压（即内压下内壁塑性膨胀至破裂，如图 5-3 所示）；

（4）含缺陷油管在内压下起裂（即油管制造满足 API 5CT 或相关标准规定缺陷小于 5% 名义壁厚，内壁缺陷深度裂尖起裂如图 5-4 所示），通过对比不同失效模式，可以有效确定抗内压设计安全系数。

图 5-3 失效爆裂　　　　　　　　图 5-4 缺陷裂纹起裂

以油田用 ϕ88.9×6.45mm 110SS 油管为例，性能指标见表 5-7，不同失效模式下的计算分析结果见表 5-8。

表 5-7 油管性能指标

外径 （mm）	壁厚 （mm）	钢级 （ksi）	抗拉强度 （MPa）	NDE （L_2）	K_{wall}	A 法应力 门槛值	组织 （晶粒度）	爆破系数 K_a
88.9	6.45	110SS	≥ 793	aN=5%	0.875	0.85	S 回（9.5）	1

表 5-8 不同失效判据计算结果

项目	API	VME	爆裂	5CT 韧性
抗内压强度 （MPa）	96.3	103.9	103.6（fu=793 110SS） 112.6（fu=862 P110）	110

由表 5-8 计算分析可知：API 内屈服压力具有最小抗内压强度，该值在管柱设计中最安全可靠。中国石油管研院与宝钢共同取样 7 根完成 D 法检测，结果见表 5-9。依据

NACE 0177 应力腐蚀对 110SS 管检测分析，计算结果见表 5-10，不同失效判据下许用内压如图 5-5 所示。

表 5-9　110SS 材料力学性能及 D 法抗硫试验结果

编号	常温拉伸				0℃冲击功（横向）		硬度	D 法
	$R_{t0.7}$（MPa）	R_m（MPa）	$A_{50.8}$（%）	Z（%）	A_k（J）	FA（%）	HRC	KISSC
1	783	840	15.5	67	164	100	24.1	33.74
	788	841	16.0	67	162	100	25.0	33.20
	—	—	—	—	156	100	25.2	33.54
2	789	844	15.5	71	168	100	25.4	31.40
	787	840	15.0	72	177	100	25.6	33.40
	—	—	—	—	168	100	26.1	31.90
3	788	840	16.0	74	168	100	24.4	31.79
	777	835	15.5	74	177	100	24.6	32.86
	—	—	—	—	169	100	24.6	33.49
4	782	840	16.0	74	189	100	24.7	34.65
	785	842	16.5	74	189	100	24.6	32.76
	—	—	—	—	174	100	25.6	32.35
5	789	849	16.0	72	171	100	24.9	29.32
	790	848	16.0	73	165	100	24.4	31.06
	—	—	—	—	166	100	24.7	31.66
6	783	839	16.0	73	181	100	25.5	28.40
	794	852	16.0	73	186	100	25.5	30.53
	—	—	—	—	186	100	24.3	30.79
7	804	841	16.0	74	156	100	25.9	27.98
	802	843	15.5	74	171	100	25.4	30.59
	—	—	—	—	159	100	24.1	28.72

表 5-10　应力腐蚀下油管许用抗内压强度

项目	硫化氢环境（A 溶液）	
	应力门槛值法（0.85）	裂尖抗开裂（26.3）
许用抗内压强度（MPa）	88.31	77.10
许用内压 /API 内压	0.92	0.80

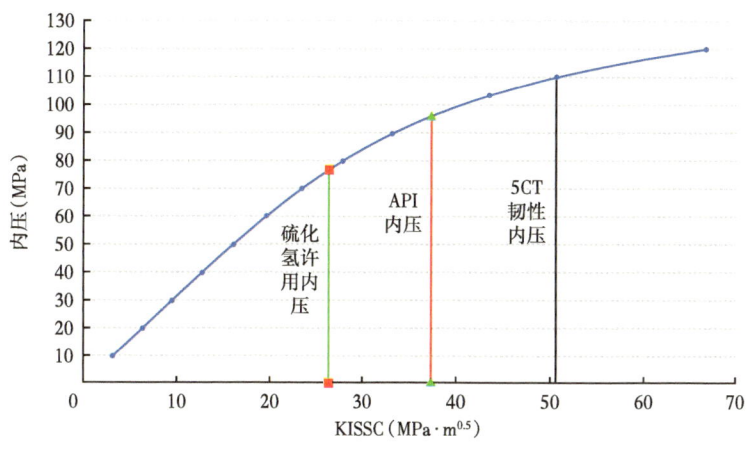

图 5-5 不同环境下许用内压分析

由表 5-9 统计分析可知：110SS 或 2532-110 合金无腐蚀介质环境低温条件下对其横向冲击功无影响，其实测值远大于 API 5CT 规定值（20J 且满足抗内压需要），主要目的是保证在硫化氢环境下裂纹在恒载荷加载下抗开裂，D 法试验最小值 27.68，平均值 31.63，均接近标准规定最低值 26.3，因此抗硫管分析应以 D 法试验检测抗开裂应力强度因子为准，分析抗内压值。这表明如果采用 API 内压设计管柱，A 法试验应力门槛值应是 0.93 以上，如果采用 D 法准则，抗内压设计系数应提高至 1.25 以上。

按 API 规定 110SS 材料抗拉强度为 793MPa，计算爆裂压力为 103.6MPa，低于 VME 三轴应力计算结果值 103.9MPa，这表明 110SS 材料在室温下三轴拉伸加内压下在未达到内壁屈服前，可能先发生爆裂。依据高温下材料力学性能抗拉强度及硬化指数的变化量，计算分析拉伸加内压下爆裂和屈服值的变化，如图 5-6 所示。采用高温下实测材料抗拉强度降低量计算分析了加拉伸载荷材料名义屈服强度 50% 条件下，抗内压值变化，并与三轴应力法进行比对分析，可知 110SS 材料在温度（不大于 100℃）、拉伸载荷（屈服强度不大于 50%）下小于三轴抗内压强度，大于三轴破裂极限抗内压强度，应按极限强度校核。

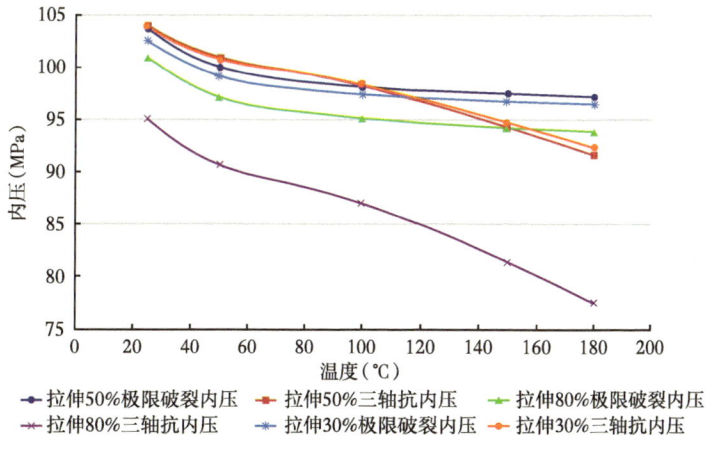

图 5-6 50% 材料屈服拉伸载荷下爆裂强度与三轴抗内压比较

三、材料疲劳寿命分析

（一）材料疲劳试验

材料疲劳寿命试验评价依据 ISO 1099：疲劳试验轴向力控制方法，分别对两种材料进行了光滑试样疲劳寿命试验评价，试验结果见表 5-11，如图 5-7 所示。

表 5-11 材料应力疲劳试验

材料	条件			抗拉强度（MPa）	屈服强度（MPa）	循环次数（N 万次）	持久疲劳极限（MPa）
	组织	应力比 R	应力集中 KT				
110SS	S 回	-1	0	860	791	1000	396
						561.6	475
						44.2	514
						18.6	554
						11.9	593
						1.7	633
						0.26	672
2532-110	A 奥氏体	-1	0	894	845	1000	282
						856	300
						401	342
						206.1	385
						152.2	428
						120.3	470
						84.03	514

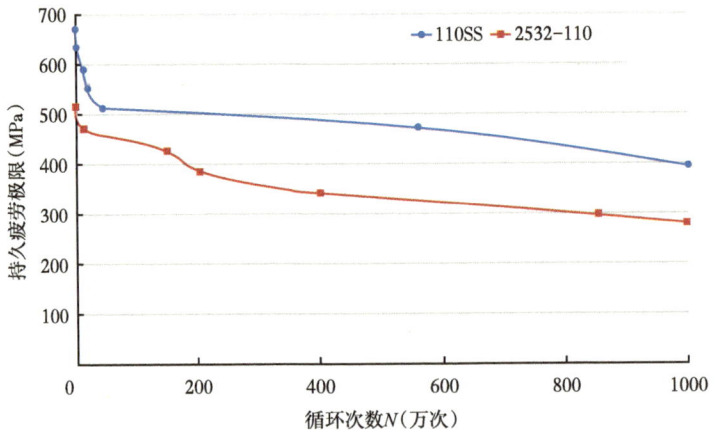

图 5-7 应力疲劳寿命试验结果

依据 ISO 12106：轴向应变疲劳控制方法，加载范围为 0.7%~4% 应变，0.7%，1.5%，2%，2.5%，3%，3.5%，4% 的拉压应变循环曲线直至失效，确定材料塑性应变下疲劳强度系数。试验结果如图 5-8 至图 5-10 所示。

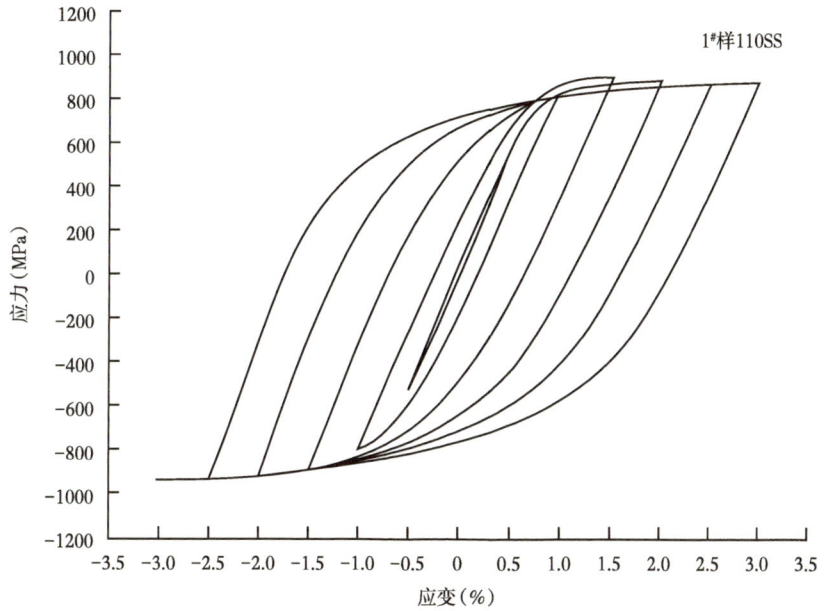

图 5-8　1#样低周应变疲劳曲线

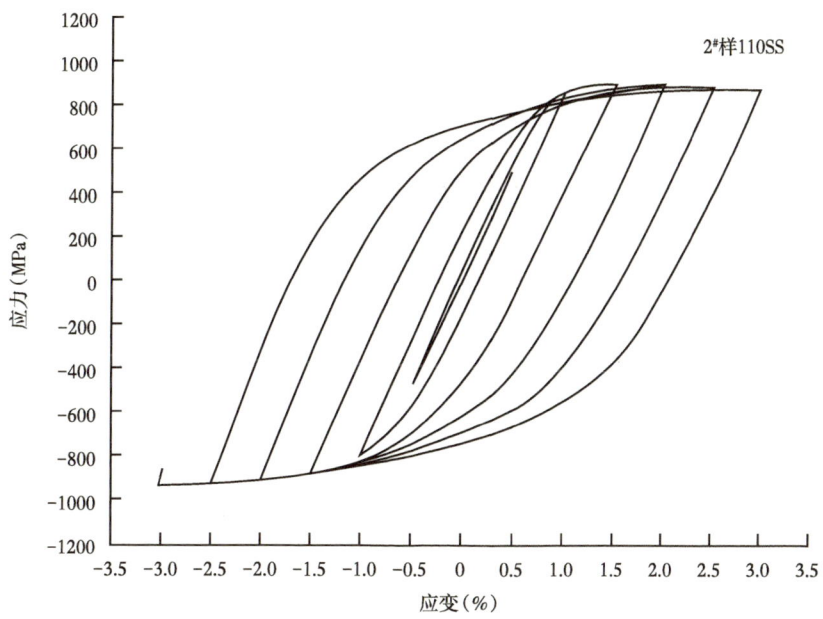

图 5-9　2#样低周应变疲劳曲线

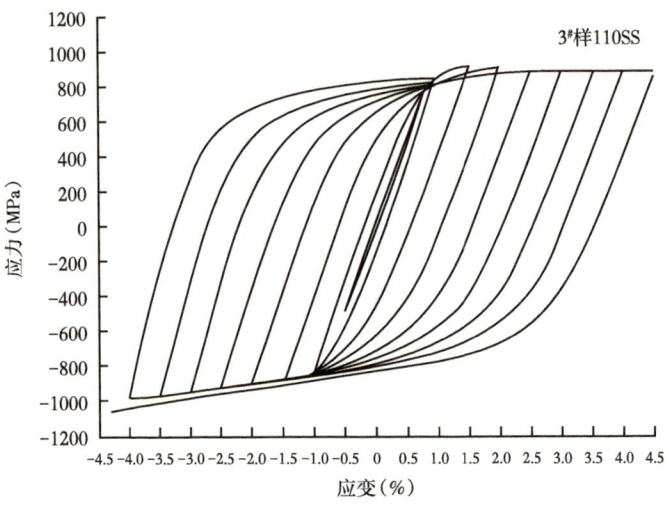

图 5-10 3#样低周应变疲劳曲线

采用 Brennan 模型［式（5-1）］进行单向循环，应力应变曲线拟合如图 5-11 所示，材料性能指标见表 5-12 和表 5-13。

$$\varepsilon = \frac{\sigma}{E} + \left(\frac{\sigma}{K'}\right)^{\frac{1}{n'}} \qquad (5-1)$$

式中 σ——循环应力，MPa；
ε——循环应变；
E——弹性模量，MPa；
K'——循环强度系数，MPa；
n'——循环应变硬化指数。

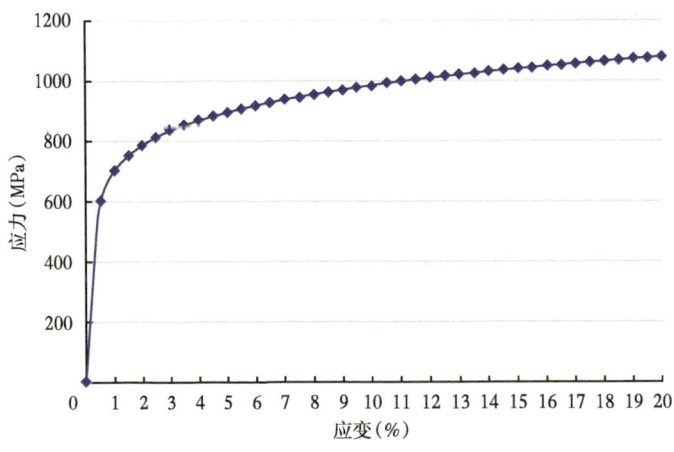

图 5-11 材料循环应力应变曲线

表 5-12 材料疲劳性能指标

材料名称	疲劳强度系数 σ'_f(MPa)	疲劳强度指数 b	疲劳延性系数 ε'_f	疲劳延性指数 C
BG110SS	1315	-0.0841	0.9163	-0.6582

表 5-13 材料循环性能指标

材料名称	循环强度系数 K'(MPa)	循环应变硬化指数 n'
BG110SS	1330	0.1277

(二)材料疲劳寿命分析

在气井生产过程中,高压气流压力波动会引起油管螺纹振动。根据统计分析,井下管柱振动加速度范围一般在 $1.2g$~$6g$ 之间。依据试验评价方法,采用简谐波计算不同横向加速度下的位移,设初相位 ϕ 为 0,加载频率为 25Hz,分别计算不同加速度下横向位移,如图 5-12 所示,加速度对应振幅如图 5-13 所示。

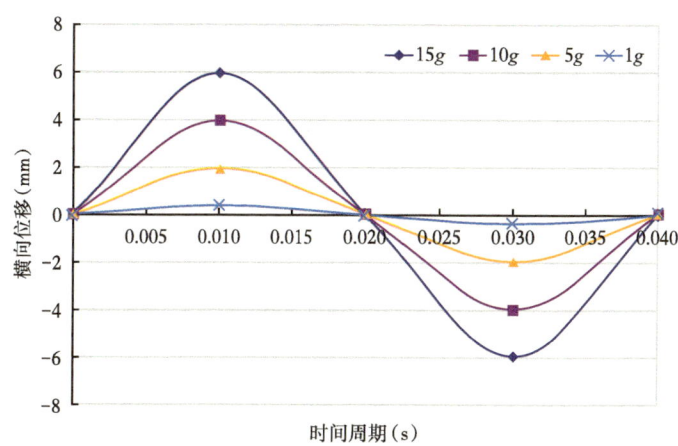

图 5-12 不同加速度下试样横向位移

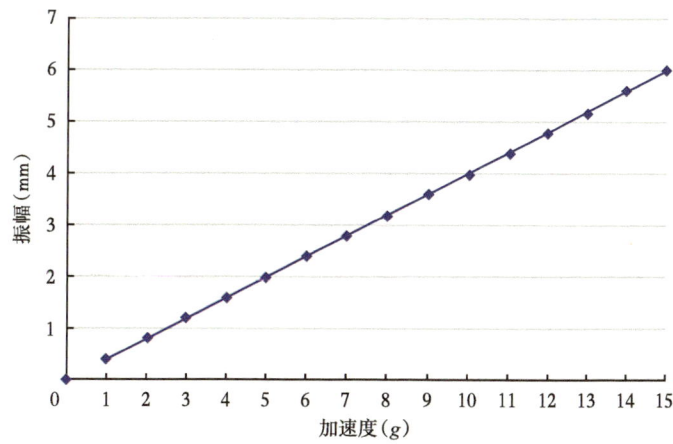

图 5-13 不同加速度对应振幅

依据试样长度 2000mm，按横向振幅，计算不同振幅下弯曲狗腿度，如图 5-14 所示。根据狗腿度计算加载弯矩，如图 5-15 所示。

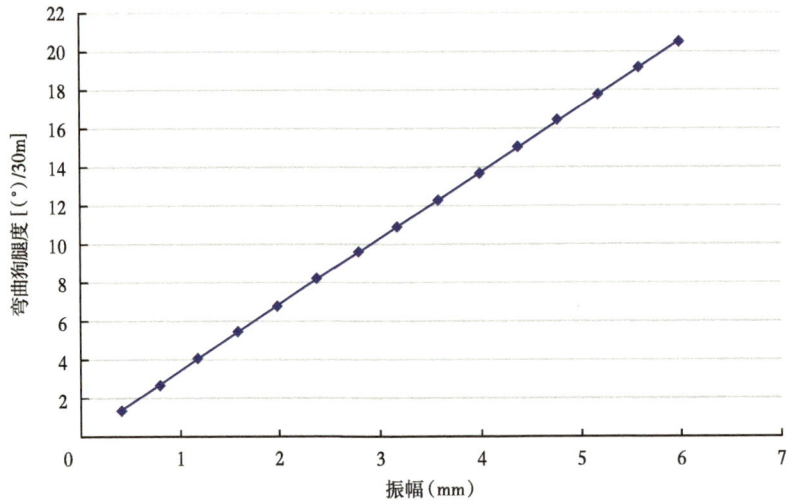

图 5-14　不同振幅下弯曲狗腿度

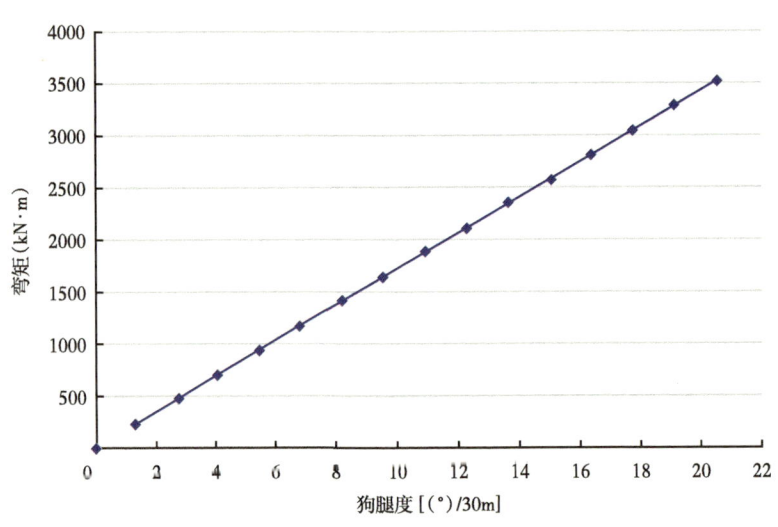

图 5-15　不同狗腿度下对应弯矩

从图 5-16 可知：随横向加速度增大，振幅提高，弯曲狗腿度增大，弯矩也变大。

建立简化三维模型（VAM TOP 扣）进行弯曲下螺纹及密封应力分析。在旋转弯曲振动下，存在两种情况：（1）螺纹发生应力应变疲劳断裂；（2）主密封失效。

1. 疲劳断裂分析

疲劳分析采用局部应力应变稳态循环法进行分析。螺纹简化三维模型及上扣和弯曲下最大名义主应力分布如图 5-16 所示。

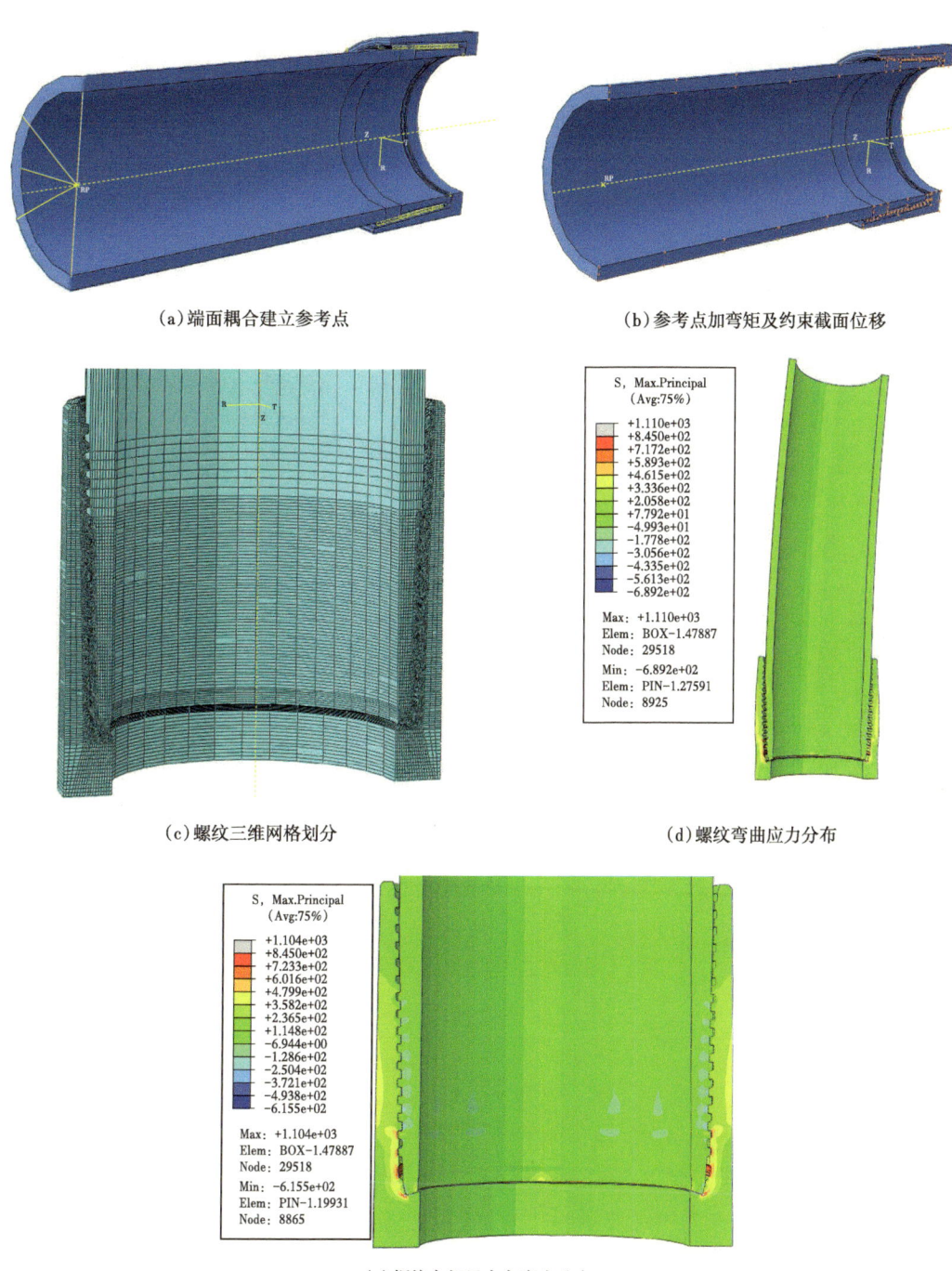

图 5-16　螺纹建模及弯曲下最大名义主应力分布

依据图 5-16 最大名义主应力分布可知：在上扣和弯曲条件下，最大主应力位于接箍上。因此，重点分析螺纹接箍疲劳损伤寿命。主应力在螺纹和密封及台肩上提取位置如图 5-17 所示，图 5-18 和图 5-19 为最大名义主应力的折线图。

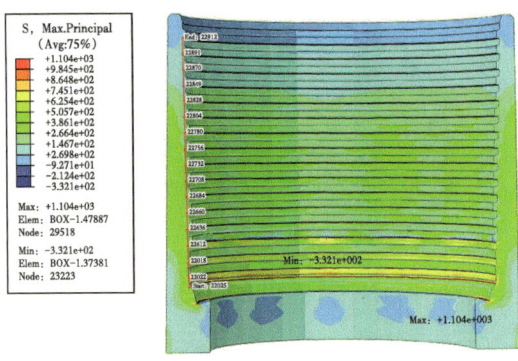
(a)螺纹主应力提取位置

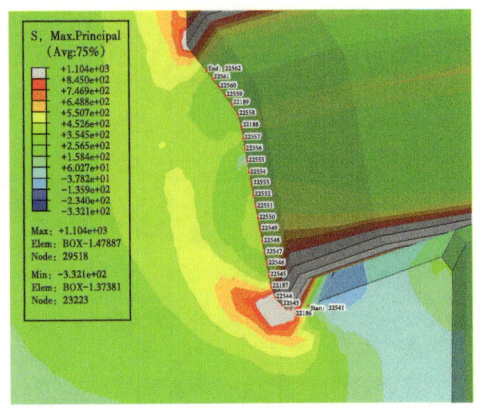
(b)密封主应力提取位置

图 5-17　最大主应力提取位置

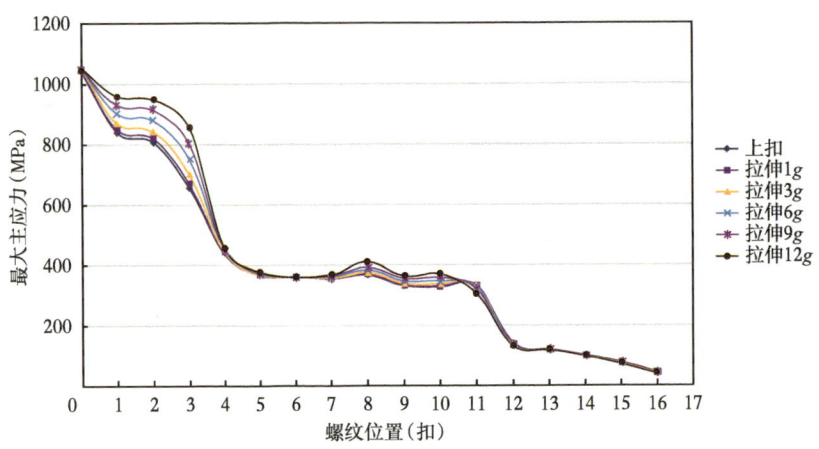

图 5-18　螺纹弯曲下拉伸边最大名义主应力

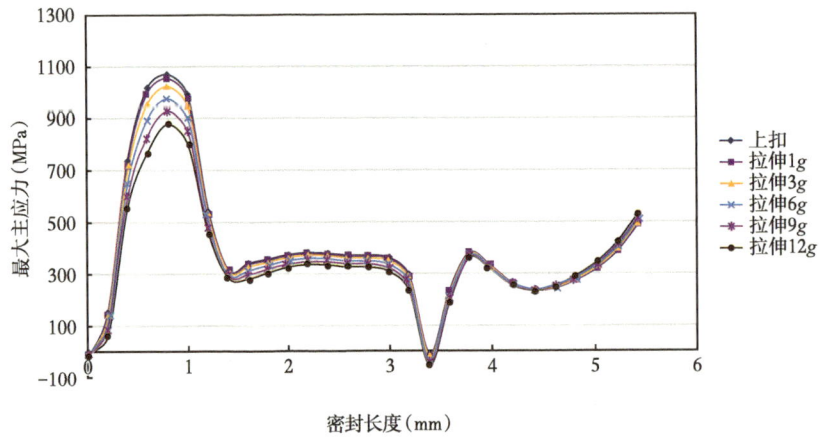

图 5-19　螺纹弯曲下台肩及密封面拉伸边最大名义主应力

依据最大名义主应力分布情况,最危险位置在螺纹退刀槽尖角和台肩尖角位置处。采用有限元和试验获得的循环应力应变曲线分析弯曲下局部真实应力应变。接箍螺纹和密封应力应变幅值分析结果见表 5-14 至表 5-17。采用最大主应力应变疲劳寿命分析方法,见式(5-2)。

$$\sigma_{\max}\frac{\Delta\varepsilon}{2}=\frac{(\sigma'_f)^2}{E}(2N_f)^{2b}+\sigma'_f\varepsilon'_f(2N_f)^{b+c} \qquad (5-2)$$

表 5-14 接箍螺纹局部应力应变

加速度	名义应力(MPa)		局部应力(MPa)		局部应变(%)	
	最大	最小	最大	最小	最大	最小
1g	1044.20	1030.670	794.5	776.60	0.510	0.498
3g	1044.80	1003.560	802.6	748.40	0.532	0.484
6g	1045.26	963.079	812.8	706.17	0.556	0.460
9g	1048.76	922.559	821.8	664.80	0.580	0.440
12g	1053.46	882.049	830.1	623.43	0.600	0.424

表 5-15 接箍螺纹疲劳寿命估算

加速度	平均应力(MPa)	应变幅值(%)	疲劳寿命 N_f
1g	786	0.006	1.28×10^{13}
3g	790	0.024	2.58×10^9
6g	795	0.048	4.22×10^7
9g	799	0.070	4×10^6
12g	803	0.088	9.13×10^5

表 5-16 接箍台肩局部应力应变

加速度	名义应力(MPa)		局部应力(MPa)		局部应变(%)	
	最大	最小	最大	最小	最大	最小
1g	1072.85	1055.070	845.90	828.40	0.690	0.668
3g	1077.18	1023.300	848.90	795.70	0.680	0.638
6g	1083.47	975.710	852.70	746.40	0.700	0.616
9g	1089.28	926.372	855.30	696.00	0.714	0.590
12g	1093.82	876.886	854.77	644.25	0.734	00.570

表 5-17　接箍台肩疲劳寿命估算

加速度	平均应力（MPa）	应变幅值（%）	疲劳寿命 N_f
1g	837	0.011	2.1×10^{11}
3g	822	0.021	3.4×10^{9}
6g	800	0.042	5.6×10^{7}
9g	776	0.062	7.2×10^{6}
12g	750	0.082	1.64×10^{6}

2. 密封及台肩疲劳寿命分析

对比接箍螺纹退刀槽和台肩尖角位置两处最薄弱环节，分析可知：

（1）随加速度增大，螺纹最大真实应力应变增加，应变幅值提高；

（2）在横向加速度小于 6g 时，台肩尖角具有更大应变幅值变化，易从尖角处起裂；

（3）在横向加速度大于等于 6g 时，接箍退刀槽处具有更大的应变幅值变化，易从螺纹断裂。

管体弯曲下截面受力如图 5-20 所示，通过分析不同弯曲狗腿度下外表面拉压应力分布，确定管体弯曲疲劳极限。

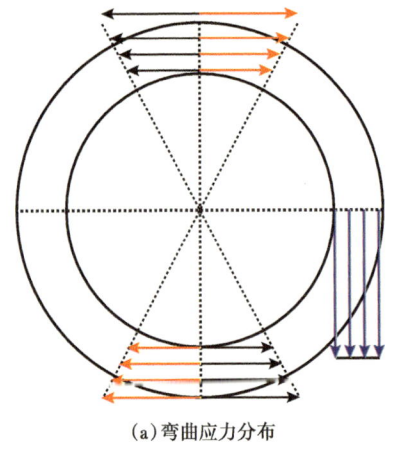
(a) 弯曲应力分布

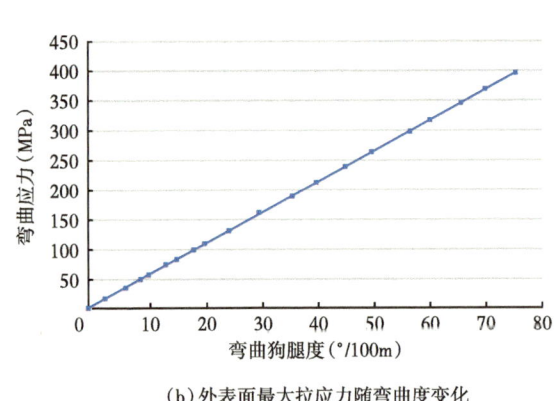
(b) 外表面最大拉应力随弯曲度变化

图 5-20　弯曲管体应力分析

四、管柱螺纹性能模拟分析

（一）井下工况分析

根据井下油管在不同生产阶段的载荷分布（图 5-21 和图 5-22），开展井下密封接触压力及长度分析，为安全使用提供依据。

第五章 井筒完整性评价与治理技术

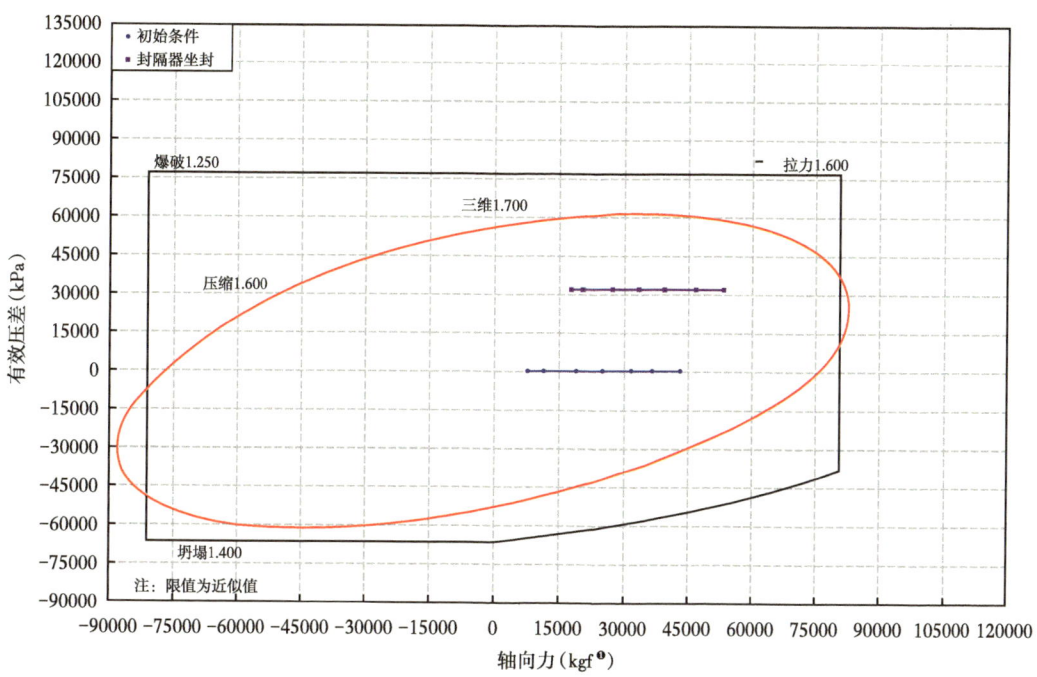

图 5-21 封隔器坐封工况 2800~5400m 位置油管载荷谱

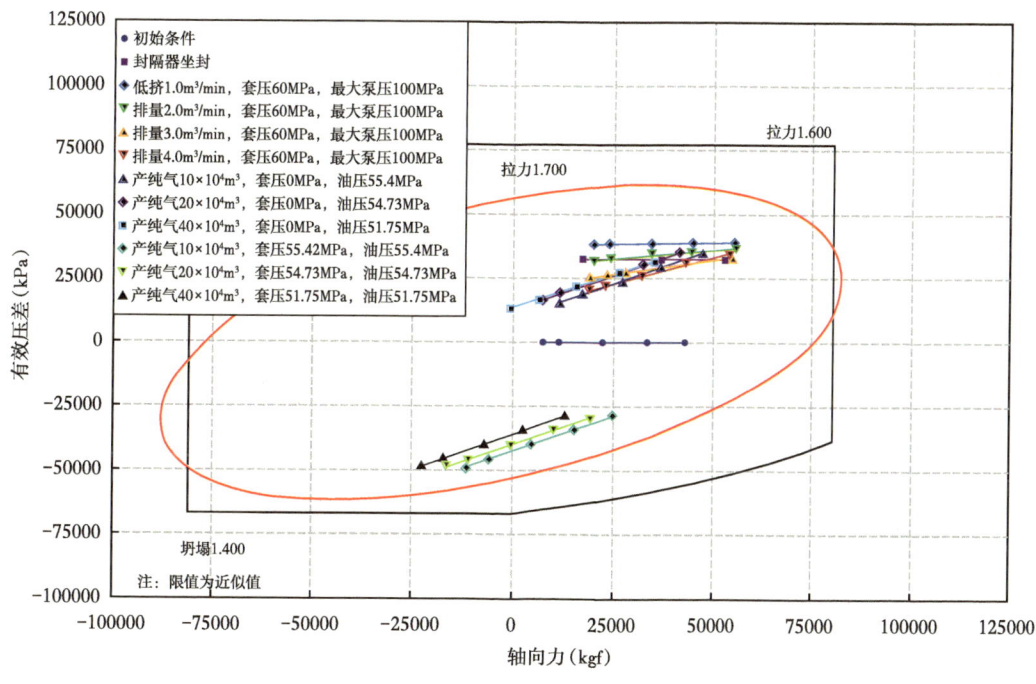

图 5-22 酸化和生产工况 2800~5400m 油管载荷（环空施压 60MPa）

---

❶ 1kgf≈9.8N。

依据井下使用情况，分别计算在2800m和5400m位置处的载荷谱（表5-18和表5-19）。

表5-18 2800m处井下管柱载荷

类别	拉力（t）	内外压差（MPa）	内压（MPa）	外压（MPa）	井深（m）	温度（℃）
井口试压	40.97	85.00	85.00	0	0	25
	31.89	69.00	69.00	0	0	25
封隔器坐封	55.00	33.17	60.64	27.47	2800	25
酸化压裂	60.00	40.17	67.64	27.47	2800	25
产气 10×10⁴m³/d 套压 0MPa 油压 55MPa	50.00	40.17	67.64	27.47	2800	84
产气 10×10⁴m³/d 套压 55MPa 油压 55MPa	25.00	−25	57.47	82.47	2800	84

表5-19 5400m处井下管柱载荷

类别	拉伸/压缩（t）	内外压差（MPa）	内压（MPa）	外压（MPa）	井深（m）	温度（℃）
井口试压	40.97	85	85	0	0	25
	31.89	69	69	0	0	25
封隔器坐封	16.00	33	86	53	5400	25
酸化压裂	25.00	25	78	53	5400	25
产气 10×10⁴m³/d 套压 0MPa 油压 55MPa	12.00	20	73	53	5400	162
产气 10×10⁴m³/d 套压 55MPa 油压 55MPa	−25.00	−50	58	108	5400	162

采用1#样最小扭矩上扣的工况载荷，分析井下适用性。外压采用内外螺纹表面穿透加载方式，由于内螺纹齿高于外螺纹0.2mm，形成螺旋通道，因此在高外压下，特殊螺纹具有最差密封性，如图5-23所示。内外压加载分析，采用压力穿透密封分析方式。

第五章　井筒完整性评价与治理技术

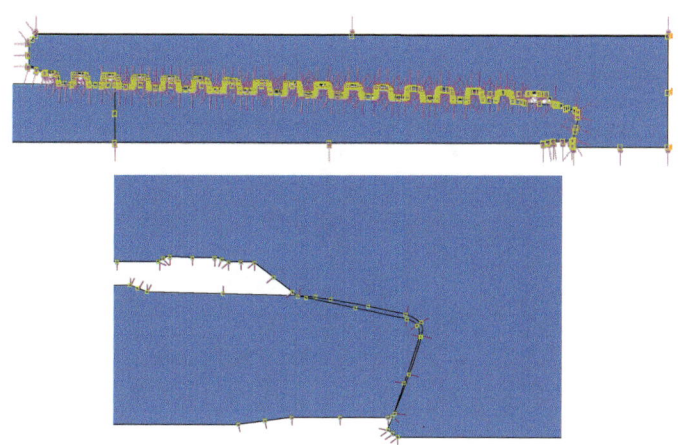

图 5-23　工况载荷分析内外压加载示意图

（二）VAM TOP 扣油管分析

分析结果如图 5-24 和图 5-25 所示，见表 5-20。

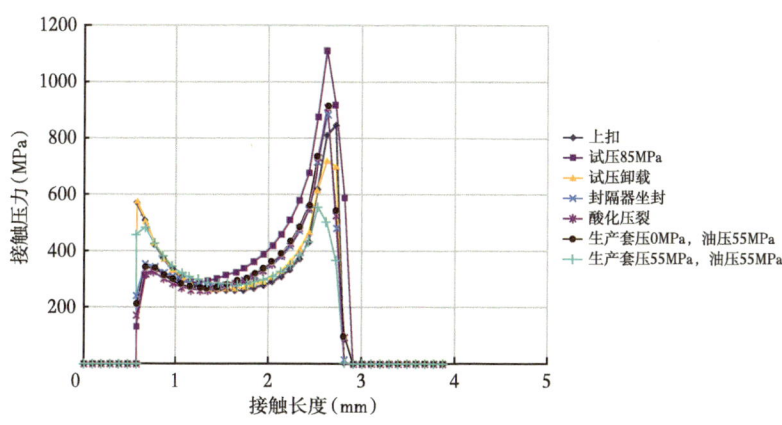

图 5-24　2800m 处油管螺纹密封性分析

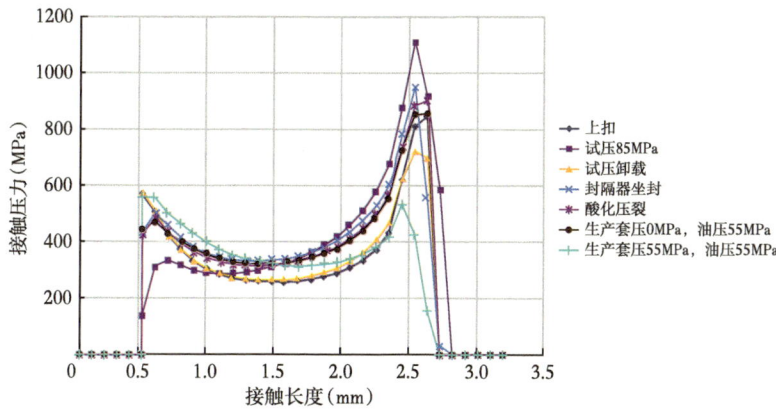

图 5-25　5400m 处油管螺纹密封性分析

表 5-20　VAM TOP 井下工况载荷适用性分析

工况	2800m 处接触压力（MPa）	变化量（%）	5400m 处接触压力（MPa）	变化量（%）
上扣	848	0	848	0
试压	1115	31	1115	31
卸载	723	-15	723	-15
坐封	887	5	953	12
压裂	909	7	905	7
套压 0MPa	911	7	856	1
套压 55MPa	557	-34	536	-37

随内压载荷提高，密封接触压力增加。随外压增大，密封接触压力降低。当 A 环空异常带压时，最大接触压力降幅较大，并且可持续较长时间。

（三）BGT2 扣油管分析

分析结果如图 5-26 和图 5-27 所示，见表 5-21。

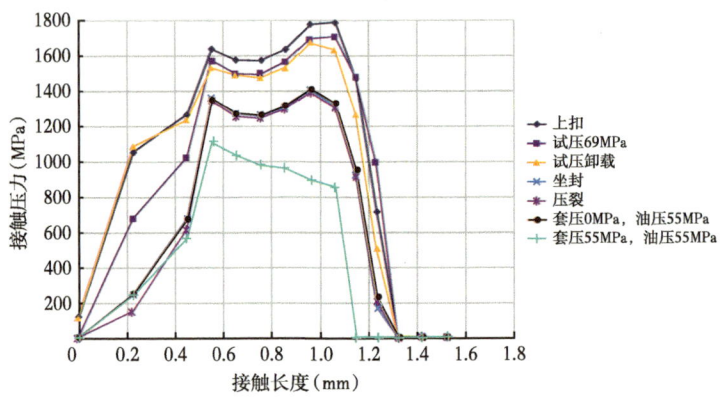

图 5-26　2800m 处油管螺纹密封性校核

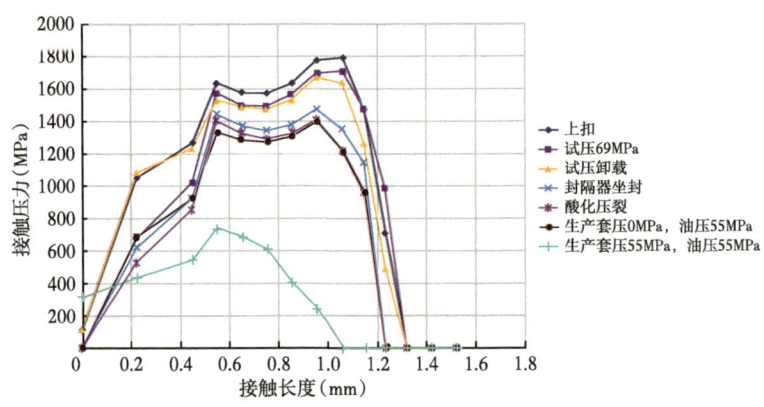

图 5-27　5400m 处油管螺纹密封性校核

表 5-21 BGT2 井下工况载荷适用性分析

工况	2800m 处接触压力（MPa）	变化量（%）	5400m 处接触压力（MPa）	变化量（%）
上扣	1789	0	1789	0
试压	1709	-4	1709	-4
卸载	1673	-6	1673	-6
坐封	1411	-21	1475	-18
压裂	1411	-21	1400	-22
套压 0MPa	1411	-21	1400	-22
套压 55MPa	1106	-38	743	-58

由于该螺纹密封角度较大，采用台肩穿透压力分析，随内外压差提高，密封接触压力下降，对外压较敏感，随井深增加，外压增大，密封接触压力下降明显。当 A 环空带压值较大时，最大接触压力降幅大，并且可持续较长时间。

第二节　油管腐蚀主控因素、规律及失效机理研究

本节主要开展全尺寸实物油管柱在常温、高温及实际生产工况下的腐蚀评价实验，研究管体腐蚀/开裂损伤机理。

一、生产工况下不同因素对油管腐蚀规律影响研究

安岳气田高石梯区块灯四气藏腐蚀环境较为恶劣，井深 5000m 左右，服役温度 150~160℃，压力为 50~60MPa，高含 CO_2 和 H_2S 气体，其中 CO_2 分压 2.47~4.90MPa，H_2S 分压 0.37~1.25MPa，地层水为氯化钙型，Cl^- 含量较高，约为 42000mg/L。

针对安岳气田高石梯区块灯四气藏工况环境，不同井区的气体分压不同，不同井深管柱温度存在差异，另外液相流态也会因产量差异而存在区别，早期短暂的残酸返排也有影响，管柱材质主要为 110SS，少部分为 2532-110。因此，本次评价中主要分析温度、CO_2 分压、H_2S 分压和液相流速对油管腐蚀的影响（邓洪达等，2009；张凤春，2013）。

温度选择了易于腐蚀的三种温度 60℃、110℃、160℃，气体分压分别选用了最低分压、平均分压和最高分压，CO_2 分压为 2.47MPa、3.45MPa、4.90MPa，H_2S 分压为 0.37MPa、0.71MPa、1.25MPa，流速为 0.5m/s、1.5m/s、3m/s。

管材采用宝钢和天钢的 110SS 管材。依据选取的生产工况因素，结合正交试验设计，选取了 4 因素 3 水平设计方案，试验设计表格见表 5-22。

表 5-22 正交试验设计

试验序号	温度（℃）	流速（m/s）	H_2S 分压（MPa）	CO_2 分压（MPa）	Cl^- 含量（g/L）
1	60	0.5	0.37	2.47	
2	60	1.5	0.71	3.45	42
3	60	3.0	1.25	4.90	

续表

试验序号	温度（℃）	流速（m/s）	H_2S 分压（MPa）	CO_2 分压（MPa）	Cl^- 含量（g/L）
4	110	0.5	0.71	4.90	42
5	110	1.5	1.25	2.47	
6	110	3.0	0.37	3.45	
7	160	0.5	1.25	3.45	
8	160	1.5	0.37	4.90	
9	160	3.0	0.71	2.47	

考虑到早期存在残酸返排及生产过程中加注缓蚀剂，进一步分析残酸返排的影响和缓蚀剂加入后对管材腐蚀的实际缓蚀作用（表5-23）。

表5-23 残酸返排和缓蚀剂加注试验条件设计

试验序号	温度（℃）	流速（m/s）	H_2S 分压（MPa）	CO_2 分压（MPa）	Cl^- 含量（g/L）	备注
10			最苛刻工况		132.1	残酸返排
11			最轻微工况			
12			最苛刻工况		42.0	缓蚀剂加注
13			最轻微工况			

对两种110SS管材在模拟表5-23所示工况环境下试验，平均腐蚀速率结果见表5-24。

对照表5-24所列腐蚀，9项工况宝钢和天钢两种管材的腐蚀速率均超过0.25mm/a，为极严重腐蚀程度，因此灯四气藏总体腐蚀工况苛刻，生产过程中应该采取相应防护措施加以控制，否则管材腐蚀穿孔风险程度较高。

表5-24 平均腐蚀速率结果　　　　　　　　　　　　　　单位：mm/a

环境	宝钢			天钢		
	序号	单值	均值	序号	单值	均值
条件1	11	1.7569	1.8930	14	1.6372	1.6845
	12	1.8711		15	1.5400	
	13	2.0511		16	1.8762	
条件2	21	1.6925	1.6688	24	1.4822	1.3216
	22	1.7253		25	1.4066	
	33	1.5884		26	1.0761	
条件3	31	1.7263	1.7111	34	1.7578	1.6886
	32	1.7002		35	1.6360	
	33	1.7068		36	1.6719	

续表

环境	宝钢			天钢		
	序号	单值	均值	序号	单值	均值
条件4	41	1.4429	1.4238	44	1.6876	1.6462
	42	1.4086		45	1.6073	
	43	1.4199		46	1.6378	
条件5	51	1.7890	1.7996	54	2.1891	2.1079
	52	1.8354		55	1.9801	
	53	1.7740		56	2.1544	
条件6	61	2.5344	2.4688	64	2.6791	2.6415
	62	2.1935		65	2.4734	
	63	2.6785		66	2.7719	
条件7	71	2.5651	2.4195	74	2.5771	2.3883
	72	2.3557		75	2.3226	
	73	2.3378		76	2.2653	
条件8	81	1.3958	1.5084	84	2.2461	2.6244
	82	1.7800		85	2.4182	
	83	1.3491		86	2.7945	
条件9	91	1.6481	1.6492	94	1.9857	2.0501
	92	1.6029		95	1.8455	
	93	1.6965		96	1.7194	

根据正交试验统计，分析不同生产因素对两种管材的影响因子权重，见表5-25和表5-26，对于宝钢材质，生产因素权重分别为温度0.200、流速0.344、H_2S分压0.436和CO_2分压0.698，权重大小排名为CO_2分压＞H_2S分压＞流速＞温度。对于天钢材质，权重分别为温度0.789、流速0.220、H_2S分压0.644和CO_2分压0.170，对腐蚀速率影响最大的腐蚀结果为温度＞H_2S分压＞流速＞CO_2分压，两种材质均呈现出不同的生产因素影响规律。

表5-25 宝钢材质生产因素影响因子分析

试验序号	温度（℃）	流速（m/s）	H_2S分压（MPa）	CO_2分压（MPa）	腐蚀速率（mm/a）
1	60	0.5	0.37	2.47	1.8930
2	60	1.5	0.71	3.45	1.6688
3	60	3.0	1.25	4.90	1.7111
4	110	0.5	0.71	4.90	1.4238
5	110	1.5	1.25	2.47	1.7996

续表

试验序号	温度（℃）	流速（m/s）	H₂S 分压（MPa）	CO₂ 分压（MPa）	腐蚀速率（mm/a）
6	110	3.0	0.37	3.45	2.4688
7	160	0.5	1.25	3.45	2.4195
8	160	1.5	0.37	4.90	1.5084
9	160	3.0	0.71	2.47	1.6492
影响因子权重	0.200	0.344	0.436	0.698	

表 5-26　天钢材质生产因素影响因子分析

试验序号	温度（℃）	流速（m/s）	H₂S 分压（MPa）	CO₂ 分压（MPa）	腐蚀速率（mm/a）
1	60	0.5	0.37	2.47	1.6845
2	60	1.5	0.71	3.45	1.3216
3	60	3.0	1.25	4.90	1.6886
4	110	0.5	0.71	4.90	1.6462
5	110	1.5	1.25	2.47	2.1079
6	110	3.0	0.37	3.45	2.6415
7	160	0.5	1.25	3.45	2.3883
8	160	1.5	0.37	4.90	2.6244
9	160	3.0	0.71	2.47	2.0501
影响因子权重	0.789	0.220	0.644	0.170	

宝钢和天钢材质生产因素影响规律如图 5-28 和图 5-29 所示。以宝钢材质为例，温度和 CO_2 分压影响呈现先升后降的趋势，温度 110℃ 和 CO_2 分压 3.45MPa 对腐蚀最敏感，对腐蚀速率贡献最大，流速和 H_2S 分压影响呈现 V 字形趋势，流速 1.5m/s 和 H_2S 分压 0.71MPa 对腐蚀相对不敏感，对腐蚀速率贡献相对最小。以天钢材质为例，温度和流速影响呈现一直上升的趋势，只是上升幅度存在差异，温度 160℃ 和流速 3.0mm/a 对腐蚀最敏感，对腐蚀速率贡献最大，H_2S 和 CO_2 分压影响呈现相反趋势，前者先降后升，H_2S 分压 0.71MPa 对腐蚀相对不敏感，后者先升后降，CO_2 分压为 3.45MPa 对腐蚀速率贡献最大。

两种材质表现的影响因子权重差异可能与其材料设计有关，宝钢采用常规的低合金钢抗硫管材设计思路，这种材料腐蚀速率受 CO_2 分压影响更大，而天钢材料为了降低腐蚀速率提高了元素 Cr 的含量，结果在低温下表现出更好的耐蚀性，但是到了高温下由于 Cr 元素含量有限，无法在材料表面形成完整的 Cr_2O_3 保护膜，反而形成了多个局部电位差，在高温下腐蚀性介质扩散加快，容易突破非保护区域，进而加速了管材腐蚀（Carter，2004）。

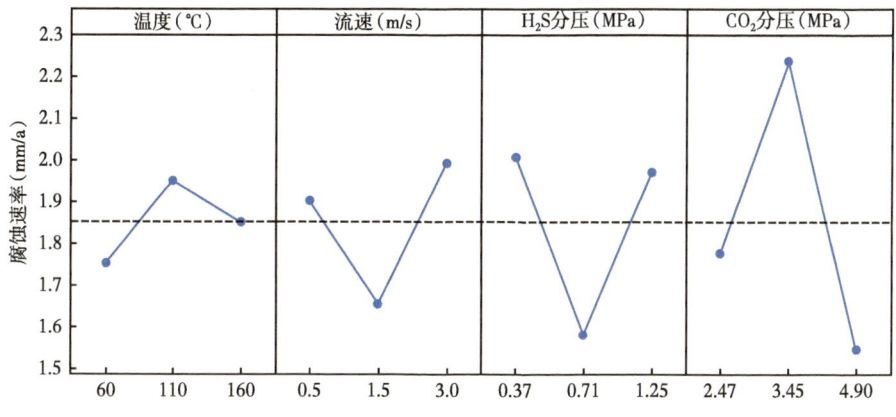

图 5-28 宝钢材质不同腐蚀因素变化对腐蚀速率影响

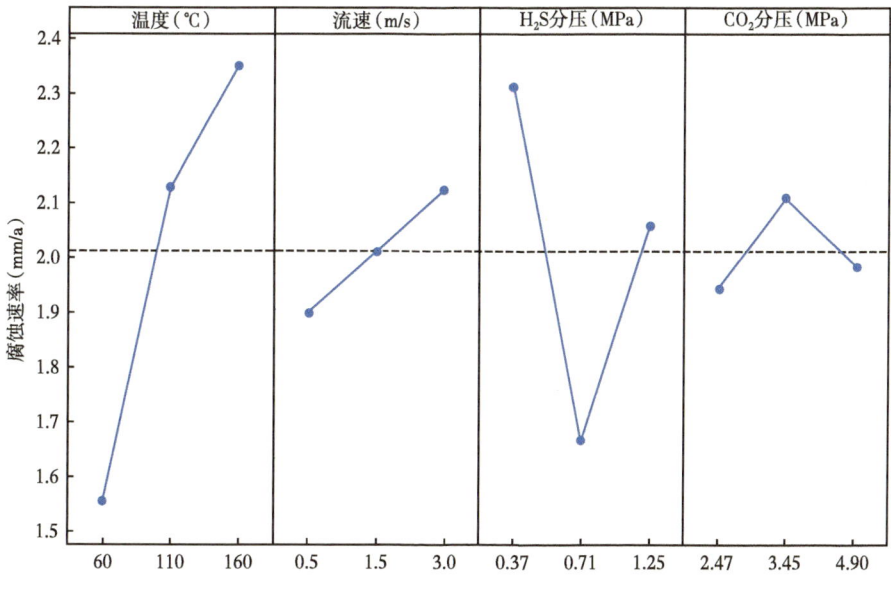

图 5-29 天钢材质不同腐蚀因素变化对腐蚀速率影响

对比试验条件 1~9 下两种材质腐蚀速率试验结果，条件 1 的工况下腐蚀较为轻微，条件 6 腐蚀工况较为苛刻，因此，模拟残酸返排时选用上述两种工况环境后，对两种 110SS 管材在模拟表 5-27 所示工况环境下，平均腐蚀速率结果见表 5-28。

表 5-27 试验条件

试验序号	温度（℃）	流速（m/s）	H_2S 分压（MPa）	CO_2 分压（MPa）	Cl^- 含量（g/L）	试样编号 BG110SS	C110
10	110	3.0	0.37	3.45	132.1	A1~A3	A4~A6
11	60	0.5	0.37	2.47		B1~B3	B4~B6

注：溶液 pH 值为 5.8。

表 5-28 平均腐蚀速率结果　　　　　　　　　　　　　　　单位：mm/a

环境	宝钢				天钢			
	序号	单值	均值	速率对比	序号	单值	均值	速率对比
条件 10	A1	2.6950	2.4818	100.53%	A4	2.8539	3.0296	114.69%
	A2	2.3594			A5	2.9627		
	A3	2.3910			A6	3.2722		
条件 11	B1	0.6965	0.6586	<1269.83%	B4	0.8663	0.8651	<863.63%
	B2	0.6835			B5	0.8779		
	B3	0.5959			B6	0.8511		
	最大腐蚀坑深：0.464mm 最大腐蚀速率：24.0379mm/a				最大腐蚀坑深：0.279mm 最大腐蚀速率：14.5479mm/a			
备注	速率对比为条件 10 相比条件 6，条件 11 相比条件 1 条件 11 试样为典型的局部腐蚀特征，以局部腐蚀速率衡量更为准确							

两种管材在条件 10 和条件 11 中腐蚀 168h 后，整体上呈现局部腐蚀特征，条件 10 属于溃疡状腐蚀形貌，条件 11 属于点状腐蚀形貌。条件 10 相比条件 11 腐蚀环境更为苛刻，使得试样的腐蚀程度显著增大，试样损伤表面增大，出现不同程度的溃疡状蚀坑。考虑残酸返排后条件 10 相比条件 6 而言，由于 Cl⁻ 和 pH 值的加速作用，平均腐蚀速率有了进一步提高。

二、全尺寸腐蚀分析理论

油管柱腐蚀失效形式主要表现为三类：(1) 腐蚀穿孔，多发生于油管内壁，主要是由于酸化改造阶段的酸液和（或）生产过程中的含 H_2S/CO_2 地层水造成的，如图 5-30a 所示；(2) 管柱接头缝隙腐蚀，多发于油管螺纹接头部位，主要是由于酸化改造阶段的酸液和（或）生产过程中的含 H_2S/CO_2 地层水进入螺纹缝隙引起的，如图 5-30b 所示；(3) 应力腐蚀开裂，主要由油套之间的环空保护液引起的，常见的可能造成应力腐蚀开裂的环空保护液类型包括无机氯化物盐类和无机磷酸盐类，如图 5-30c 所示。

(a) 腐蚀穿孔　　　　(b) 管柱接头缝隙腐蚀　　　　(c) 应力腐蚀开裂

图 5-30　油管柱腐蚀失效形式

对于以上失效形式，无论是进行失效分析还是开展实验研究，目前最常用的方法是按照标准 ASTM G111-97（2013）《高温或高压环境中或高温高压环境中的腐蚀试验》采用高温高压釜系统模拟油气田工况进行试验，试验采用小尺寸试样，包括考察失重腐蚀速率时采用图 5-31 左侧所示挂片试样，研究应力腐蚀开裂时采用图 5-32 左侧所示四点弯曲试样。利用该标准所示试验方法是研究石油天然气工业高温高压环境中管材及装备腐蚀/应力腐蚀开裂的最常见且最经典的方法，可以提供不同材料在腐蚀模拟工况环境中的腐蚀情况，展示不同腐蚀因素的影响规律，揭示相关腐蚀机理，能够为井下高温高压油套管材料的服役性能及选材评估提供数据支撑。

但是，采用小尺寸试样试验不能解决与使用相关的所有安全问题。它往往不能全面反映现场井下管柱的腐蚀环境特征，研究结果与现场实际情况存在较大差距，主要原因有：

（1）小试样由于尺寸和结构因素无法全面反映全尺寸管柱的腐蚀行为和形貌，如图 5-31 所示；

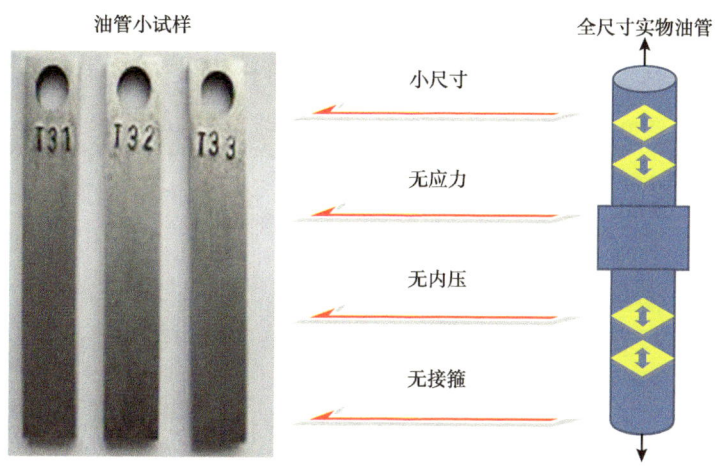

图 5-31　小试样试验与全尺寸试验对比图

（2）小试样如四点弯曲法和应力环法虽然可以加力，其加载的均为单方向的应力，不能反映井下管柱的复杂受力状况，井下管柱一般都受到内压、外拉、振动、交变等多方向复杂载荷，如图 5-32 所示；

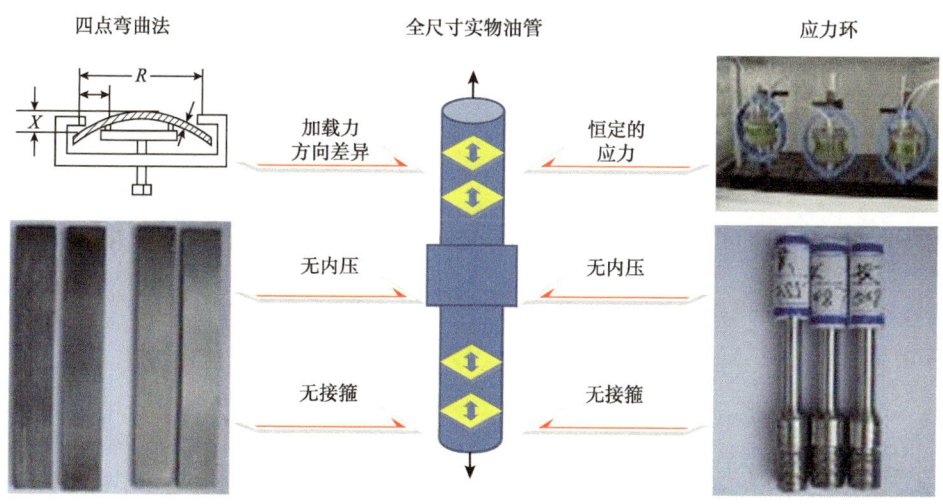

图 5-32　应力腐蚀试样试验与全尺寸试验对比图

（3）小试样无法反映管柱接头在服役过程中因腐蚀导致的螺纹接头密封失效行为，而接头密封失效往往是导致管柱失效的关键因素之一；

（4）小尺寸试样都是光滑试样，与实际管材表面差异较大，另外，受制于尺寸限制，无法最大限度展示腐蚀的随机性，不能更好地反映管材的真实腐蚀情况。

开展全尺寸腐蚀评估，考虑温度场变化、载荷和管材重力，试验中可施加流体介质，能够完整考虑电化学腐蚀影响和应力腐蚀开裂（谢俊峰等，2018）。

开展全尺寸腐蚀评估，最重要的是要准确分析并模拟管材的受力状态，以 GST 井完井管柱为例，该井完井管柱结构为：ϕ88.9mm 油管（壁厚 6.45mm、BG110SS）+井下安全阀（70MPa、9Cr1Mo 材质）+ϕ88.9mm 油管（壁厚 6.45mm、BG110SS）+化学剂注入阀（9Cr1Mo 材质）+ϕ88.9mm 油管（壁厚 6.45mm、BG110SS）+完井封隔器（70MPa、9Cr1Mo 材质）+磨铣延伸筒+ϕ73mm 油管（壁厚 5.51mm、BG110SS）+球座。油管下深：5086m；封隔器下深：4873.26m；化学剂注入阀：4811.75m；管柱最大外径：101mm（磨铣延伸筒处）；管柱最小内径：打掉球座前管柱最小内径为 62mm（73mm 油管处），打掉球座后管柱最小内径为 40mm（球座处），如图 5-33 所示。

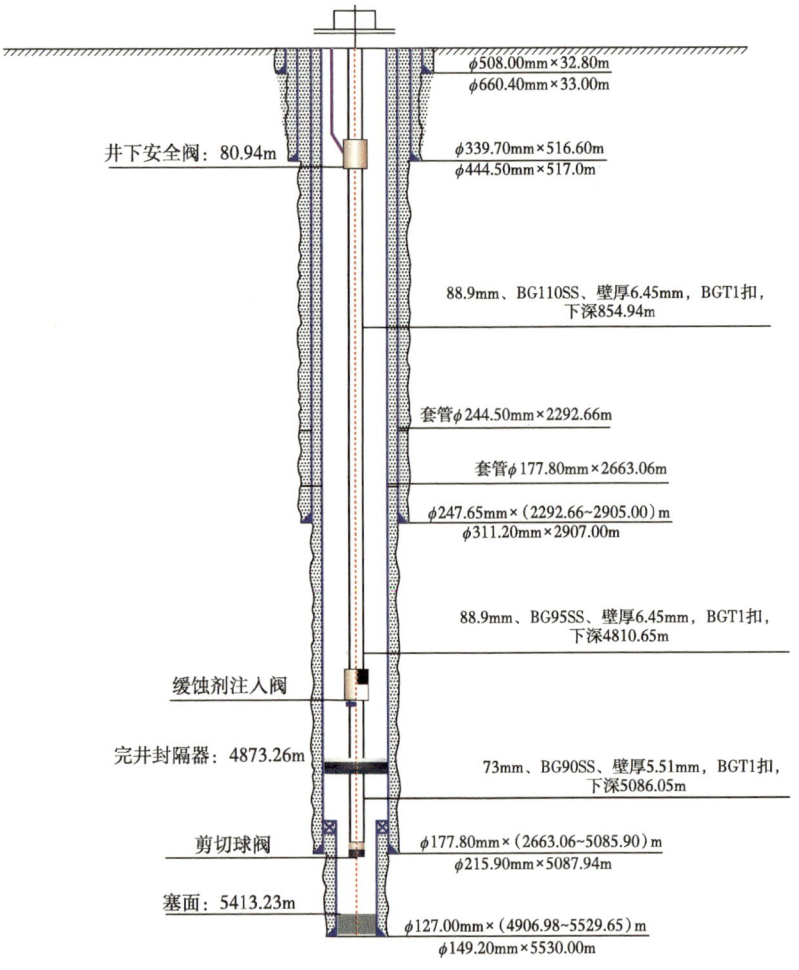

图 5-33　完井管柱结构示意图

第五章 井筒完整性评价与治理技术

考虑不同参数下管柱受力情况,图 5-34 为仅考虑管柱重量时全井管柱应力状态,图 5-35 为考虑了管柱受浮力后的应力分布,通过仿真分析对其局部受力进行了修正,给出了内压为 60MPa 时井口 10m 位置第一根螺纹处温度为 50℃ 时轴向应力分布情况。

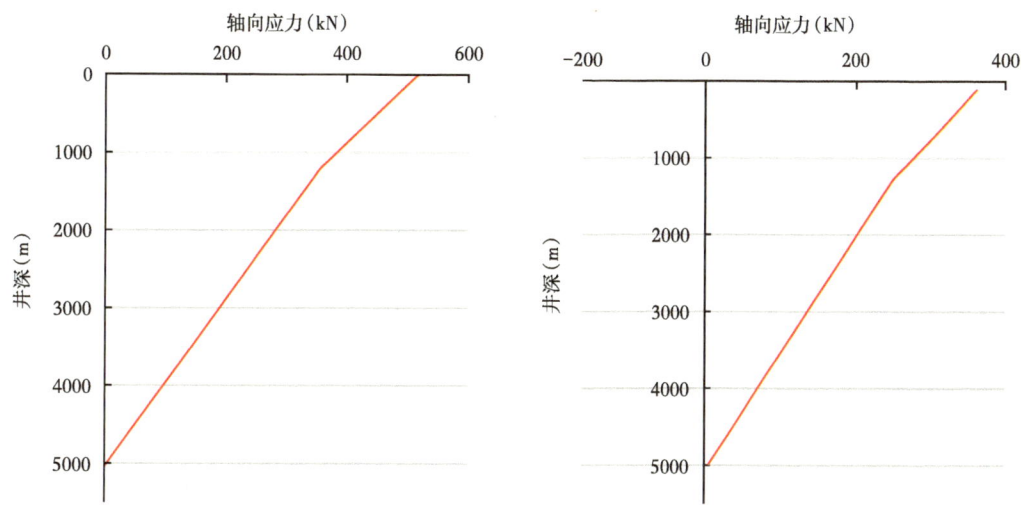

图 5-34 轴向应力与井深关系(考虑重力)　　图 5-35 轴向应力与井深关系(考虑重力与浮力)

第三节 缓蚀剂性能评价及优选

高石梯区块震旦系为中含 H_2S、中含 CO_2 气田,以 H_2S 腐蚀为主,通过调研分析与实验评价(Spencer,2007),优选了用于 H_2S、CO_2 的天然气井缓蚀剂种类。参考 SY/T 5273—2014《油田采出水处理用缓蚀剂性能指标及评价方法》,对合成咪唑啉类缓蚀剂、酰胺类缓蚀剂、杂环胺类缓蚀剂,以及季铵盐类缓蚀剂特征进行研究,并开展井下缓蚀剂评价与优选(表 5-29)。

表 5-29 缓蚀剂配方系列

缓蚀剂代号	类型	适用环境
CT2-20A	—	含 H_2S、CO_2 天然气井
CT2-19C	合成咪唑啉	含 H_2S、CO_2 天然气井
HT-6	酰胺	含 H_2S、CO_2 天然气井
UT-15	酰胺	含 H_2S、CO_2 天然气井
A 类缓蚀剂	杂环胺	含 H_2S、CO_2 天然气井
UN-81	酰胺	含 H_2S、CO_2 天然气井
UN-82	酰胺	含 H_2S、CO_2 天然气井

一、缓蚀剂配伍性研究

实验条件：根据高磨地区现场水分析报告分别取矿化度、Cl⁻含量最高的高石102井和矿化度、Cl⁻含量最低的高石7井现场水样，缓蚀剂与现场水体积比为1∶9。实验结果见表5-30和表5-31，如图5-36和图5-37所示。

表5-30　与高石7井现场水样配伍性实验

缓蚀剂种类	实验水样	30min	24h后	评价结果
CT2-20A∶现场水=1∶9（体积比）	高石7井现场水样	溶液呈均相，无沉淀	溶液呈均相，透明，上层有黑色油层，无沉淀	无沉淀，配伍性好
CT2-19C∶现场水=1∶9（体积比）		溶液呈均相，无沉淀	溶液呈均相，无沉淀	无沉淀，配伍性好
HT-6∶现场水=1∶9（体积比）		溶液呈均相，无沉淀	溶液呈均相，透明，上层有黑色油层，无沉淀	无沉淀，配伍性好
UT-15∶现场水=1∶9（体积比）		溶液呈均相，无沉淀	溶液呈轻微浑浊，无沉淀	无沉淀，配伍性好
A类缓蚀剂∶现场水=1∶9（体积比）		溶液呈均相，无沉淀	溶液呈均相，透明，上层有黑色油层，无沉淀	无沉淀，配伍性好
UN-81∶现场水=1∶9（体积比）		溶液呈均相，无沉淀	溶液呈均相，无沉淀	无沉淀，配伍性好
UN-82∶现场水=1∶9（体积比）		溶液呈均相，无沉淀	溶液呈均相，无沉淀	无沉淀，配伍性好

表5-31　与高石102井现场水样配伍性实验

缓蚀剂种类	实验水样	30min（40℃）	24h后（40℃）	评价结果
CT2-20A∶现场水=1∶9（体积比）	高石102井现场水样	溶液呈均相，无沉淀	溶液呈均相，轻微浑浊，上层有黑色油层，无沉淀	无沉淀，配伍性好
CT2-19C∶现场水=1∶9（体积比）		溶液呈均相，无沉淀	溶液呈均相，透明，上层有黑色油层，无沉淀	无沉淀，配伍性好
HT-6∶现场水=1∶9（体积比）		溶液呈均相，无沉淀	溶液呈均相，透明，上层有黑色油层，无沉淀	无沉淀，配伍性好
UT-15∶现场水=1∶9（体积比）		溶液浑浊，有沉淀产生	溶液有沉淀产生	有沉淀产生
A类缓蚀剂现场水=1∶9（体积比）		溶液轻微浑浊，无沉淀	溶液轻微浑浊，上层有黑色油层，无沉淀	无沉淀，配伍性好
UN-81∶现场水=1∶9（体积比）		溶液呈均相，无沉淀	溶液呈均相，无沉淀	无沉淀，配伍性好
UN-82∶现场水=1∶9（体积比）		溶液呈均相，无沉淀	溶液呈均相，无沉淀	无沉淀，配伍性好

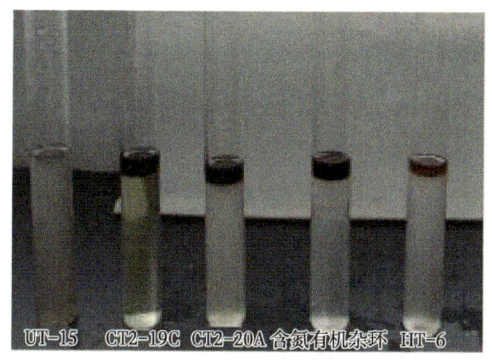 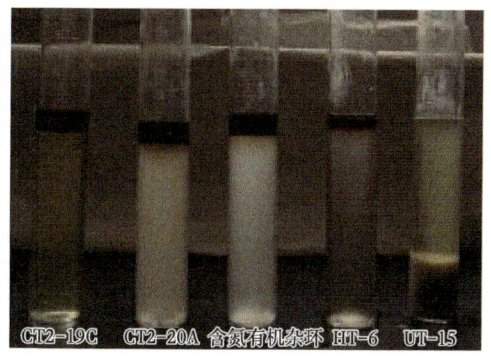

图 5-36　与高石 7 井现场水样配伍性实验　　图 5-37　与高石 102 井现场水样配伍性实验

缓蚀剂与现场水配伍性实验结果显示，搜集的几种缓蚀剂与高石 7 井现场水配伍实验中都无沉淀生成，有较好的配伍性；在与高石 102 井现场水样配伍实验中，UT-15 有沉淀生成，如果投入现场使用，使用过程中有可能与地层水生成不溶物，堵塞气流通道。

二、缓蚀性能评价与优选

（一）防腐性能

实验室内对搜集的缓蚀剂进行了缓蚀剂缓蚀性能评价，实验条件为：5% NaCl 溶液，H_2S、CO_2 饱和，实验温度 40℃，常压，实验周期 72h，缓蚀剂浓度 100mg/L，材料为 BG110SS，实验结果见表 5-32。

表 5-32　缓蚀剂防腐性能评价

缓蚀剂代号	类型	腐蚀速率（mm/a）	缓蚀率（%）	试片表面状况
无	无缓蚀剂	0.4475	0	均匀腐蚀
CT2-20A	合成咪唑啉	0.0079	98.2	均匀光亮
CT2-19C	酰胺	0.0106	97.6	均匀光亮
HT-6	酰胺	0.0304	93.2	均匀光亮
UT-15	酰胺	0.0345	92.3	均匀光亮
A 类缓蚀剂	杂环胺	0.0132	97.0	均匀光亮
UN-81	酰胺	0.0165	96.3	均匀光亮
UN-82	酰胺	0.0205	95.4	均匀光亮

由表 5-32 可见，在常温、常压实验条件下，所评价的缓蚀剂均表现出良好的防腐性能，缓蚀率在 92% 以上。

（二）乳化倾向评价

针对现场使用缓蚀剂可能造成井下管线内油水乳化，致使油水分离困难堵塞井下通道及缓蚀剂的应用效果不佳的问题，开展乳化倾向评价。实验条件：根据高磨地区现场水分析报告分别取矿化度、Cl^- 含量最高的高石 102 井和矿化度、Cl^- 含量最低的高石 7 井现场水样。实验结果见表5-33和表5-34。

表5-33 与高石7井现场水样乳化倾向评价

缓蚀剂	实验水样	60min	180min	结论
CT2-20A	高石7井现场水样	0.5mL 乳化层	无乳化层	不发生乳化
CT2-19C		1mL 乳化层	无乳化层	不发生乳化
HT-6		1mL 乳化层	无乳化层	不发生乳化
UT-15		0.5mL 乳化层	无乳化层	不发生乳化
A类缓蚀剂		1mL 乳化层	无乳化层	不发生乳化
UN-81		0.5mL 乳化层	无乳化层	不发生乳化
UN-82		0.5mL 乳化层	无乳化层	不发生乳化

表5-34 与高石102井现场水样乳化倾向评价

缓蚀剂	实验水样	60min	180min	结论
CT2-20A	高石102井现场水样	2mL 乳化层	无乳化层	不发生乳化
CT2-19C		1mL 乳化层	无乳化层	不发生乳化
HT-6		1mL 乳化层	无乳化层	不发生乳化
UT-15		2mL 乳化层	无乳化层	不发生乳化
A类缓蚀剂		1mL 乳化层	无乳化层	不发生乳化
UN-81		0.5mL 乳化层	无乳化层	不发生乳化
UN-82		0.5mL 乳化层	无乳化层	不发生乳化

由表5-33和表5-34可见，在实验条件下，几种缓蚀剂均没有表现出乳化倾向。

（三）热稳定性研究

缓蚀剂由于受高温影响，轻组分不断挥发，黏度增加或有效成分、助剂发生降解而失效，形成不溶性残渣、黏性沉淀物，吸附于产层底部油、套管壁，或化学剂注入阀内部，从而导致气体通道变窄降低产量，或者使化学剂注入阀阀孔堵塞从而失效，由于高磨地区有带化学剂注入阀井下加注设备的单井，缓蚀剂在井下完成一次替换有可能时间长达2~3个月，因此模拟长时间在井下环境实验。试验条件：取各缓蚀剂100mL、温度130℃、高温高压釜、实验时间720h。实验结果见表5-35，图5-38和图5-39。

几种缓蚀剂热稳定性实验结果显示，搜集的几种缓蚀剂其中CT2-19C、HT-6在实验条件130℃，720h高温实验后，仍能保持药剂溶液均相、无黏性物质产生，具有较好的热稳定性，CT2-20A、UT-15、A类缓蚀剂，在经过高温实验后，产生明显的黏性不溶物质，流动性变差，如果投入现场使用，使用过程中有可能在井下高温环境中造成影响，堵塞化学剂注入阀阀孔及气流通道。

表 5-35 缓蚀剂热稳定性评价结果

缓蚀剂种类	温度	时间	实验现象	评价结果
CT2-19C	130℃	720h	药剂呈均相、无黏性不溶物、流动性好	热稳定性好
CT2-20A			药剂分层、底部有不溶物、流动性较差	热稳定性好
HT-6			药剂呈均相、无黏性不溶物、流动性好	热稳定性好
UT-15			药剂轻组分挥发，剩余黏性不溶物、流动性差	热稳定性较差
A 类缓蚀剂			药剂轻组分挥发，剩余黏性不溶物、流动性差	热稳定性较差
UN-81			正在评价中	
UN-82			正在评价中	

图 5-38 高温实验前缓蚀剂

图 5-39 高温实验后缓蚀剂

（四）现场工况下缓蚀性能评价

根据高石梯地区井下环境，井下温度最高 158.9℃，温度梯度 2.6℃/100m，H_2S 分压为 0.33~1.45MPa，CO_2 分压 2.74~4.63MPa，地层水 Cl^- 含量 35896~64645mg/L。通过高温高压动态釜模拟现场环境开展几组缓蚀性能评价实验。实验结果见表 5-36 至表 5-39。

表 5-36 实验条件一的腐蚀评价结果

缓蚀剂代号	腐蚀速率（mm/a）	缓蚀率（%）	试片表面状况
空白对照组	1.768	0	均匀腐蚀
CT2-19C	0.134	92.4	均匀光亮
HT-6	0.139	92.1	均匀光亮
UN-81	0.099	94.4	均匀光亮
UN-82	0.111	93.7	均匀光亮

实验条件一：实验温度 80℃、H_2S 分压 0.6MPa、CO_2 分压 3.5MPa、Cl^- 含量 60000mg/L、流速 1.7m/s，试片材质 BG110SS，实验时间 120h。

表 5-37　实验条件二的腐蚀评价结果

缓蚀剂代号	腐蚀速率（mm/a）	缓蚀率（%）	试片表面状况
空白对照组	1.474	0	均匀腐蚀
CT2-19C	0.141	90.4	均匀光亮
HT-6	0.190	87.1	局部坑蚀
UN-81	0.094	93.6	均匀光亮
UN-82	0.088	94.0	均匀光亮

实验条件二：实验温度 100℃、H_2S 分压 0.6MPa、CO_2 分压 3.5MPa、Cl^- 含量 60000mg/L、流速 1.7m/s，试片材质 BG110SS，实验时间 120h。

表 5-38　实验条件三的腐蚀评价结果

缓蚀剂代号	腐蚀速率（mm/a）	缓蚀率（%）	试片表面状况
空白对照组	1.510	0	局部坑蚀
CT2-19C	0.141	90.6	均匀光亮
HT-6	0.147	90.2	均匀光亮
UN-81	0.108	92.8	均匀光亮
UN-82	0.105	93.0	均匀光亮

实验条件三：实验温度 120℃、H_2S 分压 0.6MPa、CO_2 分压 3.5MPa、Cl^- 含量 60000mg/L、流速 1.7m/s，实验时间 120h。

表 5-39　实验条件四的腐蚀评价结果

缓蚀剂代号	腐蚀速率（mm/a）	缓蚀率（%）	试片表面状况
空白对照组	1.400	0	均匀腐蚀
CT2-19C	0.141	91.6	均匀光亮
HT-6	0.147	89.6	均匀光亮
UN-81	0.143	90.8	均匀光亮
UN-82	0.098	93.0	均匀光亮

实验条件四：实验温度 158℃、H_2S 分压 0.6MPa、CO_2 分压 3.5MPa、Cl^- 离子含量 60000mg/L、流速 1.7m/s，试片材质 BG110SS，实验时间 120h。

在实验温度为 100℃时，HT-6 缓蚀剂缓释率为 87.1%，并且试片出现了较为明显的局部坑蚀，同时在 158℃时缓蚀率为 89.6%，小于 90%，所以在高磨地区井下高温条件下有可能出现局部坑蚀或者防腐效果不理想的情况。

（五）缓蚀剂类型优选

缓蚀剂与现场水乳化倾向、配伍性、热稳定性，以及模拟现场试验条件评价结果显示,缓蚀剂中 UT-15、A 类缓蚀剂、CT2-20A、HT-6 在实验中表现出与现场环境不适应。合成咪唑啉类(CT2-19C)水溶性缓蚀剂、酰胺类(UN-81、UN-82)水溶性缓蚀剂在评价筛选中具有较好的结果,可作为备选的缓蚀剂。

三、缓蚀性加注参数实验评价

采用空气流在模拟油管内携带、冲刷缓蚀剂的方式,模拟直井中天然气在油管内携带、冲刷缓蚀剂的多相流过程。实验中需计算出模拟的空气流量参数。

根据现场提供的生产数据,换算出井底产量及井底流速,见表 5-40。

表 5-40 生产数据及井底流速

序号	加注日期	油管内径（mm）	产量（m³/d）	井底压力（MPa）	井底温度（℃）	井底流速（m/s）
1	2016 年 4 月 12 日	76	405203	56	153	3.33
2	2016 年 4 月 13 日	76	402991	56	153	3.31
3	2016 年 4 月 14 日	76	400059	56	153	3.28

为了使实验结果能够指导实际,应按相似原理设计实验参数。气液两相管流模拟实验可采用雷诺相似准则进行计算分析,确定实验注气量见表 5-41。

表 5-41 模拟注气速度及缓蚀剂加注流量

方案	天然气产量（m³/d）	换算为井底流量（m³/d）	井底流速（m/s）	模拟实验空气排量（m³/h）	换算为空气流速（m/s）
1	405203	1303.45	3.32	615	37.67
2	402991	1296.30	3.30	612	37.46
3	400059	1286.90	3.28	607	37.19
4	50000	160.80	0.41	76	4.64
5	100000	321.70	0.82	152	9.30
6	150000	482.50	1.23	228	13.94
7	200000	643.40	1.64	303	18.59
8	250000	804.20	2.05	379	23.24
9	300000	965.00	2.46	455	27.89

根据表 5-41 结果,拟在实验中采用的注气量方案有 620m³/h(模拟生产工况)、310m³/h(天然气产量约为 20×10⁴m³/d)、230m³/h(天然气产量约为 15×10⁴m³/d)、500m³/h(天然气产量约为 30×10⁴m³/d)。在实验中根据实验情况可对实验注气量适当调整。

为模拟现场缓蚀剂预膜效果,采用现场提供的加注流量,分别为 2.5L/min、5.56L/min、6.67L/min。此外,为探索缓蚀剂的最佳加注流量,从 1L/min 开始逐步增加到泵的最大流量 9L/min,在实验中寻找成膜效果最佳的加注流量(表 5-42)。

表 5-42　现场加注缓蚀剂量

序号	加注时间段	油管内径（mm）	加注量（kg）	加注时间（min）	加注流量（L/min）
1	2016/4/12 14：20—16：59	76	1000	160	6.67
2	2016/4/13 10：00—12：00	76	300	120	2.50
3	2016/4/14 9：30—11：00	76	500	90	5.56

配制好缓蚀剂样品，并向其中添加质量浓度为0.5%的油溶红示踪剂，测定不同温度时缓蚀剂表面张力，实验结果见表5-43。

表 5-43　表面张力测试结果　　　　　　　　　　单位：mN/m

温度（℃）	CT13-19C 缓蚀剂		CT13-19 缓蚀剂	
	无示踪剂	有示踪剂	无示踪剂	有示踪剂
20	29.30	31.50	28.60	28.60
50	29.30	30.35	26.61	26.75
80	29.20	29.60	24.40	26.60

配制好缓蚀剂样品，并向其中添加质量浓度为0.5%的油溶红示踪剂，测定不同温度时缓蚀剂的表观黏度，实验结果见表5-44。

表 5-44　表观黏度测试结果　　　　　　　　　　单位：mPa·s

温度（℃）	CT13-19C 缓蚀剂		CT13-19 缓蚀剂	
	无示踪剂	有示踪剂	无示踪剂	有示踪剂
20	2.0	2.0	12.1	12.1
50	1.0	1.0	5.2	5.2
80	0.5	0.5	3.9	3.9

配制好缓蚀剂样品，并向其中添加质量浓度为0.5%的油溶红示踪剂，测定不同温度时缓蚀剂密度，实验结果见表5-45。

表 5-45　密度测试结果　　　　　　　　　　单位：g/cm^3

温度（℃）	CT13-19C 缓蚀剂		CT13-19 缓蚀剂	
	无示踪剂	有示踪剂	无示踪剂	有示踪剂
20	0.99	0.99	0.86	0.86
50	0.97	0.97	0.80	0.80
80	0.96	0.96	0.79	0.79

将能够正常携带起缓蚀剂的最小气流量称作临界气流量。将一定气流量条件下，缓蚀剂能够正常被气体携带起的对应缓蚀剂注入排量称为缓蚀剂最大注入排量。针对临界气流量和缓蚀剂最大注入排量开展实验研究。实验中，缓蚀剂相与气相均形成环雾流，说明预膜效果良好。从实验现象（图5-40）难以判断注入方式不同对预膜效果的影响，注气量越

大,管内颜色越深。当缓蚀剂被携带到管道中部和顶部时,已经比较均匀,难以观察判断预膜效果的差异,需根据实验数据进行定量分析。

(a)通道三

(b)通道十五

图 5-40　实验现象(CT13-19C 缓蚀剂,注气量为 620m^3/h)

通过控制注气量,可以准确测出临界气流量。保持注气量不变,通过调节缓蚀剂注入量,可以测得在一定气量下发生积液的最大缓蚀剂注入量。实验获得的数据见表 5-46 和表 5-47。

表 5-46　不同缓蚀剂的临界气流量

序号	缓蚀剂种类	标况下临界气流量(m^3/h)
1	CT13-19C 缓蚀剂	213
2	CT13-19 缓蚀剂	185

表 5-47　不同注入方式及注气量的缓蚀剂加注最大速度

序号	缓蚀剂种类	注入方式	标况下空压机排量(m^3/h)	井底不积液缓蚀剂加注最大速度(L/min)	气液比	折算的井底流速(m/s)	折算气量(m^3/d)
1	CT13-19C 缓蚀剂	大喷嘴底部注入	230	2.3	1667	1.24	151600
2	CT13-19C 缓蚀剂	大喷嘴底部注入	320	8.9	599	1.73	210900
3	CT13-19C 缓蚀剂	小喷嘴底部注入	230	2.1	1825	1.24	151600
4	CT13-19C 缓蚀剂	小喷嘴底部注入	320	8.6	620	1.73	210900
5	CT13-19C 缓蚀剂	组合双喷嘴注入	230	4.6	833	1.24	151600
6	CT13-19 缓蚀剂	大喷嘴底部注入	190	1.4	2262	1.03	125300
7	CT13-19 缓蚀剂	大喷嘴底部注入	250	3.2	1302	1.73	164800

续表

序号	缓蚀剂种类	注入方式	标况下空压机排量（m³/h）	井底不积液缓蚀剂加注最大速度（L/min）	气液比	折算的井底流速（m/s）	折算气量（m³/d）
8	CT13-19 缓蚀剂	小喷嘴底部注入	190	1.0	3166	1.03	125300
9	CT13-19 缓蚀剂	小喷嘴底部注入	250	3.0	1389	1.35	164800
10	CT13-19 缓蚀剂	组合双喷嘴注入	250	7.0	595	1.35	164800

根据经典的 Turner 模型可计算出在实验工况及井底工况的临界流速及气体携液临界流量（李闽等，2002），见式（5-3）和式（5-4）：

$$v_c = 5.5 \left[\frac{\sigma(\rho_L - \rho_G)}{\rho_G^2} \right]^{0.25} \quad (5-3)$$

$$q_c = 2.5 \times 10^8 \times \frac{Apv_c}{ZT} \quad (5-4)$$

式中　v_c——气体携液临界流速，m/s；

　　　σ——气水表面张力，mN/m；

　　　ρ_L——液相密度，g/cm³；

　　　ρ_G——气相密度，g/cm³；

　　　q_c——气井携液临界流量，m³/d；

　　　A——油管横截面积，m²；

　　　p——压力，MPa；

　　　T——温度，K；

　　　Z——气体偏差系数。

经计算可得各种工况下的临界气流量及临界流速，见表 5-48，并将结果与实验结果进行对比，如图 5-41 所示。

表 5-48　临界流速和临界流量

工况	介质	缓蚀剂	油管内径（mm）	临界流速（m/s）	临界流量（m³/d）
实验	空气	CT13-19C 缓蚀剂	70	13.800	4925
生产	天然气	CT13-19C 缓蚀剂	76	1.016	121332
实验	空气	CT13-19 缓蚀剂	70	13.250	4728
生产	天然气	CT13-19 缓蚀剂	76	0.964	115171

由图 5-42 可知，根据 Turner 模型计算的在实验工况下的临界气流量分别为 205m³/h（CT13-19C 缓蚀剂）和 197m³/h（CT13-19 缓蚀剂），而实验测得临界气流量分别为 213m³/h 与 185m³/h，相对误差仅为 3.80%（CT13-19C 缓蚀剂）及 6.10%（CT13-19 缓蚀剂），

两种情况吻合度较高。

通过相关换算，临界产气量应为121332m³/d（CT13-19C 缓蚀剂）与115171m³/d（CT13-19 缓蚀剂），即在低产量井（产量小于110000m³/d）注入缓蚀剂必会积液，影响正常生产。因此，只有当天然气产量大于130000m³/d，注入缓蚀剂防油管腐蚀才是有效的。

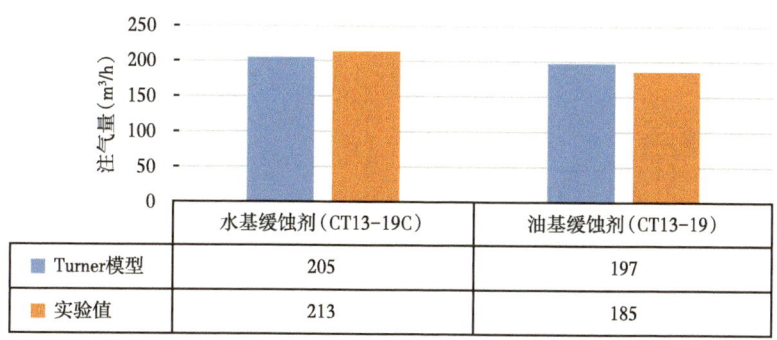

图 5-41　临界气流量

在各种折算气量和井底流速下，缓蚀剂不积液的最大注入排量曲线如图 5-42 和图 5-43 所示。

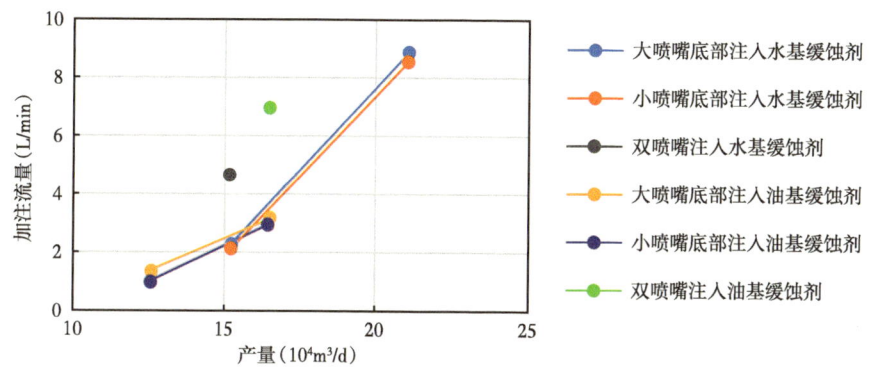

图 5-42　天然气折算气量与缓蚀剂加注流量的关系

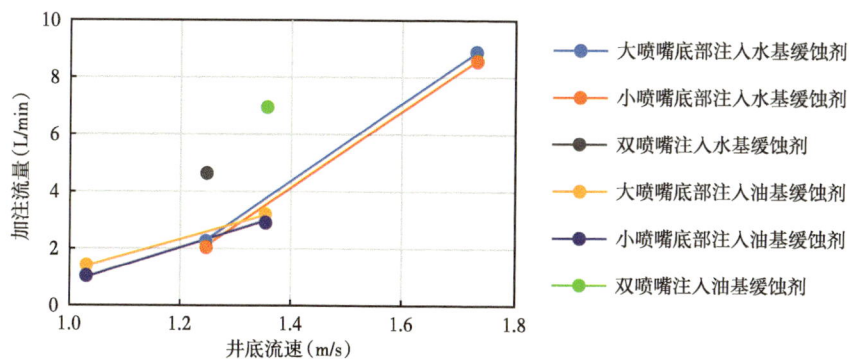

图 5-43　井底流速与缓蚀剂加注流量的关系

通过以上分析结果可得到如下结论：对于单喷嘴注入方式，喷嘴的大小与井底积液关系不大，但是若采用组合双喷嘴注入，可明显增大注入速度，提高注入效率。CT13-19缓蚀剂的最大加注流量比相同产量下的CT13-19C缓蚀剂要低，因此CT13-19缓蚀剂更适合低产井。通过实验，获得了临界气流量和缓蚀剂最大注入排量曲线，并形成了相应的计算方法。

第四节　环空带压渗流机理研究

一、环空带压机理研究

（一）套管间环空带压模拟数学模型建立

传统的环空带压数学模型主要是基于井口气柱段的气体状态方程，通过将时间离散化建立方程，然后根据边界条件求出井口气柱段每个微元时间段内的压力。这种方法忽略了气体在钻井液里的运移过程，所以在预测环空压力恢复的过程中，压力稳定所需的时间和井口最终的稳定压力与实际情况有一定的误差。且传统的环空带压数学模型主要是压力恢复模型，没有泄压的数学模型。基于此本研究建立了一种考虑了气体在不同介质中运移过程的环空带压数学模型（邓元洲等，2006）。

气井的井身结构如图5-44所示。当气井出现环空带压现象时，气体从产层依次流经水泥环和气侵钻井液，最终在井口气柱段聚集。当针形阀打开时，气体则被排放出去。下面将详细介绍气体在每种介质中的运移机理（张智等，2014；王云等，2014）。

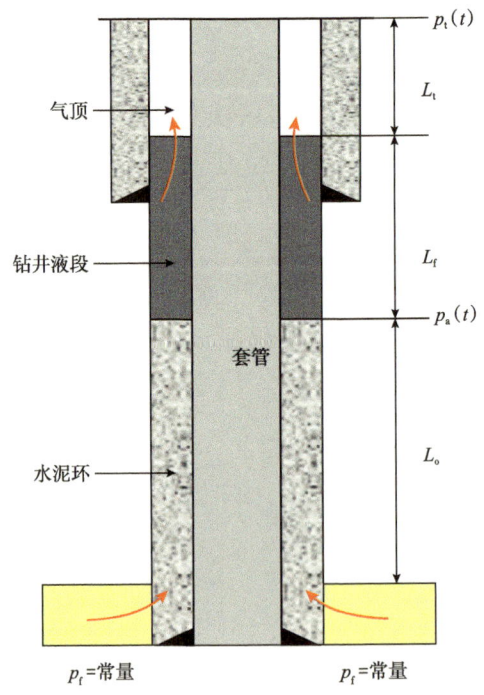

图5-44　水泥环上部的气侵钻井液

气体在水泥环中的渗流模型：

$$\frac{\partial}{\partial z}\left[\frac{K_z\rho}{\mu}\left(\frac{\partial p}{\partial z}+\rho g\right)\right]=\frac{\partial}{\partial t}(\phi\rho) \tag{5-5}$$

式中　μ——气体黏度，mPa·s；
　　　ρ——气体密度，g/cm³；
　　　ϕ——介质孔隙度；
　　　K_z——介质在 z 方向上的渗透率，mD。

单相气体流动：

$$\frac{\partial^2 m(p)}{\partial z^2}=\frac{\phi(\mu c_t)}{K}\frac{\partial m(p)}{\partial t} \tag{5-6}$$

式中　$m(p)$——气体拟压力；
　　　c_t——气体综合压缩系数。

（二）油套环空带压模拟数学模型建立

气体在液柱中的运移可被看作是分散两相流。在分散两相流中，分散相由分散的单个颗粒（此处为气泡）组成，并分布在连续相（液体）中。连续相的特点是：处于连续相空间中的任意两点都可通过一条由该连续相空间中的点组成的线相连。另一方面，分散相每个颗粒都有闭合的界面或边界，几乎完全被连续相包围。因此，颗粒内某点在与另一颗粒内的某点相连时，必须要穿过这些边界，通常也会穿过连续相。分散相颗粒群穿过连续相或者或多或少在连续相中自由悬浮（严茂森等，2017）。

气液两相流模型：

$$\frac{\partial(\alpha\rho_g)}{\partial t}+\frac{\partial}{\partial z}(\alpha\rho_g v_g)=0 \tag{5-7}$$

混合物动量方程：

$$\frac{\partial}{\partial t}(\rho_m \bar{v}_m)+\frac{\partial}{\partial z}(\rho\bar{v}_m^2)=-\frac{\partial p}{\partial z}-\rho_m g-\frac{f_m}{2d_h}\rho_m\bar{v}_m|\bar{v}_m|-\frac{\partial}{\partial z}\left(\frac{\alpha\rho_L\rho_g}{H_L\rho_m}\bar{v}_m^2\right) \tag{5-8}$$

环空内气体聚集过程模拟：

$$V_{wh}^{n+1}=V_{wh}^n+\sum_{j=1}^{N-1}(V_g)_j^n+\sum_{j=1}^{N}(V_L)_j^n-\sum_{j=1}^{N-1}(V_g)_j^{n+1}-\sum_{j=1}^{N}(V_L)_j^{n+1}-(q_g)_0^{n+1}\Delta t+(q_m)_N^{n+1}\Delta t \tag{5-9}$$

式中　ρ_g——气体密度，g/cm³；
　　　v_g——气体体积，m³；
　　　α——气相所占百分比；
　　　$\bar{v}_m$——混合液体平均体积，m³；
　　　ρ_m——混合液体密度，g/cm³；

ρ_L——液体密度，g/cm³；

V_L——液体体积，m³。

二、环空带压过程及特征分析

高石 001-X28 井完钻井深 6355.00m，产层为灯四气藏，地层温度约为 150.4℃。灯影组储层地层压力 57.37MPa。最大关井压力 42.1MPa。实测硫化氢含量 16.29g/m³，二氧化碳含量 97.68g/m³。该井完井管柱如图 5-45 所示。

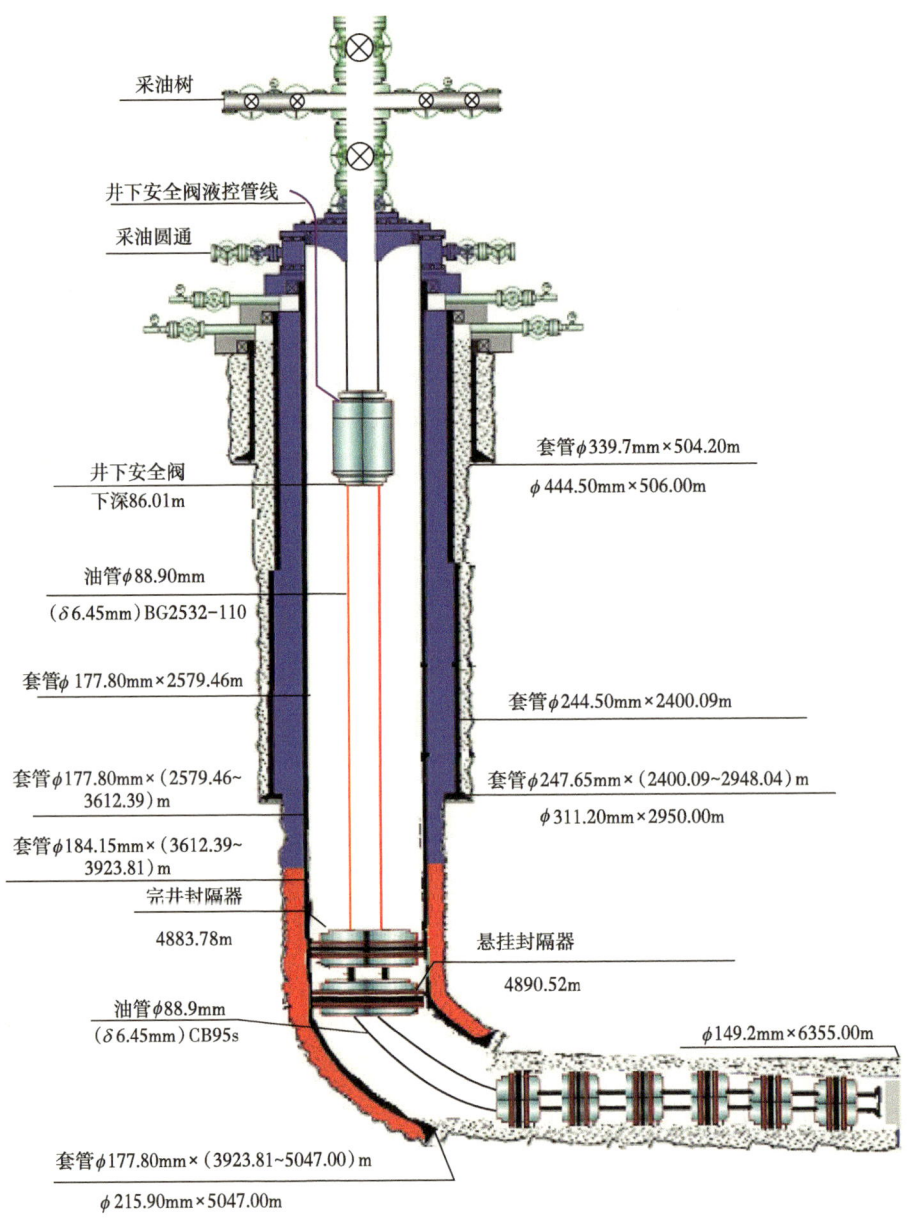

图 5-45 高石 001-X28 井井身结构示意图

高石 001-X28 井环空压力模拟主要参数见表 5-49。

表 5-49　井身结构和流体参数

名称	数值
油管外径（mm）	88.9
油管内径（mm）	76
生产套管外径（mm）	177.8
技术套管直径（mm）	244.5
封隔器深度（m）	4883.78
地层压力（MPa）	58
产层温度（℃）	150.4
井口温度（℃）	30
完井液压缩系数（MPa^{-1}）	$5.21×10^{-4}$
完井液密度（g/cm^3）	1.0
钻井液压缩系数（MPa^{-1}）	$5.21×10^{-4}$
钻井液基液密度（g/cm^3）	1.2
天然气绝热指数	1.28

高石 001-X28 井实测油压及各环空压力见表 5-50 和图 5-46，4 月 11 日关井套压 8MPa，8:00 至 9:00 套压由 0MPa 关井复压，至 4 月 12 日 8:00 第二次放压前，套压恢复至 14.80MPa，B 环空压力为 0MPa，C 环空压力为 0MPa。放压时套压 20min 内降低至 0.3MPa 关井复压，关井复压期间，至 4 月 14 日套压已上升至 33.32MPa；期间 B、C 环空压力均为 0MPa，无变化。根据现场环空压力数据和环空压力测试资料分析，得出该井 A 环空带压是由于完井油管或封隔器存在窜漏造成的（丁亮亮等，2017），B、C 环空完好。

表 5-50　高石 001-X28 井环空压力记录

时刻	C 环空压力（MPa）	B 环空压力（MPa）	A 环空压力（MPa）	油压（MPa）	操作
4 月 9 日（08:00）	0	0	0.70	7.80	酸化前关井
4 月 10 日（08:00）	0	0	10.30	1.20	放喷
4 月 11 日（08:00）	0	0	8.00	17.00	关井复压
4 月 11 日（09:00）	0	0	0	17.20	泄套压至 0MPa
4 月 11 日（18:00）	0	0	0.10	34.60	放喷排液
4 月 12 日（08:00）	0	0	14.80	42.00	关井复压
4 月 12 日（08:20）	0	0	0.30	42.00	泄套压
4 月 12 日（08:40）	0	0	0.47	29.40	放喷排液
4 月 12 日（15:28）	0	0	2.39	42.65	关井复压

续表

时刻	C环空压力（MPa）	B环空压力（MPa）	A环空压力（MPa）	油压（MPa）	操作
4月12日（16:10）	0	0	2.39	19.80	泄油压，井下安全阀测试
4月12日（16:40）	0	0	3.30	24.85	稳压30min后
4月13日（08:00）	0	0	16.52	42.25	关井复压
4月13日（18:00）	0	0	29.17	42.17	关井复压
4月14日（08:00）	0	0	33.32	42.10	关井复压（试油结束）

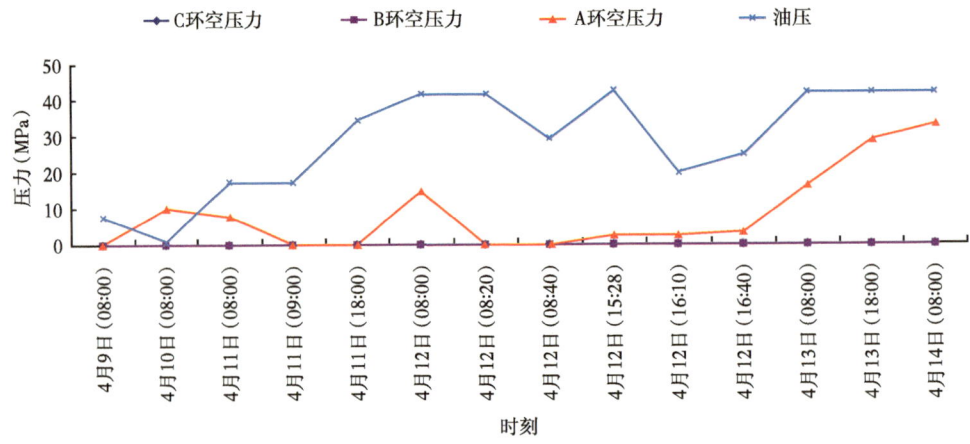

图 5-46 高石 001-X28 井实测环空压力曲线

开展 A 环空泄压和压力恢复过程的井口环空压力模拟，模拟结果如图 5-47 和图 5-48 所示。从图 5-48 可以看出，高石 001-X28 井 A 环空泄压过程理论模拟曲线同实测曲线非常接近，平均预测精度为 87.45%，能够很好地模拟 A 环空泄压过程。从图 5-50 可以看出，高石 001-X28 井 A 环空压力恢复过程理论模拟曲线同实测曲线非常接近，平均预测精度为 76.65%，能够很好地模拟 A 环空压力恢复过程（赵鹏等，2012；张弘等，2017）。

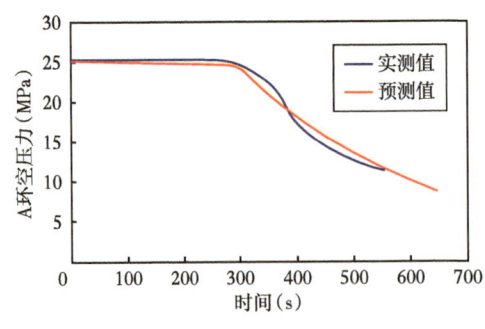

图 5-47 A 环空泄压过程模拟结果图

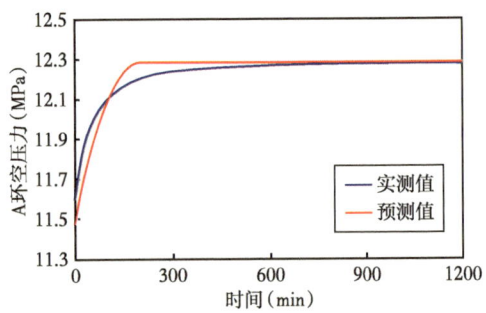

图 5-48 A 环空压力恢复过程模拟结果图

三、环空带压治理技术研究

通过环空压力现场诊断测试,开展了环空带压过程及特征分析。调研了国内外环空带压治理技术相关研究现状及进展(Milanovic,2005;Wojtanowicz,2003),目前国内外针对 A 环空异常带压治理主要采用动管柱修井的方式,少量井采用挤注堵漏剂的方式进行 A 环空带压治理,存在个别成功案例(表 5-51)。本节结合灯四气藏气井环空带压现状,研究形成了不同井完整性等级的治理方案,为气井环空带压治理和安全管控决策提供技术支撑(车争安等,2010;徐申奇等,2018)。

表 5-51 国内 A 环空带压治理实例

井号	A 环空带压原因	治理措施	治理效果
元坝 1-1H	封隔器泄漏	环空挤注超细碳酸钙	成功
HBB-01	井口段油管泄漏	挤注压差堵漏剂	成功

(一)碳酸钙堵漏重建井屏障技术

开展碳酸钙在高黏液体中的沉降性能及沉降后承压能力评价,初步筛选出堵漏材料配比,为气井环空带压治理提供依据(图 5-49)。

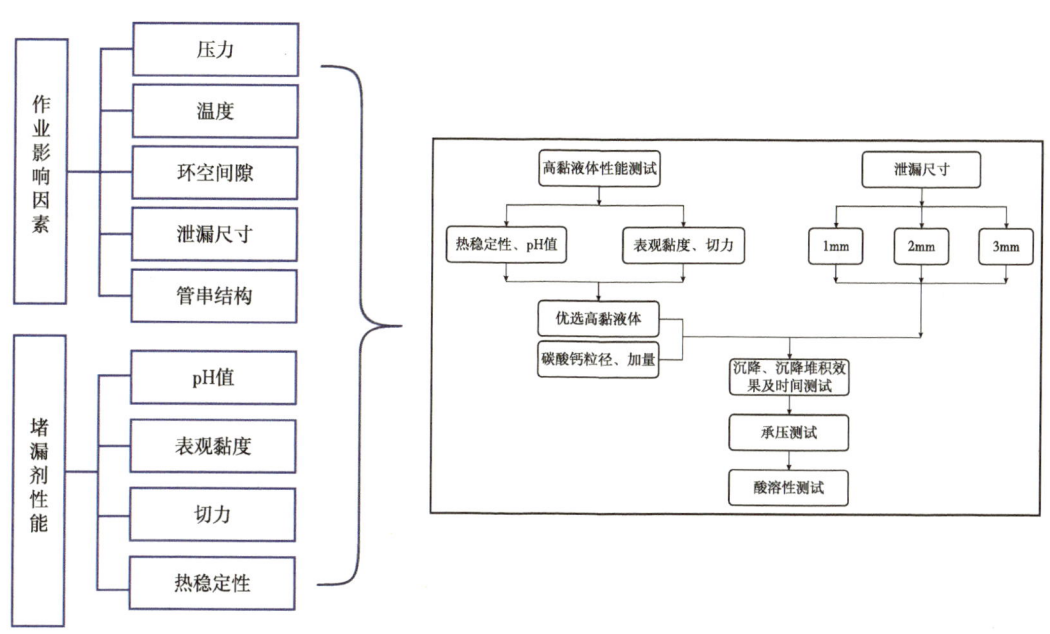

图 5-49 实验内容及流程

结合作业影响因素,考虑不同安全阀与套管内壁间隙,建立了模拟不同封隔器管柱结构的实验评价装置,能有效评价堵漏剂在不同井况下的堵漏性能。

(二)压差化学堵漏技术

将液态压差激活化学堵漏剂注入泄漏空间,加压后在泄漏点内外形成压差,实现压差激活，堵漏剂仅在泄漏处发生化学反应并固结，形成新的密封，达到堵漏目的。前期已在川中地区磨溪022-X11井、高石001-X12井等井成功开展了应用。

第五节　井筒完整性综合评价方法研究

一、井筒完整性风险因素识别

针对油气井面临的地层条件和环境工况，引入风险设计系数 α 的概念（郑有成等，2008），对风险设计系数进行量化处理。将油气井面临的井深、压力、产量、温度、H_2S 分压与 CO_2 分压及周围环境因素进行量化处理之后（Gary，2008；石榆帆，2012），采用设计系数形式表现，得到风险设计因素的层次结构，如图5-50所示。

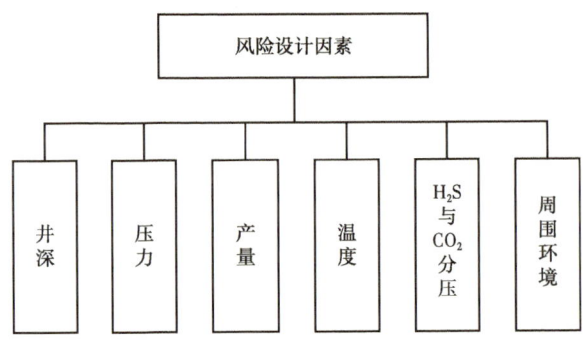

图5-50　风险设计因素层次结构图

参考了井深、油气井的相关定义及温度压力的管理经验对上述参数进行量化处理。利用层次分析法确定各因素所占权重值，得到风险设计系数：

$$\alpha = \mu \sum_{i=1}^{n} Q_i \lambda_i \tag{5-10}$$

式中　α——风险设计系数；

μ——修正系数，取 0~1；

Q_i——第 i 个因素的风险量化值；

λ_i——第 i 个因素的权重值；

n——因素个数。

通过对井筒屏障失效进行分析（图5-51），按照屏障的作用，将井筒屏障分为一级屏障、二级屏障及其他屏障，然后划分井屏障风险因素，如图5-52所示。一级屏障为直接与地层流体接触的井筒屏障组件，二级屏障为在一级屏障失效后，防止地层流体无控制向外层空间流动的屏障。

由于重点考虑了生产阶段的井筒完整性风险，故将其他阶段的风险影响因素归为其他屏障类。通过对各屏障失效形式进行调研分类，得到了各屏障失效因素，并对风险因素的失效可能性及后果进行量化处理用于风险评价（Ahmed，2009）。

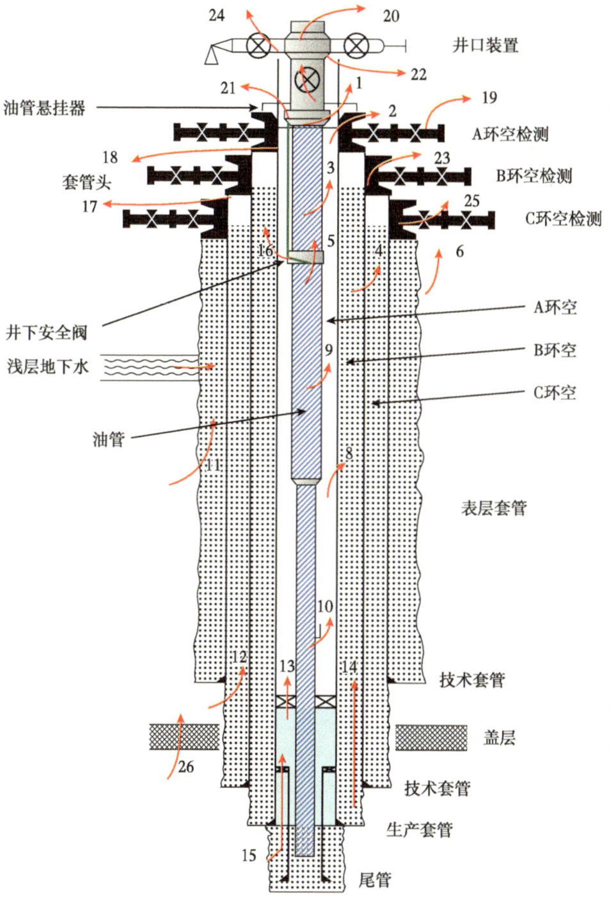

第五章 井筒完整性评价与治理技术

图 5-51 典型井筒屏障失效示意图

序号	典型井屏障失效示意图
	失效形式
1	油管悬挂/密封泄漏
2	井口密封泄漏
3	井下安全阀以上油管泄漏
4	技术套管泄漏
5	井下安全阀泄漏
6	导管外部泄漏或渗漏
7	来自地下水腐蚀
8	生产套管泄漏
9	井下安全阀以下油管泄漏
10	侧兜式工作筒泄漏
11	其他环空套管鞋处泄漏
12	B环空套管鞋处泄漏
13	封隔器泄漏
14	水泥环微空隙/差固井质量泄漏
15	尾管水泥/悬挂泄漏
16	A环空液压控制管线泄漏
17	油管悬挂/采气树液压控制管线泄漏
18	井口泄漏
19	井口阀门/采气树泄漏
20	阀杆填料泄漏
21	阀盖密封泄漏
22	法兰泄漏
23	采气树本体泄漏
24	采气树阀门泄漏
25	采气树连接泄漏
26	盖层泄漏

在对井筒屏障完整性进行评价时，采用层次分析法将井筒完整性的失效风险按照屏障进行划分，得到井筒屏障风险因素，进而运用风险矩阵方法对井筒完整性进行风险评价，此时不仅需要考虑风险发生的严重程度，还需考虑其发生的概率，并利用 border 法对风险因素进行排序，得到风险主要因素，最后结合风险设计系数值得到井筒完整性风险等级。

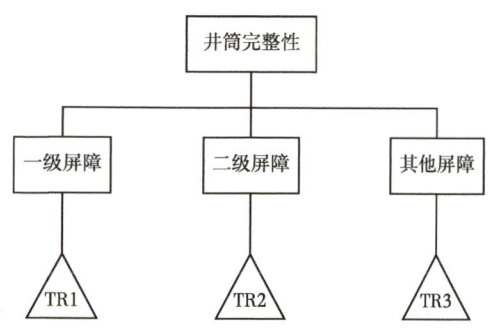

图 5-52 井筒完整性风险因素划分

二、井筒完整性风险分析

首先开展建立了井筒完整性风险设计系数计算，然后再进行总体评估（孙莉等，2015）。通过层次分析法将井筒完整性的失效风险按照屏障进行划分，得到导致井筒屏障失效的风险因素，确定其权重值，进而利用风险矩阵对风险因素进行量化处理，并利用

border 法对风险因素进行排序，得到风险主要因素，最后得到井屏障风险因素的风险值及井筒完整性风险等级。具体的评价过程如图 5-53 所示。

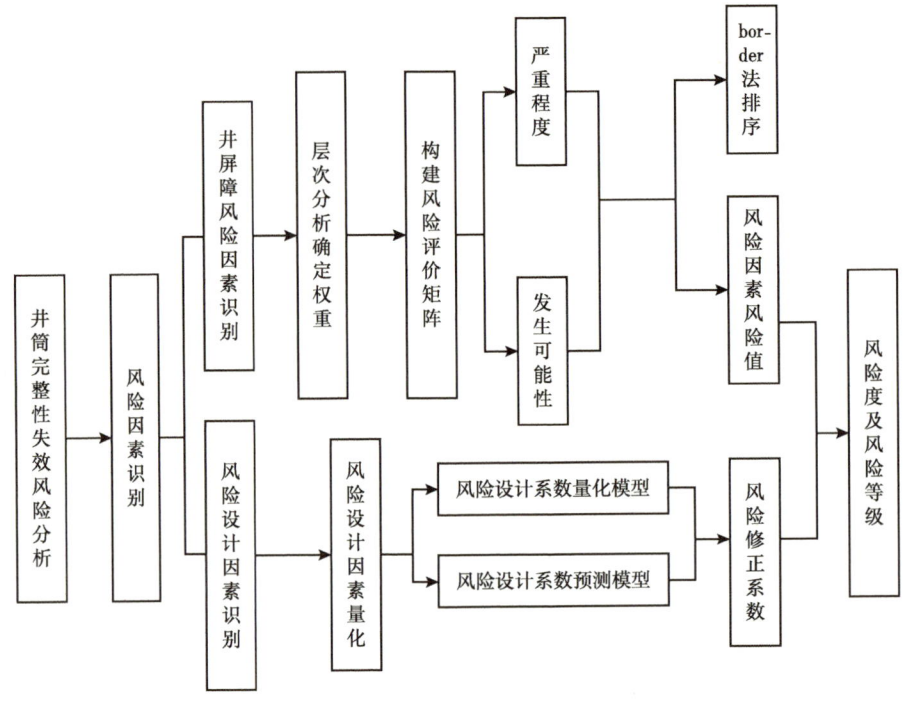

图 5-53 井筒完整性风险分析流程图

（一）层次分析法相关理论

层次分析法把复杂问题分解为各个组成因素，根据这些因素的从属关系有序进行层次划分，然后通过两两比较处于同一层次的风险因素的重要性构建判断矩阵，计算出各个因素的权重（储胜利等，2009）。

（1）根据不同屏障的层次结构，构造两两比较判断矩阵按 1~9 的比例标度表示 X_i 和 X_j 相对于套管柱完整性失效 A 的重要性程度，见表 5-52。

表 5-52 1~9 标度的含义表

重要性等级（i 和 j 相比）	标度值
同样重要	1
前者稍重要	3
前者明显重要	5
前者强烈重要	7
前者极端重要	9
若元素 i 与 j 的重要性之比为 a_{ij}，那么元素 j 与 i 的重要性之比 $a_{ji}=1/a_{ij}$	1/3，1/5，1/7，1/9
表示上述相邻判断的中间值	2，4，6，8，1/2，1/4，1/6，1/8

例如，构造的方案层指标重要性判断矩阵如下：

$$A=(a_{ij})_{4\times 4}=\begin{bmatrix} 1 & a_{12} & a_{13} & a_{14} \\ \dfrac{1}{a_{12}} & 1 & a_{23} & a_{24} \\ \dfrac{1}{a_{13}} & \dfrac{1}{a_{23}} & 1 & a_{34} \\ \dfrac{1}{a_{14}} & \dfrac{1}{a_{24}} & \dfrac{1}{a_{34}} & 1 \end{bmatrix} \tag{5-11}$$

（2）计算方案层元素的相对权重。

（3）一致性检验。萨蒂提出随机一致性比值概念（C·R）。当C·R＜0.1时，则认为一致性得到满足。当C·R≥0.1时，应对判断矩阵作适当修正，直到取得满意的一致性为止。C·R的计算公式见式（5-12）：

$$C\cdot R = \frac{C\cdot I}{R\cdot I} \tag{5-12}$$

式中　R·I——比例系数，与判断矩阵的阶数 n 有关，当矩阵阶数为1~6阶时，R·I为0、0、0.52、0.89、1.12、1.26；

　　　C·I——一致性指标。

C·I的计算公式为：

$$C\cdot I = \frac{\lambda_{\max} - n}{n-1} \tag{5-13}$$

式中　$\lambda_{\max}$——判断矩阵的最大特征根。

（4）计算各层元素对目标层的合成权重。

（二）风险矩阵法相关理论

参考相关标准及国内外相关研究成果对风险因素的发生概率及后果进行量化分析。由现场工作人员或专家针对目标井井屏障风险因素状态进行评价，得到其风险严重程度和可能性，从而确定井屏障因素风险值（刘红芳等，2014）。参考J.C. Dethlefs模型，将无法进行量化处理的风险因素分为5级，其取值范围见表5-53和表5-54。

表5-53　影响因素的严重程度

严重程度	严重程度量化指标
非常低	(0, 1]
低	(1, 2]
中等	(2, 3]
高	(3, 4]
非常高	(4, 5]

表 5-54 影响因素的发生概率

发生概率	可能性量化指标
几乎不发生	(0, 0.1]
可能性较小	(0.1, 0.4]
有可能发生	(0.4, 0.6]
发生的可能性较大	(0.6, 0.9]
经常发生	(0.9, 1]

风险影响因素的风险值是由风险因素发生的可能性和其破坏后果的严重性共同决定的。其风险值的计算公式：

$$L_i = S_1 + \frac{(S_i - S_1)(P_i - P_1)}{(S_2 - S_1)(P_2 - P_1)}(S_2 - S_1) \qquad (5-14)$$

式中　S_i——风险因素 i 发生的严重程度；

　　　P_i——风险因素 i 发生的概率；

　　　S_1——S_i 所处严重程度范围下限；

　　　S_2——S_i 所处严重程度范围上限；

　　　P_1——P_i 所处发生概率范围下限；

　　　P_2——P_i 所处发生概率范围上限。

采用风险度 R 衡量井筒完整性风险的大小，由影响因素所占风险值 L 及权重值 S 并结合井筒风险设计系数值，可确定：

$$R = \alpha \sum_{i=1}^{n} L_i S_i \qquad (5-15)$$

式中　α——风险设计系数。

根据《石油天然气开采企业安全评价表》及《高温高压高含硫井完整性指南（试行）》并参考专家建议，将油气井井筒完整性风险等级分为 4 级，见表 5-55。在得到完整性失效的风险度 R 时，可以得到该井的风险等级。

表 5-55 井筒完整性风险等级划分

风险程度	非常高	高	中等	非常低
量化值 R	(17.5, 25]	(12.5, 17.5]	(7.5, 12.5]	[0, 7.5]

第六节　现场应用

一、缓蚀剂防腐现场试验评价

通过现场试验验证室内模拟评价结果，并通过现场试验评价进一步优化高磨地区震旦系井下缓蚀剂腐蚀控制技术（胡永碧等，2012）。

现场对高石 7 井、高石 8 井等井开展了 10 井次的井下缓蚀剂加注方案现场试验评价，按照单井产水比例 1000mg/L 浓度，并确保 30% 富余量加注药剂，即：$1.3L/1m^3$ 产水。缓蚀剂品种选择：CT2-19C。

加注效果评价方法：每次在完成井下加注后 3h、6h 取产出水进行缓蚀剂残余浓度分析，每季度通过井口腐蚀挂片跟踪评价腐蚀情况，在加注试验期间取现场带缓蚀剂水样，室内选取现场材质开展腐蚀评价，验证缓蚀剂井下防腐效果。

高石 7 井 2015 年 8 月 26 日完井，该井油管、套管材质均为碳钢（BG110SS、TP110TT、BG95SS），封隔器设置化学剂注入阀，地面设有缓蚀剂注入橇（加注泵额定排量 100L/h），生产时可实现井下管线的缓蚀剂加注。完井管柱结构如图 5-54 所示。

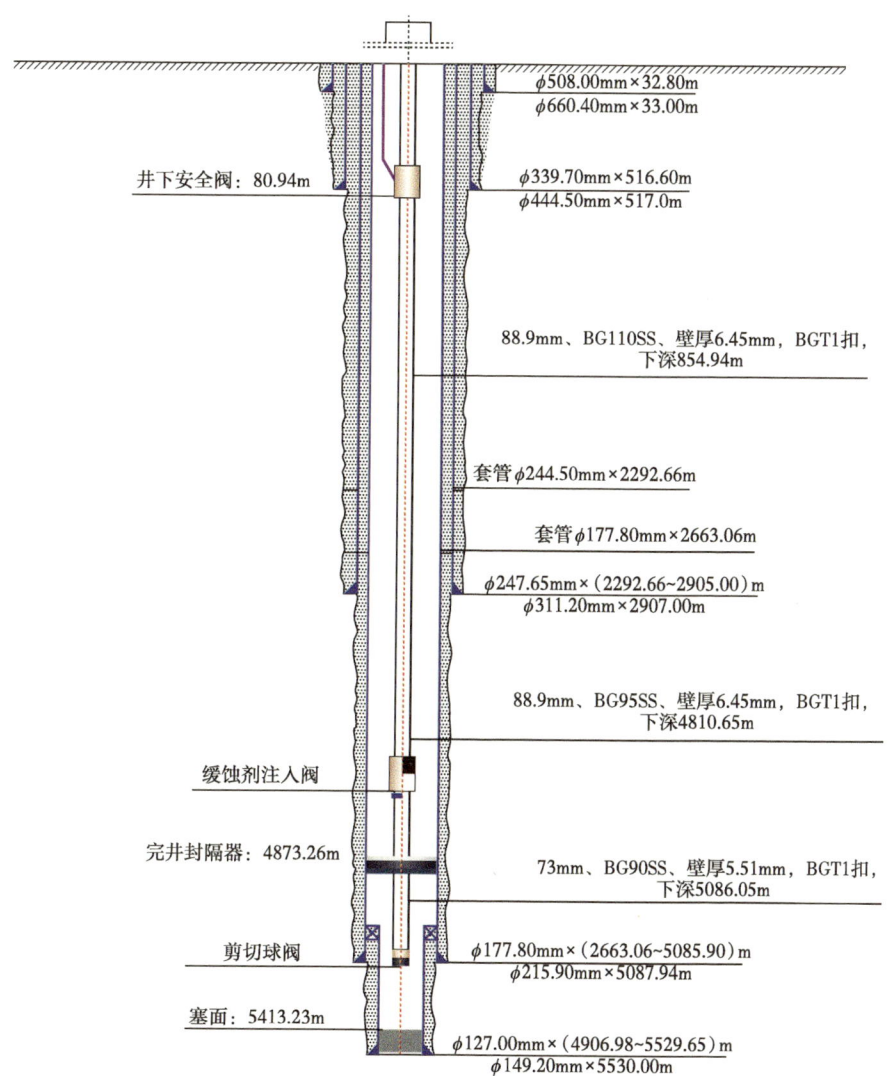

图 5-54　高石 7 井完井管柱结构示意图

高石 7 井水质、气质情况见表 5-56 和表 5-57。

表 5-56　高石 7 井气质情况

井号	天然气相对密度	天然气组分摩尔分量（%）						
		CH_4	C_2H_6	C_3H_8	N_2	CO_2	He	H_2S
高石 7 井	0.6282	91.22	0.04	0	1.36	6.35	0.03	1.00

表 5-57　高石 7 井水质情况

井号	层位	离子含量（mg/L）							总矿化度（g/L）	水型	pH 值	水密度（g/cm³）
		阳离子					阴离子					
		K^++Na^+	Ca^{2+}	Mg^{2+}	Ba^{2+}	Sr^{2+}	Cl^-	Br^-				
高石 7 井	震旦系灯影组	1318	1435	548			5076		9.56	氯化钙型	6.43	1.00

高石 7 井日产水、日产气情况如图 5-55 和图 5-56 所示。

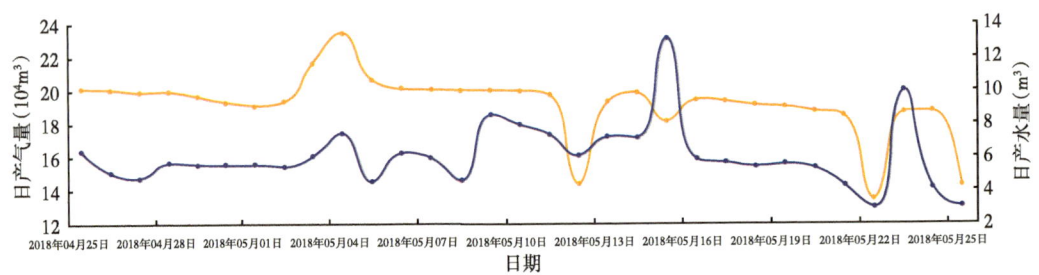

图 5-55　高石 7 井产量情况

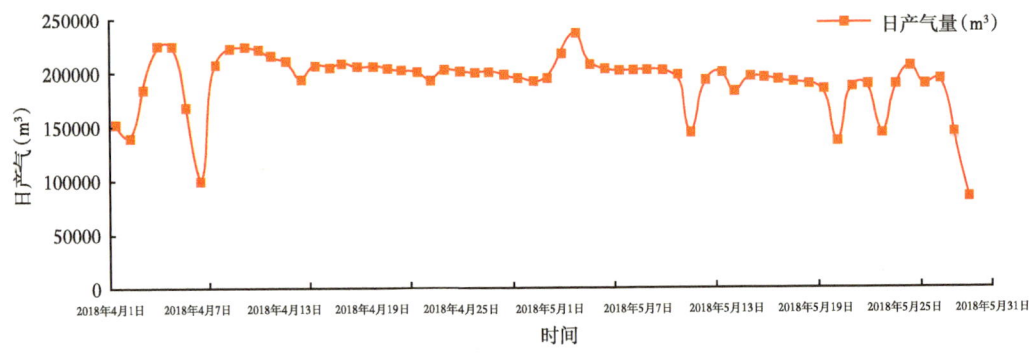

图 5-56　高石 7 井日产气情况

加注方案：高石 7 井平均产水 12m³/d、产气 15×10⁴m³/d，根据室内实验结果，井下加注缓蚀剂 CT2-19C，并保持 30% 富余量确保药剂浓度大于 1000mg/L，加注量为 16L/d，根据模拟实验最大加注排量 2.3L/min，根据现场加注设备条件尽量延长加注时间，将加注泵关闭至最小刻度 0.5L/min。

高石 7 井缓蚀剂残余浓度跟踪评价结果如图 5-57 所示。

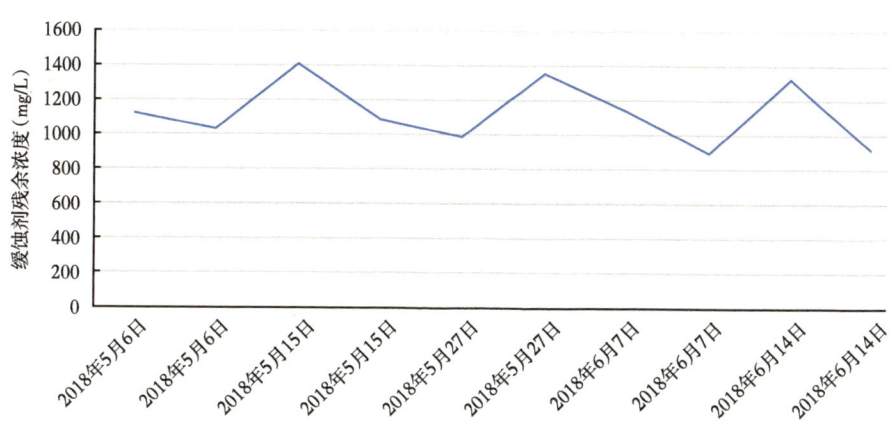

图 5-57　高石 7 井缓蚀剂残余浓度分析

根据产出水缓蚀剂残余浓度分析，现场加注试验期间，缓蚀剂残余浓度平均达到 1000mg/L 以上，能够达到加注效果。

现场试验期间，由于设备问题，高石 7 井 2018 年 7 月 15 日至 8 月 6 日未开展井下缓蚀剂加注工作，开展了现场水取样分析铁离子浓度，与恢复加注后结果比较，见表 5-58。

表 5-58　缓蚀剂加注前后铁离子浓度比较

缓蚀剂加注情况	取样点	取样日期	Fe^{3+}（mg/L）
加注缓蚀剂	高石 7 井分离器	2018/8/25	28.3
		2018/10/13	54.6
未加注缓蚀剂	高石 7 井分离器	2018/7/25	356.0

通过铁离子浓度分析表明，未加注缓蚀剂期间，高石 7 井现场取样水铁离子浓度明显高于加注缓蚀剂水样。

高石 7 井现场腐蚀挂片结果见表 5-59。

表 5-59　高石 7 井现场腐蚀挂片情况

监测时间	2018 年 1 月 10 日至 2018 年 5 月 13 日	管线规格	$\phi 114 \times 6mm$
监测周期（d）	123	材质	L245NCS
H_2S	1%	CO_2	6.5%
均匀腐蚀（mm/a）	0.0057	点蚀（mm/a）	0
监测位置	原料气管线分离器缓蚀剂加注口前		
试件腐蚀状况描述	表面均匀，无点蚀发生		

对高石 7 井现场水取样开展室内腐蚀挂片实验，实验结果见表 5-60，如图 5-58 所示。

表 5-60　高石 7 井现场水腐蚀挂片实验结果

取样时间	2018/8/25	取样部位	高石 7 井分离器
缓蚀剂残余浓度（mg/L）	1329	挂片材质	BG110SS
实验温度（℃）	130	实验时间	72h
均匀腐蚀（mm/a）	0.092	点蚀（mm/a）	0

（a）现场试片清洗前　　　　（b）现场试片清洗后

图 5-58　取现场水实验后挂片

根据高石 7 井缓蚀剂残余浓度、铁离子分析，以及现场腐蚀挂片情况，目前高石 7 井井下缓蚀剂加注效果良好，同时根据室内取现场水样开展挂片实验结果表明，在该缓蚀剂浓度下，挂片腐蚀速率小于 0.13mm/a。

二、井完整性评价

基于本项目研究成果，对灯四气藏开展环空压力测试、井下漏点与腐蚀检测 33 井次，并对建产井开展完整性评价 36 井次。以高石 001-X38 井完整性评价情况为例（图 5-59）。

（一）井屏障划分

第一井屏障：地层 + 封隔器以下油层套管及固井水泥环 + 完井封隔器 + 井下安全阀 + 井下安全阀以下的油管。

第二井屏障：封隔器以上的油层套管及固井水泥环 + 套管头 + 油管头 + 采气树 1# 阀、2# 阀、3# 阀。

（二）环空压力分析

该井 A、B、C 环空及油压变化情况如图 5-60 和图 5-61 所示。

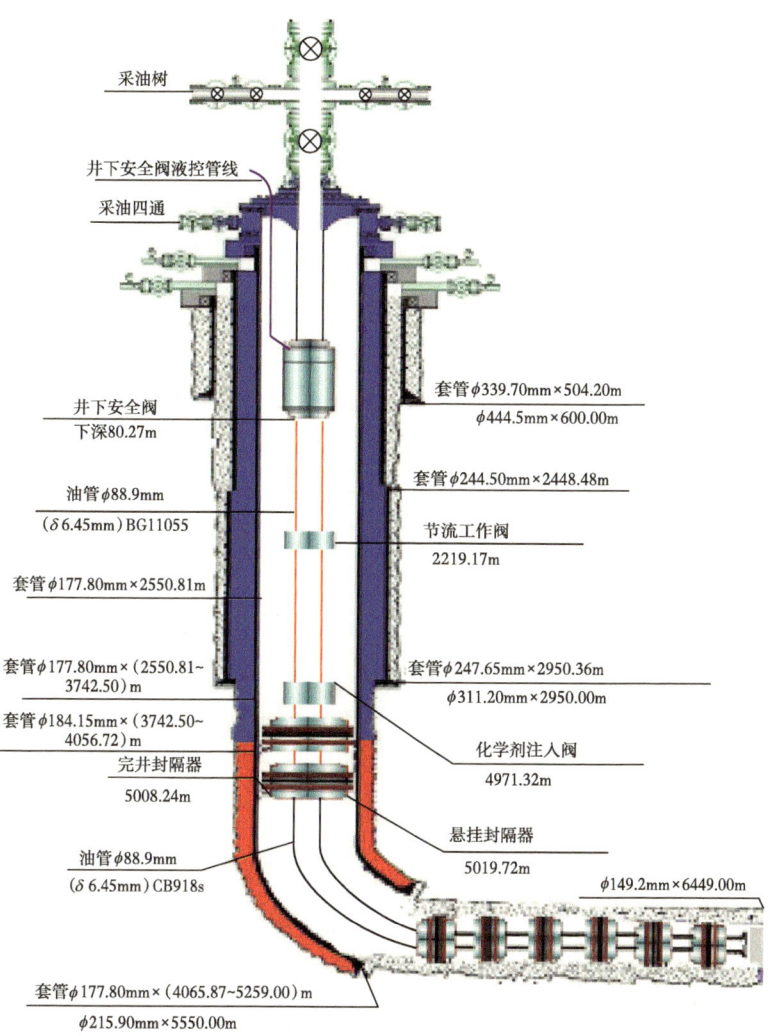

图 5-59　高石 001-X38 井井屏障示意图

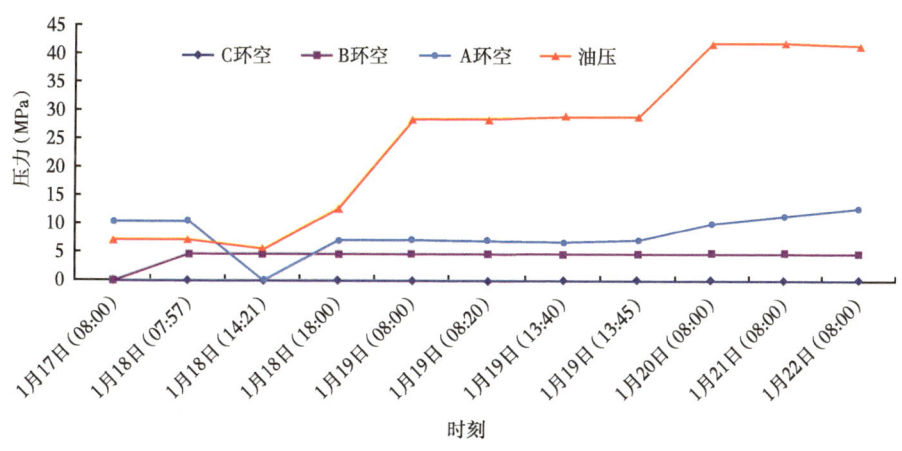

图 5-60　高石 001-X38 井试油期间压力变化情况示意图

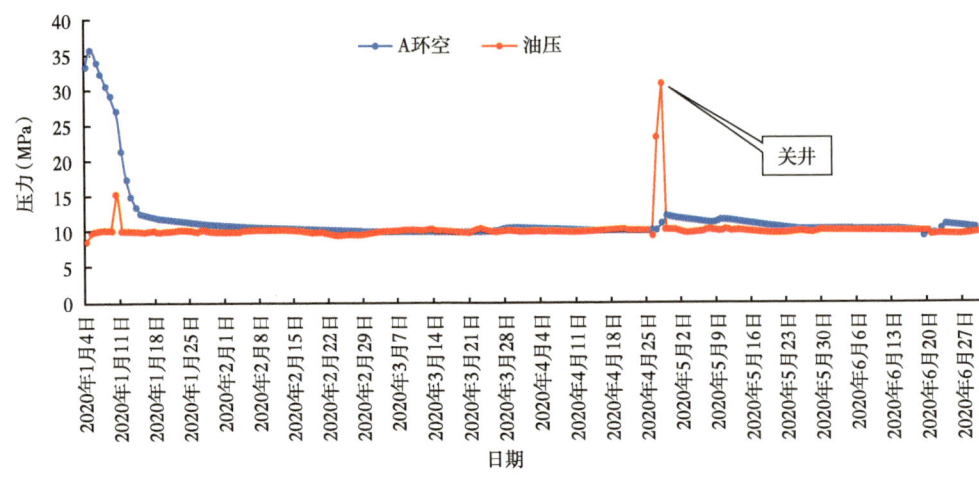

图 5-61　高石 001-X38 井生产期间压力变化情况示意图

试油期间，多次泄压，A 环空压力均恢复上涨，在 2020 年 1 月 19 日关井复压，A 环空压力上升至 7.46MPa（油压 28.4MPa），环空压力测试情况如图 5-62 所示。

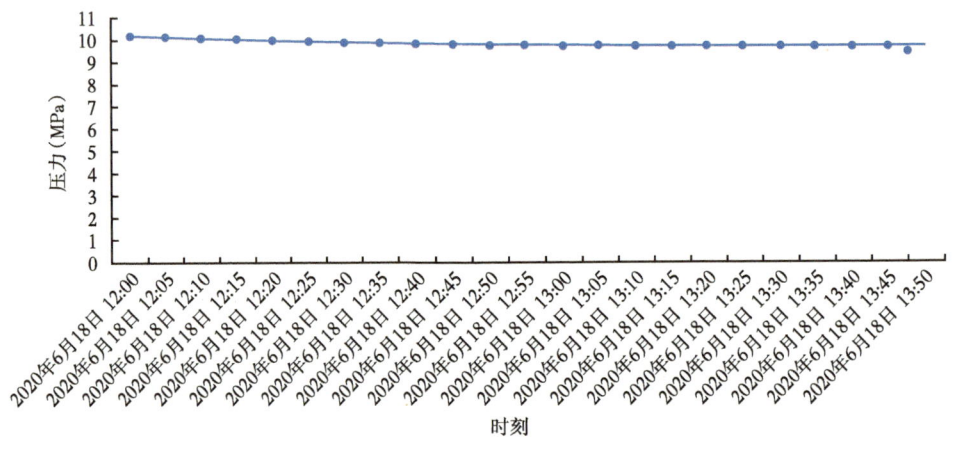

图 5-62　高石 001-X38 井 A 环空压力诊断测试

放喷测试后 A 环空压力有所下降，降至 7.30MPa（油压 28.82MPa），至 2020 年 1 月 22 日，该井 A 环空压力 12.85MPa，油压 41.70MPa。

生产期间，油套压基本持平。关井时，油压快速上涨，A 环空压力缓慢上升。对 A 环空开展环空压力诊断测试，2h 内压力无明显变化。推测完井管柱窜漏，判断第一井屏障失效，A 环空异常带压。结合目前该井的实际情况，建立风险矩阵分析，分析结果认为该井安全风险等级为低度风险，综合分析该井完整性等级为黄色（李京，2009；朱红钧等，2016）。

灯四气藏建产井完整性评价情况见表 5-61，其中，绿色等级井 18 口，占比 50%，黄色等级井 15 口，占比 42%，橙色等级井 3 口，占比 8%，无红色等级井。

表 5-61 灯四气藏建产井完整性评价情况汇总

井号	油压(MPa)	A 环空压力(MPa)			B 环空压力(MPa)			C 环空压力(MPa)			评价时完整性等级
		当前值	最大允许值	是否异常	当前值	最大允许值	是否异常	当前值	最大允许值	是否异常	
高石 1	9.74	14.72	68.72	否	1.00	50.00	否	1.00	17.00	否	橙
高石 001-X36	13.08	11.37	53.49	是	16.13	49.84	是	0	16.70	否	黄
高石 001-X51	26.15	7.69	57.15	否	6.35	52.00	是	0.86	17.04	否	绿
高石 001-X24	9.36	10.50	60.70	否	0.01	50.60	否	0	27.00	否	绿
高石 001-H53	24.93	24.92	54.90	是	35.93	52.00	是	0	17.00	是	黄
高石 001-X21	29.79	19.60	58.44	否	0.01	25.00	否	0.01	17.00	否	绿
高石 001-X41	10.91	1.52	65.80	否	0.35	52.10	是	0.37	17.00	否	绿
高石 001-X38	14.96	23.07	56.00	是	0.01	52.00	否	0	17.04	否	黄
高石 001-X42	18.93	12.31	61.10	否	12.30	52.10	是	0	17.00	否	绿
高石 001-X32	8.68	10.07	56.00	是	16.44	52.08	否	0.02	17.04	否	黄
高石 001-X52	24.42	26.39	64.16	否	19.56	42.30	是	0.46	9.28	否	绿
高石 001-X43	14.32	15.26	58.60	是	0.04	53.80	否	1.20	16.60	否	黄
高石 001-H46	10.56	10.85	56.41	是	11.39	52.08	是	9.90	17.04	否	橙
高石 001-X34	26.95	43.40	59.70	是	27.94	52.00	是	0	16.90	否	黄
高石 001-X22	30.63	22.15	59.32	否	14.21	52.00	是	4.12	17.04	否	绿
高石 001-H33	11.18	0.75	55.78	否	12.90	50.56	是	0.01	17.00	是	绿
高石 001-H50	0	21.16	54.20	是	0.33	52.00	否	0	12.90	否	黄
高石 001-X28	32.54	31.92	52.70	是	0.73	52.15	否	0	17.40	否	黄
高石 7	11.19	12.50	40.40	否	16.59	49.00	是	0	25.60	否	绿
高石 8	25.75	9.37	51.30	否	15.60	52.00	是	13.53	16.40	否	绿
高石 10	23.47	1.85	30.20	否	9.25	50.00	是	3.42	17.00	是	绿
高石 001-H2	22.20	0.05	53.00	是	11.73	50.00	是	0	17.00	否	黄
高石 001-X3	20.98	0.18	33.40	否	18.55	44.20	是	0.03	17.00	否	黄
高石 001-H20	10.72	9.44	58.30	否	0.16	52.08	否	0.18	17.04	否	绿
高石 001-X37	8.88	9.38	48.80	是	0.05	52.00	否	0.04	17.00	否	黄
高石 001-H26	9.49	9.59	55.78	否	8.82	50.60	是	0.03	17.00	否	绿
高石 001-X25	29.32	21.42	68.70	否	0.01	50.60	否	0	17.00	否	绿
高石 001-X31	30.00	12.73	51.90	是	0.14	52.00	否	0.11	17.00	否	黄
高石 001-X29	30.36	12.05	56.64	否	11.29	50.20	否	0.70	17.00	是	绿

续表

井号	油压（MPa）	A 环空压力（MPa）			B 环空压力（MPa）			C 环空压力（MPa）			评价时完整性等级
		当前值	最大允许值	是否异常	当前值	最大允许值	是否异常	当前值	最大允许值	是否异常	
高石 001-X30	19.13	27.68	57.58	否	0.02	25.00	否	0.75	17.00	否	绿
高石 001-H39	9.39	10.87	52.50	是	0	52.00	否	0.57	17.00	否	黄
高石 001-X35	9.28	9.92	65.00	否	0.01	52.00	否	0.13	16.20	否	绿
高石 131X	41.42	15.87	62.90	是	19.00	50.60	是	0.54	17.00	否	橙
高石 001-H27	32.27	33.73	56.00	是	4.08	46.40	否	0	17.00	否	黄
高石 001-X40	9.60	7.51	56.01	是	17.70	52.08	是	0.01	17.04	否	黄
高石 001-X23	9.47	11.01	63.70	否	0	25.00	否	0	17.00	否	绿

三、压差化学堵漏实例分析

将液态压差激活化学堵漏剂注入泄漏点，加压后在泄漏点内外形成压差，实现压差激活，堵漏剂仅在泄漏处发生化学反应并固结，形成新的密封，达到堵漏目的。目前在高石梯区块灯四气藏尚未开展试验，但前期已在邻近区块磨溪 022-X11 井、高石 001-X12 井等井成功开展了应用。以磨溪 022-X11 井为例（表 5-62 至表 5-64），分析压差堵漏剂在井筒泄漏治理方面的应用情况（Rocha-Valadez，2014）。

本井堵漏施工目的是采用压差堵漏技术封堵回接筒（深度 3153.98m）漏失，满足试压 70MPa 要求。

表 5-62 钻井基础数据

钻头		套管			
规格（mm）	钻深（m）	规格（mm）	壁厚（mm）	下深（m）	封固井段（m）
660.4	33	508.0	11.13	30.00	0~33.00
444.5	503	339.7	10.92	501.60	0~501.60
311.2	3554	244.5	11.99	2810.00	0~2810.00
		250.83	15.16	3552.33	2810.00~3552.33
215.9	5618	177.8 悬挂	12.65	3600.00	0~3600.00
		184.15 悬挂	15.83	4200.00	3600.00~4200.00
		177.8 悬挂	12.65	5618.00	4200.00~5618.00
215.9	5618	177.8 回接	12.65	3154.16	0~3154.16
149.2	6825				

表 5-63　177.8mm 套管管串数据（回接）

名称	产地	钢级	套管外径（mm）	壁厚（mm）	套管长度（m）	累计长度（m）	下入井深（m）
回接筒					0.30	0.30	3154.16
5 根套管	宝钢	BG110TS	177.80	12.65	54.89	11.18	3153.86
回凡					0.27	55.46	3098.97
280 根套管	宝钢	BG110TS	177.80	12.65	3088.05	66.60	3098.70
双公					0.53	3143.93	10.76
套管挂					0.65	3144.58	10.23
联入					9.58	3154.16	9.58

表 5-64　177.8mm 套管管串数据（悬挂）

名称	产地	钢级	套管外径（mm）	壁厚（mm）	套管长度（m）	累计长度（m）	下入井深（m）
引鞋+浮鞋					0.84	0.84	5618.00
2 根套管	天钢	TP140V	177.80	12.65	22.13	22.97	5617.16
浮箍（球篮倒装）					0.27	23.24	5595.03
3 根套管	天钢	TP140V	177.80	12.65	33.02	56.26	5594.76
碰压座					0.27	56.53	5561.74
变扣套管 1	衡钢	140V	177.80	12.65	9.06	65.59	5561.47
147 根套管	衡钢	140V	177.80	12.65	1642.32	1707.91	5552.41
变扣套管 2	宝钢	BG110TS	184.15	15.83	8.88	1716.79	3910.09
67 根套管	宝钢	BG110TS	184.15	15.83	743.13	2459.92	3901.21
悬挂器					3.75	2463.67	3158.08
回接筒					3.20	2466.87	3154.33
回接筒顶面							3151.13

本井在用清水对上部全井筒套管试压时，未成功（橇装泵用清水对全井套管试压 70.3MPa，稳压 30min，压降 2.2MPa，补压至 70.5MPa，稳压 4h，压力降至 60.1MPa，未稳起）。根据试压情况，采用 RTTS 封隔器对套管及喇叭口验封找漏。分析认为：

（1）回接筒处出现密封不严而导致的窜漏。从施工情况来看，工具密封存在不足的原因较大。

（2）177.8mm 悬挂器处存在窜（渗）漏。通过 244.5mm 与 177.8mm 套管环空压力长时间观察，无压力显示，同时敞环空无显示；悬挂固井后，进行了 42d 钻井作业，钻进 1207m，井段 5618~6825m，悬挂器处可能受影响而出现窜（渗）漏。

采用压差化学堵漏剂对本井漏点进行封堵。本井堵漏施工累计使用 G2 压差激活堵漏

剂 $6m^3$、G1 压差激活堵漏剂 $5m^3$，堵漏和试压压力为 70MPa。

堵漏使用 GT2 压差激活堵漏剂 $6m^3$，堵漏压力升压至 70.85MPa，关井候堵 8h。泄压静置 2h 后，压力升至 70.49MPa，候堵 2h，压力降至 69.7MPa。堵漏使用 G1 压差激活堵漏剂 $5m^3$，使用堵漏剂进行试压 71.43MPa，关井候堵 6h，压力降至 70.32MPa。

清水试压至 70.92MPa，压力稳定后 30min 压降为 0.41MPa，试压合格，堵漏成功。

第六章 高石梯区块地面开发技术

第一节 地面集输工艺

高石梯地面集输工程贯彻标准化理念，工艺上实现单井一体化，集气站实现模块化、设备橇装化，生产现场实现数字化，满足数字化地面集输工程要求（图6-1）。安岳气田高石梯—磨溪区块位于四川盆地中部，高石梯区块震旦系灯四气藏申报探明+控制含气面积1014.58km^2，储量4812.23×10^{8}m^3，气藏具有良好的勘探开发潜力（王凤英，2022）。高石梯地面一期内部集输工程投运集气站4座、投运单井站22座，建设规模550×10^{4}m^3/d（罗一东，2018）。

气田集输系统总工艺流程遵循的主要技术准则：

（1）满足国家、行业和地方的有关法律、法规及标准规范要求，保证气田生产安全、环保、节能运行。

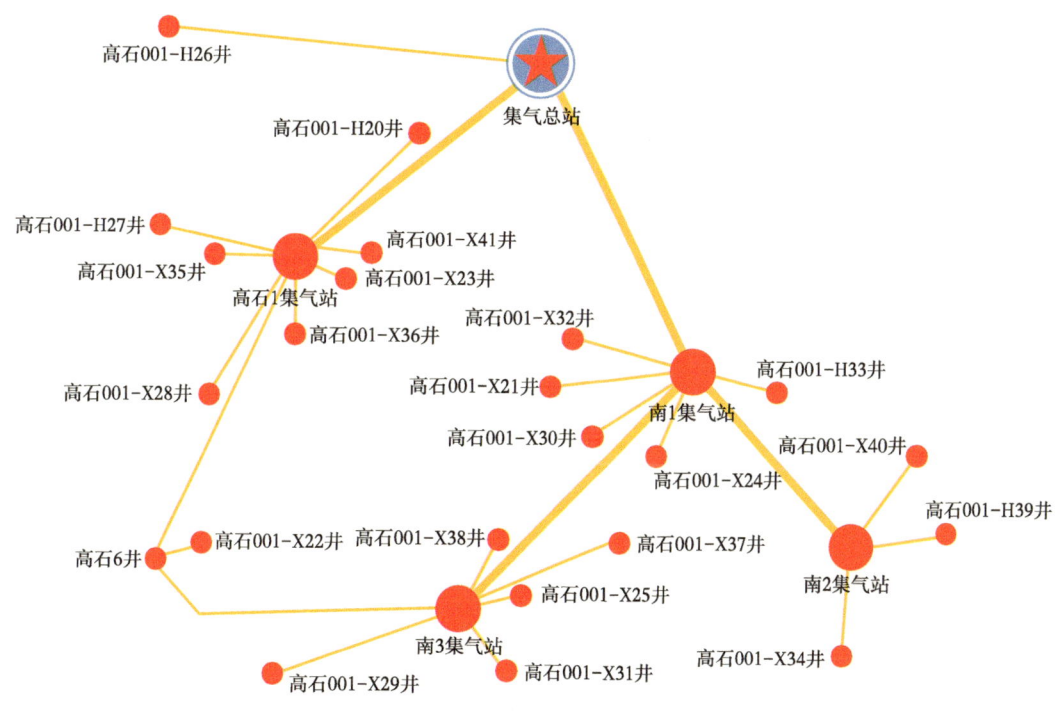

图6-1 高石梯一期工程总体布局图

（2）合理确定建设规模，近远期结合，适应性强，一次规划，分期实施，避免重复建设。

（3）根据气藏气质、产出水（返排液）和砂的物性确定总工艺流程。

（4）充分利用气藏天然能量，合理确定地面系统的压力级制进行输送与处理。

（5）尽量简化工艺环节，提高系统的集中度和密闭性，方便管理与维护。

（6）将气田集输、处理和外输视为有机整体，达到综合效益最佳。

（7）集输主体工艺与配套系统协调配合。

第二节 集输流程

根据安岳气田高石梯—磨溪区块震旦系气藏构造的特点及开发布井方式，高石梯区块采用单井集气和多井集气相结合、气液混输与分输相结合、连续计量的集输工艺。各单井原料气经节流后，由集气支线气液混输至集气站进行分离，各集气站至高石梯集气总站的集气支干线采用气液分输，在高石梯集气总站汇合之后由集气干线输往西区复线末站，利用遂宁龙王庙天然气净化厂处理之后和龙王庙净化气一起外输（图6-2）。

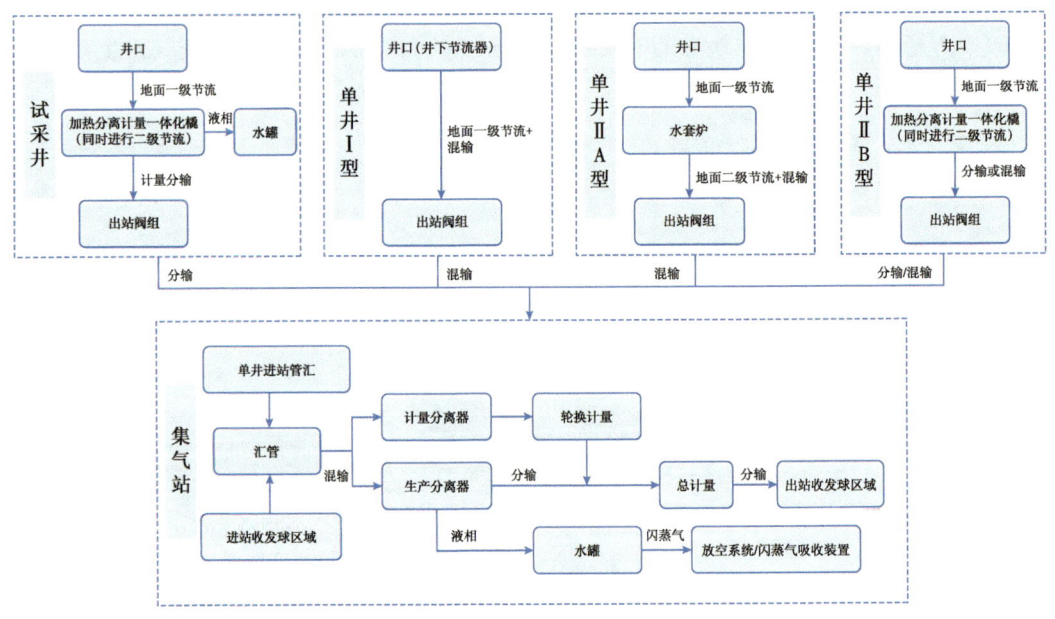

图6-2 高石梯地面集输流程示意图

一、单井集输流程

单井根据是否设置有井下节流器，分为单井Ⅰ型、Ⅱ型两个大类，日配产在（5~10）×10^4m^3的气井22口，日配产在（11~20）×10^4m^3的气井37口，日配产在（21~30）×10^4m^3的气井5口，并根据两个大类建设标准化场站，采用相同设备、相同工艺流程、相同联锁方式（图6-3）。

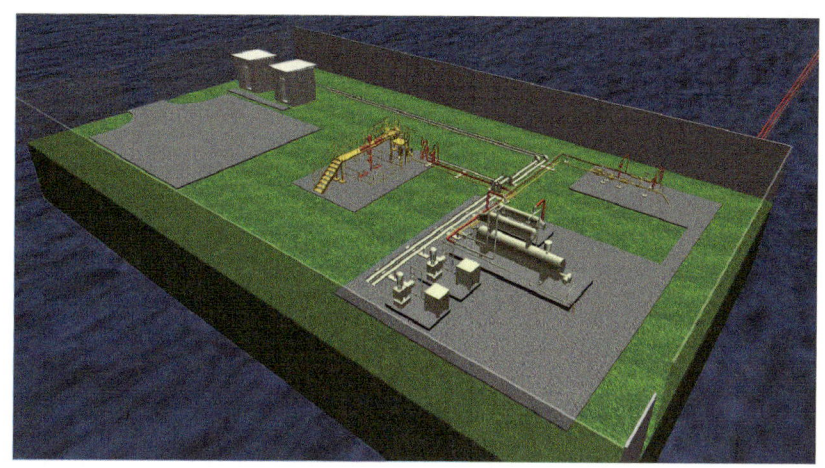

图 6-3 标准化井站工艺设备及管道安装模型

单井ⅠA型在井口节流后，直接通过出站阀组混输至下游集气站，场站设置一组清管阀和手动放空。单井ⅡA型在下游集气站进行轮换计量；单井ⅡB型在站内设置分离计量橇，在井场进行连续计量。单井Ⅱ型均在站内设有点火放空系统，作为采气管线事故状态下及站内天然气放空，站内设置放空分液罐，可除去放空天然气中携带的液体。出站设置采气管线清管阀。在开关井和冬季气温降低时，注入水合物抑制剂，以防止水合物的生成。为减缓井场设备和来气管线的腐蚀（郭奕成等，2022），井口设置了缓蚀剂注入装置（表6-1和图6-4）。

表 6-1 不同类型单井功能对比表

名称	单井Ⅰ型	井ⅡA型	井ⅡB型
井口区	井下节流	原料气节流降压	原料气节流降压
井安区	井口超压、报警及安全截断	井口超压、报警及安全截断	井口超压、报警及安全截断
水套炉加热橇	—	原料气的加热、节流	原料气的加热、节流
分离计量橇	—	—	原料气分离计量
药剂加注橇	站内缓蚀剂/抑制剂加注	站内缓蚀剂/抑制剂加注	站内缓蚀剂/抑制剂加注
燃料气系统	—	供水套炉及火炬燃烧	供水套炉及火炬燃烧
出站阀组	管线清管、检修放空、出站紧急截断	管线清管、检修放空、出站紧急截断	管线清管、检修放空、出站紧急截断
放空分液罐	—	放空分离	放空分离
火炬区	放散管	放空立管	放空立管

二、管网类型

集输管网有放射状管网、枝状管网、环状管网及组合式管网。放射状集输管网以集输站为中心，管线以放射状的形式与多个井站相连接。枝状集输管网形同树枝，一条集输干线沿构造长轴方向布置，将集气干线两侧各井的天然气经集气支线纳入集气干线并输送至集气站。环状管网中各集输站间靠环形管道连接。组合式管网采用包括树枝状、放射状和环状结构在内的混合结构形式，尤以前两种结构的组合应用最为常见。高石梯区块经过多年的发展形成了"主干线为主、局部成环、多条复线并存"的组合管网。

三、集气站集输流程

集气站主要接收上游井站、集气站原料气，通过汇管进行汇合，在站内设生产分离器，上游来原料气经过气液分离器分离后，气相、液相分别进行计量，气相采用孔板流量计进行精确计量，液相采用体积计次的方式进行计量。天然气经分离、计量后输往下游集气站及净化厂。站内设有点火放空系统，作为集气干线事故状态下及站内天然气放空。站内设置放空分液罐，可除去放空天然气中携带的液体。放空分液罐内的污水定期用污水罐车拉运至污水处理站。在集气站内设有清管器的收发送设施，可对集气干线定期进行清管和缓蚀剂预膜；站内设置置换口，检修时可对管段、设备进行置换；站内阴极保护装置可以对辖区内管线进行阴极保护；空气压缩机对仪表风供气；闪蒸气处理装置用于尾气回收。集气站工艺按照模块进行划分，充分利用现有标准化模块，如汇气管、气液分离器、清管器收发球筒、储罐、放空管等均采用已有的标准化设计，主要流程如图6-4所示。

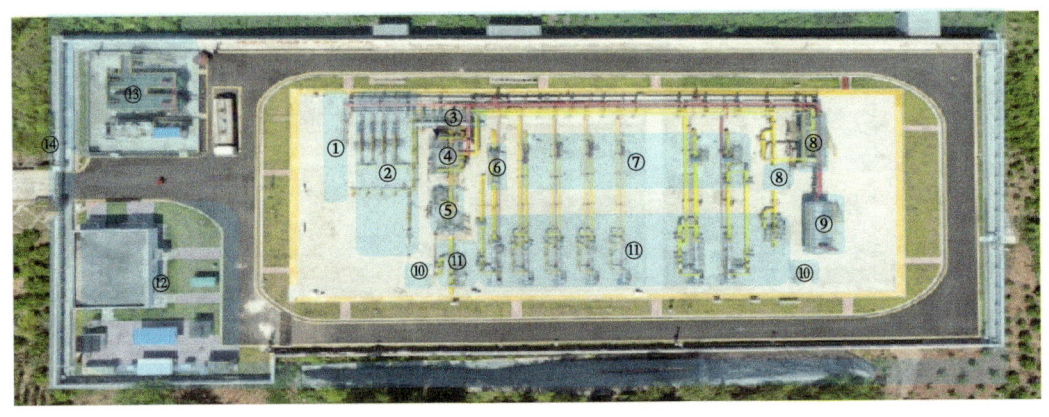

图6-4 集气站现场俯视图

①燃料气进站区→②单井进站区→③汇管区→④生产分离器→⑤计量分离器→⑥高龙线出站→⑦干线进出站区→⑧复线生产分离器→⑨放空分离器区→⑩药剂加注区→⑪进出站、收发球区→⑫生产辅助设施区→⑬气田水罐及闪蒸气脱硫装置区→⑭生产辅助设施区

第三节 天然气处理工艺

安岳气田高石梯震旦系气藏含硫天然气需输送至净化厂处理后，才能外输供用户使用。目前，区块已建净化厂有3座，即川中油气矿雷口坡净化厂、龙王庙试采净化厂和遂宁龙王庙天然气净化厂。集气末站来的原料天然气进入净化厂的过滤分离单元分离掉其中的绝大部分杂质和游离水，然后进入脱硫装置脱除H_2S、有机硫和大部分CO_2，从脱硫装置出来的湿天然气输送至脱水装置进行脱水处理（图6-5）。脱水后的干净化天然气即产品天然气，经调压外输至用户。脱硫装置的酸气送至硫黄回收装置，回收得到的液体硫黄送至硫黄成型装置冷却固化成型装袋后，运至硫黄仓库堆放并外运销售。硫黄回收装置的尾

气进入尾气处理装置，预洗涤后的洗涤气进入吸收塔底部脱除其中的 SO_2，该装置产生的再生酸气返回硫黄回收装置深度回收硫黄，吸收塔顶部的尾气加热器加热尾气后排放到大气中（李鹭光等，2013）。

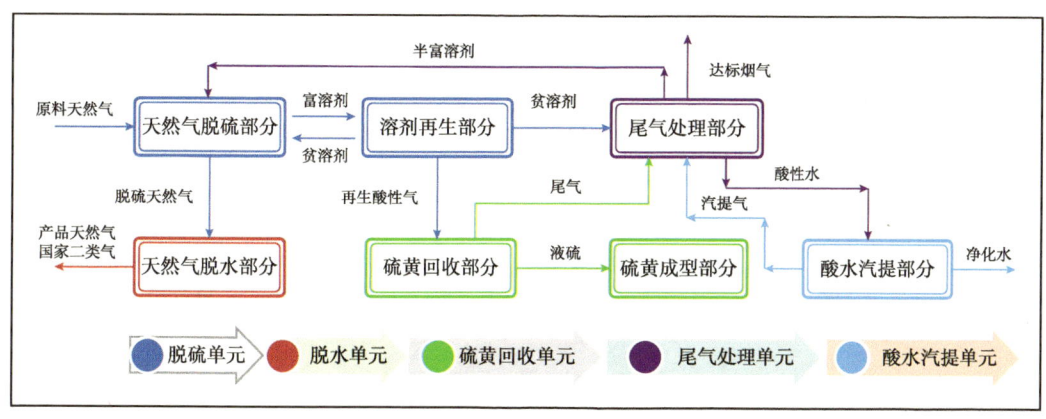

图 6-5　净化工艺流程图

第四节　气田水处理

各集气站（除集气末站外）产生的气田水通过转输泵及转输管线输送至集气总站储存，初期时用罐车拉运至镇 2 井回注站，经过滤后回注。如镇 2 井回注站出现紧急情况不能注水时，可利用回注泵加压输送至镇 1 井回注站回注；后期集气总站附近将建设气田水处理站，气田水管网如图 6-6 所示，气田水均由气田水处理站统一处理。

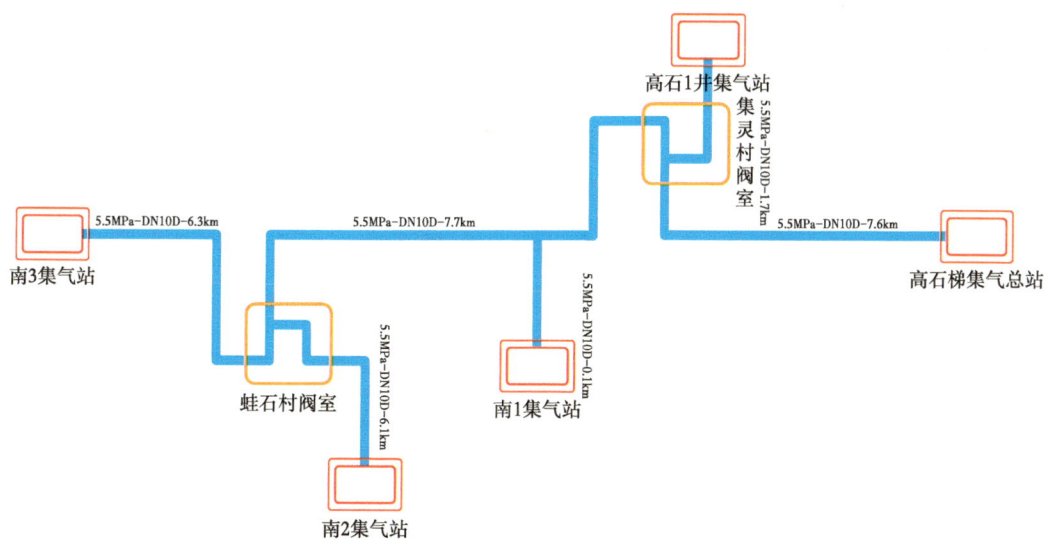

图 6-6　气田水管网图

第五节　燃料气系统

由于集气站及单井站需要进行点火及水套炉燃烧，需要使用燃料气（非含硫气），故需要从外部引入燃料气进来，根据目前气田内部管网，可以通过磨溪净化厂将燃料气输送至岳 105 井站，通过已建燃料气管线输送至北 6 集气站，再由北 6 集气站接入高石梯新建内部燃料气管网，具体管网布局如图 6-7 所示。

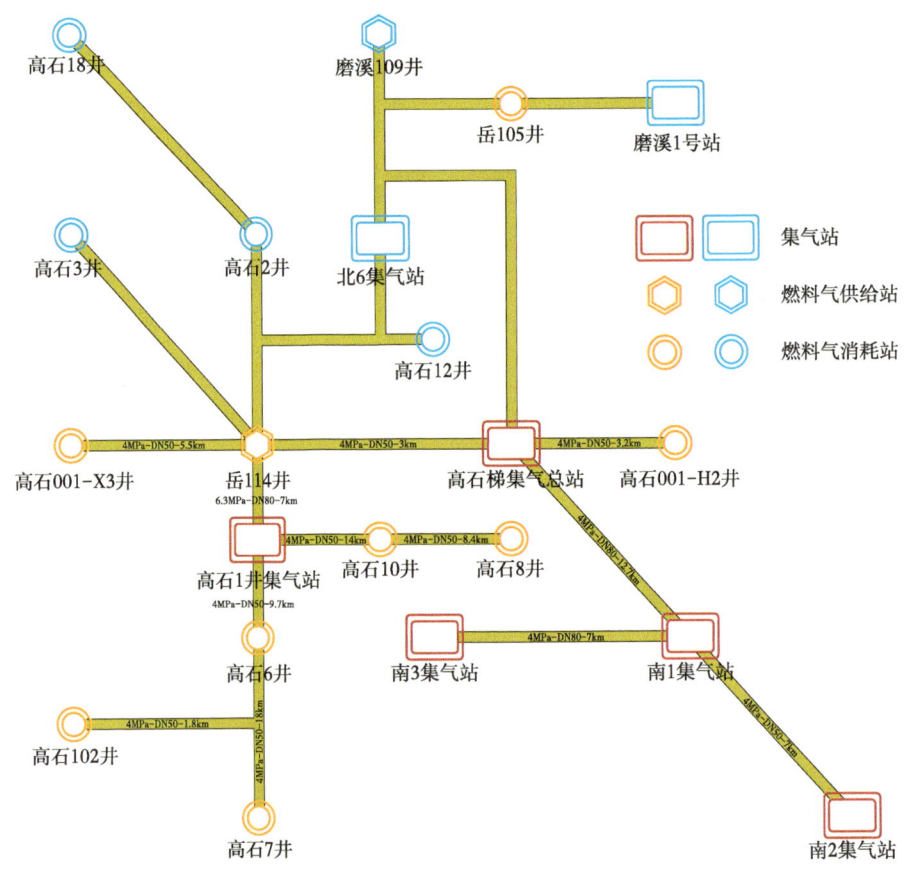

图 6-7　燃料气管网图

第六节　流动保障

天然气生产过程中，容易形成水合物堵塞管道，根据物流组分，基于 HYSYS 模拟计算，在各种压力条件下水合物形成温度为 1.7~20℃。水合物形成温度曲线如图 6-8 所示。非井下节流井采用水套加热炉防止节流过程中形成水合物；井下节流井由于井口温度较高，不会形成水合物。单井开井工况采用井口加注抑制剂方式防止水合物形成。集气管道在冬季采取临时加注水合物抑制剂的方式防止水合物形成。

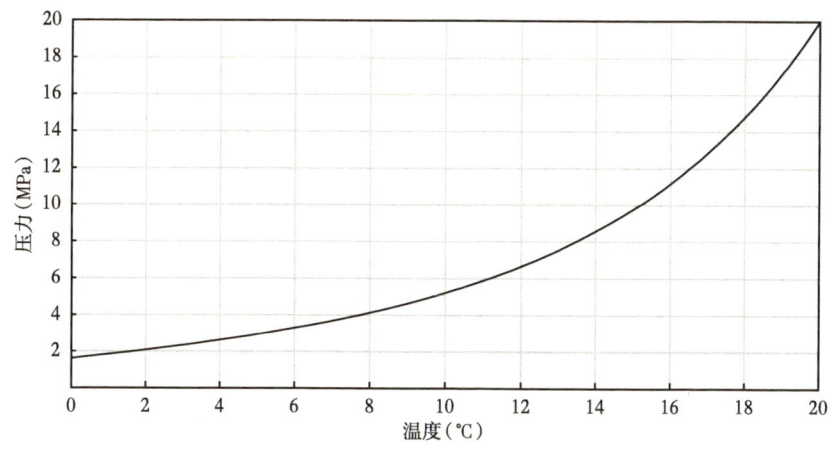

图 6-8 水合物形成曲线

第七节 腐蚀防护

站内管道及设备采用外防腐层进行防腐，站场采气管道采用碳钢＋缓蚀剂方案，关键位置设置腐蚀检测点，腐蚀余量 2mm。集气管道、燃料气管道均采用外防腐层加阴极保护的联合保护方案。线路集气管道和燃料气管道采用三层 PE 普通级防腐层，集气管道热煨弯管及补口均采用辐射交联聚乙烯热收缩带，燃料气管道热煨弯管及补口均采用聚乙烯胶黏带特加强级防腐。站内露空管道及设备采用聚氨酯涂料防腐。设置阴极保护站，保护站外线路集气管道和燃料气管道（朱庆等，2016）。

H_2S 及 CO_2 内腐蚀采用缓蚀剂加注的方式进行防护，井下、单井一级节流前、单井分离器后端、集气站分离器后端采用连续式加注缓蚀剂工艺；各单井站出站管线设置清管发送装置，利用清管发送装置推动缓蚀剂对管线管壁涂抹。在管线投产前进行缓蚀剂预膜，投产后定期进行缓蚀剂批量加注（杨建炜等，2009）。

第八节 井站标准化

一、井站类型

单井根据是否设置有井下节流器，分为单井 Ⅰ 型、Ⅱ 型两个大类，并根据两个大类建设标准化场站，采用相同设备、相同工艺流程、相同联锁方式。

二、集气站标准化

（1）集气站工艺按照模块进行划分，充分利用现有标准化模块，并针对具体工况进行补充完善，中低压设备如汇气管、气液分离器、清管器收发球筒、储罐、放空管等尽量采用已有的标准化设计。

（2）根据具体工况条件，对非标准设备及管件的设计参数确定、材质的选择及设计制造要求力求标准化。

（3）标准化站内总图布置方案、设备及工艺管道布置方案等。

（4）标准化站内设备选型，尽量采用统一规格型号。

（5）根据区块内井场情况，结合试采经验，统一管道等级表，统一技术规格书，统一施工技术要求，统一井站布置，图6-9为井站模型图。

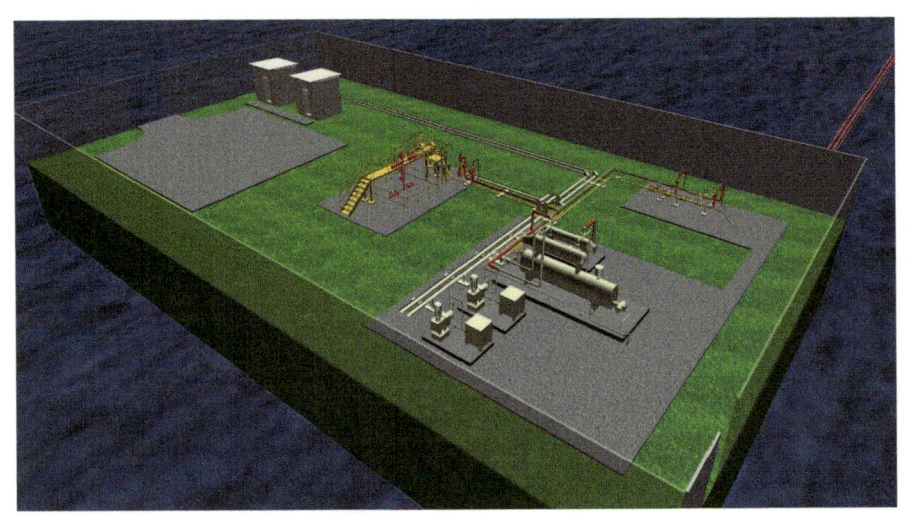

图6-9 标准化井站工艺设备及管道安装模型

第九节 信息化建设

安岳高石梯区块目前场站信息化覆盖率100%，场站的信息化工作主要依托数据采集系统、安防设备、通信系统、控制设备、辅助设备的信息化工作模式实现信息数据的采集与指令的下发、设备的远程监控，以保证场站的本质安全。高石梯区块各单井站配置有井口紧急切断、远程停水套炉、远程停泵、火炬自动点火等功能，以保障单井生产安全；集气站均配置有关键阀门紧急切断、汇管紧急放空、分离器自动排液、天然气发电机自动启机等功能，确保现场集输平稳；中心站及调控中心SCADA系统能够采集区块各井站关键节点数据，安全联锁功能充分满足现场生产需求，有效提升中心站应急处置水平及日常生产管控；通信传输均采用自建光缆光传输＋无线通信，构建1000Mb/s工业以太网环网和4G互为热备的通信传输系统，并通过三层网络交换机实现网络切换保障通信传输可靠；视频安防方面均配置有云台一体化高清摄像头、双向语音对讲、人形识别报警、可视化门禁等功能，确保无人值守站安全受控；各站均配置有UPS不间断电源系统，规避外电供电系统对场站信息化设备的影响，以保障信息化系统不间断运行。

一、信息化系统架构

按照"一个气田、一个中心"的原则进行建设，以自动控制系统、视频安防系统为主、通信系统、电力系统、供气系统为辅的信息化工作模式实现信息数据的采集与指令的下发、设备的远程监控，支撑集气站和单井站的无人值守管理，保证场站的本质安全（图 6-10）。

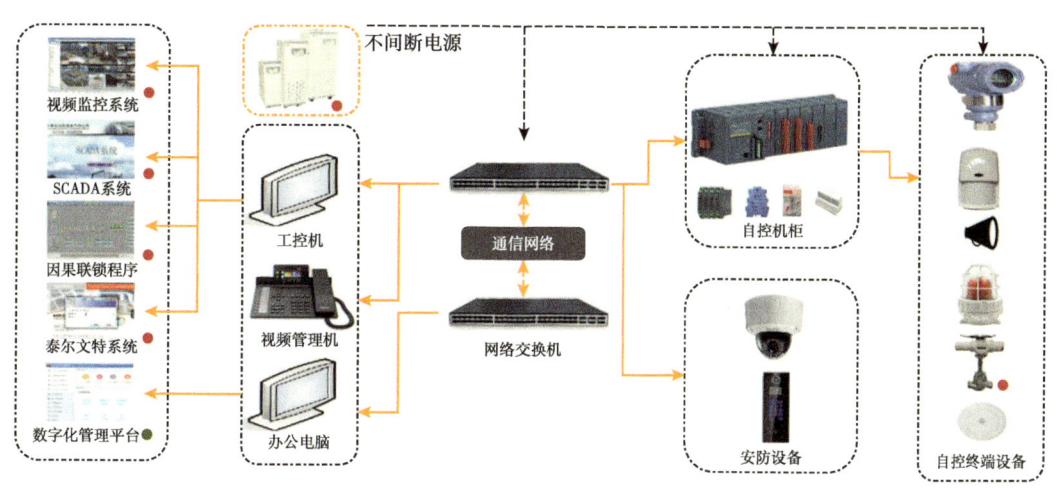

图 6-10　高石梯信息化系统简图

（一）自动控制结构

自动控制系统由高性能 PLC 设备通过 Modbus RTU、Modbus TCP/IP、OPC 等协议，实现现场生产数据采集，以及控制生产现场井安系统、点火系统、一体化放空分液罐橇、井场一体化加热橇、一体化橇缓蚀剂/抑制剂加注橇等设备，实现自动、连续地采集、监视、控制集输管网、工艺设备等的运行，保证人身、管道、设备安全，如图 6-11 所示。

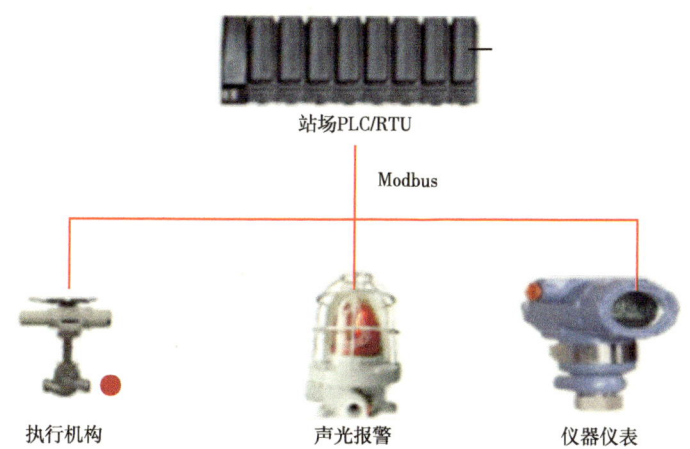

图 6-11　自控系统采集与控制架构简图

（二）视频安防系统

视频安防系统由高清视频监控、语音喊话系统、门禁系统与入侵报警系统共同构成，主控均设置在中心站，由中心站统一管理，如图 6-12 和图 6-13 所示。可视化门禁系统采用全数字可视对讲门禁系统,对高石梯各井站、集气站的人员进行出入控制管理,用于加强内部管理和生产场所的自动安全防范;双向语音对讲系统是通过带有音频输入/输出功能的高清摄像机实现的,并集成接入在内部集输视频安防管理系统当中,现场接入有拾音器和有源音箱;入侵报警系统通过与视频适配的前端分析模块,分析现场人员闯入、劳保穿戴和物品遗留等事件,反馈数字信号至中心站并与现场声光报警器进行联动报警。

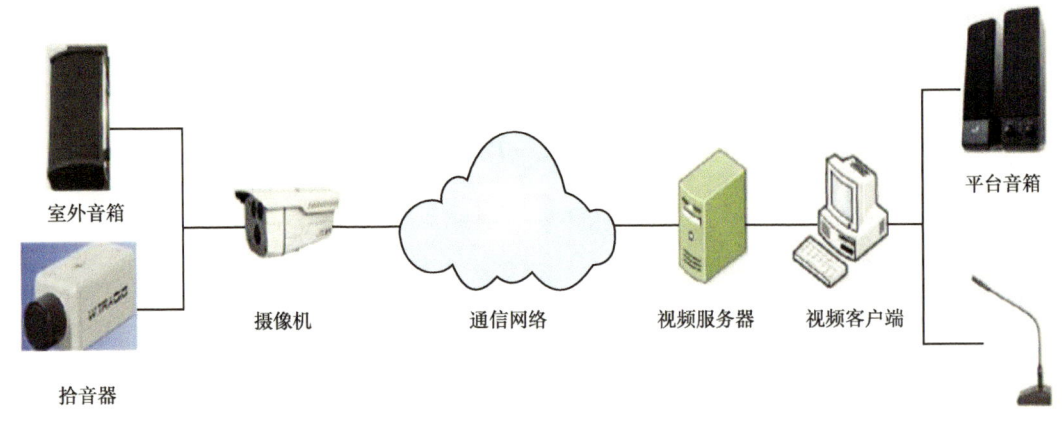

图 6-12　入侵及摄像监控系统简图

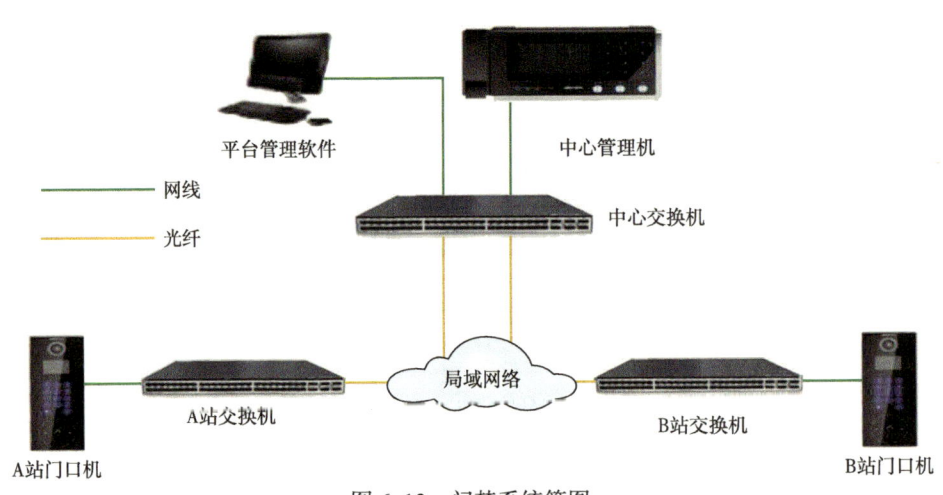

图 6-13　门禁系统简图

(三)通信系统

通信传输均采用自建光缆光传输+无线通信(图 6-14),构建千兆工业以太网环网和 4G 互为热备的通信传输系统,采用千兆 PTN 光传输设备接入到光通信系统中,每个场站都配备了三层网络设备,并根据光缆走向结合 PTN 配置了逻辑网络结构和光缆路由结构,高石梯片区的网络结构采用了集中式汇聚的方式,所有单井先汇聚至附近的集气站,再由集气站将数据汇聚至集气总站。

第六章 高石梯区块地面开发技术

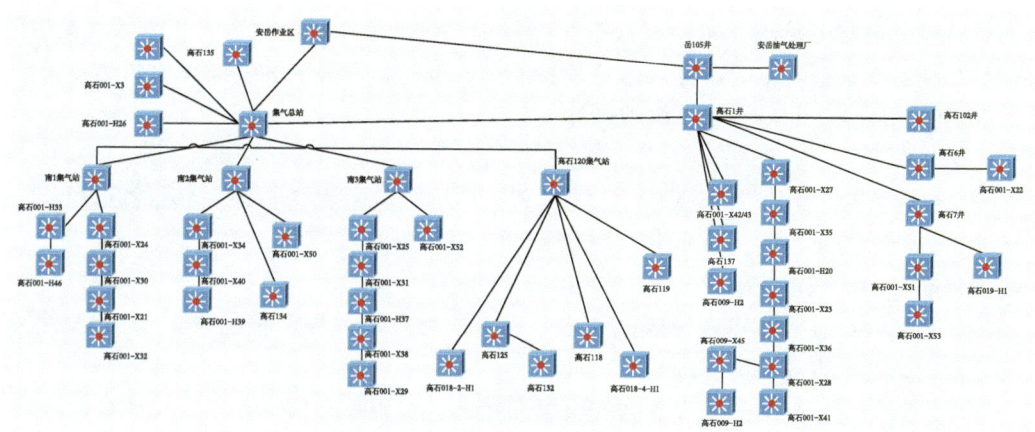

图 6-14　高石梯光通信架构简图

(四) 电力系统

各站均配置有 UPS 不间断电源系统（图 6-15），其中单井站配置 1 套 UPS 不间断电源系统，集气站和中心站配置 2 套冗余 UPS 不间断电源系统，规避外电供电系统对场站信息化设备的影响，以保障信息化系统设备不间断运行。集气站和中心站还配置有应急发电机，场站断电后即可自动启动发电机，保障现场电力供应。

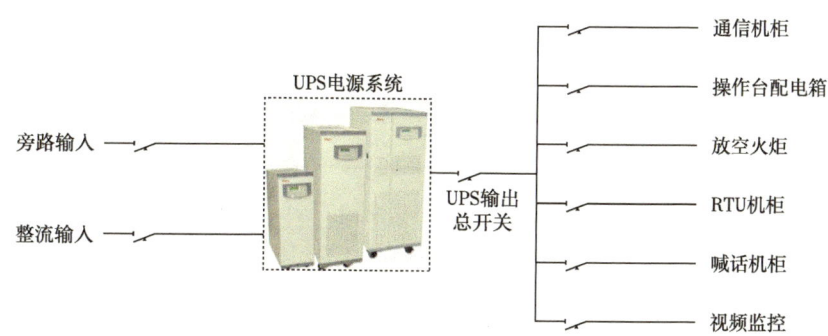

图 6-15　后备电源供电架构简图

(五) 供风系统

所有场站均设置有仪表风系统，其中单井站配置由 6 个氮气瓶组成的供气系统，集气站和中心站配置冗余的仪表风空压机，仪表风压力自动调节至 0.6~0.8MPa，为现场执行机构和井安系统等自控仪表设备提供动力气源。

二、信息化配置方案

(一) 单井站

单井根据是否设置有井下节流器，分为单井 Ⅰ 型、Ⅱ 型两个大类。单井 Ⅰ A 型在井口节流后，直接通过出站阀组混输至下游集气站，场站设置一组清管阀和手动放空。单井 Ⅱ A 型在下游集气站进行轮换计量；单井 Ⅱ B 型在站内设置分离计量橇，在井场进行连续计量。单井Ⅱ型均在站内设有点火放空系统，作为采气管线事故状态下及站内天然气放空，站内设置放空分液罐，可除去放空天然气中携带的液体。出站设置采气管线清管阀。在开关井和冬季气温降低时，注入水合物抑制剂，以防止水合物的生成。为减缓井场设备和来气管线的腐蚀，井口设置了缓蚀剂注入装置。

1. 功能配置

（1）数据采集与监视：实现油压、套压、进出站压力等生产数据采集、传输和远程监视。

（2）安全联锁与控制：实现井口联锁截断、进出站远程控制、放空阀异常自动开启、分离器自动排污、联锁控制等。

（3）安防状态监控：实现作业区和中心站对所有井站远程实时视频监控、入侵报警、喊话、双向语音对讲等功能。

（4）数据传输与存储：实现数据安全可靠传输，实现数据信息集中或分散存储，确保数据信息安全。

（5）生产数据报警：实现重要生产工况数据信息高高报警、低低报警、高报警、低报警，生产事件由事后处置转变为超前预警。

2. 联锁参数设置

安全联锁图应由左向右、由下向上、由因溯果解析联锁逻辑，停车按钮、气田联锁、工艺参数为因，阀门动作、声光报警、机泵停车为果；红、黄、蓝线连接相应逻辑关系，线条颜色代表不同的联锁级别，红线为一级联锁、黄线为二级联锁、蓝线为三级联锁（图6-16）。

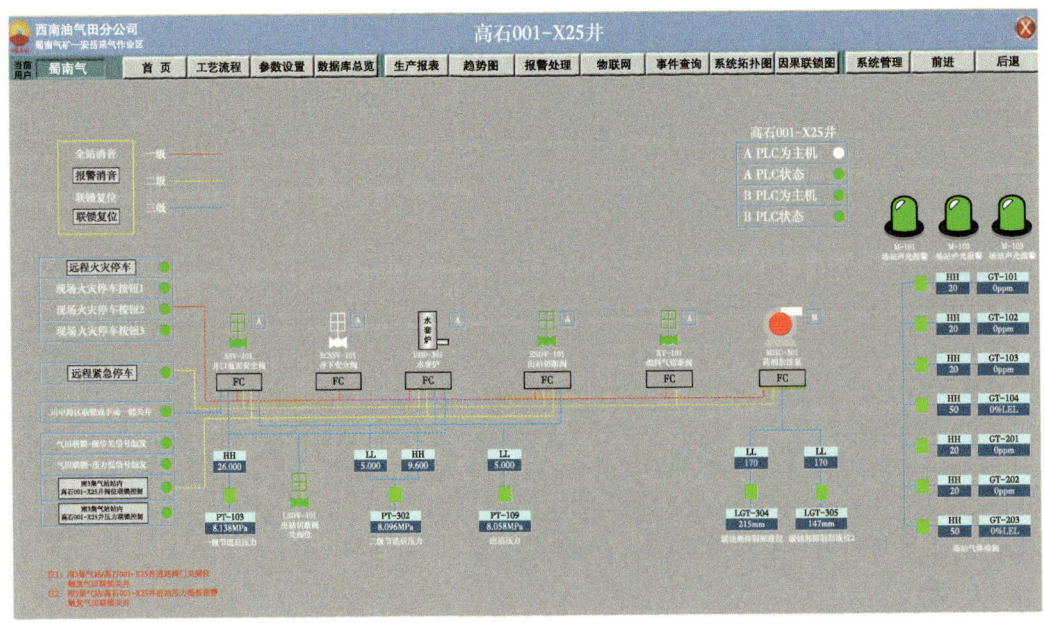

图6-16　单井站因果联锁图

（1）单井站一级联锁：如场站出现火灾、地质灾害、井口严重泄漏等紧急情况时可执行全站火灾停车。火灾停车可紧急关断井口地面安全阀、井下安全阀、出站切断阀、燃料气进站阀、分离器排污阀，同时触发现场声光报警。

（2）单井站二级联锁：如井站生产工况出现异常、设备故障可执行全站紧急停车。紧急停车可紧急关断井口地面安全阀、出站切断阀、燃料气进站阀、分离器排污阀，同时触发现场声光报警。单井站气田联锁命令也为二级联锁，当下游集气站进站阀门关闭或下游集气站进站压力低低时会触发本站紧急停车。

（3）单井站三级联锁：安全联锁图蓝线相连接部分为三级联锁，主要监控场站各项工艺参数变化，当触及联锁门限值时会执行相应的联锁逻辑。

（4）三级联锁一般联锁逻辑：一级节流后压力高高联锁会触发地面井安关闭、声光报警；二级节流后压力高高或低低联锁会触发地面井安关闭、声光报警；二级节流后压力高报警同时出站切断阀关闭会触发地面井安关闭、声光报警；出站压力低低联锁会触发地面井安关闭、声光报警；分离器液位低低联锁会触发分离器排污切断阀关闭；场站气体检测仪高高报警会触发场站声光报警。

3. 报警参数设置

生产单井包括Ⅰ型、Ⅱ型气井，依据生产工况设置一级节流压力、出站压力、末级节流压力、燃料气进站压力的高报警、低报警和高高报警、低低报警（高高报警、低低报警会触发相应联锁动作）。

4. ⅠA 型井信息化设备配置方案

ⅠA 型信息化设备见表 6-2。

表 6-2 单井Ⅰ型（A）信息化主要设备一览表

序号	设备名称	主要规格及要求	单位	合计数量	备注
1		自控控制设备			
1)	RTU/PLC 系统	（1）安全完整性等级：SIL2； （2）工作温度满足：-20~70℃； （3）电源、控制器、通信模块冗余； （4）机柜内与现场仪表设备 24V 电源模块分别设置； （5）机柜带 12.1in 工业触摸屏	套	1	
2)	井安系统	主安全阀液压管路压力等级 5000psi，井下安全阀液压管路压力等级 15000psi，所有液压回路带安全泄放阀，保证液压回路的压力安全	套	1	
3)	气动执行机构	主气源：氮气压力 0.4~0.6MPa，电磁阀 3.0×5.7W，电压 24V DC，限位开关信号反馈 24V DC，过滤减压阀主要接口：1/2、1/4	台	2	
2		视频安防设备			
1)	声光报警器	具备联动报警，24V DC 版	台	2	
2)	有源音柱	功率：28RMS（≥30W）；信噪比：85dBA	台	1	
3)	视频分析模块	支持数字型摄像机，具备报警联动	台	1	
4)	安眼盒子	支持数字型摄像机，具备违规抓拍	台	1	
5)	拾音器	麦克风夹头：6mm 灵敏麦克风，100~1000Hz，40±3dB	个	1	语音喊话功能使用

续表

序号	设备名称	主要规格及要求	单位	合计数量	备注
6）	门禁主机	具备网络远程通话、现场视频传输	台	1	
7）	硬盘录像机	具备网络4通道及以上，支持视频安防、支持数字型摄像机	台	1	
8）	摄像机	高于23倍光学变焦，10倍电子放大，带夜视功能、雨刷器、温控功能防护罩	台	2	
3		通信设备			
1）	4G无线路由器	具备4G物联网无线注册功能	台	1	
2）	交换机	24口及以上，至少带1个Combo	台	1	
3）	PTN	具备各井站之间数据传输	台	1	
4		电力供电设备			
1）	工业型交流不间断电源系统（UPS）	UPAD-Ⅱ-1000-1000/111HPL，后备时间不小于1h。输出电压、频率稳定，波形失真小	台	1	
5		供风设备			
1）	氮气瓶	主气源：调节后氮气压力0.4~0.6MPa	瓶	6	

5. ⅡA型井信息化设备配置方案

ⅡA型信息化设备见表6-3。

表6-3 单井Ⅱ型（A）信息化主要设备一览表

序号	设备名称	主要规格及要求	单位	合计数量	备注
1		自控控制设备			
1）	RTU/PLC系统	（1）安全完整性等级：SIL2； （2）工作温度满足：-20~70℃； （3）电源、控制器、通信模块冗余； （4）机柜内与现场仪表设备24V电源模块分别设置； （5）机柜带12.1in工业触摸屏	套	1	
2）	井安系统	主安全阀液压管路压力等级5000psi，井下安全阀液压管路压力等级15000psi，所有液压回路带安全泄放阀，保证液压回路的压力安全	套	1	
3）	气动执行机构	主气源：氮气压力0.4~0.6MPa，电磁阀3.0×5.7W，电压24V DC，限位开关信号反馈24V DC，过滤减压阀主要接口：1/2、1/4	台	2	
4）	电动执行机构	主要电源：380V AC-220V AC、继电器24V DC、显示屏24V DC	台	1	
2		视频安防设备			
1）	声光报警器	具备联动报警，24V DC版	台	2	

续表

序号	设备名称	主要规格及要求	单位	合计数量	备注
2)	有源音柱	功率：28RMS（≥30W）；信噪比：85dBA	台	1	
3)	视频分析模块	支持数字型摄像机，具备报警联动	台	1	
4)	安眼盒子	支持数字型摄像机，具备违规抓拍	台	1	
5)	拾音器	麦克风夹头：6mm 灵敏麦克风，100~1000Hz，40±3dB	个	1	语音喊话功能使用
6)	门禁主机	具备网络远程通话、现场视频传输	台	1	
7)	硬盘录像机	具备网络4通道及以上，支持视频安防、支持数字型摄像机	台	1	
8)	摄像机	高于23倍光学变焦，10倍电子放大，带夜视功能、雨刷器、温控功能防护罩	台	2	
3		通信设备			
1)	4G无线路由器	具备4G物联网无线注册功能	台	1	
2)	交换机	24口及以上，至少带1个Combo	台	1	
3)	PTN	具备各井站之间数据传输	台	1	
4		电力供电设备			
1)	工业型交流不间断电源系统（UPS）	UPAD-Ⅱ-1000-1000/111HPL，后备时间不小于1h。输出电压、频率稳定，波形失真小	台	1	
5		供风设备			
1)	氮气瓶	主气源：调节后氮气压力0.4~0.6MPa	瓶	6	

6.ⅡB型井信息化设备配置方案

ⅡB型井信息化设备见表6-4。

表6-4 单井Ⅱ型（B）信息化主要设备一览表

序号	设备名称	主要规格及要求	单位	合计数量	备注
1		自控控制设备			
1)	RTU/PLC系统	（1）安全完整性等级：SIL2； （2）工作温度满足：-20~70℃； （3）电源、控制器、通信模块冗余； （4）机柜内与现场仪表设备24V电源模块分别设置； （5）机柜带12.1in工业触摸屏	套	1	
2)	井安系统	主安全阀液压管路压力等级5000psi，井下安全阀液压管路压力等级15000psi，所有液压回路带安全泄放阀，保证液压回路的压力安全	套	1	
3)	气动执行机构	主气源：氮气压力0.4~0.6MPa，电磁阀3.0×5.7W，电压24V DC，限位开关信号反馈24V DC，过滤减压阀主要接口：1/2、1/4	台	4	

续表

序号	设备名称	主要规格及要求	单位	合计数量	备注
4）	电动执行机构	主要电源：380V AC-220V AC、继电器 24V DC、显示屏 24V DC	台	1	
2		视频安防设备			
1）	声光报警器	具备联动报警，24V DC 版	台	2	
2）	有源音柱	功率：28RMS（≥30W）；信噪比：85dBA	台	1	
3）	视频分析模块	支持数字型摄像机，具备报警联动	台	1	
4）	安眼盒子	支持数字型摄像机，具备违规抓拍	台	1	
5）	拾音器	麦克风夹头：6mm 灵敏麦克风，100~1000Hz，40±3dB	个	1	语音喊话功能使用
6）	门禁主机	具备网络远程通话、现场视频传输	台	1	
7）	硬盘录像机	具备网络4通道及以上，支持视频安防、支持数字型摄像机	台	1	
8）	摄像机	高于23倍光学变焦，10倍电子放大，带夜视功能、雨刷器、温控功能防护罩	台	2	
3		通信设备			
1）	4G无线路由器	具备4G物联网无线注册功能	台	1	
2）	交换机	24口及以上，至少带1个 Combo	台	1	
3）	PTN	具备各井站之间数据传输	台	1	
4		电力供电设备			
1）	工业型交流不间断电源系统（UPS）	UPAD-Ⅱ-1000-1000/111HPL，后备时间不小于1h。输出电压、频率稳定，波形失真小	台	1	
5		供风设备			
1）	氮气瓶	主气源：调节后氮气压力 0.4~0.6MPa	瓶	6	

（二）集气站

集气站主要接收上游井站、集气站原料气，在站内设生产分离器，经过气液分离器分离后分别进行计量。天然气经分离、计量后输往下游集气站及净化厂。站内设有点火放空系统、清管器的收发送设施、阴极保护装置、空气压缩机、闪蒸气处理装置。集气站工艺按照模块进行划分，充分利用现有标准化模块，如汇气管、气液分离器、清管器收发球筒、储罐、放空管等均采用已有的标准化设计（图6-17）。

1. 功能配置

（1）数据采集与监视：实现所有井站油压、套压、天然气流量、进出站压力等生产数据采集、传输和远程监视。

（2）安全联锁与控制：实现井口联锁截断、进出站远程控制、放空阀异常自动开启、分离器自动排污、联锁控制等。

（3）安防状态监控：实现作业区和中心站对所有井站远程实时视频监控、入侵报警、喊话、双向语音对讲等功能。

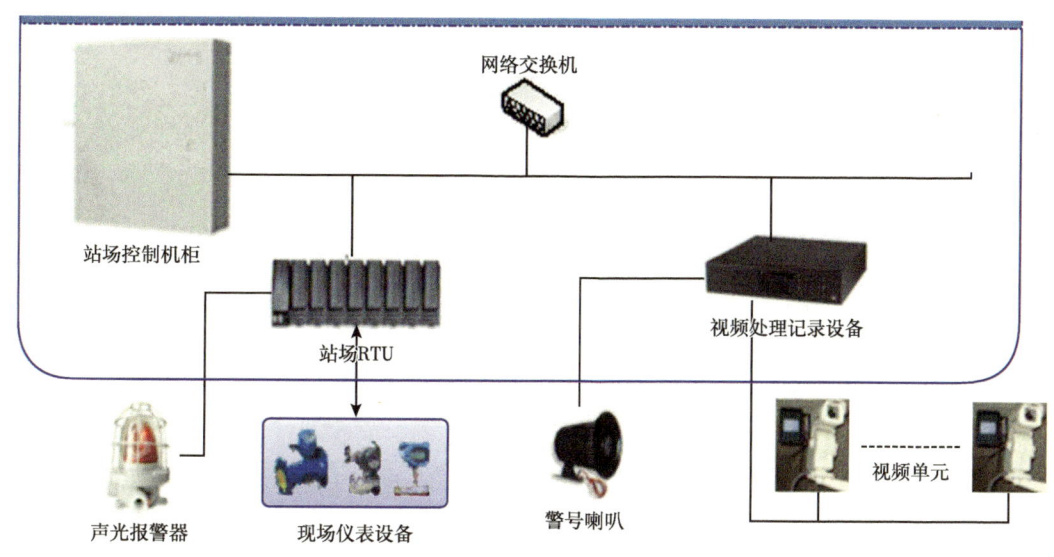

图 6-17　集气站信息化系统架构简图

（4）数据传输与存储：实现数据安全可靠传输，实现数据信息集中或分散存储，确保数据信息安全。

（5）生产数据报警：实现重要生产工况数据信息高高报警、低低报警、高报警、低报警，生产事件由事后处置转变为超前预警。

2. 联锁参数设置

（1）集气站一级联锁：火灾停车可紧急关断所有进出站切断阀、燃料气进站阀、分离器排污阀，触发场站声光报警，延迟 10s 打开紧急放空阀，同时联锁上游井站紧急停车。

（2）集气站二级联锁：紧急停车可紧急关断所有进出站切断阀、燃料气进站阀、分离器排污阀，触发场站声光报警，同时联锁其上游井站紧急停车。

（3）集气站三级联锁：安全联锁图蓝线相连接部分为三级联锁，主要监控场站各项工艺参数变化，当触及联锁门限值时会执行相应的联锁逻辑。对于集气站，上游井站进站压力低低联锁会触发进站切断阀关闭、声光报警；进站压力低低报警或进站切断阀关闭会触发相应上游井站气田联锁停车；集气站出站压力低低报警或出站切断阀关闭会触发全站所有进出站切断阀关闭，同时触发上游井站气田联锁停车；气田水罐压力或水罐液位高高联锁会触发分离器排污切断阀关闭；气田水罐液位低低联锁会触发转水泵停机；分离器液位低低联锁会触发相应分离器排污切断阀关闭；场站气体检测仪高高报警会触发场站声光报警。

（4）气田联锁：高石梯区块气田联锁主要保障下游集气站及管线不超压、无泄漏，以跨站联动停车的方式隔离安全风险点、缩小事故影响范围，气田联锁逻辑关系为：①下游集气站紧急停车或出站切断阀关闭→全站所有进出站切断阀关闭→进站切断阀关闭触发相应的上游集气站或单井站气田联锁停车；②下游集气站进站管线压力低低报警→触发相应的上游集气站或单井站气田联锁停车（图 6-18）。

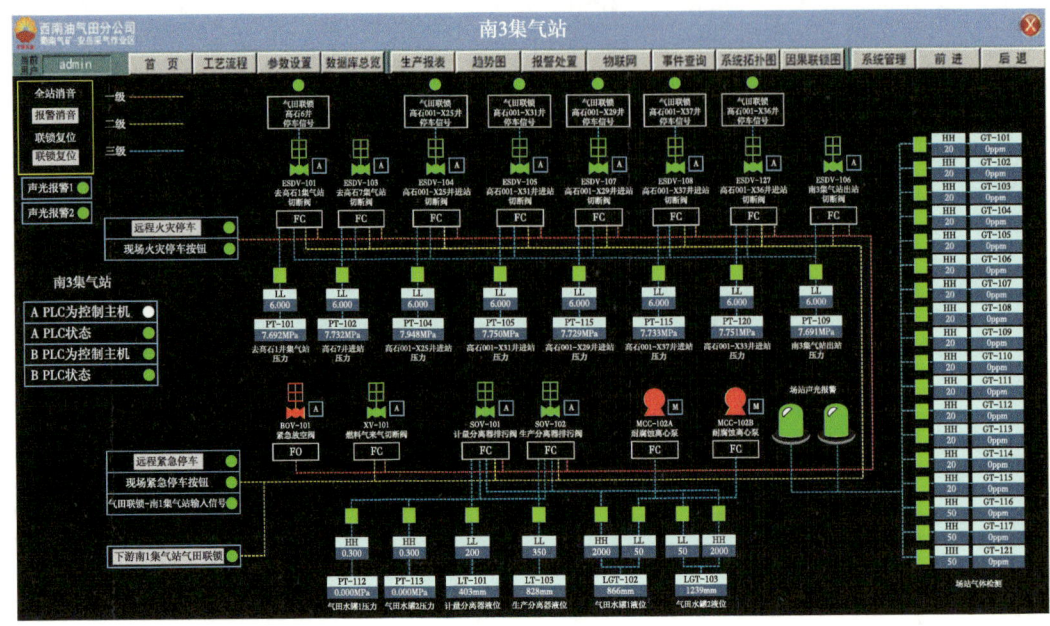

图 6-18　集气站联锁逻辑图

3. 报警参数设置

集气站依据生产工况设置上游单井及集气站来气压力、出站压力、燃料气进站压力、空压机储气罐压力的高报警、低报警和高高报警、低低报警（高高报警、低低报警会触发相应联锁动作），以及上游单井及集气站来气切断阀阀位报警、出站阀阀位的数字量报警（报警后立即触发联锁）。

4. 信息化设备配置方案

集气站信息化设备见表 6-5。

表 6-5　集气站信息化主要设备一览表

序号		设备名称	主要规格及要求	单位	合计数量	备注
1			自控控制设备			
	1）	RTU/PLC 系统	（1）安全完整性等级：SIL2 （2）工作温度满足：-20~70℃ （3）电源、控制器、通信模块冗余 （4）机柜内与现场仪表设备 24V 电源模块分别设置 （5）机柜带 12.1in 工业触摸屏	套	2	
	2）	气动执行机构	主气源：氮气压力 0.4~0.6MPa，电磁阀 3.0×5.7W，电压 24DC，限位开关信号反馈 24DC，过滤减压阀主要接口：1/2、1/4	台	16	
	3）	电动执行机构	主要电源：380V AC-220V AC、继电器 24V DC、显示屏 24V DC	台	32	
	4）	气液联动执行机构	主要电源：24V DC、显示屏 24V DC，ESD 电磁阀电压：24V DC，主要氮气压力：6MPa，液压压力：10MPa	台	3	
2			视频安防设备			
	1）	硬盘录像机	4 通道 /8 通道 /1 通道	台	1	

续表

序号	设备名称	主要规格及要求	单位	合计数量	备注
2）	混合型网络硬盘录像机	支持模拟型摄像机、数字型摄像机	台	4	
3）	视频显示器	24in 液晶，支持分辨率：1920×1080	台	1	
4）	固定枪式摄像机	高于 23 倍光学变焦，10 倍电子放大，带夜视功能、雨刷器、温控功能防护罩	台		按实际配置
5）	浪涌保护器	视频信号浪涌保护器	个		按实际配置
6）	麦克风	麦克风夹头：6mm 灵敏麦克风，100~1000Hz，40±3dB	个	1	语音喊话功能使用
7）	有源音箱	功率：28RMS（≥30W）；信噪比：85dBA			
3		通信设备			
1）	上层网络交换机	8 口，至少带 2 个 Combo	个	1	当配置一台以上摄像机时配置
2）	PCM 多路复用设备		台	1	
3）	租用运营商数字电路	适用于采用租用数据电路的中心站	个	1	
4）	SDH 设备	光电模块无法开通时，推荐使用本设备	套	1	
4		电力供电设备			
1）	UPS 电源	后备 2h	块	2	
2）	浪涌保护器	电源浪涌保护器额定工作电压 220V AC	个	1	
3）	柜式空调	1.5P	台	2	
5		供风设备			
1）	空气压缩机	冗余主机，10kW 主气源；调节后氮气压力 0.4~0.6MPa	套	1	

（三）中心站

中心站主要接收上游井站、集气站原料气，在站内设生产分离器，经过气液分离器分离后分别进行计量。天然气经分离、计量后输往下游集气站及净化厂。站内设有点火放空系统、清管器的收发送设施、阴极保护装置、空气压缩机、闪蒸气处理装置。集气站工艺按照模块进行划分，充分利用现有标准化模块，如汇气管、气液分离器、清管器收发球筒、储罐、放空管等均采用已有的标准化设计，如图 6-19 所示。

1. 功能配置

（1）数据采集与监视：实现所有井站油压、套压、天然气流量、进出站压力等生产数据采集、传输和远程监视。

（2）安全联锁与控制：实现井口联锁截断、进出站远程控制、放空阀异常自动开启、分离器自动排污、联锁控制等。

（3）安防状态监控：实现作业区和中心站对所有井站远程实时视频监控、入侵报警、喊话、双向语音对讲等功能。

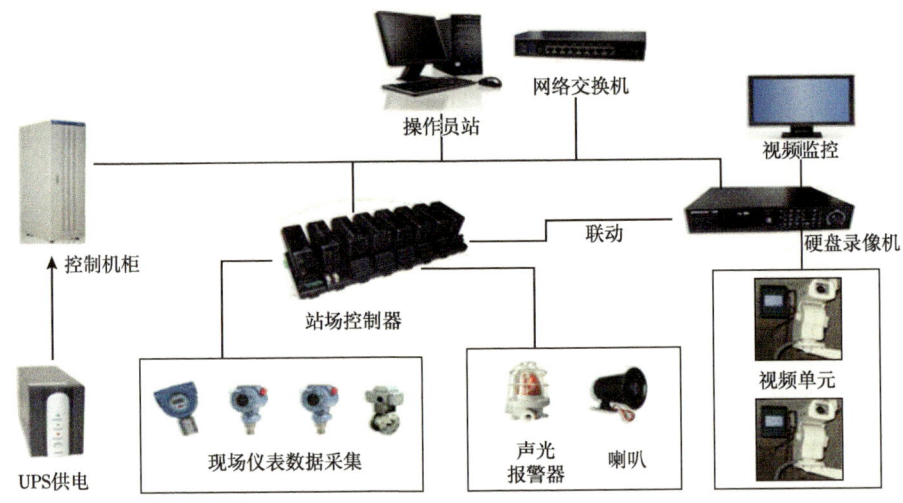

图 6-19　中心站信息化系统架构简图

（4）数据传输与存储：实现数据安全可靠传输，实现数据信息集中或分散存储，确保数据信息安全。

（5）生产数据报警：实现重要生产工况数据信息高高报警、低低报警、高报警、低报警，生产事件由事后处置转变为超前预警。

（6）数据分析应用：实现生产数据动态趋势分析、历史数据查询、数据对比分析、报表打印等。

2. 联锁参数设置

（1）集气站一级联锁：火灾停车可紧急关断所有进出站切断阀、燃料气进站阀、分离器排污阀、触发场站声光报警，延迟 10s 打开紧急放空阀，同时联锁上游井站紧急停车。

（2）集气站二级联锁：紧急停车可紧急关断所有进出站切断阀、燃料气进站阀、分离器排污阀、触发场站声光报警，同时联锁其上游井站紧急停车。

（3）集气站三级联锁：安全联锁图蓝线相连接部分为三级联锁，主要监控场站各项工艺参数变化，当触及联锁门限值时会执行相应的联锁逻辑。对于集气站，上游井站进站压力低低联锁会触发进站切断阀关闭、声光报警；进站压力低低报警或进站切断阀关闭会触发相应上游井站气田联锁停车；集气站出站压力低低报警或出站切断阀关闭会触发全站所有进出站切断阀关闭，同时触发上游井站气田联锁停车；气田水罐压力或水罐液位高高联锁会触发分离器排污切断阀关闭；气田水罐液位低低联锁会触发转水泵停机；分离器液位低低联锁会触发相应分离器排污切断阀关闭；场站气体检测仪高高报警会触发场站声光报警。

（4）气田联锁：高石梯区块气田联锁主要保障下游集气站及管线不超压、无泄漏，以跨站联动停车的方式隔离安全风险点、缩小事故影响范围，气田联锁逻辑关系为：①下游集气站紧急停车或出站切断阀关闭 → 全站所有进出站切断阀关闭 → 进站切断阀关闭触发相应的上游集气站或单井站气田联锁停车；②下游集气站进站管线压力低低报警 → 触发相应的上游集气站或单井站气田联锁停车（图 6-20）。

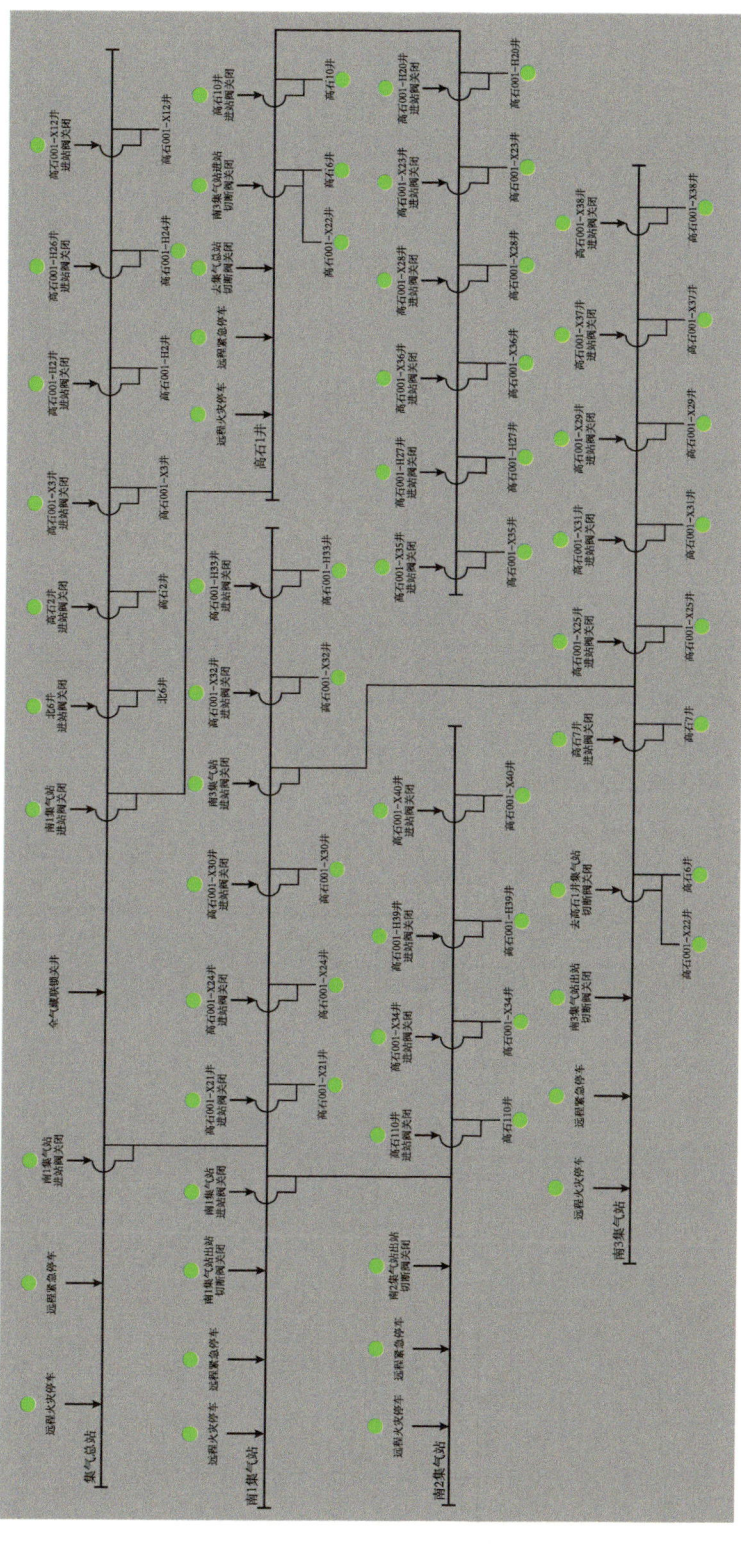

图 6-20 中心站信息化系统架构简图

（5）跨区域联锁：在蜀南气矿、川中北部采气管理处、川中油气矿各设置一套独立专用的前置机 PLC 控制器，通过 Modbus TCP/IP 协议通信实现数据共享和跨区联锁信号的相互访问（图 6-21）。

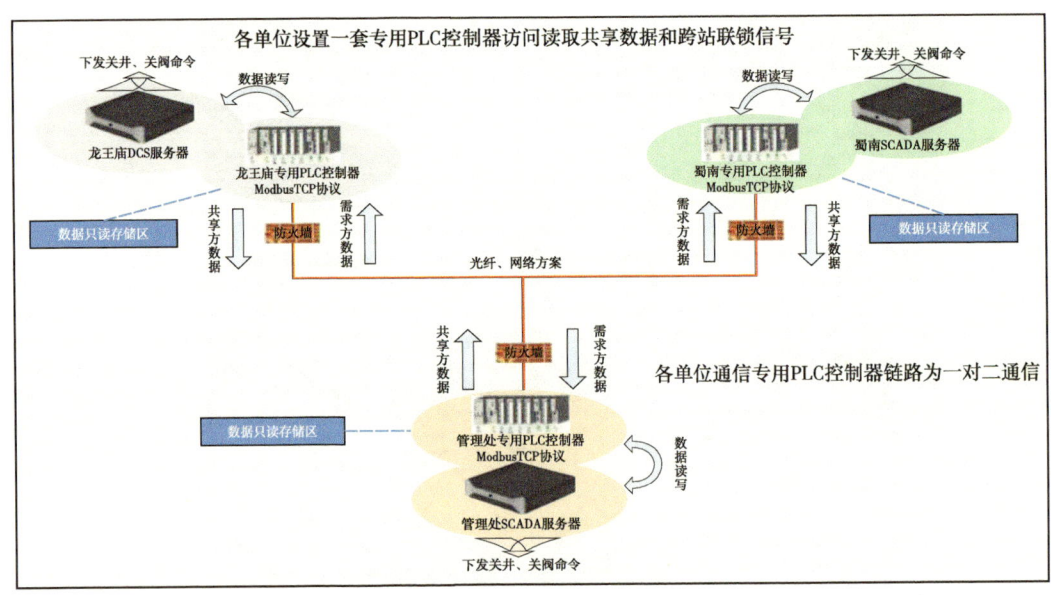

图 6-21 跨区域联锁架构简图

3. 报警参数设置

依据生产工况设置上游单井及集气站来气压力、出站压力、燃料气进站压力、空压机储气罐压力的高报警、低报警和高高报警、低低报警（高高报警、低低报警会触发相应联锁动作），以及上游单井及集气站来气切断阀阀位报警、出站阀阀位的数字量报警（报警后立即触发联锁）。

4. 信息化设备配置方案

中心站信息化设备见表 6-6。

表 6-6 中心站信息化主要设备一览表

序号	设备名称	主要规格及要求	单位	合计数量	备注
1	自控控制设备				
1）	RTU/PLC 系统	（1）安全完整性等级：SIL2； （2）工作温度满足：-20~70℃； （3）电源、控制器、通信模块冗余； （4）机柜内与现场仪表设备 24V 电源模块分别设置； （5）机柜带 12.1in 工业触摸屏	套	2	
2）	气动执行机构	主气源：氮气压力 0.4~0.6MPa，电磁阀 3.0×5.7W，电压 24VDC，限位开关信号反馈 24VDC，过滤减压阀主要接口：1/2、1/4	台	16	
3）	电动执行机构	主要电源：380VAC-220VAC、继电器 24VDC、显示屏 24VDC	台	32	

续表

序号	设备名称	主要规格及要求	单位	合计数量	备注
4)	气液联动执行机构	主要电源：24V DC、显示屏 24V DC，ESD 电磁阀电压：24V DC，主要氮气压力：6MPa，液压压力：10MPa	台	3	
5)	工控机	CPU 不低于 Core3；内存不低于 4GB；硬盘不低于 500G；配套操作系统	台	4	
6)	组态软件	运行版	套	4	
7)	操作台		套	1	
8)	钢构转椅		把	6	
9)	打印机	A3 幅面黑白激光打印机	台	1	
2		视频安防设备			
1)	硬盘阵列	2T	台	1	
2)	安全生产管理平台	支持数字型摄像机、实时录像、喊话等功能	台	1	
3)	视频显示器	24in 液晶，支持分辨率：1920×1080	台	1	
4)	云台摄像机	高于 23 倍光学变焦，10 倍电子放大，带夜视功能、雨刷器、温控功能防护罩	台		按实际配置
5)	浪涌保护器	视频信号浪涌保护器	个		按实际配置
6)	麦克风	麦克风夹头：6mm 灵敏麦克风，100~1000Hz，40±3dB	个	1	语音喊话功能使用
7)	有源音箱	功率：28RMS（≥30W）；信噪比：85dBA			
3		通信设备			
1)	上层网络交换机	8 口，至少带 2 个 Combo	个	1	当配置一台以上摄像机时配置
2)	PCM 多路复用设备		台	1	
3)	租用运营商数字电路	适用于采用租用数据电路的中心站	个	1	
4)	SDH 设备	光电模块无法开通时，推荐使用本设备	套	1	
4		电力供电设备			
1)	UPS 电源	后备 2h	套	2	
2)	浪涌保护器	电源浪涌保护器额定工作电压 220V AC	个	1	
3)	柜式空调	1.5P	台	2	
5		供风设备			
1)	空气压缩机	冗余主机，20kW 主气源；调节后氮气压力 0.4~0.6MPa	套	1	

（四）调度中心

安岳采气作业区调控中心主要使用两大系统：生产监控系统用于监控所管辖的气井和天然气管线的压力、温度、产量等多种实时数据，通过这些数据及时了解每条管线、每个井站的运行情况；视频监控系统覆盖高石梯所有信息化场站。通过视频监控系统实时查看并监控井站的关键性操作及风险作业的施工情况。技术人员同时可以通过高清网络摄像头进行远程办公和双盲演练等（图6-22）。

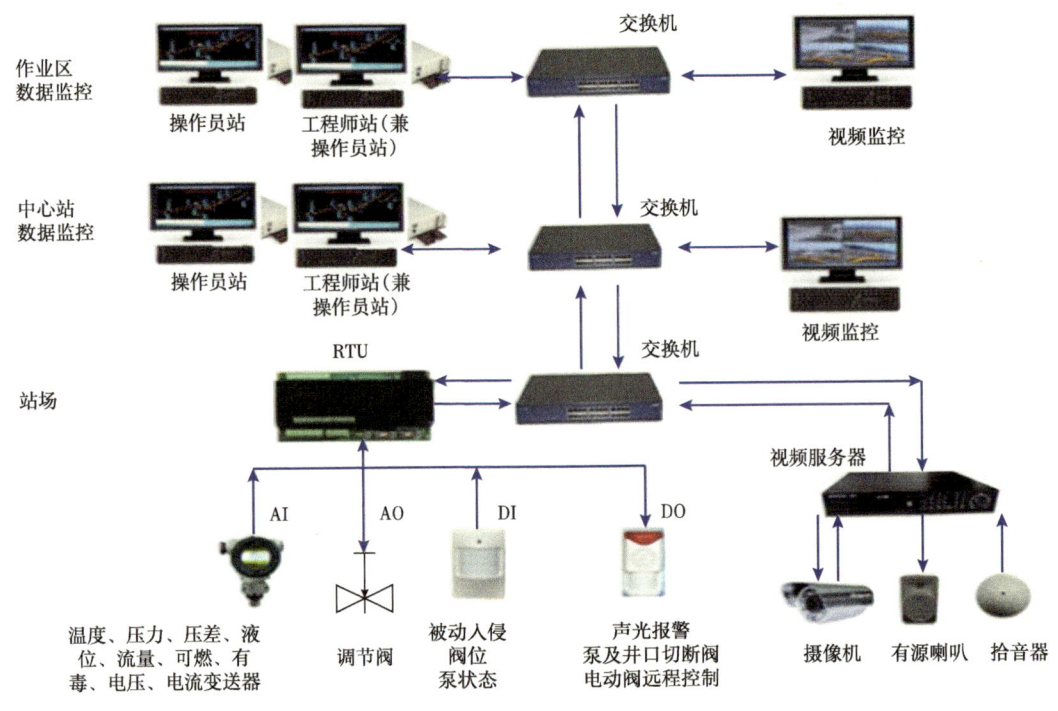

图6-22 作业区信息化系统架构简图

1. 功能配置

（1）数据采集与监视：实现所有井站油压、套压、天然气流量、进出站压力等生产数据采集、传输和远程监视。

（2）安全联锁与控制：实现井口联锁截断、进出站远程控制、放空阀异常自动开启、分离器自动排污、联锁控制等。

（3）安防状态监控：实现作业区和中心站对所有井站远程实时视频监控、入侵报警、喊话、双向语音对讲等功能。

（4）数据传输与存储：实现数据安全可靠传输，实现数据信息集中或分散存储，确保数据信息安全。

（5）生产数据报警：实现重要生产工况数据信息高高报警、低低报警、高报警、低报警，生产事件由事后处置转变为超前预警。

（6）数据分析应用：实现生产数据动态趋势分析、历史数据查询、数据对比分析、报表打印等。

2. 信息化设备配置方案

调度中心信息化设备见表 6-7。

表 6-7　调度中心信息化主要设备一览表

序号	设备名称	主要规格及要求	单位	合计数量	备注
1		数据监控			
1）	工控机	CPU 不低于 Core3；内存不低于 4GB；硬盘不低于 500G；配套操作系统	台	4	
2）	图形工作站	配套操作系统	台	1	
3）	组态软件	运行开发版组态软件	套	1	点数根据实际工程配置
		运行版组态软件	套	3	
4）	组态调试	作业区监控中心数据监控系统的生产数据接入及上传组态调试	套	1	
5）	液晶显示器	24in 液晶，支持分辨率：1920×1080	台	4	2 台用于数据监控，1 台用于图形工作站
6）	操作台		套	1	
7）	钢构转椅		把	6	
8）	打印机	A3 幅面黑白激光打印机	台	1	
9）	笔记本电脑	Intel 处理器，主频不低于 2.0GHz，内存不低于 4GB，硬盘容量不低于 500GB	台	1	
2		显示单元			
1）	拼接大屏系统	2×2 无缝拼接大屏，缝隙厚度不大于 5.7mm	套	1	
3		通信链路			
1）	通信网络机柜	2100mm（H）×800mm（W）×800mm（D）	面	1	
2）	PCM 多路复用设备		台	1	
3）	路由器		台	2	
4）	三层交换机	16 口，至少带 2 个 Combo	个	2	只考虑生产网路由器配置
5）	SDH 设备		套	1	根据实际情况选配
4		供配电系统			
1）	UPS 电源	后备 2h	套	2	
2）	浪涌保护器	电源浪涌保护器额定工作电压 220V AC	个	2	

参考文献

白国平,2006.世界碳酸盐岩大油气田分布特征[J].古地理学报,8(2):241-250.

常程,李隆新,沈人烨,等,2017.提高缝洞型气藏采出程度的物理实验——以高磨地区震旦系灯影组气藏为例[J].天然气勘探与开发,40(4):65-71.

车争安,张智,施太和,等,2010.高温高压含硫气井环空流体热膨胀带压机理[J].天然气工业,30(2):88-90,145-146.

陈军,曾令作,冯国庆,等,2004.高含硫气藏水平井段长度优化设计[J].特种油气藏(3):55-56.

陈元千,1987.确定气井绝对无阻流量的简单方法[J].天然气工业,7(1):59-63.

储胜利,樊建春,张来斌,等,2009.套管段井筒完整性风险评价方法研究[J].石油机械(6):1-4.

邓惠,冯曦,王浩,等,2012.复杂气藏开发早期计算动态储量方法及其适用性分析[J].天然气工业,32(1):61-63.

邓惠,彭先,刘义成,等,2019.深层强非均质碳酸盐岩气藏合理开发井距确定——以安岳气田GM地区灯四段气藏为例[J].天然气勘探与开发,42(3):95-100.

邓洪达,李春福,曹献龙,等,2009.H_2S/CO_2环境中CO_2,pH值和Cl^-对P110套管钢电化学腐蚀的影响[J].材料保护,42(3):18-22.

邓元洲,陈平,张慧丽,2006.迭代法计算油气井密闭环空压力[J].海洋石油(2):93-96.

丁亮亮,杨向同,张红,等,2017.高压气井环空压力管理图版设计与应用[J].天然气工业,37(3):83-88.

付安庆,史鸿鹏,胡垚,2017.全尺寸石油管柱高温高压应力腐蚀/开裂研究及未来发展方向[J].石油管材与仪器,3(1):40-46.

郭建华,2013.高温高压高含硫气井井筒完整性评价技术研究与应用[D].成都:西南石油大学.

郭奕成,刘伟旭,张艺佳,2022.天然气地面集输管道腐蚀原因分析及防治措施[J].化学与生物工程,39(9):52-55.

韩慧芬,桑宇,杨建,2016.四川盆地震旦系灯影组储层改造实验与应用[J].天然气工业,36(1):81-88.

何火华,李少华,杜家元,等,2011.利用地质统计学反演进行薄砂体储层预测[J].物探与化探,35(6):804-808.

洪海涛,谢继容,吴国平,等,2011.四川盆地震旦系天然气勘探潜力分析[J].天然气工业,31(11):37-41.

胡永碧,谷坛,2012.高含硫气田腐蚀特征及腐蚀控制技术[J].天然气工业,32(12):92-96.

黄全华,曹文江,杨凯雷,等,2000.气井产能确定新方法[J].天然气工业,20(4):58-60.

贾爱林,闫海军,郭建林,等,2014.全球不同类型大型气藏的开发特征及经验[J].天然气工业,34(10):33-46.

康志江,李江龙,张冬丽,等,2005.塔河缝洞型碳酸盐岩油藏渗流特征[J].石油与天然气地质,(5):634-640.

孔凡群,王寿平,曾大乾,2011.普光高含硫气田开发关键技术[J].天然气工业,31(3):1-4.

李京,2009.含硫天然气井开采作业环境与安全风险评价体系研究[D].北京:中国地质大学(北京).

李闽,郭平,张茂林,等,2002.气井连续携液模型比较研究[J].西南石油学院学报,24(4):30-32.

李阳,2013.塔河油田碳酸盐岩缝洞型油藏开发理论及方法[J].石油学报(1):115-121.

李传亮,2008.两种双重介质的对比与分析[J].岩性油气藏(4):128-131.

李隆新,常程,徐伟,等,2017.数字岩心结合成像测井构建裂缝—孔洞型储层孔渗特征[J].天然气勘探与开发, 40 (3): 16-23.

李鹭光, 2013. 高含硫气藏开发技术进展与发展方向 [J]. 天然气工业, 33 (1): 18-24.

李志勇, 曾佐勋, 罗文强, 2003. 裂缝预测主曲率法的新探索 [J]. 石油勘探与开发, 30 (6): 83-85.

刘红芳, 刘成敏, 王海宁, 2014. 我国天然气风险及评价方法分析 [J]. 中国安全生产科学技术, 10 (2): 86-92.

刘云竹, 2016. 地质统计学反演及其在碳酸盐岩储层预测中的应用 [D]. 北京: 中国地质大学 (北京).

罗文军, 刘曦翔, 徐伟, 等, 2018. 磨溪地区灯影组顶部石灰岩归属探讨及其地质意义 [J]. 天然气勘探与开发, 41 (2): 1-6.

罗文军, 徐伟, 朱正平, 等, 2019. 四川盆地高石梯地区震旦系灯影组四段硅质岩成因及地质意义 [J]. 天然气勘探与开发, 42 (3): 1-9.

罗一东, 2018. 高石梯地区地面集输工艺技术及建设模式研究 [D]. 成都: 西南石油大学.

孟凡坤, 雷群, 徐伟, 等, 2018. 应力敏感碳酸盐岩复合气藏生产动态特征分析 [J]. 天然气地球科学, 29 (3): 429-436.

孟凡坤, 雷群, 闫海军, 等, 2017. 高石梯-磨溪碳酸盐岩气藏斜井产能评价 [J]. 特种油气藏, 24 (5): 111-115.

彭朝阳, 龙武, 杜志敏, 等, 2010. 缝洞型油藏离散介质网络数值试井模型 [J]. 西南石油大学学报, 32 (6): 125-129.

申昭熙, 张娟涛, 李磊, 2012. 某高温高压气井油管泄漏试验研究 [J]. 石油矿场机械, 41 (10): 40-44.

石榆帆, 2012. 高温高压气井井筒完整性设计与风险识别研究 [D]. 成都: 西南石油大学.

孙莉, 樊建春, 孙雨婷, 等, 2015. 气井完整性概念初探及评价指标研究 [J]. 中国安全生产科学技术, (10): 79-84.

孙贺东, 2013. 油气井现代产量递减分析方法及应用 [M]. 北京: 石油工业出版社.

孙玉平, 陆家亮, 万玉金, 等, 2016. 法国拉克、麦隆气田对安岳气田龙王庙组气藏开发的启示 [J]. 天然气工业, 36 (11): 37-45.

王剑, 2000. 华南新元古代裂谷盆地演化—兼论与Rodinia解体的关系 [C]// 中国地质学会. 中国古陆块构造演化与超大陆旋回专题学术会议论文摘要集.

王璐, 杨胜来, 刘义成, 等, 2017. 缝洞型碳酸盐岩气藏多层合采供气能力实验 [J]. 石油勘探与开发, 44 (5): 779-787.

王璐, 杨胜来, 彭先, 等, 2019. 缝洞型碳酸盐岩气藏多类型储集层孔隙结构特征及储渗能力——以四川盆地高石梯-磨溪区块灯四段为例 [J]. 吉林大学学报 (地球科学版), 49 (4): 947-958.

王璐, 杨胜来, 徐伟, 等, 2017. 应用改进的产能模拟法确定安岳气田磨溪区块储集层物性下限 [J]. 新疆石油地质, 38 (3): 358-362.

王云, 王晓冬, 佘治成, 2014. 高压、含酸性介质气井油套环空泄漏速率计算 [J]. 石油钻采工艺, 36 (6): 97-100.

王凤英, 2022. 含硫气田地面集输工艺 [J]. 化学工程与装备, (12): 105-107.

王振宇, 郭军参, 屈海洲, 等, 2012. 塔中岩溶储层地震反射地质特征及其成因机理 [J]. 重庆科技学院学报 (自然科学版), 4 (2): 24-27.

吴彦先, 2014. 高压气井中环空带压机理的研究 [D]. 青岛: 中国石油大学 (华东).

肖富森, 陈康, 冉崎, 等, 2018. 四川盆地高石梯地区震旦系灯影组气藏高产井地震模式新认识 [J]. 天然气工业, 38 (2): 8-15.

谢俊峰, 付安庆, 秦宏德, 等, 2018. 表面缺欠对超级13Cr油管在气井酸化过程中的腐蚀行为影响研究 [J]. 表面技术, 47 (6): 51-56.

徐申奇, 管志川, 张波, 2018. 持续套管环空压力风险预警与防治措施 [J]. 中国科技论文, 13 (3): 253-

258.

鄢友军, 李隆新, 徐伟, 等, 2017. 三维数字岩心流动模拟技术在四川盆地缝洞型储层渗流研究中的应用[J]. 天然气地球科学, 28(9): 1425-1432.

严茂森, 2017. 气井油管气渗引起的环空带压值预测模型研究[D]. 大庆: 东北石油大学.

杨威, 贺振华, 陈学华, 2001. 三维体曲率属性在断层识别中的应用[J]. 地球物理学进展, (1): 110-115.

杨建炜, 张雷, 路民旭, 2009. 油气田 CO_2/H_2S 共存条件下的腐蚀研究进展与选材原则[J]. 腐蚀科学与防护技术, 21(4): 401-405.

姚军, 黄朝琴, 王子胜, 等, 2010. 缝洞型油藏的离散缝洞网络流动数学模型[J]. 石油学报, (5): 815-819.

尹川, 杜向东, 赵汝敏, 等, 2014. 基于倾角控制的构造导向滤波及其应用[J]. 地球物理学进展, 29(6): 2818-2822.

张波, 管志川, 张琦, 等, 2015. 高压气井环空压力预测与控制措施[J]. 石油勘探与开发, 42(4): 518-522.

张弘, 申瑞臣, 董文涛, 等, 2017. 气井井口环空压力分析与预测模型[J]. 石油机械, 45(9): 32-36, 79.

张智, 曾韦, 彭小龙, 等, 2014. 环空渗流诱发环空带压机理研究[J]. 钻采工艺, 37(3): 8, 39-41.

张凤春, 2013. 金属 Fe 与 H_2S、H 相互作用的第一性原理研究, 油气田材料与应用[D]. 成都: 西南石油大学.

张玺华, 彭瀚霖, 田兴旺, 等, 2019. 川中地区震旦系灯影组丘滩相储层差异性对勘探模式的影响[J]. 天然气勘探与开发(2): 13-21.

张延章, 韩品龙, 池永红, 等, 2003. 地震相干技术的应用及效果分析[J]. 中国海上油气(地质), 17(3): 215-217.

赵鹏, 2012. 塔里木高压气井异常环空压力及安全生产方法研究[D]. 西安: 西安石油大学.

赵俊兴, 申赵军, 李良, 等, 2011 大型内陆拗陷湖盆层序结构充填特征及其分布规律——以鄂尔多斯盆地延长组为例[J]. 岩石学报, 27(8): 2318-2326.

赵密锋, 付安庆, 秦宏德, 等, 2018. 高温高压气井管柱腐蚀现状及未来研究展望[J]. 表面技术, 47(6): 44-50.

赵玉龙, 张烈辉, 青胜兰, 2012. 三重介质油藏非牛顿幂律流体试井模型与典型曲线分析[J]. 水动力学研究与进展 A 辑, (2): 254-261.

郑有成, 张果, 游晓波, 等, 2008. 油气井完整性与完整性管理[J]. 钻采工艺, 31(5): 6-9.

朱庆, 杨仲熙, 蔡德强, 等, 2016. 高石梯区块含硫气井腐蚀监控技术应用与实践[C]// 中国腐蚀与防护学会缓蚀剂专业委员会. 第十九届全国缓蚀剂学术讨论会论文集.

朱讯, 谷一凡, 蒋裕强, 等, 2019. 川中高石梯区块震旦系灯影组岩溶储层特征与储渗体分类评价[J]. 天然气工业, 39(3): 38-46.

朱达江, 2014. 气井环空带压机理研究[D]. 成都: 西南石油大学.

朱红钧, 唐有波, 李珍明, 等, 2016. 气井 A 环空压力恢复与泄压实验[J]. 石油学报, 37(9): 1171-1178.

AHMED A S, 2009. Well integrity management systems; achievements versus expectations[J]. IPTC 13405.

GARY W, 2008. A compliance-based approach to well integrity management[J]. SPE 115585.

JIAVG D E, CARTER E A, 2004. Adsorption, diffusion, and dissociation of H_2S on Fe(100) from first principles[J]. The Journal of Physical Chemistry B, 108(50): 19140-19145.

MILANOVIC D, 2005. A case history of sustainable annulus pressure in sour wells- Prevention, Evaluation and remediation[J]. SPE 97597.

POPOV P, QUIN G, Bi L, et al, 2007. Multi-scale methods for modeling fluid flow through naturally fractured carbonate karsts reservoirs[J]. SPE 110778.

ROCHA-VALADEZ T, MENTZER R A, HASAN A R, et al, 2014. Inherently sasustained casing pressure testing for well integrity evaluation[J].Journal of Loss Prevention in the Process Industries, 29 (1): 209-221.

ROTH J, REEVES C J, JOHNSON C R, et al, 2008. Innovative hydraulic isolation material preserves well integrity[C]//IADC/SPE Drilling Conference. Society of Petroleum Engineers.

SPENCER M J S, YAROVSKY I, 2007. Ab initio molecular dynamics study of H_2S dissociation on the Fe (110) surface[J]. The Journal of Physical Chemistry C, 111 (44): 16372-16378.

WILLIAMSON R, SANDERS W, JAKABOSKY T, et al, 2003. Control of contained-annulus fluid pressure buildup[R]. SPE 79875.

XU R, WOJTANOWICZ A K, 2003. Diagnostic testing of wells with sustained casing pressure—an analytical approach [C]. Calgary, Alberta, Canada, June 10-12.